国家出版基金项目
NATIONAL PUBLICATION FOUNDATION

中国猪业科学与技术创新系列丛书

疫苗免疫与养猪生产

田克恭 主编

Vaccine Immunization and
Pig Production

中国农业大学出版社
China Agricultural University Press
·北京·

内 容 简 介

全书分为总论和各论两部分。总论部分包括 5 个章节，系统阐述了猪传染病防控，猪用疫苗的研发和生产，新型基因工程疫苗研发技术，新型疫苗工艺技术，常见猪病诊断技术。各论部分包括 3 个章节，重点介绍了对养猪业危害严重的 31 种疫病和寄生虫病的疫苗，包括病毒性传染病疫苗 15 种、细菌性传染病疫苗 12 种、寄生虫病疫苗 4 种。

本书从技术层面解析猪用疫苗的研发、生产和应用，既注重基础理论知识，又不乏创新性，结构严谨，内容实用，使读者能够更清晰地了解疫苗的研发和生产原理。同时，通过对疫病和诊断方法的系统梳理，可以使一线生产人员能够更合理地选择和使用疫苗，提高对猪疫病的防控能力。

图书在版编目(CIP)数据

疫苗免疫与养猪生产/田克恭主编. --北京：中国农业大学出版社，2023.3

（中国猪业科学与技术创新系列丛书）

ISBN 978-7-5655-2970-2

Ⅰ.①疫…　Ⅱ.①田…　Ⅲ.①兽医学-疫苗疗法②养猪学　Ⅳ.①S859.79②S828

中国国家版本馆 CIP 数据核字(2023)第 048983 号

书　　名　疫苗免疫与养猪生产
Yimiao Mianyi yu Yangzhu Shengchan

作　　者　田克恭　主编

总 策 划　席　清　丛晓红　　**责任编辑**　刘　聪

策划编辑　刘　聪　赵　中　　**封面设计**　李尘工作室

出版发行　中国农业大学出版社

社　　址　北京市海淀区圆明园西路 2 号　　**邮政编码**　100193

电　　话　发行部 010-62733489，1190　　读者服务部 010-62732336
编辑部 010-62732617，2618　　出 版 部 010-62733440

网　　址　http://www.caupress.cn　　**E-mail** cbsszs@cau.edu.cn

经　　销　新华书店

印　　刷　涿州市星河印刷有限公司

版　　次　2023 年 3 月第 1 版　　2023 年 3 月第 1 次印刷

规　　格　185 mm×260 mm　　16 开本　　19.25 印张　　480 千字

定　　价　130.00 元

丛书编委会

本书编委会

主　编：田克恭

副主编：（按姓氏拼音排序）

邓均华　高晓静　黄柏成　李　婷　逄文强　谭菲菲
王晓英　王延辉　肖　燕

编　者：（按姓氏拼音排序）

白露露　白小飞　陈　晓　陈珍珍　邓均华　高富红
高晓静　郜　玮　耿笑林　谷世江　郝丽影　侯瑞卿
胡欢鑫　黄　甜　黄柏成　黄玉欣　金云云　李　婷
李可乐　李鹏昊　李兴国　李妍花　李玉芳　梁严予
廖永洪　刘　攀　刘永梅　宁佳囡　潘姣姣　逄文强
宋国亮　苏晓蕊　孙　杰　孙　哲　谭菲菲　田克恭
仝晓丹　汪志艳　王璐璐　王孟月　王同燕　王晓英
王延辉　王彦伟　王玉娟　王治平　吴　芃　肖　燕
燕　贺　颜世君　尹　坤　翟路峰　张超林　张继颖
张素玲　张云静　赵静黎　赵若恒　赵少若　赵文影
朱巧艳

主　审：遇秀玲

— 序一 —

养猪产业作为畜牧业占比最大的产业，改革开放40年以来，特别是“863”和“973”计划实施以来，取得了巨大的进步，保持着持续快速的发展。但是，我们也应该清楚地看到，与先进国家相比，与现实需求和国家整体战略发展目标相比，还存在着相当大的差距。

目前中国养猪业面临的环保、效率、疫病等问题与挑战仍十分严峻。近几年的蓝耳病和非洲猪瘟，更是给生猪产业造成严重的损失。不论是消费需求还是生产供给，两个方面都出现了新的特点。这种局面昭示中国猪业大生态发生重大变化，进入了转型攻坚新阶段。我国养猪业如何进一步转型升级，提高竞争力，克服资源和环境的约束难题，走出一条健康、稳定、可持续发展之路，是行业内专家和管理者需要认真思考和回答的问题。

到本世纪中叶，我国将建成为富强民主文明和谐美丽的社会主义现代化强国。在未来30年，中国猪业将进入一个高质量发展的快车道。作为产业发展的重要驱动力，科技在养猪产业未来发展中将起到越来越关键支撑作用。基于此，由行内多位优秀专家编写的、聚焦当前我国生猪产业链重要技术领域热点、难点，以及未来走向等问题的这套《中国猪业科学与技术创新系列丛书》，对于解决当前问题，引导行业未来的健康发展，有着特别重要的意义。

从已经提交的书稿来看，本系列专著是基于产业发展的需要，全面阐述养猪业具有前沿性的创新性科研成果。《猪基因组选择》论述了应用现代生物信息学技术、大数据理论和人工智能技术结合的全基因育种技术，将性状选择从单一性状跨越到多性状选择的新阶段，会极大改变中国猪育种现状，大大提高育种效率。该书对于猪的良种选育工作很有价值。猪病已经是制约生猪产业发展的瓶颈，必须从理论上突破，《基因编辑与猪抗病育种》介绍了基因编辑技术在猪抗病育种方面的最新研究成果，并提出了利用基因编辑技术进行抗病育种的新策略，对于抗病育种工作有重要的参考价值。《猪主要传染病与防控新技术》《猪病毒病研究与防控》和《疫苗免疫与养猪生产》专著，基于生猪产业疫病防控理论与方法的创新，把现代猪病防治理论突破与实践结合在一起。猪的肠道健康是决定猪健康水平和养猪生产效益的关键因素之一，《猪肠道健康与营养调控》作为国内第一本系统论述猪的肠道健康研究的专著，对于猪精细化、高效化健康养殖提供了重要的理论和技术支撑。《福利化养猪与工程防疫》专著，论述养猪生态补偿的创新性机制，并从系统工程理论提出工程防疫的概念和技术。《人工智能与智能养猪》将信息技术与智能养猪新技术导入猪业生产系统，全面提高饲养效率。基于人类健康与生物安全，《无抗饲料营养调控》与《饲用抗生素替代品》代表了最新的对于无抗饲养要求下饲料的营养调控理论与技术，以及抗生素替代品的研发及应用。《中国地方猪种质资源特性研究》对我国现有地方猪种保种理论与方法的研究进行系统分析，对于我国地方品种猪的品种保护、品种选育、遗传资源保护都具有重要意义。总之，各分册专著，都体现了养猪主要领域的国内外最新研究、技术发展的成果。

系列专著各分册主编年龄都是在45～60岁之间，是我国猪科学研究领域里的中坚力量。他们一直紧跟猪业科技国际研究水平，结合中国猪业生产实际开展和承担国家相关科学研究项目，很多成果已获得国家级科技进步奖。这些学者多年研究的成果，是中国猪业科学研究领域不可多得的宝贵财富。

本套专著作为一批优秀专家学者前瞻性科技创新成果的集成，具有战略引领意义，将为中国养猪业未来高质量的发展发挥重要导向和推动作用。相信这套系列专著的出版，将促进中国养猪生产整体水平的极大提升。

吴常信院士 吴常信

2022年10月

序二

经过改革开放40年的发展，中国养猪业取得了举世瞩目的成绩，猪肉产销量占全世界一半以上，生产方式从最初的分散小规模饲养走向规模化机械化，正在向智能化发展。随着规模化养殖集约化程度的日益增强，一些矛盾逐步显现，猪业发展与资源环境、疾病暴发、养猪福利等矛盾越来越突出，生产力提高与品质风味下降、品种单一、退化等矛盾不断加大，养猪成本高，市场供给大起大落，未来养猪产业仍面临多种挑战。尤其近几年非洲猪瘟的暴发，更是集中暴露了养猪行业业已存在亟待解决的问题。全社会对于高质量健康食物的要求，生态环境对于产业发展的要求，促使养猪业必须反思过去，重新选择新的发展道路，选择基于健康、绿色、环保理念的新的道路和策略。面对这样的发展瓶颈，迫切需要行业内有识之士、行业内科学家共同研究和提出系统化的应对策略，用前瞻性的理论和理念、创新性技术指导产业转型升级。

非常欣喜地看到，集合行业内众多领军科学家的集体智慧，共同编著的这套《中国猪业科学与技术创新系列丛书》，具有鲜明的针对性、创新性和引领性，全角度反映了养猪业目前迫切关注和需要解决的核心问题的最新研究进展，特别对于猪基因组选择、肠道营养、基因编辑与抗病育种等新的抗病防病机制的研究，对于工程防疫、智能化养殖、无抗饲料的理论研究与技术研制，以及我国猪种质资源的研究等，这些科学家在自身扎实的研究基础上，结合国内外最新研究进展提出的新理论新技术新方法，对于解决我国目前猪业发展中面临的问题，推进我国养猪业健康发展，争取在本世纪中叶真正实现绿色、健康、环保和高效的目标，有着重要的战略引领意义和技术指导作用，是不可多得的全角度系统化集中反映养猪业前沿研究成果的高水平系列专著。

本套著作立意高远，作者队伍权威。各分册均由高等院校、科研院所获得过国家及省部级奖励的长江学者、国家杰青等正在岗位上工作的中年骨干学者专家担任主要编著者，以他们研究团队多年的科研成果为基础集体完成。本套专著是创新性科技成果集成的再创新，对于中国养猪业未来的发展具有重要的战略引领作用和科学技术支撑作用。

李德发院士 李德发

2022年10月

— 前言 —

中国作为传统养猪大国，养猪业经历了从分散式饲养到集约化、规模化生产的转变。养猪业经过现代养殖技术、先进管理方法和现代工业设备的加持，其出栏量和猪肉总产量不断增长，已成为畜牧业和农业生产的重要组成部分。但在集约化持续发展的背景下，现代养猪业虽然得到了长足发展，但也遇到了严峻的挑战，除种质资源瓶颈和市场需求扰动的影响，一线生产中遇到的疫病问题也不容小觑。养猪生产中既多又杂的疫病严重制约了中国养猪业的高质量发展。如何有效应对和解决养猪生产中的疫病挑战，是提高我国养猪业整体生产水平，进而满足国内日益增长的食品高质量需求和增强国际贸易竞争力的重要选择。

诸多实践证明，疫苗免疫是应对疫病挑战中最有效和经济的方式之一。在猪整个疫病防控网格中，安全、高效疫苗的合规合理使用，可从根本上控制疫病的发生和发展。这不仅是疫病防控层面最经济实用的策略，而且可以有效助力养殖业"减抗替抗"政策，从而为民众提供更优质的动物食品。因此，为满足当前养猪业的发展需求，我们需采取不同的应对策略，例如，着力促进新型基因工程疫苗的研发，有针对性地构建或改造病原，从而提升疫苗的有效性和安全性；监测病原变异情况，及时进行变异株疫苗研发，提升疫病应对水平；建立与完善疫病诊断技术，为疫病的临床诊断和防控提供支撑。基于此，本书从总论的猪传染病防控、猪用疫苗的研发和生产、新型基因工程疫苗研发技术、新型疫苗工艺技术和常见猪病诊断技术出发，结合各论中猪病毒性、细菌性及寄生虫病疫苗的研究进展，整体展示了猪用疫苗安全高效的实现途径和具体疫病的特征及防控策略，以期为疫苗研发人员的研发思路提供借鉴，为一线生产人员的临床免疫方案提供针对性参考。

养猪业的发展日新月异，但病原的变异时有发生，疫病的流行从未停歇。书中内容难免存在疏漏或不当之处，敬请读者批评指正。

编者

2022 年 10 月

目录

第一篇 总论

第一篇
总　论

第1章 猪传染病防控

随着养猪业国际化、集约化、规模化程度的提高，猪及其制品的多渠道、跨地区频繁流通，猪传染病造成的危害在全球范围内愈加严重。本章从传染病对养猪业的危害，传染病的流行病学特征和防控措施，疫苗免疫与效果评估几个方面进行阐述，使读者能够了解猪传染病的特点及防控要点，有针对性地进行疫病防控，避免或减轻传染病对养猪业的危害。

1.1 传染病对养猪业的危害

猪传染病不仅可引起猪发病死亡，造成重大经济损失，而且某些人兽共患病也会给人类健康和公共卫生防控带来严重威胁。本节从猪传染病的定义及常见分类出发，列举了对养猪业危害严重的几种疫病，以阐述猪传染病对养猪业的危害。

1.1.1 传染病的定义

传染病是指在一定环境条件下，病原微生物侵入机体，并在一定的部位定居、生长、繁殖，能在人与动物、动物与动物之间互相传播的一类疾病。其具有一定的潜伏期和临床表现，表现形式多种多样。传染源、传播途径和易感动物是传染病暴发的三大要素。

猪传染病的发生是病原微生物侵入猪机体后，在特定靶组织和器官增殖，与机体免疫系统相互斗争的结果。病原微生物的存在是猪传染病发生的基本前提，每一种传染病均有其特异性的致病微生物。由于猪传染病病原较多、感染后临床表现不一，不同情况下对传染病的考察角度不同，因此传染病的分类方法较多。下文列举一些常用的传染病分类方法。

1.1.2 传染病的分类

根据病原微生物的种类，可将猪传染病分为病毒病、细菌病和寄生虫病。其中病毒病主要有口蹄疫、非洲猪瘟、猪瘟、猪伪狂犬病、猪繁殖与呼吸综合征（蓝耳病）及猪圆环病毒病等；细菌病主要有副猪嗜血杆菌病、猪链球菌病、猪丹毒、猪传染性萎缩性鼻炎、猪支原体肺炎等；寄生虫病主要有猪弓形虫病、猪囊尾蚴病、猪肺线虫病、猪旋毛虫病等。

根据病原微生物侵害的主要器官或组织系统，可将猪传染病分为呼吸系统疫病、消化系统疫病、生殖系统疫病和神经及运动系统疫病等。猪呼吸系统疫病主要特征为咳嗽、气喘、呼吸困难，包括猪流感、猪繁殖与呼吸综合征、副猪嗜血杆菌病、猪支原体肺炎等；消化系统疫病主要特征为腹泻、脱水和消化不良，包括猪流行性腹泻、猪传染性胃肠炎、大肠杆菌病等；生殖系统疫病主要特征为妊娠母猪流产、早产及产死胎、木乃伊胎、弱仔，包括猪细小病毒病、猪伪狂犬病、猪繁殖与呼吸综合征、猪布鲁氏菌病、猪弓形虫病等；神经及运动系统疫病主要特征为视觉障碍、面神经瘫痪、抽搐、肌肉震颤、共济失调等，包括猪繁殖与呼吸综合征、猪伪狂犬病、猪乙型脑炎、副猪嗜血杆菌病等。

根据感染后病程的长短，可将猪传染病分为最急性、急性、亚急性和慢性传染病。最急性型感染的病程最短，感染后数小时或者一天内死亡，很少表现或不表现临床症状，常见于疫病的流行初期，如最急性猪炭疽。急性型感染的病程较短，几天或几周不等，会出现明显、典型的临床症状，如急性猪瘟、猪丹毒等。亚急性型感染的病程较长，临床症状比较缓和，如疹块型猪丹毒。慢性型感染的病程发展缓慢，常在一个月以上，往往不表现出临床症状或临床症状不明显，常见于慢性消耗性疾病，如猪支原体肺炎。

根据感染后疫病对动物的危害程度、造成的损失及国家采取的防控级别等，可将猪传染病分为三类。一类疫病，是指对人与动物危害严重，需采取紧急、严厉的强制预防、控制、扑灭等措施的，包括口蹄疫、猪水疱病、非洲猪瘟、高致病性猪繁殖与呼吸综合征等。二类疫病，是指可能造成重大经济损失，需采取严格控制、扑灭等措施防止扩散的，包括猪瘟、猪繁殖与呼吸综合征、猪流行性腹泻、棘球蚴病等。三类疫病，是指常见多发、可能造成重大经济损失，需要控制和净化的，包含猪圆环病毒病、大肠杆菌病、猪传染性胃肠炎、猪流感等。

1.1.3 传染病的危害

猪肉占全球肉类产量的 1/3 以上，是全球粮食安全、农业经济和贸易中的重要组成部分。自 2008 年以来，全球的猪肉产量以每年 2%的速度增长，中国的猪肉产量占全球的一半，在一些国家（如加拿大、墨西哥和越南），猪肉占其肉类总产量的近 3/4。养猪业的发展满足了人们对猪肉及其产品的消费需求，是农牧业发展的主要动力之一，同时也为粮食转化、猪制品相关产业、国民经济发展做出了重大贡献。但是，养猪业的全球化又促使了猪传染病的传播，导致猪存栏量、猪制品的质量和数量下降，成为制约养猪业发展的主要因素之一。

随着养猪产业国际化、集约化、规模化程度的提高，猪及其制品的多渠道、高频率流通，猪传染病跨地区、远距离传播概率大大增加，一些已得到有效控制的老传染病又有复发回升之势，一些新传染病也相继发生，控制难度逐步增大，如 2007 年以来逐渐蔓延至全球多个国家的非洲猪瘟以及 2010 年的猪流行性腹泻。

猪传染病对猪的危害主要分为两类：一类是高死亡率，能够引起不同年龄段猪死亡，如非洲猪瘟，死亡率达 100%；另一类死亡率相对较低，但是感染后可在猪体或环境中长期存在，导致猪的慢性消耗，严重影响猪的生长及生产性能，如猪支原体肺炎、猪传染性萎缩性鼻炎等；或者侵害猪的免疫器官和免疫细胞，造成猪的免疫抑制，减弱猪的抗病能力，增加猪对其他病原的易感性，如猪圆环病毒病、猪繁殖与呼吸综合征等。下面选择对养猪业造成严重影响的几种猪传染病进行概述。

1.1.3.1 猪流行性腹泻

本病于 1971 年由英国首次报道，随后在日本、德国等许多国家均有报道。我国自 20 世纪 80 年代初陆续有本病发生的报道。尽管该病在全球范围内逐渐蔓延，但零星发生，具有季节性和区域性特点，未出现大规模的暴发流行。2010 年 10 月，我国出现变异株引起的猪流行性腹泻大规模暴发，疫情迅速席卷全国，发病率接近 100%，仔猪死亡率高达 80%～100%，超过 100 万头仔猪死亡。2013 年 4 月，该变异株在美国引起猪流行性腹泻大流行，一年内有 30 个州约 50%的猪场感染，导致至少 700 万头仔猪死亡，且不断蔓延至加拿大和墨西哥。

1.1.3.2 猪繁殖与呼吸综合征

猪繁殖与呼吸综合征是世界动物卫生组织（Office International Des Eizooties，OIE）陆生动物卫生法典中收录的一种疾病。OIE 数据显示，该病最早于 1987 年在美国被发现，猪繁殖与呼吸综合征病毒(Porcine reproductive and respiratory syndrome virus, PRRSV)于 1991 年在荷兰被发现。我国最早于 1995 年底在华北地区的规模化猪场发现，并于 1996 年首次在猪流产胎儿中成功分离到病毒。该病在世界范围的大流行，对全球养猪业产生了近 30 年的不利影响。据估计，该病在美国每年造成近 6 亿美元的损失。2006 年，我国华南地区和越南北部地区暴发了史无前例的高致病性猪繁殖与呼吸综合征，疫情持续近 3 个月，传播至 10 多个省(自治区、直辖市)，感染超过 200 万头猪，导致 40 万头猪死亡。2008 年，美国分离出病毒变异株 NADC30 毒株；2012 年，我国首次分离到其类似毒株(NADC30-like PRRSV)。病毒的频繁变异和复杂多变的临床现状，增加了该疫病的防控难度。

1.1.3.3 猪支原体肺炎

猪支原体肺炎，又称猪气喘病，是一种慢性、消耗性且高度接触性传染病，呈世界性分布。长期以来人们对该病的认识并不清楚，直至 1965 年 Goodwin 等才证实该病的病原为肺炎支原体。1973 年，上海市畜牧兽医研究所首次报道了我国猪地方流行性肺炎的病原为支原体。目前，猪支原体肺炎已在全球范围内流行。猪支原体肺炎的病死率虽不高，但患病猪长期生长发育不良，导致猪生产率下降 15.9%，饲料利用率降低 13.8%。美国每年因该病损失 1.2 亿～2 亿美元，我国每年损失则达 100 亿元以上。感染该病的猪易出现机体功能损伤，从而继发感染，严重者死亡。当猪肺炎支原体与其他病毒、细菌等病原协同作用时，会引发猪呼吸道综合征，从而造成巨大的经济损失。

1.1.3.4 非洲猪瘟

非洲猪瘟为 OIE 收录的烈性传染病，该病于 1921 年在肯尼亚首次报道，之后在整个撒哈拉以南地区的家猪种群中传播，于 20 世纪 60 年代传入欧洲、70 年代传入南美洲，并于 2007 年传入高加索地区和俄罗斯北部地区。非洲猪瘟现无可用疫苗，各国均采用扑杀净化方法进行防控，以西班牙为例，其扑灭非洲猪瘟的项目，先后历时 10 年，花费将近 1 亿美元。2014—2015 年在波兰、立陶宛、拉脱维亚和爱沙尼亚暴发的非洲猪瘟疫情，使猪肉和猪肉产品的出口额减少了 9.61 亿美元，占出口的 50%，导致直接成本损失1 200 万美元，出口损失 3.49 亿美元；俄罗斯为了控制非洲猪瘟疫情，仅在 2011 年就花费了 2.67 亿美元。

2018 年 8 月，在我国辽宁沈阳暴发了首例非洲猪瘟疫情，之后迅速蔓延至全国，造成数百亿元的直接经济损失。据农业农村部统计数据显示，2019 年 8 月我国生猪存栏量较上年同期减少 38.7%，能繁母猪存栏较上年同期减少 37.4%。非洲猪瘟已经传播至柬埔寨、朝鲜、老挝、蒙古和越南等国家。据世界粮农组织官方统计，亚洲因非洲猪瘟已经有超 500 万头猪死亡或被宰杀。

据农业农村部官方数据显示，仅 2020 年 1 月至 4 月 15 日，全球共有 20 个国家和地区共发生 4 302 起，即 990 起家猪和 3 312 起野猪非洲猪瘟疫情。

以上仅列举了猪传染病疫情的冰山一角，引起猪传染病的病原微生物有百余种，每种均能对养猪业造成不同程度的危害，只有充分了解各类传染病的特点及流行特征，才能够及时有效地进行预防和控制，避免或减少其对养猪业的损害。

(撰稿人：高晓静　肖燕)

1.2 传染病的流行病学特征

了解传染病的流行病学特征，找出其内在规律，有针对性地制定相应的防控措施，可有效地进行传染病的防控。本章从传染病流行的三个基本环节入手，阐述当前传染病的流行特点，以期为传染病的防控提供理论基础。

1.2.1 传染病流行的基本环节

传染病在猪群中的流行，须经历三个阶段，即病原微生物侵入猪体，引起感染，并被排出体外；病原微生物通过媒介，如人类活动，猪体直接接触，污染的水、粪便、土壤和蚊虫等在猪群或自然界传播；病原微生物侵入易感猪体，形成新的感染。在这个过程中，传染源、传播途径和易感动物统称为传染病流行过程的三个基本环节。

1.2.1.1 传染源

传染源是指感染了某种具有传染性病原微生物的动物，该病原微生物能在动物体内定居、生长和繁殖，并能被排出体外。包括患病动物和带菌(毒、虫)动物。

1. 患病动物

患病动物是指已具有明显且典型临床症状的动物，是传染病流行的重要传染源。根据感染后病程的不同，可分为潜伏期、前驱期、明显发病期和归转期四个阶段。前驱期和明显发病期的动物，病原体在其体内迅速增殖，从而使发病动物向外界排出大量且毒力较强的病原体，这是造成疫病传染的重要时期。处于潜伏期和归转期的动物，要么处于发病初期，要么处于康复期，向外界排毒的能力较弱，引起疫病传播流行的概率较低。当然，也有感染疫病后处于归转期的动物仍能继续排出病原体，如感染了猪支原体肺炎、猪布鲁氏菌病等的动物。

2. 带菌(毒、虫)动物

带菌(毒、虫)动物又称“病原携带者”，通常不表现任何临床症状，但其体内携带病原微生物，能够体内增殖并排出体外。与患病动物相比，这类动物排出的病原体在数量、毒性上有所不及，所表现的症状不够明显，反而会成为真正的传染源。如携带猪痢疾密螺旋体、猪肺炎支原体等病原体的猪只，如果检疫不严，就可在运输过程中将病原散播到其他地区，造成疫病新的暴发或流行。

1.2.1.2 传播途径

病原体被动物排出后，需经过一定的方式再次侵入其他易感动物体内，该方式称为传播途径。传播途径可分为水平传播和垂直传播。

1. 水平传播

水平传播是指传染病在群体之间或个体之间以水平形式横向传播，可分为直接接触传播和间接接触传播。

直接接触传播是易感动物直接接触传染源而引起的传播，如感染猪细小病毒的公猪可通过交配方式引起母猪感染。仅以直接接触传播的传染病不多，有明显的连锁性。该传播方式有限，一般不易造成广泛的流行。

间接接触传播是病原体通过传播媒介间接引起易感动物感染的方式。大多数的传染病以该方式为主，如口蹄疫、猪瘟、猪支原体肺炎等。间接接触传播的途径多种多样，尘埃、气溶胶、飞沫、飞尘等；或污染的饲料、水、土壤、器具、粪便、尿液等；或人类活动、活体媒介等均可成为传播媒介。间接接触传播为主的疫病多与病原体侵染的组织和器官有关。例如，呼吸道疾病猪流感、猪支原体肺炎等，当病猪咳嗽或打喷嚏时，可带出病原体，引起其他猪只感染。该类疾病常见于通风不良、阴暗潮湿、猪群密度大的猪场，多有周期性和季节性。消化道疾病可通过污染的饲料、水、粪便等进行传播，如仔猪黄白痢、仔猪红痢、猪流行性腹泻等。除此之外，节肢动物、其他媒介等也在疫病传播中起到重要作用。

另外，人类通过活动，在接触了传染源后，直接或间接接触易感猪，也易造成传染病的传播。一些人兽共患病，如结核病、布鲁氏菌病等，人也可成为传染源。

2. 垂直传播

垂直传播包括胎盘传播和产道传播。胎盘传播指受感染的妊娠母猪经胎盘血液传播病原体给胎儿，如猪细小病毒病、猪瘟、猪伪狂犬病、猪钩端螺旋体病等均可通过胎盘传播。产道传播是病原体经妊娠母猪阴道通过子宫颈口到达绒毛膜或胎盘引起的胎儿感染，或分娩时，胎儿暴露于严重污染的产道而引起的感染。可经产道传播的病原体有大肠杆菌、链球菌、沙门氏菌、葡萄球菌等。

猪传染病的传播形式多样，每种传染病均有其特定的传播途径，可经一种或多种途径进行传播。

1.2.1.3 易感动物

易感动物指对某种病原体易感，但暂未感染发病的健康动物。猪群易感性的差异，与病原体的毒力强弱和种类有关，同时又与猪群的遗传特征、免疫状态以及饲养管理条件相关。

不同动物的遗传特征差异导致其对同一种病原体的易感性不同，也就是说动物先天的非特异性抵抗力是不同的，如猪只能感染猪瘟病毒，而不感染牛瘟病毒和马瘟病毒。另外，不同日龄的猪对同一病原体的易感性不同，如仔猪对猪流行性腹泻病毒、轮状病毒、致病性大肠杆菌、猪繁殖与呼吸综合征病毒的易感性较高，感染后表现出明显的症状；仔猪副伤寒的病原沙门氏菌主要感染日龄稍大的猪；也有些病原体，各种日龄的猪均易感。

猪群的免疫状态也是影响其易感性的重要因素。猪群通过母源抗体、疫苗免疫或耐过流行性传染病可获得针对该病原体的特异性抗体，降低对该病原体的易感性，甚至不再易感，从而保护猪群免受此种病原体的感染。当然，当该病原体因基因变异而导致毒力增强时，仍会造成该疫病的流行。

猪群的饲养管理水平，如猪群密度、饲料饮水、猪舍环境卫生、温湿度、通风、粪尿及污水处理等，均能够影响猪群对病原体的易感性和流行病的传播。严格规范合理的饲养管理，可在一定程度上降低猪群的易感性，阻断传染病的传播和发展。

猪传染病的三个环节同时存在并相互联系时就会形成完整的传染链。传染链的循环可促使病原微生物在不同宿主之间交替传播，从而造成传染病的发生、流行。传染链一旦中断，可使病原体大幅减少甚至消亡，与之相关的传染病在一定地区和一定时期内被控制和消灭。

1.2.2 传染病的流行特点

随着养猪产业结构调整，养猪规模化程度不断提高，生猪及其产品流通渠道增多与流动频繁，猪传染病流行呈现以下特点。

1.2.2.1 新发病不断增加

引种、频繁的生猪及其产品调运、人类活动等都会导致一些新的疫病出现，如 2002 年的猪塞内卡谷病毒病、2009 年的猪德尔塔(δ)冠状病毒病以及 2015 年的猪圆环病毒 3 型等。此外，某些传染病会在之前未曾出现过的国家和地区开始流行，如非洲猪瘟。《OIE 陆生动物诊断试验与疫苗手册》显示，历史上该病多在非洲和欧洲部分地区，以及南美洲和加勒比地区出现，而自 2007 年以来，非洲、亚洲和欧洲的多个国家都暴发了该病，从未发生过该病的中国也发生了大流行，严重危害世界养猪业发展。

1.2.2.2 病原体变异

随着环境变化、免疫压力及滥用抗生素等因素的影响，某些病原体的毒力发生了明显的改变，其中有些毒力会不断增强，而有些毒力会逐渐减弱，从而形成不同的变异毒株和血清型，导致其致病性或猪易感性增强。如猪伪狂犬病病毒传统毒株，哺乳仔猪最易感，15 日龄以内的仔猪常表现为最急性型，病程不超过 72 h，死亡率高达 100%；一般不引起成年猪和育肥猪死亡，但 2011 年出现的猪伪狂犬病病毒变异毒株导致育肥猪和成年猪死亡率增加至 10%～30%。

1.2.2.3 混合感染增多

多种猪病交叉混合感染趋势增加。猪群中既有 2 种或 2 种以上的病毒、细菌或寄生虫的混合感染，又有病毒与细菌、病毒与寄生虫、细菌与寄生虫的混合感染，甚至还有多种不同病原的混合感染，导致猪高发病率和死亡率，危害极其严重，同时给猪病诊断和防治带来困难。

1.2.2.4 免疫抑制病危害严重

免疫抑制性疾病，如猪繁殖与呼吸综合征、猪圆环病毒病等，其病原主要作用于猪体免疫系统，抑制细胞免疫和体液免疫，减弱机体免疫应答力，使各类病原体更易侵入机体，且增加机体对疫苗接种的副反应，或者导致疫苗接种失败。

1.2.2.5 细菌耐药性问题日益严重

随着猪细菌性传染病发病率的增加，滥用抗生素、抗菌药物及饲料添加剂的现象日益严重，导致细菌性病原的耐药性越来越强，多种细菌对药物越来越不敏感，甚至出现可耐受现今所有抗菌药物的“超级细菌”，造成猪多种细菌性传染病难以治愈，发病逐渐增多。如仔猪大肠杆菌病、沙门氏菌病、副猪嗜血杆菌病、巴氏杆菌病、链球菌病等，这些致病菌血清型复杂多样，一旦发生流行，控制难度较大。

1.2.2.6 人兽共患病增多

随着人类活动、动物及其产品的全球化流通，人-动物-环境的联系愈发紧密，导致人兽共患病逐渐增多。据世界卫生组织(WHO)数据显示，60%的人类病原体来自动物，新发和重新出现的动物疫病中有 75%可能会感染人类，如猪囊尾蚴病、猪流感、猪钩端螺旋体病等。

猪传染病复杂多变，不同国家、地区的感染现状均不相同。只有掌握了猪传染病的基本特性和流行病学特征，才能做到有效防控，减轻猪传染病对养猪业的危害。

（撰稿人：高晓静　肖燕）

1.3 传染病的防控措施

任何传染病的发生和蔓延，一定是由于同时存在以下三个因素：一个不断排放病原微生物的源头（传染源），搭载和散播病原微生物的工具和路径（传播途径），病原微生物伺机接近的“猎物”，即对该病原微生物易感的群体（易感动物）。理论上讲，我们只要管控好其中任何一个因素就可以阻止疫情的发生和蔓延，如果三个方面都做好了，疫病就会得到有效控制甚至净化。

从生猪养殖全产业链条来看，所有的生产活动主要围绕进猪场前、猪场和出猪场三个环节开展。进猪场前的环节包括猪、人、车、物、料 5 个方面，猪场环节主要包括不同功能区的管控及猪群在不同饲养单元的转运，出猪场环节主要涉及猪场与屠宰场、无害化处理厂的安全对接。

结合传染病的三要素（传染源、传播途径和易感动物）及生猪养殖的三环节（进猪场前、猪场和出猪场），传染病的防控就会更加科学有效。

1.3.1 把好进场关

1.3.1.1 引种、引精、引猪

选择准确快速的检测试剂盒检测非洲猪瘟的抗原和抗体，其他病原感染携带从风险评估变为准入方案（特别是针对种猪场）。必须同时检测猪繁殖与呼吸综合征、猪伪狂犬病、口蹄疫、猪瘟的抗原及抗体，评估应激后继发感染风险，必要时采取一定措施。

购入新猪前要了解输入源猪场及其周边传染病的流行情况，对个体及群体健康状况进行细心观察，购入后必须对其隔离观察，且有必要对一些一类传染病进行免疫接种预防，如口蹄疫、猪瘟等。引种时要对引进猪群严格按照常规方法进行检疫和净化工作，及时淘汰不合格的个体。建立生猪身份识别和运输可追溯体系，一旦某个环节发现疫情，可快速有效地溯源除根，防止疫病扩散。

1.3.1.2 饲料

将饲料厂当成饲养场来对待，从原料源头开始把控。避免在疫区采购原粮，特别是露天晾晒的玉米等，极有可能通过运输车辆、道路上的污染物或鸟类粪便传播污染。对动物性蛋白饲料原料（血粉、肉骨粉等）也要做好检测，防止一切可能的因素将病原微生物带入饲料中。

从原料库到饲料加工、再到成品库，每一个环节都要做好抽样检测。为防止成品料运输途中的扬尘污染，运输车辆的“洗—消—烘—检”就十分重要，应做到专车专用。

1.3.1.3 疫苗、药品、物资

疫苗、药品、物资等均须彻底消毒、检测合格后方可进场。根据物品的特性选择不同的消毒方式，可浸泡消毒的尽可能浸泡消毒，不可浸泡消毒的也要选择喷洒（雾）消毒或紫外线照射消毒。

1.3.1.4 人员

返场人员进场前要做好场外隔离工作，经采样检测合格后方可进场，人员进场后要再次进行清洗消毒，二次检测合格后方可开始正常工作。外来人员原则上不允许进场，特殊情况需要

进场要提前报备，并与返场人员一样进行隔离、检测和洗消。

1.3.1.5 检测方法

样品采集的准确性及检测方法的特异性、敏感性，直接影响着所有环节检测结果是否准确。对于非洲猪瘟病毒、猪繁殖与呼吸综合征病毒这类病原，不仅要通检，还要考虑分型检测和鉴别检测，一定情况下还要结合抗体检测来综合判断。对于运输过程中的快速检测要求，移动检测（车/箱）及快速检测试剂的出现极大地解决了现场检测问题。

1.3.2 做好场内管理

猪场以种猪场、规模场、肉猪场和散户等多种形式存在，但无论是哪一类形式的养殖场，都有关键的养殖核心区，生活区、办公区、隔离点等区域的划分也是必不可少的。搭建料塔和仓库，结合饲料、药品、物资的监测，杜绝运输车辆进入养殖核心区是关键。引进猪只进场后隔离观察至少一个月，检疫后再入群或单独成群饲养管理。场内消毒效果的评价需要通过对人员、场内环境、用具以及病死猪和废弃物运输车辆的持续监测方可实现。与屠宰场及无害化处理厂对接的生猪运输车辆和病死猪、废弃物运输车辆坚决禁止进场，并要做好清洗消毒工作。与此同时，还要保障水源清洁、定期消毒水线和水嘴，定期检测确认消毒效果。保障猪舍温度、勤通风消毒、保证合理饲养密度、重视疫苗免疫、做好免疫效果监测十分重要。

做好病原监测和抗体监测，定期对猪群母源抗体、免疫前后抗体、常见疫病抗体水平以及未免疫接种时的抗体水平进行监测。通过摸清猪群抗体水平的动态、高低及本地疫病流行情况和规律、病史等，科学地制定免疫程序。在免疫接种时，要选用正规厂家的、具有国家批准文号的疫苗产品。同时，要考虑产品类型、副反应及接种次数，尽可能选择联苗，减少接种次数，降低疫苗的不良反应。如普莱柯生物工程股份有限公司的猪圆环病毒（Porcine circovirus，PCV）2 型和副猪嗜血杆菌二联灭活疫苗（SH 株＋4 型 JS 株＋5 型 ZJ 株）与猪圆环病毒 2 型和猪肺炎支原体二联灭活疫苗（SH 株＋HN0613 株），均采用水性佐剂，一针两防，既能减少接种后的不良反应，又能降低人工成本，且不影响免疫效果。

1.3.2.1 种猪场

种猪场施行"引种抗原阳性一票否决"制，非洲猪瘟、口蹄疫、高致病性蓝耳病及猪瘟等一类传染病抗原检测必须阴性。根据不同的检测目的制定相应的采样方案，规范采样方式、合理选择检测试剂，方可对检测结果进行正确解读。对非洲猪瘟等可通过精液传播的主要病毒性病原，要进行持续性监测。OIE 陆生动物卫生法典规定，猪布鲁氏菌病、口蹄疫、猪伪狂犬病、猪传染性胃肠炎、猪水疱病、非洲猪瘟、猪瘟和猪繁殖与呼吸综合征的抗原检测均应为阴性。

1.3.2.2 规模场、肉猪场

规模场引种时要关注免疫程序，保证抗体合格和抗原匹配，肉猪场引种时种猪要尽量源于同一批次。在注重非洲猪瘟、口蹄疫、猪繁殖与呼吸综合征、猪瘟、猪伪狂犬病、猪圆环病毒病检测的同时，应严控细菌继发感染，特别是在减抗、无抗的大环境下做好基础疫病的免疫预防，及时淘汰病弱猪，减少疫病的突破口和引爆点。

1.3.2.3 散户

散户在引种时要切记勿引入非洲猪瘟病毒及原场内没有的病原，对疫苗免疫后的效果要进行监测评估。

1.3.3 严控出场流程

1.3.3.1 加强消毒检测工作

定期对猪场进行全方位消毒，尽可能降低或杀灭环境中的病原菌。首选物理方法，如隔离、冲洗、高温、辐射等，次之选择化学和生物方法。可根据猪场常发疫病情况，有针对性地选择多种方法轮换使用。选择消毒剂时，一定要选用对人和动物安全、无毒或微毒的消毒剂，不可破坏皮肤和黏膜屏障。一般情况下，10%漂白粉、1%氢氧化钠（火碱）溶液、5%来苏尔溶液等均可用于猪场内环境消毒。污染的猪舍及粪尿区域需重点消毒。每批猪出栏后，需空舍一定时间，期间对猪舍进行彻底消毒。此外，要经常评估“洗、消、烘”的实际效果，不断优化生物安全流程。

1.3.3.2 专人专车

屠宰场及无害化处理厂均为不同来源猪的汇集地，是潜在的高危传染源。因此，运输肉猪出场至屠宰场，或运输场内病死猪及废弃物至无害化处理厂，均要做到“专用车辆、专用工具、专职人员”，严密防止交叉感染。返回车辆、工具和人员，要及时做好清洗消毒工作，检测合格后方可供下次使用。

（撰稿人：高晓静　肖燕）

1.4 疫苗免疫与效果评估

疫苗免疫是减少疾病感染引起的死亡和降低发病率最直接有效的方法。疫苗免疫可诱导机体产生针对目标病原体的保护性免疫反应，降低感染该疾病或感染后并发症的风险。疫苗免疫是保证动物健康的重要手段。使用安全有效的疫苗、有组织有计划地按照适宜的免疫程序接种动物、采取恰当的疫苗免疫效果评估方式，可有效预防和控制动物疫病的发生，提高猪群的抵抗力，减少抗生素的滥用，进一步提高公共卫生水平。

1.4.1 疫苗免疫的原理

疫苗免疫通过启动先天免疫反应，继而激活抗原特异性免疫反应。每种疫苗包含的抗原可以通过激活高度特异性的 T 淋巴细胞诱导的细胞免疫反应和通过刺激 B 淋巴细胞产生特异性抗体的体液免疫，使机体对相应病原体的侵入产生一种自身抵抗力。消除病原体后，免疫系统通常建立免疫记忆。当再次感染此病原体时，机体通过发挥自身免疫力以抵抗病原体感染、诱导或增强机体的免疫力，起到预防疫病暴发（如猪瘟、口蹄疫），降低影响生产性能的作用（如猪支原体肺炎、猪传染性萎缩性鼻炎）。

1.4.2 影响疫苗免疫效果的因素

1.4.2.1 疫苗因素

1. 疫苗质量

疫苗质量是免疫成败的关键。高品质疫苗是确保良好免疫效果的基础，来自不同厂家的疫苗，其安全性、效力和免疫持续时间可能会有所不同。当疫苗污染外源病毒或处于失真空状态时，疫苗本身的特性会发生改变。疫苗的特异性、免疫原性、抗原含量、佐剂、免疫增强剂也是影响疫苗免疫效果的因素。

2. 疫苗选择

需根据疫病自身的特点、目标病原体的流行病学特征等选择合适的疫苗进行免疫，如发病机制、免疫应答特征(黏膜免疫、细胞免疫、体液免疫)、免疫持续期、流行病学情况(流行毒株、疫苗对各种变异株的交叉保护水平)、母源抗体水平以及能否克服母源抗体干扰等。便捷的接种途径和合理的免疫程序也很重要，如通过接种多联多价疫苗实现一针多防，减少因多次注射导致的动物应激反应等。

1.4.2.2 动物机体因素

1. 感染免疫抑制性疾病

免疫抑制性疾病如猪繁殖与呼吸综合征、猪圆环病毒病、猪支原体肺炎等均能破坏猪的免疫器官，造成不同程度的免疫抑制，容易导致细菌性疾病混合感染或继发感染，更为严重的是会导致相关疫苗免疫失败。

2. 长期带毒、排毒，免疫耐受

猪长期带毒、排毒会造成病原持续性感染。例如，带毒母猪通过垂直传播和水平传播造成猪瘟的持续感染。同时，先天感染猪瘟的仔猪产生免疫耐受，反复注射疫苗不产生抗体，会成为持续感染的带毒猪，常规检测很难识别，留作后备种猪时，将形成新的带毒种猪，导致猪瘟传染恶性循环。

3. 母源抗体

母源抗体会对未免疫仔猪提供保护，但同时会干扰疫苗在仔猪体内诱导免疫的能力，导致免疫失败。如猪瘟病毒的母源抗体可以明显抑制疫苗免疫诱导的保护性免疫反应，接种时母体抗体滴度越高，对疫苗的抑制作用越强。

4. 营养因素

霉变饲料含有各种霉菌毒素，可引起干细胞变性、坏死，淋巴结出血、水肿，严重破坏机体的免疫器官，造成机体的免疫抑制。营养不良会造成细胞分裂和蛋白质(如抗体和细胞因子)合成所需的养分不足，从而抑制免疫应答。维生素、氨基酸及某些微量元素的缺乏或不平衡都会使机体免疫应答能力降低。如维生素 A 的缺乏会导致淋巴细胞的萎缩，影响淋巴细胞的分化、增殖及受体表达与活化，从而使体内 T 淋巴细胞减少，吞噬细胞能力下降，B 淋巴细胞产生的抗体能力下降，最终造成机体免疫应答能力降低。

5. 遗传因素

动物机体对疫苗接种所产生的免疫应答在一定程度上受遗传因素控制。不同品种的猪免疫应答状态有差异。即使同一品种不同个体的猪对同一疫苗的免疫反应强弱也不一样。有的猪可能存在先天性免疫缺陷(脾脏、淋巴结、胸腺等免疫器官发育不全)，从而导致机体免疫失败，甚至死亡。

6. 环境因素

饲养密度过大、舍内湿度过高、通风不良、有害气体浓度过高、噪声严重、突然惊吓及突然换料等因素，均可对猪群造成不同程度的应激，这些应激能刺激脑下垂体产生促肾上腺皮质激素，再刺激肾上腺产生肾上腺皮质激素，而肾上腺皮质激素能损伤 T 淋巴细胞，对巨噬细胞也有抑制作用，还可提高免疫球蛋白的分解代谢，从而对免疫应答产生影响，影响免疫效果。当猪群处于应激反应敏感期时接种疫苗，会减弱猪体的免疫应答能力。

1.4.2.3 养殖场因素

1. 免疫程序

应依据当地的疫情、猪群的免疫状态、本场的饲养管理水平等实际情况制定合理的免疫程序。排除母源抗体的干扰是确定合理首免日龄的关键。因此，在条件允许的情况下，尽可能进行母源抗体检测，随时调整仔猪的首免时间，使其尽量避开母源抗体的干扰。

2. 免疫抑制性药物使用

某些药物如糖皮质激素，一些抗生素如氟苯尼考、卡那霉素，以及某些抗菌药如磺胺类等，对机体 B 淋巴细胞的增殖有一定的抑制作用，导致机体白细胞减少，显著影响疫苗的免疫效果。

1.4.2.4 人为因素

1. 疫苗贮藏和运输

疫苗的运输、保存过程均有严格的要求，疫苗应在厂家建议的适当温度下保存，避免因疫苗失效而造成免疫失败。

2. 免疫操作

接种疫苗时应按照说明书规定的接种途径、接种剂量进行免疫，如猪巴氏杆菌活疫苗按照免疫途径分为口服活疫苗和注射活疫苗。曾发生过误将口服疫苗注射接种导致免疫猪发病案例，所以要注意区分二者。注射部位涂搽酒精、碘酊浓度过高、用量过多，均对活疫苗有破坏作用，注射器或针头有残留的消毒剂也会使活疫苗效果受到影响。

1.4.3 疫苗免疫效果的评估方法

1.4.3.1 死亡率、发病率和生产成绩

死亡率、发病率和生产成绩是检验猪场疫苗免疫效果的重要指标。在疫苗免疫后的相同时间间隔内对免疫猪的死亡率、发病率和生产成绩进行统计分析，是免疫后对疫苗效果检验的重要手段之一。

1.4.3.2 病原检测

利用聚合酶链式反应（Polymerase chain reaction，PCR）、实时荧光聚合酶链式反应（Quantitative real-time PCR，RT-PCR）、组织病理学、免疫组织化学、基因序列测定等手段来检测血清、组织器官等的病原载量，可以推断猪是否存在病原感染及病原在血液中的持续时间。如病毒血症的高低是国际上认可的评价猪圆环病毒 2 型感染程度和疫苗免疫效果的指标，通过检测母猪免疫前后血液中病毒载量变化来评价疫苗免疫效果。

1.4.3.3 抗体检测

抗体检测是最常规，也是检验疫苗免疫效果最经典的方法，其中酶联免疫吸附试验和中和试验是抗体检测中最常用的方法。前者是将特异性抗原进行包被后测定疫苗免疫后血清中的抗体效价，该方法操作方便，能够快速进行抗体检测；后者可评估血清样品中和病原的能力，检测血清中的抗体效价。如猪瘟酶联免疫吸附试验（Enzyme-linked immunosorbent，ELISA）抗体高低与血清中和抗体效价具有较好的相关性，可将其用于疫苗免疫效果评估。目前普遍使

用的 PRV 疫苗免疫后诱导猪体产生中和流行毒株的抗体水平差异很大，猪场可以根据 PRV 的感染状态，测定中和抗体，以评估伪狂犬病疫苗免疫后的效果。

（撰稿人：侯瑞卿　肖燕）

参考文献

华利忠，邵国青，周勇岐. 2012. 以疫苗免疫为核心的猪气喘病控制与净化技术[J]. 中国兽药杂志，46(7)：50-53.

吴锡爱. 2017. 猪传染病的流行特点及防控措施[J]. 兽医导刊，(19).

杨莉，杨茂生，吴位珩，等. 2011. 猪气喘病的研究进展[J]. 上海畜牧兽医通讯，(6)：10-12.

张爱琼，曾智勇，梁海英，等. 2019. 猪场疫苗免疫效果监测评估[J]. 猪业科学，36(6)：44-45.

Amit-Romach E，Uni Z，Cheled S，et al. 2009. Bacterial population and innate immunity-related genes in rat gastrointestinal tract are altered by vitamin A-deficient diet[J]. *J Nutr Biochem*，20(1)：70-77.

Barnett J L，Hemsworth P H. 1986. The impact of handling and environmental factors on the stress response and its consequences on swine[J]. *Lab Anim Sci*，36(4)：366-369.

Beisel，William R. 1990. Vitamins and the Immune System[J]. *Ann N Y Acad Sci*，587(1)：5-8.

Brockmeier S L，Loving C L，Vorwald A C，et al. 2012. Genomic sequence and virulence comparison of four Type 2 porcine reproductive and respiratory syndrome virus strains[J]. *Virus Res*，169(1)：212-221.

Du T，Nan Y，Xiao S，et al. 2017. Antiviral strategies against PRRSV infection[J]. *Trends in Microbiol*，25(12)：968-979.

Goede D，Morrison R B. 2016. Production impact & time to stability in sow herds infected with porcine epidemic diarrhea virus(PEDV)[J]. *Prev Vet Med*，123：202-207.

Goodwin R F W，Pomeroy A P，Whittlestone P. 1967. Characterization of *Mycoplasma suipneumoniae*：a mycoplasma causing enzootic pneumonia of pigs[J]. *J Hyg*，65(1)：85-96.

Gu S，Fan Y，Hu D，et al. 2017. Evaluation of an Experimental Vaccine for Atrophic Rhinitis in Piglets [J]. *J Vaccines Vaccin*，8(353)：2.

Joshi L R，Mohr K A，Clement T，et al. 2016. Detection of the Emerging Picornavirus Senecavirus A in Pigs，Mice，and Houseflies[J]. *J Clin Microbiol*，54(6)：1536-1545.

Li P，Yin Y-L，Li D，et al. 2007. Amino acids and immune function[J]. *Br J Nutr*，98(2)：237.

Lukác N，Massányi P. 2007. Effects of trace elements on the immune system[J]. *Epidemiol Mikrobiolo Imunol*，56(1)：3-9.

Maes D，Segales J，Meyns T，et al. 2008. Control of Mycoplasma hyopneumoniae infections in pigs[J]. *Vet Microbiol*，126(4)：297-309.

Palinski R，Pineyro P，Shang P，et al. 2017. A Novel Porcine Circovirus Distantly Related to Known Circoviruses Is Associated with Porcine Dermatitis and Nephropathy Syndrome and Reproductive Failure[J]. *J Virol*，91(1)：e01879-16.

Sanchezcordon P J，Montoya M，Reis A L，et al. 2018. African swine fever：A re-emerging viral disease threatening the global pig industry[J]. *Vet J*，233：41-48.

Sun R，Cai R，Chen Y，et al. 2012. Outbreak of Porcine Epidemic Diarrhea in Suckling Piglets，China[J]. *Emerg Infect Dis*，18(1)：161-163.

Sun W，Wang L，Huang H，et al. 2020. Genetic characterization and phylogenetic analysis of porcine deltacoronavirus(PDCoV) in Shandong Province，China[J]. *Virus Res*，278：197869.

Tian K，Yu X，Zhao T，et al. 2007. Emergence of fatal PRRSV variants：unparalleled outbreaks of atypical PRRS in China and molecular dissection of the unique hallmark[J]. *PLos One*，2(6)：e526.

Tu T D. 1981. Effect of antibiotics on the immune system of animals. III. Experiments in pgis immunized with live and inactivated swine erysipelas vaccines[J]. *Acta Vet Acad Sci*，28(3)：317-331.

Vandeputte J，Too H L，Ng F K，et al. 2001. Adsorption of colostral antibodies against classical swine fever，persistence of maternal antibodies，and effect on response to vaccination in baby pigs[J]. *Am J Vet Re*，62(11)：1805-1811.

Wang D，Fang L，Xiao S. 2016. Porcine epidemic diarrhea in China[J]. *Virus Res*，226(226)：7-13.

Yueh-Tsang Sheu M-S C，Chin-Shun Wang. 2006. The Use of ELISA in Classical Swine Fever Virus Antibody Monitoring in Taiwan[J]. *Taiwan Vet J*，32(4)：248-257.

Zhang，Jianqiang. 2016. Porcine Deltacoronavirus：Overview of Infection Dynamics，Diagnostic Methods，Prevalence and Genetic Evolution[J]. *Virus Res*：226：71-84.

Zhang Y，Li C，Liu C，et al. 2013. Prevention of losses for hog farmers in China：Insurance，on-farm biosecurity practices，and vaccination[J]. *Res Vet Sci*，95(2)：819-824.

Zhou L，Wang Z，Ding Y，et al. 2015. NADC30-like Strain of Porcine Reproductive and Respiratory Syndrome Virus，China[J]. *Emerg Infec Dis*，21(12)：2256-2257.

第2章 猪用疫苗的研发和生产

从18世纪末首次有了疫苗概念，人用疫苗经历了两个多世纪的发展，基本解决了人类重大疫病防控的问题，保障了人类的健康发展。我国兽用疫苗在20世纪初起步，至20世纪50年代才纳入国家层面的规划，成立了一些专门的研究机构，如中国农业科学院哈尔滨兽医研究所。各大农业院校设立了兽医专业，培养专业的技术人才，市场开始逐步对兽用疫苗进行研究开发和产业化。截至目前，猪用疫苗经历了几十年的发展，大致经历了三次技术升级，由最原始的组织培养技术到细胞培养技术，再到基因工程技术。同时疫苗产业化能力也在逐步提升，由原来的组织培养到转瓶培养，再到生物反应器培养。在猪用疫苗产业发展的过程中，产业化理念也在不断进步，这其中包含对疫苗所用菌（毒）种的认识，对核心原辅材料标准的控制，对产品工艺稳定性的控制，以及对制造工艺设备的深入研究。尤其是近些年来，猪用疫苗在企业的疫苗研发中逐步占据主导地位，因其技术创新和引进相对灵活，开发节奏快，对外来先进技术吸收能力强，使得猪用疫苗研发及产业化水平进入了一个快车道。本章重点阐述猪用疫苗研发及生产过程中的关键要素及现存问题，期望养猪业的同仁们能够通过此章了解一个好的疫苗的研发及生产历程，了解关键因素对疫苗质量的影响，为更好、更科学地选择疫苗提供一点帮助。

2.1 疫苗的定义和分类

动物疫苗是防治畜禽传染病，保障养殖业健康稳定发展的有力武器。动物疫苗行业的技术进步和升级，对养殖业的发展有着重要作用。随着兽医免疫学、分子生物学等现代生物技术的进步，各种新型动物疫苗不断出现，但到底选哪类疫苗既能解决疫病防控的问题，又相对安全呢？本节根据目前常用疫苗种类进行了简单梳理和分类。

2.1.1 疫苗的定义

疫苗的概念是18世纪末由英国免疫学专家爱德华·詹纳最先提出来的。一般认为动物疫苗是指用天然或人工手段改造病原微生物（病毒、细菌、寄生虫）或其组分，采用分子生物学、生物化学等技术手段制成的、用于预防或治疗的一种兽用生物制品。兽用疫苗一般可分为预防性疫苗和治疗性疫苗两类，预防性疫苗主要用于疾病的预防，接种者为健康个体或新生个体；治疗性疫苗主要用于患病的个体，接种者为患病个体。机体在接种之后，免疫系统经过抗原递呈、淋巴细胞活化、免疫分子形成及免疫效应等一系列生理反应，最终刺激机体产生特异性免疫应答，使机体获得免疫。

2.1.2 疫苗的分类

随着生物技术的不断发展和日趋成熟，各种新技术和产品不断涌现，因此很难依据某种单一的分类标准将现有的动物疫苗进行全面详尽的分类。而且，有时为了更详细和准确地描述某一种动物疫苗，需要同时依据多种分类方法进行命名。以下仅列举常用的分类方法。

1. 根据疫苗中是否含有具有感染性的微生物划分

可以将动物疫苗分为灭活疫苗、活疫苗、核酸疫苗等。

（1）灭活疫苗　又称死疫苗，含有的细菌或病毒通过物理或化学方法处理，丧失感染性或毒性而又保持良好的免疫原性，动物接种后能产生特异性免疫（一般产生体液免疫）。该类疫苗含有的微生物不能在机体内繁殖、安全性好，但是机体产生保护能力周期较长，一般需要在接种后 21 天以上才有效果。同时，该类疫苗一般免疫剂量相对较大，生产成本也较高。

（2）活疫苗　又称弱毒疫苗，是由毒力减弱或基本无毒的特定细菌、病毒等病原微生物制成的疫苗，其疫苗毒株通常是由筛选的天然弱毒株或经人工传代致弱产生的，这就意味着疫苗毒株具有不确定性，其研发周期较长且存在毒力返强的风险。活疫苗能在动物体内繁殖，可刺激机体产生细胞免疫和体液免疫等全面的免疫反应，因此临床免疫产生保护效果快、免疫持续周期长、有利于清除局部的野毒、生产成本相对低，但不同活抗原之间可能存在干扰现象。

（3）核酸疫苗　核酸疫苗起源于 20 世纪 90 年代，兼具灭活疫苗和活疫苗的特性，主要是由高纯度且能编码特异性抗原蛋白的脱氧核糖核酸（DNA）、核糖核酸（RNA）片段辅以合适的佐剂或缓冲剂制成的。疫苗本身不能在动物体内繁殖，但疫苗中的 DNA、RNA 可被细胞吸纳并在胞内指导特异性抗原蛋白的合成，继而诱导机体产生特异性免疫应答，这样既能诱导机体产生体液免疫，也能激发机体内的细胞免疫。

2. 根据疫苗菌（毒、虫）种的构建技术和抗原设计的应用情况划分

可将动物疫苗分为传统疫苗、基因工程疫苗、亚单位疫苗和合成肽疫苗等。

（1）传统疫苗　传统疫苗包括活疫苗和灭活疫苗。活疫苗一般主要来自田间或经物理、化学、生物学等致弱方法获得的弱毒株，可在动物体内繁殖并能刺激机体产生全面的免疫反应和局部免疫；灭活疫苗一般是用物理、化学等方法将细菌、病毒等微生物灭活后研制的疫苗，常需要用佐剂等免疫增强剂来增加其免疫效果。

（2）基因工程疫苗　基因工程疫苗是指利用基因工程手段将毒株进行编辑和处理而制成的疫苗，主要包括基因缺失疫苗、基因工程活载体疫苗、基因工程亚单位疫苗和核酸疫苗等。

（3）亚单位疫苗　主要是指用基因重组技术，将编码病原保护性抗原基因在原核或真核细胞中表达而制成的重组亚单位疫苗。该类疫苗一般只具有产生保护性免疫所必需的成分，而不含其他不需要的成分，如传染性物质等，不会诱发其他感染，因此安全性较高。此外，这类疫苗减少或消除了常规疫苗难以避免的热原、免疫抑制原等有害反应，同时疫苗的稳定性好，便于保存和运输。

（4）合成肽疫苗　合成肽疫苗主要是利用化学合成或基因工程手段合成病原体的保护性多肽或表位，并用大分子载体相连，辅以佐剂而制成的疫苗。合成肽疫苗的优点是可以在同一载体上连接多种保护性肽链或多个血清型的保护性多肽链，这样就达到了一针多防的目的。最早报道研制成功的合成肽疫苗是口蹄疫多肽疫苗。

另外，根据分类依据的差异，还可以有多种分类方式对动物疫苗进行分类：①根据疫苗中所含有的抗原类别的多少，可以将动物疫苗分为单价疫苗和多价疫苗；②根据疫苗中所含有的抗原种类或可预防疫病的种类多少，可以将动物疫苗分为单疫苗和多联疫苗；③根据疫苗中所含有的微生物种类，可以将动物疫苗分为病毒疫苗、细菌疫苗、寄生虫疫苗等。

随着研究技术的不断进步，会有更加详细的疫苗分类标准。但不论如何分类，临床用到的疫苗无非两种：一种是相对安全的，不会带来生物安全风险的，如灭活疫苗、亚单位疫苗、合成肽疫苗等，这类疫苗利于种猪群的疫病净化，但免疫保护效果相对受限；另一种是免疫保护效果好但可能存在生物安全风险的活疫苗或核酸疫苗，虽然可以暂时控制临床疫病的发生，减少损失，但同时也有与其他毒株发生重组的风险，尤其是在同一猪场内接种不同方法致弱后的弱毒活疫苗，毒株重组后毒力返强的风险较高。

（撰稿人：胡欢鑫　宋国亮　王延辉）

2.2　我国猪用疫苗的发展、现状及趋势

我国猪用疫苗的研究和生产起步于 20 世纪初，随着免疫学、基因工程技术等生物技术的快速发展和应用，以及现代化、标准化、规模化养殖的快速发展，对猪用疫苗的研究和生产也提出了更高、更严的要求。现阶段，虽然我国猪用疫苗仍以传统疫苗为主，但基因工程疫苗等新型疫苗所占比例逐渐上升，说明我国猪用疫苗的研发重心正在由传统疫苗生产向基因工程疫苗等新型疫苗生产转变。

2.2.1　猪用疫苗的发展

我国猪用疫苗发展起步较晚，新中国成立前，由于时局动荡且缺乏统一的产品质量标准和生产工艺以及专门从事研究和生产猪用疫苗的技术人员，这一阶段猪用疫苗的发展相对缓慢。新中国成立后，随着我国养猪业快速发展，养殖户迫切需要质量更高、数量更多、品类更齐全的猪用疫苗。党和国家高度重视，于 1952 年制订了我国第一部《兽医生物药品制造与检验规程》，统一了疫苗的制造工艺、检验方法、标准、用法和用量，制定了疫苗生产和检验用菌（毒）种制备、保存和领用制度。我们由此成功培育出猪瘟兔化弱毒疫苗、猪气喘病疫苗、猪丹毒疫苗、猪肺疫弱毒株疫苗等。其中猪瘟兔化弱毒疫苗免疫后的抗体产生快、保护率高且保护周期长，达到国际领先水平，这不仅在控制我国猪瘟疫情上发挥了关键作用，而且在世界范围内，特别是东欧地区的猪瘟控制和净化中做出了重要贡献。改革开放以来，国家确定了“预防为主”的防控方针，并积极恢复兽医研发机构，加强法制建设，狠抓疫病防控工作，我国的兽医工作者迎来巨大的工作转机。1991 年，由军事医学科学院、中国农业科学院分别研制的仔猪大肠杆菌基因工程疫苗和仔猪腹泻基因工程双价灭活疫苗的获批，开启了我国猪用基因工程疫苗的新时代。2002 年，农业部颁布实施了《兽药生产质量管理规范》（简称“兽药 GMP”），要求企业严格按兽药 GMP 要求和相关国家法规生产和销售产品，这显著提高了兽药生产企业的门槛，提升了兽药的生产质量管理水平，企业的产品检验合格率达到 99%左右，疫苗的数量和质量随之显著提高。

目前，我国兽用生物制品企业有 110 多家，随着企业科技不断进步、规模不断壮大，以及在规模化生产和推广应用方面的优势，猪用疫苗的研发主体由科研单位、高等院校逐步转变为与企业合作研发或企业自主研发。现阶段，随着转基因、合成肽、反向遗传等新技术和悬浮培养等现代化生产工艺的广泛应用，我国新型猪用疫苗的种类和数量不断增多，且质量和效果较好，基本可以满足我国养猪业疫病防控的工作需求。

2.2.2 猪用疫苗的研究现状

我国是世界第一生猪生产和消费国，随着养猪规模的不断扩大，对生猪疫病防控的要求越来越高。近年来，随着兽药 GMP 的颁布实施，动物疫苗的数量和质量均有明显提升。但由于传统病原变异和新病原的不断出现，以及现代生物学的发展和免疫相关学科的进步，传统疫苗在安全和效力方面的局限性日趋明显，而基因工程疫苗等新型疫苗的比例逐步扩大并发挥不小作用。与此同时，临床对多联多价疫苗的需求越来越大，因为这类疫苗在一针多防的同时明显降低了猪体应激反应和操作人员的劳动强度，节约了生产成本。

2.2.2.1 传统疫苗为主

传统疫苗主要指用天然菌毒种和传统工艺生产的疫苗，主要包括灭活疫苗和活疫苗等。传统疫苗一般有以下特点：①从自然环境中分离的菌(毒、虫)种，经物理、化学等手段驯化而不涉及基因编辑等操作过程。如猪用活疫苗一般是通过传统人工致弱方法获得弱毒株并采用传统工艺制造。灭活疫苗一般由天然强毒株采用传统的培养、灭活工艺进行生产，并辅以佐剂/免疫增强剂来增强其免疫效果。②主要采用转瓶培养等传统工艺，因其自动化程度低、操作复杂，所以生产效率较低。③因为采用初级微生物生产，疫苗中的无效或有害成分难以去除，所以均一性和稳定性较差，安全性低。

目前，我国猪用疫苗仍以传统疫苗为主，随着生物技术、基因工程、细胞工程、发酵工程、生产工艺等现代生物技术的发展和进步，传统疫苗的升级换代也越来越快。目前已有用基因工程技术研制的新型疫苗。此外，新的生产工艺变革促进了传统疫苗的升级，如运用生物反应器悬浮培养和高密度发酵工程技术，可提高抗原生产量，保证抗原的均一性；利用分离纯化技术可以纯化抗原，去除杂质和有害物质，获得高纯度、高效价的抗原，从而提高疫苗质量。随着技术、工艺的革新，多联多价疫苗的研发，可显著提高疫苗的免疫效率，节约成本；研制和优化新型水性佐剂能减少机体注射应激反应，提高疫苗的安全性和免疫效力。

2.2.2.2 产品质量有待提升

近年来，我国猪用疫苗的种类和数量不断增长，但质量不稳定成为制约其规模扩大的主要因素。因此切实做好疫苗生产企业的 GMP 管理尤为重要。全面提升疫苗产品质量，需从源头抓起，不断提高技术水平和管理水平。首先，规范和提高猪用疫苗制造和检验用原材料的质量标准，从疫苗的制造用菌毒虫种、培养基、血清、水、细胞，到疫苗检验用动物及检测方法等全方位把关；其次，提升疫苗生产工艺，提高产品质量；最后，严格进行疫苗检验，防止不合格疫苗流入市场。近年来，企业在意识到研发的重要性后，已加大研发投入力度，强化企业本身的研发实力和知识产权保护。同时，学校或科研院所和企业的产学研合作越来越多，在充分利用科研院所高水平研发成果和企业的规模化生产和转化能力基础上，疫苗的质量和数量得到明显提升。

2.2.3 猪用疫苗的发展趋势

随着养猪业的规模化和集约化发展，结合预防为主的指导思想，我国猪用疫苗的发展面临着新的机遇，主要体现在以下两个方面。

2.2.3.1 提高传统疫苗的质量，改进品种结构

随着变异毒株和超强毒株的不断出现，传统疫苗缺少较好的免疫保护，常造成免疫失败，

如2006年暴发的高致病性猪繁殖与呼吸综合征病毒、2011年的猪伪狂犬病病毒变异株等。因此需要兽医工作者关注传染病的流行特点和病原变异特征，研制有效的新型疫苗。现阶段，猪群需接种的疫苗种类越来越多、频次越来越高，造成疫苗的注射应激、副反应增多，人员劳动强度大，生产成本高，大大影响了猪群的生长。针对猪群的饲养周期缩短、疫病种类增多，多联多价疫苗越来越受到研发者的重视和猪场的欢迎。

2.2.3.2 新型疫苗的快速研发

据统计分析，2015—2019年，每年由农业农村部批准的猪用疫苗数量呈平稳趋势，但传统疫苗的数量及占比逐年下降，揭示了我国猪用疫苗的研制重心由传统疫苗向新型疫苗（基因缺失疫苗、基因工程疫苗、多肽疫苗等）的转变。未来疫苗的发展趋势是开发能刺激机体产生保护性免疫反应且抗原含量最少的新型疫苗，达到既安全又能起到有效保护机体的目的。

我国猪用疫苗产业发展任重道远，既要从技术层面提高，又要立足现阶段养殖户面临的复杂问题，针对养殖户的痛点，既要做长远的开发规划和设计，又要能够快速地解决当下的问题。疫苗种类繁多也并不全是好事，从一个企业研发角度看，研发的路是艰辛的，要开发产品就要做精，最好能够开发出让用户使用简单方便、安全有效、性价比高的疫苗，例如，可以喷雾免疫的疫苗，可以饲喂的疫苗，可以解决当下养殖户免疫最大的痛点。但技术的突破有时不单单是一项技术的突破可以解决的，有时终端一种技术的应用会颠覆整个产业链条的革新，无论怎样，只要有社会效益，我们都要全力以赴地去跟上时代变革的潮流。

（撰稿人：胡欢鑫　宋国亮　王延辉）

2.3 猪用疫苗的研发周期及生命周期

正如一切生命的诞生都有其固定周期一样，一个良好的疫苗也要经历漫长的孕育期，期间会经历各种各样的磨难和考验，最终才会面向市场。在整个疫苗的生命周期内，研发单位和生产企业不断地修正疫苗的外在表现和内在品质，以满足客户的需求，直至被下一代新型产品取代。本节将简要介绍一下疫苗的研发周期和常规疫苗的生命周期。

2.3.1 猪用疫苗的研发周期

通常情况下，企业在确定研发目标之前，需进行市场调研、风险评估等，同时要考虑研发成本、研发活动的技术可行性、可能采用的技术路线、预期收益、企业的发展规划及国家的政策变化等多重因素。

依据中华人民共和国国务院令第404号《兽药管理条例》、农业部公告第442号《兽用生物制品注册分类及注册资料要求》和第683号《兽用生物制品试验研究技术指导原则》等相关法律法规，结合企业研发实际，一般情况下，猪用疫苗从开展市场调研和前期论证阶段开始，需8～14年的时间才能到市场推广应用。

2.3.2 猪用疫苗的生命周期

疫苗的生命周期是疫苗的市场寿命，即一种新疫苗从开始进入市场到被市场淘汰的整个过程。疫苗产品一般要经历开发、成长、成熟、衰退4个阶段。而这个周期在不同的技术水平的国家里，发生的时间和过程是不一样的，这里往往存在一个较大代差，正是这一代差，表现出了不同国家在技术上的差距，以及在临床应用上疫苗产品质量的差距。

在疫苗的整个生命周期内，它能发挥较大的效能是有很多前提的。例如，养殖场的生物安全管理问题，免疫程序合理性的问题，猪场疫病监测科学性的问题，疫苗保存的问题。例如，猪场多病原同时感染；不该免疫的时候开始免疫；猪病已经在猪群内大面积感染了才开始接种疫苗，疫苗冻结过还依然使用等。

企业为了能更好地解决养殖户的问题，会不断地进行探索和研究，来改进疫苗的特性，提高用户使用便利，更快地解决问题。例如，一种疫苗与其他疫苗联合使用，一针多防，普莱柯生物工程股份有限公司的副猪嗜血杆菌灭活疫苗可以稀释猪瘟活疫苗，做到一针两防。开发配套的快速检测方法，让用户随时可以检测猪群的抗体情况，抓住最佳的免疫时机；开发敏感的试剂盒，用于早期诊断，以免用户错过最佳的防控时机，例如猪伪狂犬病 gE 抗体检测试剂盒。除了这些增值服务外，对疫苗核心的质量也在不断研究，例如让疫苗对温度不敏感，便于运输和储存；让疫苗的纯度更高，减少副反应，增加安全性，提高生长性能，让疫苗病毒含量更高，提升免疫效果等。

疫苗的生命是同养殖企业一同成长的，为满足客户的需求而需要不断改进和提升，当它升级到一定程度的时候，可能就没有再提升的空间了，这时就会被下一代的疫苗逐渐取代，例如猪圆环病毒 2 型灭活疫苗最终就被更加安全有效的亚单位疫苗所取代了。

疫苗的研发和应用历程，不仅是研发生产企业成长的历程，也是客户成长的过程，是国家政策不断完善的过程。企业想开发好的疫苗，必须对市场的需求和用户的痛点非常清晰，能够切实地解决用户的问题，让产品在有限的生命历程中发挥最大的价值。

（撰稿人：胡欢鑫　宋国亮　王延辉）

2.4 猪用疫苗的质量标准

疫苗在人畜疫病的防控方面发挥着越来越重要的作用，疫苗质量的高低直接影响动物疫病防控和公共卫生安全。动物疫苗生产涉及生物材料和生物学过程，有其固有的生物易变性和特殊性，其质量必须具有理想的安全性、有效性和可接受性，这意味着疫苗必须有严格的质量标准，并且这些标准是疫苗在有效期内应达到的最低标准，才能保障疫苗在预期使用条件下的安全性和免疫效力。

2.4.1 纯净性检验或纯粹检验

2.4.1.1 无菌检验或纯粹检验

疫苗中如果混有细菌或真菌，注射后，会引起机体的局部感染，甚至造成意外死亡等。根据《中华人民共和国兽药典》（以下简称《中国兽药典》）规定，各类生物制品必须按规定做无菌检验或纯粹检验，除另有规定外，都不应有外源性细菌、真菌等微生物。某些疫苗允许有一定数量的非病原性杂菌，如污染杂菌，但必须进行杂菌计数，且在杂菌计数没有超标的情况下，进行病原性鉴定。

2.4.1.2 支原体检验

在兽用疫苗生产中，由支原体引起的细胞污染发生率可达 30%～60%，支原体污染可引起细胞生长抑制、DNA 片段化及糖类、核酸和蛋白质的合成受阻，进而影响疫苗产品的质量和安全性。根据《中国兽药典》规定，除另有规定外，每批病毒类活疫苗均应按规定进行支原体检验，且应无支原体生长。在按照《中国兽药典》规定的培养方法进行支原体检验外，可在内控标准中增加一些快速、通用的检测方法，具体如下。

1. 传统检测法

分为直接培养法和 DNA 荧光染色法。直接培养法是按照《中国兽药典》三部规定，将样品接种到支原体培养基上，通过观察液体培养基的颜色变化和固体培养基上是否有支原体菌落来判断试验结果，是常用的支原体检验方法。DNA 荧光染色法又称指示细胞法，是将待测样品接种于指示细胞中培养，以特异性荧光染料染色，通过在荧光显微镜下观察附着在细胞表面的支原体 DNA 着色情况来判断有无支原体污染。

2. 血清学检测法

分为被动颗粒凝集试验和酶联免疫吸附试验。被动颗粒凝集试验是将可溶性抗原或抗体吸附于与免疫无关的、一定大小的颗粒状载体表面，并与相应的抗体或抗原作用，在有电解质存在的适宜条件下即可发生凝集，称为被动颗粒凝集反应，此方法可应用于细菌、支原体的鉴定和抗体的定性检测。酶联免疫吸附试验是目前诊断肺炎支原体的较实用和可靠的方法之一，主要包括间接法、双抗体夹心法和抗原竞争法，因其检测方法简单、具有良好的特异性和敏感性，一次可以完成大量样品的检测等优点，现已广泛应用于临床。

3. 分子生物学检测法

目前有 PCR 检测法、巢式 PCR 检测法、实时荧光定量 PCR 检测法、DNA 分子杂交检测法，可有效检测多种支原体引起的污染，具有高灵敏性、高特异性、简单快速、避免交叉污染等特点。

2.4.1.3 外源病毒检验

疫苗中若存在外源病毒，有可能会导致使用对象发生疾病或干扰生物制品发挥作用，无法实现免疫效果。因此，外源病毒检验是生物制品安全、有效的重要保障，具体方法如下。

1. 常规检验方法

按照《中国兽药典》三部规定，使用高效价特异抗血清中和待检疫苗中相应活性成分或适当处理后再接种易感细胞，可以通过观察病变、红细胞吸附试验、荧光抗体染色试验等检出污染的外源病毒。

2. 新型检测方法

随着新型技术的快速发展，透射电镜、酶联免疫吸附试验、血凝抑制试验、常规 PCR、基于探针的核酸检测方法、深度测序分析技术等正逐步得到认可和推广，如 OIE 已将检测蓝舌病病毒、非洲猪瘟病毒、牛传染性鼻气管炎病毒等的 PCR 方法列为国际贸易指定试验方法。我国已将检测猪瘟病毒的实时荧光 RT-PCR、检测猪繁殖与呼吸综合征病毒的 RT-PCR 方法、检测猪伪狂犬病病毒的 PCR 方法、检测猪圆环病毒的 PCR 方法、检测副猪嗜血杆菌的巢式 PCR 或实时荧光 PCR 等列为国家标准。在制定一些疫苗产品的外源病毒检验标准时，也增加了其他的质控方法，如猪伪狂犬病活疫苗（HB-98 株）除采用《中国兽药典》中规定方法外，还增加了 PCR 方法对鄂 A 野毒进行检测。

2.4.2 安全检验

疫苗的安全性是疫苗能否商品化的重要指标，可以说，疫苗的安全性检验是产品质量检验的关键项目之一，而检验结果的准确性与实验动物、检验方法及判定标准密切相关。在疫苗的生产制备过程中，弱毒株疫苗的残余毒力、强毒株灭活疫苗病毒的灭活不完全，以及培养基组分、灭活剂、保护剂、佐剂、乳化剂、培养过程中的外源因子产物等均能引起动物机体的局部或全身不良反应。

2.4.2.1 实验动物选择

应使用对疫苗敏感性最高的品系、推荐最小使用日龄的健康易感本动物进行安全检验。为了更好地把握疫苗的安全性，也可以同时采用本动物和非本动物进行安全检验，如很多细菌具有较为广泛的宿主嗜性，有些实验动物对细菌的敏感性比本动物更高，因此部分细菌性疫苗会采用实验动物替代本动物进行安全检验，最常用的实验动物为小鼠、豚鼠和家兔。使用的实验动物应符合普通级或清洁级动物标准，或者符合《中国兽药典》规定的基本要求且没有与待检疫苗有关的抗原和抗体。

2.4.2.2 免疫剂量

采用本动物进行安全检验的剂量通常不低于 2 个使用剂量（灭活疫苗）或不低于 10 个使用剂量（活疫苗）。采用实验动物进行安全检验的剂量是根据本动物和实验动物进行安全检验平行试验结果制定的。

2.4.2.3 观察指标

除另有规定外，每批疫苗随机抽取 3 瓶混匀后，以一定的剂量和合适的途径接种本动物或实验动物，经过一定的观察期（通常为 7～21 d），通过对接种动物局部和全身表现的评价来反映接种疫苗的安全性。在常规观察免疫动物的临床反应的基础上，还需对疫苗安全试验中发现的各种不良反应情况加以考虑。使用哺乳动物进行安全检验的，通常还需测定其体温反应。对安全风险较大的疫苗，应适当增加安全检验项目，并将已发现的不良反应作为安全检验的重要观察和判定指标。如口蹄疫疫苗，在使用本动物进行安全检验的同时，考虑到未经完全灭活的病毒可能带来极大的风险，还会采用其他小动物进行安全检验。

2.4.2.4 其他规定

除按照各种疫苗的安全检验标准免疫及判定外，也应遵循《中国兽药典》通则的兽用生物制品检验的一般规定来进行以下记录及判定：如果安全检验动物有死亡，须明确原因，确属意外死亡的，本次检验作无结果论，可重检 1 次；如果检验结果可疑，难以判定，应以增加 1 倍数量的同种动物重检；如果安全检验结果仍可疑，难以判定，则该批疫苗应判为不合格。凡规定用多种动物进行安全检验的疫苗，如果有一种动物的安全检验结果不符合该疫苗质量标准规定，则该批疫苗应判为不合格。

2.4.3 效力检验

疫苗的效力检验是用已建立的方法和标准检测疫苗使用后的免疫保护效果，其检验方法包括体内效力检验和体外效力检验。体内效力检验是对本动物或替代本动物的实验动物进行免疫接种，以检测其诱导产生的抗体效价，或评价免疫攻毒保护情况来判定疫苗的效力。体外效力检验方法是指脱离动物，而以物理、化学、生物学或免疫学方法检测制品中的抗原含量以间接评价疫苗有效性，包括病毒含量、活菌计数、灭活抗原含量、相对效力等。多数活疫苗采用病毒含量测定或活菌计数、灭活疫苗采用免疫攻毒或血清学方法来评价疫苗效力。

2.4.3.1 体外效力检验

1. 最小抗原含量的测定

疫苗抗原含量与免疫攻毒保护率之间，通常存在一定的相关性。使用不同抗原含量的疫苗分别接种动物，经过一定时间后进行攻毒，或采用已经证明与免疫攻毒方法具有相关性的替代方法进行免疫效力试验，使动物获得 80%及以上保护效果的最低的抗原含量，即为最小抗原含量。

2. 检验标准

一般将 5～10 倍最小抗原含量作为疫苗的效力检验标准，有些病毒性疫苗抗原含量可能为最小抗原含量的 100 倍。

3. 检测方法

包含细菌类活疫苗的活菌计数(CFU)，支原体活疫苗的活抗原计数(CCU)，病毒类活疫苗的病毒滴度测定($TCID_{50}$)、相对抗原含量测定、抗原含量直接测定。活菌计数是指将细菌或支原体在相应培养基培养、形成单个菌落/发生颜色变化，通过肉眼观察计数来测定疫苗中的活菌数的方法。病毒含量测定是用不同稀释度病毒感染相应细胞，通过观察细胞病变等来判定疫苗病毒含量。相对抗原含量测定多采用 ELISA 方法进行检测，即根据 ELISA 方法测定的疫苗中有效抗原的相对效价，结合标准曲线计算疫苗的含量，如使用 ELISA 方法可以测定圆环病毒 Cap 蛋白疫苗抗原浓度来评价圆环病毒亚单位疫苗效力结果。抗原含量直接测定是指用物理或化学的方法，直接测定疫苗中有效抗原含量的浓度，结合标准曲线计算疫苗的含量，如使用高效液相体积排阻色谱法测定口蹄疫灭活疫苗 146S 抗原含量来评价口蹄疫疫苗的质量。

2.4.3.2 体内效力检验

1. 本动物/实验动物免疫攻毒法

(1)定量免疫定量强毒攻击　是将一定剂量的疫苗经规定途径接种动物，经过一定时间后，用一定剂量的强毒攻击，根据免疫动物的存活或不发病或不感染的情况来判定疫苗的效力。该方法为灭活疫苗普遍使用的效力检验方法。

(2)变量免疫定量强毒攻击　是将不同剂量的疫苗经规定途径接种动物，经过一定时间后，不同剂量免疫组连同对照动物均使用同一剂量的强毒攻击，根据动物存活数和死亡数(或发病数)进行统计学分析计算出 50%的保护剂量，如口蹄疫灭活疫苗效力检验以半数保护剂量(Fifty percent protection dose，PD_{50})来表示。

(3)定量免疫变量攻击　是将动物分为免疫组和对照组，两组又各分为相等的若干小组，免疫动物均用同一剂量的制品接种，经一定时间后，与对照组同时用不同稀释倍数强毒攻击，比较免疫组与对照组的存活率。

2. 血清学检验法

(1)本动物血清学检验标准　疫苗免疫后的血清效价与免疫攻毒保护率之间，通常存在一定的相关性。使用不同剂量的疫苗免疫本动物，可以获得具有不同抗体水平的动物。根据抗体水平的高低，将动物分为若干组，用已经选定的强毒株按照一定剂量对其攻毒，根据攻毒结果对抗体水平与攻毒保护率之间的关系进行分析，使动物获得 80%及以上保护效果的对应抗体水平，即为靶动物免疫疫苗后血清学效力检验的最低标准。

(2)实验动物血清学检验标准　当疫苗的效力检验用靶动物(主要是大动物)来源困难、费用高时，可使用敏感小动物代替，但应进行本动物与敏感小动物免疫攻毒保护力平行关系的试验。将不同剂量的疫苗分别免疫本动物和实验动物，一定时间后用已经选定的强毒株进行攻击，根据本动物与敏感小动物免疫攻毒保护相关性的试验研究，确定小动物替代本动物的攻毒检验标准，然后再根据符合攻毒效力检验标准的小动物的血清抗体效价，制定实验动物的血清学检验标准。

(3)检验方法

①血凝与血凝抑制试验　血凝试验是利用具有血凝性的病毒选择性地凝集动物红细胞的特性来测定病毒的效价。血凝抑制试验是利用具有血凝性的病毒凝集动物红细胞的特性可以被相应的抗体抑制，使其不能再凝集红细胞的现象来测定与该病毒相对应的抗体的效价。如猪细小病毒病灭活疫苗免疫血清抗体的测定。

②间接血凝试验　是将病原微生物的可溶性抗原成分连接到红细胞表面，制备成可产生凝集反应的颗粒性抗原成分(致敏红细胞)，当其与对应的抗体成分定量混合后会产生肉眼可见的凝集反应。如仔猪大肠杆菌腹泻三价灭活疫苗免疫血清抗体的测定。

③中和试验　将病毒与相应血清完全中和后，用中和物接种敏感动物或细胞，根据机体保护或感染情况来判定疫苗的效力。如猪瘟疫苗(兔)、伪狂犬疫苗、胃腹二联灭活疫苗。

④酶联免疫吸附试验　是根据特异性阳性血清或抗原能与相应抗原或抗体发生特异性结合，在酶标记抗体和酶底物的参与下呈现颜色反应的原理来检测血清中的抗体水平，即根据 ELISA 效价的高低来判定疫苗的效力。如萎缩性鼻炎灭活疫苗。

⑤参考疫苗　将经本动物攻毒试验检验合格的疫苗作为参考品，与待检疫苗同时免疫实验动物，以参考疫苗免疫动物的血清学为基准，进行疫苗的效力评价。猪圆环病毒 2 型灭活疫苗为通过测定参考疫苗免疫敏感动物血清中 ELISA 效价，即以此为标准来判定待检验疫苗效力。

2.4.3.3　其他规定

除按照疫苗的效力检验标准免疫及判定外，也应遵循《中国兽药典》通则的兽用生物制品检验的一般规定来进行记录及判定。

1. 意外情况的规定

效力检验中的免疫动物在免疫中有意外死亡时，如果存活数量仍能达到规定的保护数量以上，可以进行攻毒检验。攻毒后如果抗体水平能达到质量标准中规定的保护数量，可判为合格；攻毒后不合格者，应作为一次检验计算。

2. 效力重检的规定

必须对前次检验结果做详细分析，当检验结果受到其他因素影响，不能正确反映疫苗质量时，除另有规定，可用原方法重检 1 次；对不规律的效力检验结果，高稀释度(或低剂量)合格，低稀释度(或高剂量)不合格，判为无结果；攻毒后对照动物的发病数量达不到规定数量而免疫动物保护数达到规定数量时，也判为无结果；当对照动物发病数量和免疫动物保护数量均达不到规定数时，判疫苗不合格。

2.4.4 其他标准

2.4.4.1 性状

1. 外观

产品外观可在一定程度上反映产品的质量，由于制造方法和组成成分不同，不同类型的疫苗呈现外观也不同。通过目测法对疫苗颜色、状态等直接进行检测和判定：冻干疫苗应为海绵状疏松团块，无异物和干缩现象，加稀释液后能迅速溶解为均匀一致的混悬液；灭活疫苗应为均匀乳剂，无沉淀、无凝块、无异物。

2. 剂型

油乳剂灭活疫苗分为油包水、水包油包水和水包油三种剂型。油包水剂型由于外层为油相，有疏水特性，所以滴入水中后液滴除第一滴外不扩散。水包油包水剂型的外层为水相，有亲水特性，所以滴入水中后液滴扩散。水包油剂型外层为水相，亲水。

3. 稳定性

对油乳剂而言，其稳定性会受到温度和重力的影响，在一定温度或离心作用下观察油乳剂的稳定性，应不出现破乳现象，且管底析出水相不超过 0.5 mL。

4. 黏度

对油乳剂灭活疫苗而言，其黏度可影响疫苗的使用，疫苗黏度过大，会出现注射阻力大、疫苗不易吸收、机体副反应大、抗体滴度上不去等问题；黏度过小，会出现抗体维持时间短等问题。根据《中国兽药典》规定，矿物油佐剂疫苗的黏度应不超过 200 cP。

2.4.4.2 装量检查

按照《中国兽药典》三部规定，装量应不低于标识装量。

2.4.4.3 真空度及剩余水分测定

使用高频火花真空测定器对每批冻干制品进行真空度测定，容器内应出现白色、粉色或紫色光辉。注意放电火花不应指向容器内的制品部分，否则会损伤制品。容器中无真空的制品，应予剔除报废。

使用真空烘干法对每批冻干制品进行剩余水分的测定，检测时任抽 4 个样品，各样品剩余水分均应不超过 4%。如果有超过，可重检 1 次，重检后如果有 1 个样品超过规定，该批制品应判为不合格。

2.4.4.4 甲醛或苯酚或汞类防腐剂残留量测定

生物制品在生产中为了脱毒、灭活和防止活菌污染，常加入一定量的甲醛、苯酚和汞制剂等作为灭活剂和防腐剂。根据《中国兽药典》三部规定，含梭状芽孢杆菌的制品中，甲醛残留量不得超过 0.50%甲醛溶液（含 40%甲醛）量，其他制品中应不超过 0.20%甲醛溶液（含 40%甲醛）量；苯酚残留量应不超过 0.50%；汞类防腐剂残留量应不超过 0.010%。

2.4.4.5 内毒素检测

细菌性疫苗中残余的内毒素检查是保证生物制品质量、使用安全性的最重要检查项目，细菌内毒素检查法在世界许多国家的药典均被收载。根据《中华人民共和国药典》2015 版，细菌内毒素检查法分为内毒素定量测定法（光度测定法）和内毒素检查法（凝胶法）。前者是根据吸光值与细菌内毒素浓度相关性进行定量测定内毒素的方法，后者是用鲎试剂与内毒素发生酶联反应后形成的凝胶来进行定性测定内毒素的方法。

2.4.4.6 鉴别检验

1. 特异性血清中和试验

部分疫苗适用于采用特异性血清中和试验方法进行鉴别检验。将特异性血清与相应病毒性疫苗混合，使病毒失去对其宿主的感染性，然后用中和物接种试验动物（如猪瘟活疫苗）或细胞进行培养，观察其是否感染病毒，来判断疫苗病毒与血清的特异性。当疫苗与特异性血清的中和物接种试验动物无临床反应（如家兔热反应）和组织病理变化或接种细胞不产生病变且与对照差异明显时，判断该特异性血清中和试验结果呈阴性，特异性合格。

2. 蛋白免疫印迹试验

当疫苗含有的抗原物质与特异性抗体结合后，抗体再与酶标抗体特异性结合，通过产物颜色深浅，即可判断疫苗抗原与血清的特异结合性，从而达到对疫苗进行检验的目的。

以上检测项目均是国家规定的必须检测的项目，一部分适用于灭活疫苗，一部分适用于活疫苗。随着技术的发展，一些方法和标准已无法满足现有的生产需求，因此催生了很多企业内控检测方法及标准，例如 PCR 检测支原体的方法，用凝胶电泳测定蛋白质纯度的方法，用酶联免疫吸附试验测定抗原含量的方法等。然而一些新方法如 PCR 检测法受诸多因素的影响，检测结果并不是很稳定。目前养殖企业由于专业技术人员较少和设备条件较简陋的限制，大多采用的是一些能够快速得出结果的新方法，虽然获取结果快，但稳定性相对较差，结果分析干扰因素较多。

（撰稿人：侯瑞卿　宋国亮　王延辉）

2.5 菌、毒、虫种对疫苗质量的影响

动物、植物、微生物，几乎一切生命都源于“种子”。对于疫苗种子来说，它的筛选标准十分严格，以满足疫苗防控疫病的目的。本节从纯净性、繁殖特性、免疫原性、与流行株的交叉保护性、安全性及遗传稳定性等方面介绍疫苗种子的特性及其与疫苗质量的关系。

2.5.1 菌、毒、虫种的基本要求

菌、毒、虫种是疫苗质量与其使用效果的直接保证，理想的种子应具有下列基本特性。

2.5.1.1 纯净性

作为疫苗的种子，无论是病毒、细菌或是寄生虫，在种子分离初期就应该对其进行纯净性鉴定，以保证种子的纯净。如果有其他外源微生物污染，在培养的时候外源微生物就会和种子一起争夺营养成分，理想的种子就难以达到目标含量，从而影响疫苗的质量，更严重的是使种子整个增殖过程不稳定、不可控，难以实现稳定地扩增流程。因此，作为疫苗的菌、毒、虫种必须是单一的、纯净的。

2.5.1.2 繁殖特性

作为疫苗种子，其增殖要达到一定的含量才能保证免疫效果，并且可以通过标准方法检测种子具体含量以保证疫苗抗原批次间的稳定性。所以种子良好的繁殖特性和生物学检测特性

决定了这个种子最终能否用于疫苗生产，如猪瘟活疫苗用传代细胞培养时，病毒含量要达到 20×10^4 兔体感染量（RID）以上，才能满足最终成品疫苗在 7 500 RID/头份以上。如果达不到该标准，疫苗成品质量就不合格。如果想要合格，就必须增加抗原浓缩过程，这时生产成本就会增加，同时也会使疫苗副反应比率提高。所以良好的繁殖特性是疫苗规模化生产可控的必要因素。

2.5.2 疫苗菌、毒、虫种的选择

2.5.2.1 免疫原性

疫苗最重要的作用是疫病防控，所以作为疫苗的种子，最重要的是要具有免疫原性。所谓免疫原性，就是该种子培养后产生的抗原能够刺激机体产生免疫应答。当有同类毒力较强的菌、毒、虫攻击机体时，由疫苗免疫产生的免疫应答就会防止疾病的发生或减轻机体发病的程度，起到免疫保护的作用。

2.5.2.2 与流行株的交叉保护性

疫苗作用就是经过处理的病原通过刺激动物体产生对该病原的免疫力，从而抵御野毒抗原入侵。病原反克制的手段就是变异，借此来逃避动物体的免疫保护，近年来，我国主要猪病的几次大流行均和病原变异有关系。2006 年发生的高致病性猪繁殖与呼吸综合征（猪蓝耳病），近几年猪繁殖与呼吸综合征病毒 NADC30-like 的流行，以及 2010 年猪流行性腹泻、2012 年猪伪狂犬病、2013 年猪丹毒流行，无一不是病原变异引起。这意味着现有疫苗不能对当前流行株提供完全有效的保护，中国各地的生猪养殖业依然面临着巨大风险。因此，提高疫苗保护效果就应该进行疫苗株与流行毒株的交叉保护评价，使得疫苗尽量与流行的野菌、毒、虫抗原有较高的匹配度，从而尽可能地提高疫苗保护效果。

2.5.2.3 安全性

1. 强毒菌（毒）种

强毒菌（毒）种是指从分离鉴定的病原微生物中筛选出毒力强、免疫原性好的具有典型生物学特性的菌（毒）种，多用于制造抗病血清、灭活疫苗等生物制品、进行疫苗效力试验以及培育弱毒株等。常从流行地区的患病动物体内分离，经形态、培养特性、致病力、抗原性等鉴定而获得强毒菌（毒）种。它们也可经人工培养，使用物理或化学方法使其灭活、丧失毒力，但仍保留免疫原性而制成灭活疫苗，其安全性较好、不存在毒力返强等风险，特别是利用流行菌（毒）种制备的灭活疫苗对流行区域进行针对性地免疫预防时，往往会取得良好的免疫效果。我国保存的猪瘟病毒石门株和多杀性巴氏杆菌 C44-48 株等都是优良的强菌（毒）株。

2. 弱毒菌（毒）种

天然弱毒菌（毒）种和通过在同种或异种细胞/动物上传代致弱、采用物理和化学方法致弱、利用基因工程技术对病原进行重组致弱而获得的人工弱毒菌（毒）种，可用来制备活疫苗或灭活疫苗。虽然弱毒菌（毒）疫苗具有良好的免疫原性，制备过程也相对简单，但是弱毒菌（毒）疫苗最有可能出现返祖情况，从而形成隐形感染，并且存在散毒的可能性。如猪伪狂犬病使用最广泛的弱毒疫苗株 Bartha K61 株，因其 US 区 *gE* 和 *gI* 基因存在部分或全部缺失，具有一定的安全性和比较好的免疫原性，但因为 *TK* 基因未缺失，因此还是有比较强的毒力，可引起绵羊发病。伪狂犬缺失疫苗株在缺失 *TK* 基因后再缺失 *gE* 基因等后毒力明显下降，同时可

以通过针对 gE 基因抗体区分疫苗株和野毒株感染，有助于猪场的伪狂犬病的净化工作。

2.5.2.4 遗传稳定性

疫苗株在某些条件下可能会发生变异，在使用一段时间后有可能返强，失去原有的特性，同时疫苗毒株作为基础种毒、疫苗生产用种毒在生产中进行连续传代放大生产时，相关毒种的稳定性不足。为制定毒种的传代限定提供依据，只有基因遗传稳定才能保证疫苗的安全性和有效性，也能保证在生产规模放大时，有足够的代次用于疫苗的生产。因此疫苗株的遗传稳定性是所有疫苗，尤其是弱毒疫苗生产和使用中十分重要且敏感的问题。

上述是疫苗种子的最核心的要素，选育或驯化一个兼具以上特性的好的疫苗种子并非易事，原因：一是临床疫病复杂，多数情况下以混合感染居多，解决种子的纯净性就要大费周折；二是病原的变异较快，而疫苗的研发周期较长，所以针对某些变异较快的病毒，保护效果往往都不会像疫苗刚开发时那样完美，即便当时是从上百个流行株中选出最优的一株，它的交叉保护效果也是会随着时间的推移，逐渐弱化的；三是证明种子具有候选疫苗株的特性，需要耗费大量的人力及试验动物以证实它具有可应用于产业化的潜质。

（撰稿人：侯瑞卿　宋国亮　王延辉）

2.6 生产用原辅材料对疫苗的影响

生物制品生产是一个复杂的生物培养过程，所用物料有成百上千种，任何关键物料的微小变化都可能对成品质量造成重大影响，因此对核心原辅材料的控制非常重要。对生产用原辅材料严格把控，加强质量控制，能够降低生物制品的污染风险、保证生物安全、提高生物制品的质量。

2.6.1 原辅材料分类

2.6.1.1 原材料

疫苗生产中涉及的原材料是指原辅材料（一般将原料及辅料统称为原辅材料）和包装材料的总称。

2.6.1.2 原料

原料是指生产过程中涉及的各种生物、化学材料。疫苗生产中主要原材料包括起始原材料，如原料血浆、动物血清、细胞基质、菌（毒）种；用于细胞、病毒、细菌培养的培养基成分；用于提取或纯化的化学、生物材料等；灭活剂、脱毒剂等。

2.6.1.3 辅料

辅料是指生物制品配方中所使用的辅助材料，如水、佐剂、稳定剂、赋形剂等。

2.6.1.4 包装材料

包装材料是指药品包装所用的材料，包括与药品直接接触的包装材料和容器等，但不包括使用的外包装材料。

2.6.2 主要原辅材料特性及其对疫苗的影响

2.6.2.1 水

水是生物制品生产中最重要的原辅材料之一，根据工艺的需求可以将水分为饮用水、纯化水、注射用水。不同的工艺要求要使用不同级别的水，其质量均应符合现行《中国兽药典》的要求。为了确保所用水能够符合细胞生长及注射体内的要求，在制水设备材质、储存温度、储存周期、关键参数等方面需进行严格控制。

1. 制水设备材质

纯化水及注射用水的储罐和输送管道所用的材料应无毒、耐腐蚀，使用前需进行全线灭菌，保证细胞无菌生长。

2. 储存温度

根据兽药 GMP 规定，注射用水需 70 ℃以上保温循环存放。

3. 储存周期

纯化水储存周期不宜大于 24 h，注射用水储存周期不宜大于 12 h，用于疫苗生产的注射用水应在制备后 6 h 内使用。

4. 关键参数

在疫苗生产中应对所用水的关键用水点的质量参数进行在线监测和不定期检测。

2.6.2.2 血清

血清是指血液中去除红细胞、白细胞、血小板以及纤维蛋白原后分离出的橙黄色或淡黄色透明液体，是细胞生长的物质基础，其主要作用是为细胞提供基本的营养物质、激素和各种生长因子及功能蛋白。血清来源和储存条件等对疫苗质量均有不同程度的影响。

1. 血清来源

血清是细胞培养中用量最大的天然培养基，因其成分复杂，蛋白质种类繁多，故血清的来源和批次稳定性是影响疫苗质量的关键因素。

2. 血清储存

因血清中存在大量脂蛋白，解冻后会产生大量沉淀，并且冻融次数越多、储存时间越长，沉淀越多，营养流失越严重，从而使疫苗质量受到影响。

2.6.2.3 培养基

培养基是人工配制，适合微生物生长繁殖或生产代谢产物的营养物质。培养基种类繁多，其质量和稳定性均影响疫苗的质量。

1. 培养基种类

不同微生物有各自适宜的培养基，根据不同的微生物种类及生产工艺，需选择不同类型的培养基，如病毒类疫苗生产用培养基、细菌类疫苗生产用培养基、毒素类生产用培养基、诊断制品和检验用培养基等。

2. 培养基质量

培养基质量是疫苗生产和检验的关键点，其主要关键指标对疫苗有重要的影响，如不同的细菌对培养基 pH 的要求不一样。

3. 培养基稳定性

培养基批次间的稳定性是决定生物制品批次间稳定性的关键，一旦确定了培养基的种类、生产厂家及各项检测关键指标，一次性的大量储备是非常必要的。

2.6.2.4 佐剂

佐剂是一种能够增强机体对抗原特异性免疫应答的辅助物质（如加强、加快、延长和可能的定向）。其作用大体上可分为抗原储存、免疫调节、抗原递呈和细胞毒性 T 细胞诱导四个方面。常用佐剂主要有矿物质佐剂、油类佐剂、水佐剂和微生物佐剂。佐剂类型及其安全性是疫苗选择的依据，对疫苗质量有不同的影响。

1. 佐剂类型对疫苗的影响

不同类型的佐剂对疫苗的通针性及免疫效果影响不同。常用的铝盐类佐剂具有较好的抗原吸附作用，可使抗原缓慢释放；水佐剂通针性好、吸收快，抗体产生也快。

2. 佐剂安全性对疫苗的影响

佐剂一方面可以促进抗原递呈、增强免疫效果；另一方面又具有一定的潜在毒性，可引起局部炎症反应。只有在抗原与佐剂联合应用的优缺点之间达到一定平衡时，才能兼顾疫苗效果与安全性。

2.6.2.5 灭活剂

灭活剂是指能致死病原体，使其失去复制能力和（或）致病力（毒力）的化学物质，常见的灭活剂有甲醛、戊二醛、结晶紫、苯酚、硫柳汞等。灭活剂种类繁多，应根据抗原种类，选择不同的灭活剂及灭活工艺，从而保证疫苗质量。

1. 灭活剂种类

目前使用最多的灭活剂是甲醛。甲醛是一种有强烈刺激性的致癌物质，既可作用于病毒核酸，又可作用于病毒衣壳蛋白。它一方面会破坏病原体蛋白的抗原性，可能会影响疫苗效力；另一方面残留的游离甲醛随疫苗注入体内可使机体产生应激反应，影响疫苗的安全性。随着技术的发展革新，越来越多的无毒可降解的灭活剂，如 β-丙内酯、烷化剂、乙酰基乙烯亚胺、二乙烯亚胺等投入使用。其中，β-丙内酯作用于病原体核酸，不直接作用于蛋白，不破坏病原体的免疫原性，还有灭活效果佳、灭活时间短、易水解无残留等优点。

2. 灭活工艺参数

灭活工艺参数包括灭活剂浓度、pH、灭活温度、灭活时间等，这些均与灭活质量密切相关。

2.6.2.6 冻干保护剂

冻干保护剂是在冷冻干燥过程及冻干后储存阶段保护抗原效力的成分。常用保护剂有糖类、白蛋白、聚乙二醇等。

冻干保护剂的主要成分及含量的差异不仅影响冻干过程中抗原的存活率，还影响储存期间蛋白质、细胞及病毒的稳定性。生物制品中的活性成分（如蛋白质）适用的 pH 范围很小，最优的 pH 环境有利于蛋白质的稳定性和它在溶液中的溶解性。传统的冻干保护剂多为脱脂奶粉，虽无安全风险，但其耐热性较差，在高温的情况下，疫苗制品会丧失活性。目前开发的耐热性较好的冻干保护剂，成分不一，耐热性虽然有提升，但有些成分可能会对动物体造成不良影响，应用于敏感动物时会产生副反应。

2.6.3 主要包装材料特性及其对疫苗的影响

2.6.3.1 疫苗瓶

疫苗瓶种类较多,不同类型和产品规格的疫苗采用不同的疫苗瓶。以玻璃瓶为例,选择透明度高、光洁度好、耐高温、抗碰撞的优质玻璃瓶最佳。疫苗瓶灭菌效果验证,直接影响灌装或冻干后疫苗产品是否能达到无菌要求。

2.6.3.2 胶塞

疫苗瓶与胶塞的密封性匹配度至关重要,直接关系疫苗的质量和保存期。胶塞的化学稳定性和溶出物对疫苗安全性的影响也不容忽视。丁基橡胶是异丁烯单体与少量异戊二烯共同聚合而成;卤化丁基橡胶是丁基橡胶的改性产品,提高了自黏性、互黏性及硫化交联能力,同时保持了丁基橡胶的原有特性。

疫苗生产用物料除了具有生物活性的原材料外,各类原料、辅料、包装材料,以及佐剂、防腐剂等对最终产品的质量都具有重要影响。上述疫苗在生产过程中从半成品制备所需要的培养介质、灭活剂等,到配苗工艺所需要的冻干保护剂、佐剂,甚至到成品包装所需要的包装材料等,所有物料的质量都会对最终的产品质量有直接影响。

（撰稿人:陈珍珍　宋国亮　王延辉）

2.7 生产工艺对疫苗的影响

畜禽疫苗研发经历了传统疫苗和新型疫苗的发展阶段,工艺技术也在不断地变革、创新。随着科学技术的不断进步,结构生物学、反向遗传学、生物信息学及免疫组/抗体组学技术的快速发展,疫苗研究正逐步从传统疫苗研究发展到免疫原精准设计的新阶段。

根据疫苗品类、基本成分、性质和特征,可将疫苗生产分为不同的生产工艺技术,主要有细胞培养工艺、发酵培养工艺、分离纯化工艺、灭活工艺、乳化工艺、冻干工艺等。

2.7.1 细胞培养工艺

目前猪用病毒类疫苗仍多采用转瓶培养方式。虽然转瓶细胞培养技术很成熟,但也存在一些弊端,如培养细胞密度低、病毒产率低、劳动强度大、生产成本高、批次间差异大等。随着技术的发展,转瓶培养工艺正朝着细胞悬浮培养工艺转变。

2.7.1.1 特点

根据动物细胞的类型和培养特性,大规模培养可采用贴壁培养、悬浮培养和固定化培养 3 种培养方式进行,其中细胞悬浮培养技术是动物细胞培养产业化发展的关键技术。细胞悬浮培养是利用生物反应器大规模培养动物细胞生产疫苗的核心技术,结合筛选驯化出高表达细胞株和个性化细胞培养基,控制细胞培养过程,实现提高生产效率及产品质量、降低生产成本的目的。

2.7.1.2 影响细胞培养的因素

细胞是毒种增殖的场所,可以为毒种的增殖提供必需的营养成分,细胞生长过慢、过快,或细胞生长状态不佳,均影响毒种的增殖,最终影响疫苗质量。

1. 培养基

在细胞培养过程中，培养基可以为细胞的增殖提供必需的营养成分，是大规模生产的物质基础，其中蛋白质、脂类、核酸等的含量会影响细胞增殖速度、细胞密度、细胞状态。常规贴壁细胞培养，通常用商品化的培养基即可，如 DMEM、MEM 和 α-MEM 等；而大规模生物反应器培养，则要根据悬浮细胞的类型和特性，筛选或定制特定培养基，通过添加或减少某种成分，使细胞更好地生长。

2. 培养条件

细胞培养过程中，培养温度、转瓶转速、溶氧、pH 等，均影响细胞生长。不同细胞适应的培养温度不同，如常规贴壁细胞一般在 36～38 ℃下生长良好，而悬浮细胞则在 26～28 ℃生产良好。贴壁细胞大规模培养时，转瓶转速是至关重要的因素。转速过高，细胞无法正常贴壁生长；转速过低，细胞无法均匀获得营养。细胞悬浮培养时，溶氧、pH 等，均影响细胞的生长速度和生长状态。

3. 细胞接种密度

细胞起始接种密度是细胞培养的第一环，合适的接种密度能使细胞处于最佳生长状态，更利于毒种增殖。细胞接种密度过大，初期细胞增殖过快，营养消耗较大，快速进入平台期和衰亡期，均不利于毒种的增殖；接种密度过小，细胞不易生长，无法正常贴壁或悬浮培养，也不利于毒种的增殖。

2.7.2 发酵培养工艺

2.7.2.1 特点

生物发酵是利用微生物的代谢活动经生物转化大规模制造产品的过程。发酵过程通常需要较长的培养时间，且为连续操作过程，须全程保持无菌。传统的发酵培养技术人工操作多且产量受限；而高密度培养技术通过提高菌体培养密度及产物的比生产速率（单位体积单位时间内产物的产量），不仅可减少培养容器的体积与培养基的消耗，大幅度降低生产成本，显著缩短生产周期，降低劳动强度，提高生产效率，还可提高下游生产中蛋白质的分离、提取效率。

2.7.2.2 影响发酵培养的因素

1. 培养基

培养基的营养成分如碳源、氮源、无机盐和生长因子等是细胞生长与繁殖所必需的。高密度培养时，培养基营养成分组成及比例要恰当，过量的营养物质还会抑制菌体的生长。若碳源和氮源比值偏低，会导致菌体生产旺盛，造成菌体提前衰老自溶；若该比值偏高，则菌体繁殖数量少，细菌代谢不平衡，不利于产物积累。

（1）碳源　碳源既是构成细胞及代谢产物必不可少的结构物质，又是维持细菌生长代谢所需能源的原料。大肠杆菌高密度、高表达，在发酵控制中优化碳源是关键因素。常用的碳源有糖类、低碳醇、油脂和有机酸等。由于大肠杆菌在含葡萄糖的培养基中生长速度快，并且测定方便，因此葡萄糖是目前大肠杆菌发酵中最常用的碳源物质。但葡萄糖添加过量容易使大肠杆菌生长速率过快，导致葡萄糖效应，会使菌种产生乙酸等代谢副产物，不仅影响菌体生长，而且不利于外源蛋白的表达。

（2）无机盐　微生物要维持正常的生长代谢，除碳源和氮源外，还需要 Ca^{2+}、Mg^{2+}、K^{+}、

Na^+ 等必需离子。这些离子参与细胞的基础代谢，调节酶系活性并维持细胞膜内外渗透压平衡。一般常用的无机盐包括钙盐、钠盐、镁盐、钾盐、磷酸盐、铁盐等。

(3)微量元素　微生物对 Fe^{2+}、Mn^{2+}、Pb^{2+}、Co^{2+}、Ni^{2+}、Zn^{2+} 等微量元素需求量很少，但微量元素对微生物的生长起很大的作用。

2. 培养条件

(1)溶氧　大肠杆菌的生长过程需要氧气的参与，溶氧浓度过高或过低，都会影响菌体的生长和产物的生成。较高浓度的溶氧能够为菌体提供足够的能量，有利于菌体前期的大量繁殖。但过高的溶氧易导致菌体代谢分流，产生副产物甚至有害物质，不利于后期产物的积累和分离。在高密度发酵中后期，菌体呈指数扩增，耗氧量极大，供氧不足会产生大量乙酸，抑制蛋白质合成，导致菌体生长速率下降，严重时甚至发生菌体自溶现象。

(2)pH　发酵过程中培养液的 pH 是微生物代谢活动的综合指标，为一项重要的发酵参数。培养过程中保持 pH 的相对稳定有利于菌体的生长和重组蛋白的合成。pH 急剧变化，对细胞生长和代谢均可造成不利影响。同种微生物的最适生长 pH 和最适产物积累 pH 往往不一致，在不同培养阶段控制适宜 pH 可大大提高目的蛋白的产量及产率。

(3)温度　温度会影响各种酶的活性，是影响工程菌生长代谢、重组产物形成和质粒稳定的重要因素。若培养温度适宜，则会明显促进菌体生长。随着温度的升高，菌体代谢加快，但其生长过程中的代谢副产物也会随之增加，对菌体生长产生一定抑制作用。对于一般菌体，发酵温度在其最适培养温度范围内是比较合适的；而对于基因工程菌，在不同发酵阶段，其最适培养温度要综合考虑。在发酵初期，当其目的产物还未表达时，应优先促进菌体生长；在目的产物表达分泌期，菌体也已长至一定浓度，此时应将目的产物表达所需的最适温度作为首要考虑的因素。

3. 高密度培养方式

微生物的培养主要有分批培养、连续培养和分批补料培养 3 种方式。其中，分批补料培养是获得高浓度生物量最有效的方法。分批补料培养具有操作灵活，染菌、退化概率小，转化率高，对发酵过程可控等优点，通过流加高浓度的营养或前体物质，培养液中细胞浓度可以达到非常高的程度，同时可解除阻遏作用，提高产物得率。按流加方式的不同，可将补料方法分为非反馈补料法和反馈补料法。前者包括恒速补料、变速补料和指数补料 3 种方式；后者包括恒 pH 法、恒溶氧法、菌体浓度反馈法、CER 法和 DO stat 法 5 种方式。流加方式不同，对菌体生长及外源蛋白表达的影响也不同。在生产过程中，要根据菌种特性，选择合适的发酵方式，且要密切关注发酵过程中各项参数的变化，及时调整。

2.7.3　分离纯化工艺

随着我国疫苗行业的不断发展及人们对疫苗安全性认识的加深，简单纯化的疫苗已不能满足养殖场的需求，因此分离纯化技术在动物疫苗制备和生产工艺中显得尤为重要。它可以对下游疫苗生产技术和工艺进行有效优化，保证动物疫苗的有效抗原含量及纯度，降低各种杂质的含量，提升疫苗的安全性。

分离纯化是从动物组织、微生物培养产物或细胞培养产物中分离及纯化目的产物的过程。分离纯化工艺能够去除杂质、提高目的产物纯度，保持目的产物活性，提高产品质量，降低反应副反应。由于需纯化的目的产物一般均具有生物活性，因此在分离纯化的过程中必须根据目的产物的特点，在保证其生物活性的前提下进行分离纯化操作。常用的分离纯化技术主要包括蛋白质沉淀技术、层析技术、膜分离技术、多相萃取技术等。可根据目的产物分子大小、溶解度、特异性亲和力及吸附性等特征选择不同的分离纯化技术。通常使用单一技术很难实现对目的产物的有效分离和纯化，将几种方法进行有效集成应用，才能分离出生物活高性、高纯度的目的产物。

2.7.4 灭活工艺

2.7.4.1 特点

灭活是生产中最关键的技术之一，不仅可以防止病原体的扩散，还可以提高生物制品的安全性。灭活是指采用物理或化学方法杀死生物制品中的病原微生物，使病原微生物丧失感染能力但保留其免疫原性的方法。物理灭活方法主要包括热灭活、紫外线灭活和 γ 射线灭活等。化学灭活方法目前主要采用灭活剂灭活，也是目前生物制品尤其是猪用灭活疫苗生产工艺中采用的主要灭活方法。生产中常用的灭活剂主要包括甲醛、β-丙内酯（BPL）、烷化剂等。

2.7.4.2 影响灭活的因素

不同的灭活剂作用机理不同，有的作用于病毒表面蛋白质，有的仅作用于核酸而不影响表面蛋白质的结构。灭活剂种类、特性、浓度，灭活温度、灭活时间及所需要的 pH 不同，均能够影响对抗原的灭活效果，进而影响疫苗最终的质量，同时灭活剂的毒副作用是直接影响疫苗质量的关键因素。

2.7.5 乳化工艺

2.7.5.1 工艺特点

在疫苗制备中，乳化也是疫苗生产的核心技术。抗原、佐剂及乳化剂在乳化时必须充分接触和分散，否则会大大影响疫苗功效的发挥，达不到应有的效能。乳化可分为物理化学法和机械法两大类：前者是利用表面活性剂（乳化剂）来制备稳定的乳液；后者是利用强有力的剪切力来获得微细粒子。乳化分为水相配制和油相配制两个过程。

2.7.5.2 影响乳化的因素

1. 乳化剂选择标准

具备物理和化学稳定性，与疫苗中其他成分兼容，不冲突，无刺激无毒，不与疫苗中任何成分发生反应；乳化时能在分散相的表面形成薄膜，使分散相颗粒相互融合；乳化后的疫苗黏稠度符合要求。

2. 乳化参数的合理性

良好的乳化参数决定了乳化后疫苗的稳定性及效力，乳化温度、乳化时间、乳化转速、乳化形式等均能影响疫苗乳化后的质量。

2.7.6 冻干工艺

2.7.6.1 工艺特点

冻干工艺技术是指冷冻真空干燥技术，简称冻干。主要包括物料的预处理及制备、物料的预冻(冷却固化)、升华干燥(一次干燥)、解析干燥(二次干燥)、封装和储存 5 个程序。该技术的主要特征是在低温下进行,挥发性成分损失小;对热敏性的物质比较实用(蛋白质、微生物、酶、激素等),这些物质干燥后变性小,生物活性能够得到保留;在低温真空干燥时,氧气极少,微生物生长和酶的作用很弱,易氧化物可以得到很好的保护;在冻结状态下,水分升华干燥后体积变化不大,物质疏松多孔,可以保持原有结构;能排除 95%以上的水分,使冻干产品能长期保存而不变质。

2.7.6.2 影响冻干的因素

1. 冻干保护剂

疫苗在冻干以及冻干后保存过程中可能存在变性,通常需添加冻干保护剂。冻干保护剂能够减少或阻止冷冻干燥过程对蛋白质造成的变性影响,提高对产品的保护性。冻干保护剂的选择不仅直接影响制品的冻干效果,也会影响疫苗质量。

2. 冻干程序

冻干的 5 个程序均对疫苗冻干后的效果产生重大影响。预冻能够使产品固定,形成有利于升华的结晶,保证全部产品获得相同的细微结构。所以冷冻方式、冷却速率、预冻温度和时间、环境温度;升华干燥时干燥箱内压力、冷阱温度、升温速度;解析干燥时允许的最高温度、干燥箱内压力控制;冻干曲线参数设置及调整、整个冻干的总时间等,都是冷冻干燥过程中需要重点考虑的因素,直接影响产品的质量。制品的品种和浓度也是关键因素,在实际生产中根据不同的产品可以适当调整制品的质量浓度,降低能耗。

(撰稿人:陈珍珍　宋国亮　王延辉)

2.8 生产设备对疫苗的影响

良好生产工艺的实现离不开良好的工艺设备,现代化疫苗生产的显著特征之一是工业化生产,各种先进设备使生产规模扩大、工艺一致性提高,生产过程容易被控制。疫苗制备过程从清洗灭菌设备、微生物培养、纯化、乳化、冻干到包装,每一工艺阶段都有相应关键设备,这些设备不管是从性能、使用方法还是技术改进等方面都对疫苗的生产起到了重要作用。

2.8.1 灭菌设备

灭菌设备主要是对所有容器和玻璃器皿进行消毒和去热源。

2.8.1.1 主要设备及性能

1. 高压蒸汽灭菌器

高压蒸汽灭菌器是利用高压蒸汽进行灭菌的设备,适用于耐高温、高湿物品的灭菌。其类型较多,常用的是脉动双扉灭菌器和立式压力蒸汽灭菌器,具有灭菌时间短、灭菌彻底可靠等特点。

2. 干热灭菌器

干热灭菌器是利用高温干热空气进行灭菌的设备。通过在干燥空气中将待灭菌物品加热至足以杀死细菌的温度来实现灭菌,主要用于玻璃器皿、金属容器、纤维制品、固体试剂等物品的灭菌。干热灭菌器可分为箱式和层流隧道式,二者均为电加热,可自动控温,灭菌效果可靠。

2.8.1.2 影响灭菌效果的因素

1. 设备性能

脉动真空压力蒸汽灭菌器是目前最常用的灭菌设备，工作流程由电脑控制，灭菌效果佳，在使用前或使用一定时间后，必须对设备的性能进行检测（温度，空气流量，灭菌周期的最大、最小状态），以证明该设备能够达到灭菌的目的。

2. 设备配置

在干热灭菌设备中，进风口均要配置高效过滤器，同时高效过滤器也可用于干热灭菌器的内部空气循环系统（除去加热过程中产生的尘埃物质），所以在排风系统中也可加上高效过滤器，以防止排风倒流造成灭菌物污染。

3. 温度监控

灭菌主要靠一定的温度和时间，不同的物品对灭菌的时间和温度有不同的要求。在灭菌设备中，温度的探测、传感、控制是整个灭菌过程的基础。例如，升温过程的快慢会影响室内温度与显示屏温度的差异大小，并影响最终的灭菌效果，所以控制系统必须能保证灭菌器腔室温度在设定的灭菌温度范围内。

4. 操作要求

灭菌设备使用过程中应注意操作方式及要求。在灭菌过程中，正确的操作方法可以使灭菌蒸汽将灭菌物品各个有效灭菌部位进行彻底灭菌。日常做好灭菌设备的维护工作，以保证其安全有效。

2.8.2 抗原生产、纯化设备

抗原生产流程包括细胞培养或微生物发酵、纯化以及浓缩，主要的设备有微生物培养设备（温室、转瓶机、细菌发酵罐、生物反应器等）、蛋白层析设备、切向流超滤浓缩设备等。

2.8.2.1 主要设备及性能

1. 微生物培养设备

（1）转瓶机　是用于大量生产细胞的设备，可依生产规模的大小安装于自动控温控湿的大型温室中，具有投资少、技术成熟等特点。

（2）生物反应器　通常由罐体、管路、阀门、传感器、泵及马达组成。由马达带动桨叶混合培养液，通过搅拌器的作用使细胞和养分均匀分布。罐体上安装有不同的传感器，用于在线持续监测培养液的 pH、温度、溶氧等重要参数；安装有取样阀，便于取样；带有视镜，用于观察反应器内部情况。罐底安装有隔膜阀，用于料液排放，并具有在线清洁和灭菌功能。生物反应器被广泛应用于现代生物制药的微生物或细胞的培养中。

2. 层析设备

目前常用的纯化设备是美国通用电气公司（GE）的 AKTA 层析系统。这种层析系统的优点是蛋白质纯化自动化，操作简单，减少了人为操作的误差；精确性高，批次间能够保持良好的重复性；可靠的操作使其在规模放大、工艺优化和生产中表现出很大的优势；能够满足多种模式的层析要求，实现纯化过程中蛋白质溶液电导、pH、溶液梯度、紫外光、压力等数据的实时监控。

3. 切向流超滤浓缩设备

通常使用切向流膜过滤技术处理较大规模的生产样品，该技术采用交叉流动过滤形式，液体的流动方向是平行于膜包表面的，在压力的作用下只有一部分的液体穿过滤膜进入下游。由于切向流在过滤过程中对膜包的表面不停地进行“冲刷”，可以有效地缓解大颗粒和分子在膜上的堆积，使得这种操作模式在很多应用中具有独特的优势。经典的切向流过滤系统通常包括泵、膜包、夹具、贮罐、连接管件、阀门和压力表等。

2.8.2.2 影响培养、纯化和浓缩的因素

1. 转瓶机

转瓶机是生物制品传统技术中应用最广泛的培养设备。但用于大规模生产时却有很大的局限性，如不同瓶批次间差异较大，且不能直接监控细胞生长情况等，生产成本高，大大降低了生产效率。

2. 生物反应器

相比转瓶机，生物反应器易于操作，生产规模容易扩大，污染的风险小，最重要的是可以提高产品的均一性，产品批次间差异小，不但提升了疫苗的质量，而且降低了生产的成本。

3. 层析纯化设备

实现了蛋白质高通量、全自动化纯化过程，极大地提高了工作效率，而且减少了人工操作，降低了由此带来的潜在失误和风险。

4. 切向流过滤系统

切向流过滤系统进行生物分子分离时，效率更高，浓缩或渗滤速度更快。对比离心浓缩装置和搅拌式浓缩装置，它可以在更短的时间内获得预期的高浓度抗原，并且污染风险小。

2.8.3 乳化和冻干设备

乳化和冻干两个工艺主要是针对疫苗各种抗原成分与佐剂或稳定剂的混合过程。乳化设备主要有乳化罐、高压匀浆泵、剪切机或均质机等。冻干设备主要系指冻干机。

2.8.3.1 主要设备及性能

1. 乳化设备

乳化设备是完成油包水(或水包油)乳液的设备。一般有普通乳化器、双速高效乳化器、高速乳化泵、混合器等种类。疫苗生产中主要用到的就是高速内剪切乳化器，其结构可按工艺需要采用带保温、带夹套(可加热、冷却)等形式。物料在定子、转子狭窄的间隙中受到强烈的机械及液力剪切、离心挤压、液层摩擦等综合作用下，得到充分分散、混合，经过高频循环往复，最终得到均一、稳定的高品质产品，达到乳化的目的。另外，还有一种低速剪切乳化机，主要适用于均匀混合就能达到乳化效果的水性佐剂的乳化。

2. 冻干设备

冻干设备主要由制冷、真空、加热和控制四个系统组成。在疫苗制备中，清洗、灭菌、预冻、升华干燥、解析干燥、压塞、放气、除霜到最后的成品出箱等每一个环节都很重要。所以冻干机除需具备先进的冻干技术外，还应当具备安全性、可靠性、实用性和经济性。目前，冻干技术越来越依赖于机器设备的自动化程度，目的是尽可能减少人员操作造成的误差。

2.8.3.2 影响乳化和冻干的因素

1. 无菌

在乳化或冻干过程中，要确保整个操作过程封闭、环境洁净度高，减少杂菌和微粒的污染。

另外，设备需具备在线清洗和在线灭菌系统，以确保制品不被微生物污染。

2. 温度控制

在乳化或冻干过程中，须对设备温度进行精确控制，以确保最佳的乳化或冻干条件。

3. 冷冻系统

冻干机冷冻系统的有效性和精密性决定了升温、降温的速度和准确性，可以确保制品冷冻时能够形成稳定均匀的结构。

4. 真空系统

能够强有力的除去制品中的水分，真空泵的效率决定着制品中最终剩余水分的含量是否达标。同时真空泵的极限真空为制品提供了缺氧的环境，便于制品的最终保存。

在生物制品不断发展及技术不断创新的过程中，人们更加重视技术成熟、效率高、成本低的设备。有实力的企业不断开发新疫苗、新技术，新的工艺技术又促进了工艺设备的升级。随着生物技术的发展，疫苗品种的增多，消费市场的扩大，对设备的要求也在不断提高。工艺设备的不断进步也更利于生产工艺技术的发展。

（撰稿人：陈珍珍　宋国亮　王延辉）

2.9 检验方法对疫苗的影响

疫苗是生产出来的，不是检验出来的，但是疫苗的生产是否稳定要依靠科学的检测方法来评估，从而反过来指导生产的改进。《中国兽药典》中明确规定了法定的检测方法，但由于保障检测稳定性也涉及方方面面的因素，因此检测结果也会受到场地、环境、设备及操作人员素质的影响。随着疫病流行情况和养殖业的不断发展，为顺应发展需求，相应的检测方法也在不断进行优化和改进。

2.9.1 检验方法的局限性

高质量的疫苗是预防传染性疾病的重要手段之一。如何判断疫苗是否为高质量，需要相应的检测方法，如生物制品中若存在外源病毒，就有可能引起使用动物产生疾病或干扰生物制品发挥作用，无法达到使用效果。外源病毒检验是保证生物制品安全、有效的重要保障。《中国兽药典》中，细胞培养法、动物实验法、血吸附检查病毒法作为传统的外源病毒检验方法已被广泛应用，成为筛查外源病毒的标准方法，在疫苗成品质量评价中起到了很好的保障作用，但是在某些情况下也有局限性，如检测方法的灵敏度还需要提升。

中国兽医药品监察所历年抽查的不合格产品结果显示，因外源病毒不合格的产品占比非常大。以猪用病毒类制品为例，2008—2018 年共检出不合格产品 99 批次，其中外源病毒不合格 34 批次，是各类检验项目中问题最突出的，是影响产品质量的主要风险点。随着新型检验技术的不断发展，透射电镜法、酶联免疫吸附试验、血凝抑制试验等方法都可用来进行外源病毒检验，特别是快速、灵敏的 PCR 技术正逐步得到认可和推广。目前，非洲猪瘟病毒等 PCR 方法已被纳入国际贸易指定试验方法，猪繁殖与呼吸综合征病毒、猪圆环病毒、猪瘟病毒等 PCR 方法已被我国收入国家标准。但是 PCR 方法也具有明显的劣势，必须知道是何种病毒才能进行检验，同时检验全过程对环境要求严格，对操作要求细致，否则假阳性概率偏高。

2.9.2 检验用动物存在的问题

实验动物的质量是动物实验成功与否的关键，直接影响是否能够真实、正确反映疫苗的质量。其存在的问题主要有以下几个方面。

2.9.2.1 动物数量不足

从动物品种看，用于兽用生物制品检验和研发的某些小型实验动物（如兔、鼠、鸡）在数量上基本上能够得到满足；但有些动物，如猪、牛、羊、犬、鸭、鹅、鱼、貂、狐等，市场上很难找到供应。这些动物绝大部分来源于养殖场，与法规中的实验动物定义相去甚远，根本不能称之为实验动物。

2.9.2.2 实验动物的标准不完善，管理不规范，无法保证质量

为加强实验动物管理、保证实验动物质量，国家先后发布并实施了鸡、兔、豚鼠、仓鼠、大鼠、小鼠的相关国家标准，但对兽用生物制品质量检验和研发中大量使用的猪、牛、羊、犬、马、鸭、鹅等，尚未发布国家标准。即便是已经有了国家标准的实验动物，也普遍存在质量问题。有的单位所用实验动物系谱不清，来源复杂；有的生产条件简陋、饲养管理粗放，缺少实验动物检测试剂和权威质量检测部门对实验动物的生产管理。类似问题导致兽用疫苗质量检验不过关的现象比较突出。

2.9.2.3 免疫攻毒试验过于频繁，生物安全存在隐患

免疫攻毒方法是评价兽用疫苗免疫效力的最直观方法，但因标准化的实验动物（尤其是大动物）来源困难，特别是免疫攻毒试验中存在病原体扩散的风险，多数国家选择用免疫抗体效价测定、有效抗原等方法替代。

2.9.3 疫苗检验方法的改进和替代

安全检验和效力检验是评价疫苗质量的两个重要手段。目前绝大多数疫苗必须使用数量惊人的宿主动物或实验动物进行安全性和效力试验，给动物造成了很大痛苦。随着实验动物 3R（减少、替代和优化）原则的逐渐推广和被认可，许多疫苗制造商、监管机构以及世界卫生组织等国际组织都致力于遵照 3R 原则研制和生产疫苗。

实验动物替代方法在兽用疫苗检验中的应用方式主要有以下几种。

2.9.3.1 小型实验动物替代方法

兽用疫苗检验中的实验动物替代方法是通过以小型动物替代大型动物和特殊动物来降低实验难度和实验成本的方法。其实施也是在践行 3R 原则中的“减少”原则。例如，在猪瘟兔化弱毒兽用疫苗检验中，以兔为实验动物，通过兔体定型热方式来代替阴性猪，这样不但能够减轻检验难度，提高检验效率，还能够减少病毒污染。在重组狂犬病病毒灭活疫苗检验中，以鼠为实验动物，通过效力和安全实验方式来代替实验动物犬，可解决实验动物筛选难和成本高的问题。

2.9.3.2 血清学替代方法

兽用灭活疫苗检验中，由于受到灭活剂和佐剂的影响，利用半数感染量指标测定抗原滴度的难度较高，因此，很多兽用灭活疫苗检验需要用本动物攻毒法检验。但是这种检验方式的应

用不符合 3R 原则，同时饲养实验动物的难度较大，而且需要严格处理动物粪便和尸体，以免病原扩散污染。

血清学替代方法不仅能避免病原污染，还能避免给实验动物带来痛苦。从疫苗检验的角度看，血清学替代方法能够实现对攻毒实验的定量判断，更好地评估疫苗检验效果，而且血清易保存，也降低了检验难度。

2.9.3.3 疫苗抗原定量方法

抗原含量是兽用疫苗质量的直接决定因素。目前，体外抗原定量方法在活疫苗检验中应用效果显著，并且已经一定程度上取代了免疫攻毒方式。疫苗抗原定量方法在兽用疫苗检验中的应用，能够最大限度地做到实验动物替代，不但符合 3R 原则，还能够节省检验成本和时间。

在发达国家，兽用生物制品生产商和国际组织都致力于实验动物替代方法的建立和标准化方面的工作，包括理化、生化技术(电泳、色谱和层析)，酶联免疫吸附试验技术(ELISA)，生物传感分析技术，以及体外功能分析技术。我国实验动物替代方法的进展相对缓慢，需要更多的验证性试验和经费资助来开展系统性的研究。随着我国动物福利理念的广泛传播，实验动物替代技术正逐渐得到政府部门和科研人员的重视，这将推动实验动物替代技术在兽用生物制品研制、生产和检定中的使用，从而更好地对疫苗质量进行评价。

(撰稿人：郜玮　宋国亮　王延辉)

2.10 运输、储藏及免疫接种过程对疫苗的影响

疫苗的运输和保存直接影响疫苗的质量，以及疫苗的最终使用效果。客户使用疫苗时也并非简单看一下说明书就能够知道疫苗如何才能使用好。每个猪场的情况不同，使用的时机也会有所不同，只有做好疫苗全链条管理才能发挥疫苗原本的价值。

2.10.1 运输、保存对疫苗的影响

疫苗是用病原微生物(如细菌、立克次氏体、病毒等)及其代谢产物，经过人工减毒、灭活或转基因技术等制成，一般怕热、怕光，需要按照生产厂家的要求保存在适宜的条件下。为了保证质量，疫苗从生产到使用的整个过程均要在适当的冷藏或冷冻条件下进行，整个冷链过程，温度波动越小越好。疫苗运输或保存条件差，冷链设备短缺，在高温季节没有冷链车辆而使用普通车辆运输，保存中反复冻融，保存温度过高或过低，都会对疫苗的质量产生严重的影响。因运输、保存条件不当导致变质失效的疫苗，被使用后不仅会造成免疫失败，起不到保护作用，还会引起动物严重的副反应。

根据温度的差异情况，可以将疫苗分为两类，一类是需要冷藏保存的疫苗，这种疫苗主要指的是已经经过灭活处理的疫苗，其保存温度需要控制在 2～8 ℃。在保存过程中要严格控制温度，避免疫苗冻结。冷藏保存的疫苗，应该控制保存温度在 0 ℃以上。另一类是需要进行冷冻保存的疫苗，这种疫苗主要指的是冻干疫苗，其保存温度一般在－15 ℃以下，温度越低，保存的时间越长。

2.10.2 免疫接种过程对疫苗的影响

疫苗的接种需要经过多个环节，是预防控制动物传染病的重要手段之一。郭伟等认为正确使用疫苗，才能使疫苗在疫病防控中发挥真正有效的作用。以下不正确的用法都可能导致疫苗难以发挥相应的效果。

2.10.2.1 疫苗稀释剂保存和应用不当

在疫苗保存过程中，稀释剂的保存常常被忽视。疫苗稀释剂在极端环境中存放时间过长，也可能变质，而这往往得不到重视。疫苗稀释剂使用不当或用一种疫苗稀释剂混合多种疫苗也可造成活疫苗中的细菌或病毒失活。多数冻干的活疫苗有自己独特的疫苗稀释剂，选择和使用不当会导致疫苗失活。

一些活疫苗的稀释剂含有防腐剂，对活疫苗有灭活作用。在活疫苗的稀释过程中，由于温度和时间的影响，疫苗的活力可能会受到不同程度的影响，所以在高温季节进行冻干疫苗免疫时，尽量选择在低温下稀释，稀释后 2 h 内按规定的免疫途径和剂量用完。但在实际工作中，部分防疫人员忽视了这些细节的问题，使得疫苗免疫失败。

2.10.2.2 免疫途径、时机及剂量存在问题

1. 免疫途径问题

同一种疫苗只能对某一种疾病有效，但不同的免疫途径可能呈现出不同的免疫效果。免疫途径不对，也会造成严重的后果。正规疫苗厂家提供的产品均附有使用说明，免疫操作应根据使用说明进行。

2. 免疫时机的错失

有些传染病流行具有一定的季节性和阶段性特征，制定免疫程序时，需考虑这些疾病的发病季节特点。这样既可避免人工和疫苗的浪费，又可达到良好的免疫效果。

3. 免疫剂量不准确

在生产实践中，养殖户总以为疫苗剂量多一点比少一点要好，导致猪群出现强烈的应激反应，严重时会引起猪发病。

2.10.2.3 免疫程序不合理

免疫程序的针对性差，具体指的是多数养殖场不根据本场实际情况，而是采用一成不变的免疫程序进行免疫，导致疫苗的真正效果难以保证。如果不能及时根据实际情况对免疫程序进行调整，将会导致猪群出现免疫空白期或者过度免疫的情况。

制定免疫程序的依据如下：

①依据所在地区及周边疫病流行情况。主要考虑所在区域正在暴发或流行的疫病、刚流行过或临近本地区流行的疫病等。对未发生过或没有传入可能的疫病，没必要进行免疫接种，尤其是毒力较强或有散毒风险的弱毒疫苗，更不能轻率使用，避免引入新的病原。

②依据本场的疫病史及流行病学调查。不同疫病有其不同的发展规律，应根据不同生产日龄进行不同的疫病免疫，且在本场发病高峰期前进行。

③依据抗体水平的变化规律。猪体内的抗体有两大类：一类是母源抗体；另一类是通过免疫获得的抗体。其体内的抗体水平与免疫效果有直接关系。因此，在制定免疫程序时，要根据抗体的消长规律合理确定仔猪首次免疫日龄。

④依据猪生长发育阶段。根据猪生长发育阶段可将猪群大致分为妊娠母猪、新生仔猪、断奶仔猪、育肥猪及后备种猪。要根据不同发育阶段猪易感的疫病和相应抗体情况进行免疫接种。

⑤依据饲养管理水平。一般而言，饲养管理水平低的养殖场，其免疫程序比饲养管理水平高的复杂。

2.10.2.4 其他人为因素

每种疫苗根据病原本身特性、猪易感程度、感染途径的不同，所采取的免疫方法也各异。未按规定途径和部位接种疫苗，也起不到应有的免疫效果。肌内注射出现“飞针”、稀释剂受到污染等都会造成疫苗的免疫效果不理想甚至失败。部分防疫员不注意免疫工具的消毒，不能做到一猪一针，万一遇到潜伏期的病猪，则可能由免疫注射变为带毒接种，反而造成疫病的传播。部分防疫员在注射前未认真查看疫苗的说明书和注意事项，未观察疫苗是否在有效期内，使用过期或变质的产品也会造成免疫失败。

2.10.2.5 对策及相关措施

1. 制定科学的免疫程序

应该根据本地或者本场的病史情况以及疫病流行特点，参照成功经验，通过检测来科学制定免疫程序。免疫种类应该包括本地容易暴发或者之前暴发过的疫病，从而保证疫苗使用的针对性。

2. 及时调整免疫程序

使用疫苗后的一段时间，应该做好观察记录，及时根据猪群的反应、抗原抗体检测结果以及疾病的发病情况，对疫苗种类和使用量进行调整。

3. 建立免疫监测制度

通过对不同生长阶段的猪群抗体水平的检测，找出最佳的免疫时机，尽量减少不同种疫苗之间的相互影响。

4. 正确合理使用疫苗

严格按照疫苗使用说明书进行操作，疫苗开封或稀释后，应在规定的时间内完成接种。

5. 严格操作规范

只有采用正确的免疫操作方法，才能保证免疫质量。疫苗接种操作方法正确与否直接影响疫苗免疫效果的好坏。

建立和完善疫苗的存储及运输机制，使防疫工作做到有章可循，才能够保证疫苗质量，提高免疫效果，降低生猪疫情发生风险，增加养殖户收入，筑牢生猪疫病防控的第一道防线。

综上所述，当前在兽用疫苗的应用过程中，依然存在一定的误区，导致疫苗的效果难以完全发挥，因此需要加大力度普及防疫知识，不断提高我国生猪疫病的预防水平。

（撰稿人：郜玮　宋国亮　王延辉）

参考文献

郭伟，韩雪. 2018. 如何使用兽用疫苗预防动物传染性疾病[J]. 现代畜牧科技，37(7)：130.

何启盖，库旭钢，吴斌，等. 2014. 猪用疫苗种类与应用[J]. 兽医导刊，(1)：54-55.

李淑芬,张秀华,和彦良,等.2019.影响非禽源外源病毒检验的主要因素[J].畜牧兽医杂志,(4).

李相钊.2017.如何保障疫苗质量与免疫效果[J].科学用药,(5):53-55.

彭伍平,王延辉,胡东波,等.2011.猪圆环病毒2型灭活疫苗效力检验中参考疫苗的应用[J].中国兽药杂志,45(2):9-12.

苏良科.2014.ELISA:一种监测支原体活疫苗的有用方法[J].国外畜牧学-猪与禽,(11):34-35.

万玉林,葛玉凤,武发菊,等.2016.兽用疫苗生产中支原体污染检测和预防[J].安徽农业科学,44(7):81-82,85.

王洪巧.2019.浅谈动物疫苗现状及展望[J].中兽医学杂志,212(4):97-98.

王林浩,刘兆霞.2020.动物试验替代方法在兽用疫苗检验中的应用概况[J].现代畜牧科技,(1):18-19.

王兴童,韩凌霞.2018.兽用疫苗中替代方法的研究进展[J].实验动物科学,35(1):67-71.

朱巧艳,胡东波,翟路峰,等.2019.猪支原体肺炎灭活疫苗佐剂筛选研究[J].当代畜禽养殖业,(7):5-7.

朱元源,徐嫄,邹兴启,等.2019.高效液相体积排阻色谱法测定口蹄疫灭活疫苗146S抗原含量及疫苗质量评估[J].中国农业科学,52(20):3695-3704.

Dangler C A, Henderson L M, Deaver R E, et al. 1994. Recovery of Aujeszky's disease virus recombinants from experimentally co-infected swine[J]. *Acta Vet Hung*, 42(2-3): 209-212.

Gielkens A L J, Van Oirschot J T, Berns A J M. 1985. Genome differences among field isolates and vaccine strains of pseudorabies virus[J]. *J Gen Virol*, 66(1): 69-82.

Gu S, Fan Y, Hu D, et al. 2017. Evaluation of an experimental vaccine for atrophic rhinitis in piglets [J]. *J Vaccines Vaccin*, 8(353): 2.

Hanjin, Kong, Keshan, et al. 2013. Attenuated live vaccine(Bartha-K16) caused pseudorabies (Aujeszky's disease) in sheep[J]. *Vet Res Commun*, 37(4): 329-332.

Henderson L M, Levings R L, Davis A J, et al. 1991. Recombination of pseudorabies virus vaccine strains in swine[J]. *Am J Vet Res*, 52(6): 820-825.

Nara P L. 1999. Deceptive imprinting: insights into mechanisms of immune evasion and vaccine development[J]. *Adv Vet Med*, 41: 115-134.

Nikfarjam L, Farzaneh P. 2012. Prevention and detection of mycoplasma contamination in cell culture[J]. *Cell J*, 13(4): 203-212.

Oirschot J V, Terpstra C, Moormann R J, et al. 1990. Safety of an Aujeszky's disease vaccine based on deletion mutant strain 783 which does not express thymidine kinase and glycoprotein I[J]. *Vet Rec*, 127(18): 443-446.

Rui Wu, Chaoyong, et al. 2013. Emergence of virulent pseudorabies virus infection in northern China[J]. *J Vet Sci*, 14(3):363-365.

Tian K, Yu X, Zhao T, et al. 2007. Emergence of fatal PRRSV variants: unparalleled outbreaks of atypical PRRS in China and molecular dissection of the unique hallmark[J]. *PLoS One*, 2(6):526.

Tian K. 2017. NADC30-Like Porcine Reproductive and Respiratory Syndrome in China[J]. *Open Virol J*, 11: 59-65.

Xiang S, Zhou Z, Hu X, et al. 2016. Complete Genome Sequence of a Variant Pseudorabies Virus Strain Isolated in Central China[J]. *Genome Announ*, 4(2):e00149-16.

Yu X, Zhou Z, Hu D, et al. 2014. Pathogenic pseudorabies virus, China, 2012[J]. *Emerg Infect Dis*, 20(1): 102-104.

Zou Y, Zhu X, Muhammad H M, et al. 2015. Characterization of Erysipelothrix rhusiopathiae strains isolated from acute swine erysipelas outbreaks in Eastern China[J]. *J Vet Med Sci*, 77(6): 653-660.

第3章 新型基因工程疫苗研发技术

以分子生物学技术、化学合成技术、蛋白质化学技术等为基础发展起来的基因工程疫苗开创了疫苗研制的新时代，给疫苗的研究与生产带来了革命性的变化。在兽用疫苗研究领域，基因工程技术也得到了广泛的应用，一系列的基因工程疫苗相继研发，主要包括基因改造疫苗、基因工程亚单位疫苗、核酸疫苗及表位疫苗等。

利用DNA重组技术、反向遗传学技术和新型基因编辑技术，对病原微生物尤其是病毒的基因组进行一系列改造，降低其致病性的同时保留免疫原性，从而获得基因缺失、突变、插入等各种类型的疫苗。基因工程亚单位蛋白表达技术是指利用分子生物学技术将病原微生物的保护性基因与各种载体进行重组，重组后的表达载体导入受体菌（细菌、酵母）或细胞（昆虫细胞、哺乳动物细胞）等里面，使其产生保护性抗原。核酸疫苗主要指将病原微生物的保护性基因与真核载体重组后获得的DNA疫苗。除了通过改造病原微生物自身获得的基因改造疫苗，以及利用一个或多个保护性抗原制备的亚单位和核酸疫苗外，还可以利用化学合成的方法或异源展示系统对抗原的一个或多个有保护性作用的表位进行合成、展示，也可很好地发挥表位的免疫保护作用。本章节分别从这几个方面对新型基因工程疫苗的技术加以阐述，以期为猪用基因工程疫苗的未来研究提供借鉴和参考。

3.1 病毒基因重组技术

由于病毒的基因组小于其他的病原微生物，针对病毒的基因重组技术发展得较为迅速，以下主要针对病毒基因重组技术的技术路线与应用进行阐述。最先发展起来的是经典同源重组技术，该技术使人们能够在分子水平上对DNA病毒的基因组进行操作分析。在体外RNA分子较DNA分子难操作，经典同源重组技术不能直接运用于RNA病毒基因组的修饰与分析，因此人们开发了基于RNA病毒的感染性克隆而进行操作的反向遗传技术，为深入研究RNA病毒的分子生物学特性、病毒与宿主相互作用以及新型基因工程疫苗提供了强有力的技术工具。以CRISPR/Cas系统为代表的基因编辑技术是近年来发展起来的新一代基因编辑技术，其基因编辑功能已被应用于各个生物学领域，利用CRISPR/Cas9系统对靶标序列的识别，可辅助敲除或重组病毒基因，从而提高重组病毒获得的效率。随着分子生物学技术的不断发展，基因重组技术在动物病毒的分子机制研究和疫苗研发中将发挥越来越大的作用。

3.1.1 经典同源重组技术

3.1.1.1 概述

同源重组是指发生在姐妹染色单体之间或同一染色体上含有同源序列的DNA分子之间或分子之内的重新组合，是基因打靶和基因克隆常用的技术手段。同源重组反应严格依赖DNA分子之间的序列一致性，需要原核或真核生物细胞内一系列重组酶的催化，可用于对细菌、病毒等病原微生物的改造，也可用于对细胞、动植物机体的改造，改造方式以基因敲除、基因插入为主。在兽用疫苗领域，同源重组技术主要应用于对病毒基因组的改造，在基因缺失疫苗和活载体疫苗的研发中应用尤为广泛。

3.1.1.2 技术路线

经典同源重组需要先构建含有病毒待缺失或插入基因位点两侧同源臂及标记基因的转移载体，将病毒基因组与转移载体共同转染至细胞，或将转移载体转染至已感染病毒的细胞，二者在细胞内发生同源重组，通过标记基因的筛选以及空斑纯化，最终获得目的基因缺失或插入的重组病毒。

1. 转移载体的构建

转移载体是指包括靶向位点两侧同源臂序列的质粒，含有真核启动子，可在细胞中进行复制，同时由于含有标记基因可进行重组病毒的筛选。转移载体构建的两个关键因素是靶向位点的选择和同源臂的长度。

靶向位点是目的基因缺失、突变或插入的位点，一般选择病毒复制非必需的区域。基因缺失病毒的靶向位点根据缺失目的基因的位置而定，最常见的是病毒的毒力基因。对于外源基因插入的活载体病毒来说，靶向位点一般为病毒复制非必需的基因位置。构建活载体病毒时，不同位点对重组病毒增殖特性及稳定性的影响也是必须考虑的一个重要因素。

靶向位点的选择决定了同源臂的区域，同时同源臂的长度对重组病毒的拯救效率也有较大影响。一般来说，同源臂长度在 130～6 000 bp 都可以进行有效的重组。有研究表明，当片段长度在 730～4 500 bp 范围时，获得重组病毒的概率为 0.073%～0.620%，同源臂越长，重组效率越高。

2. 转染

转染是获得重组病毒的一个关键步骤，转染效率的高低直接决定重组病毒的拯救效率。目前，将转移载体导入细胞的方法包括电转染法、化学转染法及病毒转染法。最常用的方法是化学转染法，主要包括磷酸钙转染法和脂质体转染法。这两种方法操作简便，不需要特殊的仪器且可大批量操作，多数实验室均可完成。磷酸钙转染法的原理是将 DNA 与氯化钙混合在磷酸盐缓冲液中，磷酸钙促进凝聚的 DNA 以共沉淀的形式结合到细胞表面，DNA 通过内吞作用进入细胞。脂质体转染法指带正电的脂质体利用静电作用与 DNA 结合，形成 DNA-脂质体复合物，然后通过内吞作用进入细胞，其转染效率更高，重复性更好。

3. 重组病毒的筛选

为高效获得重组病毒，需要选择合适的标记基因进行筛选，常用的标记基因主要有大肠杆菌乳糖操纵子(*lacZ*)、绿色荧光蛋白(Green fluorescent protein，*GFP*)基因、黄嘌呤鸟嘌呤磷酸转移酶(*gpt*)基因等，一般情况下单个标记基因即可满足重组病毒筛选的需求。

lacZ 基因是最经典的一种标记基因，其编码的 β-半乳糖苷酶是 *lac* 的表达产物。正常情况下，β-半乳糖苷酶可把乳糖分解为半乳糖和葡萄糖，但该酶也能使无色的乳糖类似物 5-溴-4-氯-3-吲哚-β-*D*-半乳糖苷(X-gal)分解为半乳糖和深蓝色的 5-溴-4-氯-靛蓝。将 *lacZ* 基因插入到病毒基因组可得到表达 β-半乳糖苷酶的重组病毒，在 X-gal 存在的条件下可形成肉眼可见的蓝色噬斑，很便于筛选。此方法易于操作，结果直观，不需要借助仪器，并且 lacZ 蛋白对细胞的生长无明显毒性作用。但该方法需经过 5～6 轮的筛选才能获得纯化的重组病毒。

来自大肠杆菌的 *gpt* 也是常用于筛选的标记基因之一。细胞代谢过程中，次黄嘌呤核苷酸(IMP)是合成其他嘌呤核苷酸的重要前提物质，在鸟嘌呤核苷酸(GMP)合成途径中，IMP脱氢酶催化IMP生成黄嘌呤单磷酸(XMP)，再由GMP合成酶催化XMP生成GMP。霉酚酸(MPA)可以通过抑制IMP脱氢酶阻断鸟嘌呤的合成途径。不含*gpt*筛选标签的野生型病毒，加入MPA后，鸟嘌呤合成途径被阻断，会抑制病毒在细胞中的复制。当黄嘌呤、次黄嘌呤及筛选基因*gpt*同时存在时，*gpt*基因表达的黄嘌呤-鸟嘌呤磷酸核糖转移酶能利用外源黄嘌呤替代完成鸟嘌呤的补救合成，因此病毒核酸的合成不受MPA抑制，且含有*gpt*基因的重组病毒可以正常复制，有利于重组病毒的筛选、富集和纯化，一定程度上可降低重组病毒筛选的工作量。

GFP是一类存在于包括水母、水螅和珊瑚等腔肠动物体内的生物发光蛋白，当受到紫外或蓝光激发时会发射绿色荧光。GFP产生荧光不需要添加底物、酶或其他共反应物质，也就不存在这些物质难以进入细胞的问题，且GFP发出的荧光可直接被荧光显微镜检测，是一种理想的标记蛋白。同时，GFP的表达不受宿主的限制，可在多种动植物细胞中表达，已被广泛用于重组病毒的筛选。自1992年GFP被用作标记基因后，其他不同颜色的荧光蛋白也被开发出来，均可用作标记基因。

3.1.1.3 应用

在猪用疫苗的开发中，同源重组技术被广泛应用于基因缺失疫苗和活载体疫苗的研究。重组病毒作为疫苗株可模拟野生型病毒侵入机体的过程，诱导机体产生相应的体液免疫和细胞免疫，是理想的疫苗候选株。

1. 基因缺失疫苗

在猪用基因缺失疫苗的研究中，关注最多的是猪伪狂犬病基因缺失疫苗。国内外学者利用同源重组技术，针对不同的猪伪狂犬病病毒(Pseudorabies virus，PRV)毒株，研制出了多种PRV *gE*基因缺失、*gE*/*gI*双基因缺失或*TK*/*gE*/*gI*三基因缺失的疫苗候选毒株，包括致弱活疫苗毒株和灭活疫苗毒株，动物实验表明以上均具有良好的免疫原性。目前国内外均有猪伪狂犬病的商品化疫苗上市，其中普莱柯生物工程股份有限公司研发的针对2011年开始在国内出现的流行株的*gE*基因缺失灭活疫苗“普伪净”，是通过含有*gE*基因两侧同源臂的转移载体与PRV基因组共转染，在细胞内发生同源重组后通过GFP荧光标记筛选出稳定遗传的重组病毒株，最后再利用重组酶技术在细胞水平上删除标记基因，获得*gE*基因缺失且不含有外源基因的疫苗。加入佐剂制备的灭活疫苗免疫后的中和抗体水平显著高于经典的商品化疫苗，对PRV经典毒株和变异毒株均可实现100%的保护，是国内第一个上市的针对PRV流行毒株的*gE*缺失灭活疫苗产品。

2. 活载体疫苗

应用同源重组技术将外源基因插入载体病毒在猪用疫苗中的研究也较多，用作载体的病毒主要有PRV、腺病毒(Adenovirus)、痘病毒(Poxvirus)等。

PRV属于疱疹病毒科，病毒基因组大小约150 kb，可编码70～100种蛋白，其中病毒增殖非必需基因数量超过一半。此外，已知的毒力基因，如*gE*、*TK*、*gI*等基因缺失或被外源基因替代后，病毒仍可正常生长。以上特性使PRV成为外源基因表达的一个重要载体。研究较多的有将猪繁殖与呼吸综合征病毒(Porcine reproductive and respiratory syndrome virus，PRRSV)、猪圆环病毒(PCV)、猪瘟病毒(Classical swine fever virus，CSFV)、猪细小病毒(Porcine parvovirus，PPV)等的抗原基因插入PRV而获得的重组病毒，多数选择双基因或三基因缺失的 PRV 毒株作为载体。除此之外，Xu 等利用 *TK/gG* 基因缺失的 PRV 毒株构建了表达乙型脑炎病毒(Japanese encephalitis virus，JEV)*NS1* 基因的重组 PRV 毒株，有望成为猪乙型脑炎和猪伪狂犬病二联基因工程疫苗。

腺病毒属于腺病毒科，基因组大小约 36 kb，因其具有宿主范围广、病毒粒子稳定、安全性好且能同时表达多个基因等优势，成为活载体疫苗研究使用最多的载体。有研究表明，表达 CSFV E2 蛋白的重组腺病毒(rAdv-E2)能够给试验猪提供部分免疫保护，但不能完全抵抗 CSFV 的感染。Sun 等利用腺病毒载体共表达 CSFV E0 和 CSFV E2 蛋白，发现其能诱导产生针对 CSFV 的特异性中和抗体。同时有研究利用腺病毒构建了共表达 CSFV *E2* 基因和耶尔森菌侵袭素 C 端基因的重组活载体疫苗，动物试验表明，其能诱导较高的特异性抗体，并提供良好的免疫保护，可作为猪瘟疫苗候选毒株。

痘病毒属于痘病毒科，基因组大小约 187 kb，可编码 150～200 种蛋白，基因组允许插入较长的外源 DNA 片段(25 kb)而不会影响病毒的感染性。很多痘病毒毒株都可用作载体，较为常用的是痘病毒 WR(Western reserve strain)株。此外，天坛株、Wyeth 株、Copenhagen 株及 NYCBH 株等也可用作载体毒株。有学者将猪痘病毒 JX20G 株作为载体，利用同源重组将 PCV2 的 *ORF2* 基因插入到 *TK* 基因位点，构建的表达 PCV2 Cap 蛋白的重组痘病毒就具有良好的免疫原性。

3.1.1.4 展望

随着分子生物学技术的发展，各种新型的基因编辑技术层出不穷，但是同源重组作为最经典的一种进行病原微生物基因改造的技术，仍旧发挥着不可替代的作用。同源重组与其他基因改造技术联合使用，可以加快研究进程。

3.1.2 反向遗传学技术

3.1.2.1 概述

反向遗传学是相对经典遗传学从表型到基因型的研究方法而言，以生物体的基因为主要研究对象，基于对核苷酸序列的人为操作，探索基因调控的分子机制以及生命发生发展的本质现象和规律等的科学。从广义上讲，定点突变、基因敲除、RNA 干扰、反义 RNA、基因沉默和基因体外转录等都属于反向遗传学范畴。狭义的反向遗传学仅指基因体外转录技术中的感染性 cDNA 克隆技术，即“病毒拯救”技术。利用反向遗传学技术可以更好地研究病毒与宿主的相互作用关系、病毒的致病机理、精准定位病毒基因组与蛋白质功能，为新型疫苗开发、新型病毒载体及治疗性药物的研发提供思路。

3.1.2.2 不同种类病毒的反向遗传操作技术

1. 正链 RNA 病毒

正链 RNA 病毒的反向遗传操作技术相对简单，因为其基因组可以直接作为 mRNA 起始病毒蛋白质的合成，只要将病毒基因组或其类似物导入细胞，即可组装出具有感染性的子代病毒。1981 年，Racaniello 等把脊髓灰质炎病毒基因组全长 cDNA 克隆到 pBR322 载体的强转录启动子下游，并转染哺乳动物细胞，产生了具有感染性的病毒粒子，标志着第一个哺乳动物 RNA 病毒脊髓灰质炎病毒的感染性克隆构建成功。

正链 RNA 病毒反向遗传操作系统的成功，关键在于病毒全长 cDNA 克隆的精确构建。

病毒序列的完整性和真实性对病毒的感染性至关重要，此外病毒基因组大小也是影响拯救的因素。一般基因组小于 15 kb 的病毒相对容易拯救成功，即先通过反转录-聚合酶链式反应(RT-PCR)扩增获得病毒基因组的 cDNA 片段，利用限制性酶切位点将 cDNA 片段顺次相连并克隆于合适的载体，获得基因组全长 cDNA 克隆，直接转染或经体外转录获得基因组全长 RNA 后转染适当的细胞系，从而实现病毒拯救。以 PRRSV 为例，1998 年，Meulenberg 等将 *T7* RNA 聚合酶启动子引入至 PRRSV-LV 毒株基因组全长 cDNA 克隆的 5′端，经体外转录得到的基因组全长 RNA 转染 BHK-21 细胞后，收获的上清液分别接种 PRRSV 的敏感细胞猪肺泡巨噬细胞和 CL2621 细胞后均可引起细胞病变，表明病毒拯救成功。

将病毒基因组全长 cDNA 置于原核转录启动子(如 *T7*、*SP6* 启动子)下建立的病毒拯救系统，存在体外转录获得的 RNA 不稳定的问题。为了解决此问题，研究者尝试利用细胞内的 RNA 酶系统，直接在转染细胞内部获得病毒的基因组 RNA。2003 年，Wissink 等用真核启动子 *hCMV* 代替 *T7* 原核启动子，在 pCMVmc1 质粒中插入 PRRSV 全长 cDNA 克隆，用该重组质粒直接转染 Marc-145 细胞，成功拯救出病毒。相比利用原核启动子需要体外转录的过程，利用真核启动子转染效率更高，在细胞内转录进行病毒拯救的效率也更高。

在所有已知的 RNA 病毒中，冠状病毒的基因组最大，全长为 27～31 kb，增加了其反向遗传学操作系统建立的难度。针对冠状病毒，目前通常采用能够容纳较大外源基因的细菌人工染色体(Bacterial artificial chromosome，BAC)系统、痘苗病毒载体系统以及体外连接技术。Beall 等利用体外连接法成功构建了猪流行性腹泻病毒(Porcine epidemic diarrhea virus，PEDV) PC22A 毒株的感染性克隆。他们将 PEDV 基因组分成 6 段进行扩增并插入亚克隆载体中，分别在每个片段两侧添加用于产生无缝连接黏性末端的特定的酶切位点。在第一个 cDNA 片段的 5′端引入 *T7* RNA 聚合酶启动子，在最后一个 cDNA 片段的 3′端引入带有 25 个碱基的 Poly-A 序列。这些片段经过酶切、连接和体外转录产生病毒的全长 RNA。最后将 RNA 与可以提高复制和拯救效率的 PEDV*N* 基因的转录物共同转染至非洲绿猴肾细胞(Vero 细胞)中拯救得到感染性的 PEDV。

2. 负链 RNA 病毒

与正链 RNA 病毒相比，负链 RNA 病毒的反向遗传学操作更复杂。负链 RNA 病毒单独的基因组以及由其 cDNA 转录而来的 RNA 均不具有感染性，只有病毒基因组 RNA 与核衣壳蛋白、磷酸化蛋白以及 RNA 依赖的 RNA 聚合酶形成核糖核蛋白复合物(Ribonucleoprotein complex，RNP)之后才具有感染性。因此，要拯救病毒，就要建立 RNP 表达体系：一是构建含病毒基因组全长 cDNA 的重组质粒，二是构建能够表达病毒复制相关蛋白的辅助质粒，将这些重组质粒共转染至适当细胞系，实现病毒拯救。负链 RNA 病毒根据其基因组特性可分为两大类：不分节段病毒和分节段病毒。相比之下，不分节段的负链 RNA 病毒的反向遗传操作系统较容易建立，一个含病毒基因组全长 cDNA 的重组质粒，以及与病毒复制相关蛋白的重组质粒共转染适当细胞系，就可以实现病毒拯救。1994 年，Schnell 等率先建立了狂犬病病毒的 RNP 表达体系，成功拯救了病毒。

针对以猪流感病毒为代表的分节段的负链 RNA 病毒，1999 年，Neumann 等建立了完全以质粒为基础的流感病毒反向遗传系统。他们将流感病毒的全部 8 个基因片段 cDNA 置于人 RNA 聚合酶Ⅰ启动子和鼠 RNA 多聚酶终止子序列之间，另外构建的 9 种结构蛋白的真核表达质粒负责病毒蛋白的合成，将这 17 种(8＋9)质粒共同转染 293T 细胞后，拯救获得了病毒。随后，该研究组对这个 17 质粒系统进行了改进，将负责蛋白合成的真核表达质粒改为 4 个，分别负责 PB2、PB1、PA 和 NP 蛋白的合成，该系统被称为 12 质粒系统，可获得更高的病毒拯救效率。2000 年，Hoffmann 等人对 RNA 聚合酶Ⅰ系统进行改进，建立分节段流感病毒 8 质粒转染系统，其载体质粒 pHW2000 是一种“双向转录载体”。将流感病毒 8 个基因片段 cDNA 分别正向插入到此载体的 RNA 聚合酶Ⅱ启动子和终止子之间（即反向插在 RNA 聚合酶Ⅰ启动子和终止子内），然后将 8 个质粒共转染真核细胞，利用 cDNA 模板，由细胞中的 RNA 聚合酶Ⅰ控制合成负链病毒 RNA（vRNA），由 RNA 聚合酶Ⅱ控制合成正链 mRNA，mRNA 与核糖体结合表达出流感病毒 NP 蛋白及 RNA 依赖的 RNA 聚合酶蛋白，二者与病毒 RNA 结合形成 RNP 复合体，启动流感病毒 RNA 的转录与复制，拯救出有感染性的流感病毒颗粒。8 质粒系统减少了需要操作的质粒数量，且病毒拯救效率与 12 质粒系统相当，目前已被广泛应用于此类病毒的反向遗传学研究。

3. 双链 RNA 病毒

双链 RNA 病毒科的基因组由双股 RNA 组成，其反向遗传学操作是各类型 RNA 病毒中最具有难度的。该科病毒的反向遗传系统构建方法有两种：一种是先在体外分别构建含有 2 个片段的 cDNA 克隆，然后以全长 cDNA 为模板进行体外转录，获得病毒 RNA 的 2 个片段，再将 2 种 RNA 等量混合，利用脂质体转染敏感细胞系，拯救出具有感染性的病毒；另一种是分别构建含有 2 个片段 cDNA 的真核表达质粒，使目的基因受控于 RNA 聚合酶Ⅱ启动子，然后将 2 种重组质粒共同转染敏感细胞系，可以获得更高的拯救效率。呼肠孤病毒是线性双链 RNA 的代表，基因组由分节段的 10～12 个基因片段组成，各基因片段严格按照 1∶1 的比例包装到同一个病毒颗粒中，对外来的同源基因节段有排斥性，其结构上的特殊性导致呼肠孤病毒成为公认的最难建立反向遗传学操作体系的 RNA 病毒之一。1990 年，Roner 等最早尝试呼肠孤病毒的反向遗传学研究，先通过体外转录获得正呼肠孤病毒（血清 3 型）基因组的 10 个 ssRNA 和 dsRNA 基因节段，然后利用脂质体转染小鼠成纤维细胞（L929），再用血清 2 型病毒感染 L929 细胞，在血清 2 型病毒提供必要蛋白质的条件下，最终拯救出血清 3 型病毒。Kobayashi 等人则采用了 *T7* RNA 聚合酶系统构建呼肠孤病毒的感染性克隆，将含有病毒全基因组的 4 个质粒共转染已经感染 *T7* RNA 聚合酶基因的重组禽痘病毒的细胞，成功拯救了病毒。Komoto 等在非结构蛋白（NSP）2 质粒转染量增加 3 倍和 NSP5 质粒转染量增加 5 倍时分别用含轮状病毒 11 个基因片段的 T7 质粒[cDNA 两侧为 *T7* RNA 聚合酶启动子和丁型肝炎病毒核酶]共转染 BHK-T7 细胞，可以产生重组轮状病毒，成功建立了不需要辅助质粒的轮状病毒的反向遗传系统。

4. DNA 病毒

对于基因组较小的单链 DNA 病毒，如猪圆环病毒，仅需要通过 PCR 方法扩增病毒全基因组，克隆到合适的载体并转染适当细胞，就可拯救获得病毒；或者体外环化圆环病毒全基因组，转染细胞，拯救获得病毒。对于基因组比较大的 DNA 病毒，如疱疹病毒、痘病毒等，很难通过常规的扩增病毒全基因组并插入载体的方式构建感染性克隆。随着基因工程技术的发展，从最初的采用真核细胞内同源重组技术获得重组病毒，到建立一系列使用末端重叠黏粒克隆转染细胞重组构成病毒全基因组再到酵母人工染色体（可容纳外源 DNA 200～500 kb，最高至 1 Mb）及细菌人工染色体（BAC，一般容纳外源 DNA 150 kb，最高至 300 kb）等大容量载体的成功构建，为基因组较大的 DNA 病毒感染性克隆的构建提供了良好的技术平台。

BAC是20世纪90年代发展起来的一种载体系统，可在细菌水平上对病毒进行操作，具有容量大、遗传特性稳定、便于操作等优点。一般通过经典同源重组方法，将BAC基因组重组到病毒的基因组中，抽提重组病毒的基因组导入大肠杆菌中，最终获得可以在细菌中操作的BAC感染性克隆。1997年Messerle等首次将鼠巨细胞病毒构建成感染性BAC。目前，国内外研究者已成功构建了多种人和动物的疱疹病毒的BAC感染性克隆。

3.1.2.3 应用

随着不同种类病毒反向遗传学操作系统的建立和发展，可以更深入了解病毒的分子生物学特性，研究病毒与宿主的相互作用、致病机理，病毒基因、结构与功能的关系等。在此基础上对病毒基因组进行快速改造，可用于降低病毒的毒力、提高病毒生产性能及免疫原性，同时为标记疫苗及活载体疫苗的研发提供重要的技术手段。

1. 嵌合疫苗

嵌合疫苗是指将两种或多种病原体的基因组或片段通过基因工程手段以不同形式连接或置换，构建能表达两种或多种抗原物质的重组病毒。有研究利用反向遗传技术将O型口蹄疫病毒(Foot and mouth disease virus，FMDV)主要结构蛋白VP1的抗原区第130～157位氨基酸序列与A型FMDV的相应序列进行替换，制备的疫苗免疫猪和牛后均能提供较好的免疫保护。也有研究者用FMDV流行毒株衣壳蛋白的外部编码区*1B-1D/2A*替换细胞适应株的相应区域获得了稳定、高滴度的嵌合病毒。Ellingson J S等成功构建了减毒Ingelvac PRRSV MLV毒株基因组的*5′-UTR/ORF l*与强毒株MN184的*ORF 2-7/3′-UTR*融合的嵌合感染性克隆，获得的嵌合病毒可产生与MLV株相似的体液免疫应答，同时致病性与MN184相比有所减弱。研究表明，将猪圆环病毒2型(PCV2)的主要结构蛋白基因*ORF2*代替猪圆环病毒1型(PCV1)的*ORF2*基因插入PCV1基因组中，构建嵌合型感染性DNA克隆PCV1-2，发现嵌合病毒对猪的致病性大大减弱，并且可以使猪体产生抗PCV2衣壳蛋白的特异性抗体。

2. 减毒活疫苗

利用反向遗传学操作技术可以更深入地了解病毒的致病机理，找到与病毒毒力及免疫原性相关的基因，再进一步对基因组改造，获得致弱毒株。这与传统体外连续传代获得致弱毒株的方法相比更快速、安全、有效。有研究表明，将PRRSV弱毒疫苗毒株与高致病性毒株特定区域置换，构建感染性克隆时发现非结构蛋白NSP3～NSP8与开放阅读框ORF5可能包含主要毒力决定区，NSP1～NSP3、NSP10～NSP12及ORF2等区域也可能是其他的毒力位点。有研究通过反向遗传学操作技术证明，NSP9～NSP10是高致病性PRRSV毒株的主要毒力决定区，为研制PRRSV基因工程弱毒疫苗提供了重要启示。2015年，普莱柯生物工程股份有限公司的张超林等人通过细菌人工染色体技术，对2011年出现的PRV流行毒株进行致弱，使其缺失PRV的*TK*、*gE*、*gI*三个主要毒力基因，用其免疫仔猪，获得良好的攻毒保护效果，并且可以通过血清学方法有效区分疫苗免疫与野毒感染。

3. 标记疫苗

利用反向遗传学操作技术构建的新型标记疫苗，通过分子生物学及血清学检测方法，可以有效区分疫苗免疫和野毒感染，对动物疫病的控制和净化十分重要。有研究者将*CAT*基因插入CSFV Alfort/187毒株的全长cDNA克隆上的*N*基因中，得到了重组病毒vA187-CAT，其培养特性与原病毒无差别，并可在细胞培养液中检测到同时具有CAT和N蛋白活性的融合蛋白。Fang等利用反向遗传学技术将位于PRRSV NSP2编码区编码抗原决定簇*Es4*的基

因替换为 *GFP* 基因,拯救出重组标记毒株 GFP/△Es4,并建立了基于 GFP 和 Es4 抗原的 ELISA 方法用于辅助检测。Huang 等将 V5 标签插入 PCV2 Cap 蛋白的 C 末端,成功构建了表达 V5 标签插入的 PCV2 重组病毒,其具有与亲本毒株相似的生物学特性,免疫小鼠后能诱导产生 PCV2 的中和抗体和抗 V5 标签的特异性抗体。

4. 活载体疫苗

采用基因工程的方法,可以将病毒的主要抗原基因片段整合到可容纳大片段外源基因的病毒载体中,目的基因随病毒载体在动物体内的复制而得到表达,进而刺激机体产生相应抗体从而达到保护的目的。目前,猪主要病毒病中有希望作为商品化疫苗载体的主要就是猪伪狂犬病病毒。有研究者构建了表达丙型肝炎病毒(Hepatitis C virus,HCV)*E1* 基因的重组 PRV 疫苗株,免疫猪后能同时抵抗 PRV 和 HCV 的攻毒。也有研究将 CSFV *E2* 基因置于 *hCMV IE* 启动子下,整合到 PRV 基因组的 *gE* 位点,可对 PRV 和 CSFV 强毒攻击提供保护。

3.1.2.4 展望

伴随着各类动物病毒反向遗传学系统的建立及技术的发展成熟,对病毒基因组进行有目的的修饰和改造,不仅加深了对病毒复制、致病性、免疫原性、跨宿主传播等机制的研究,也拓展了其在基因工程疫苗的应用方向。随着分子生物学技术的发展,相信以后还会不断有新发现或新改造的生物酶类或生物载体等成为新的分子工具,应用到反向遗传操作技术中,使这一技术进一步完善和成熟。

3.1.3 新型基因编辑技术

3.1.3.1 概述

基因编辑技术是指通过特定核酸酶的介导,定点改造基因组,实现基因敲除、定点突变、引入外源基因等的技术。经典的同源重组改造病毒的技术效率较低,常常需要标记基因或者压力筛选辅助以提高获得重组病毒的效率。在对动物机体及病原微生物基因组修饰技术的改良过程中,基因编辑技术应运而生,其基本原理是借助生物体自身特异性识别 DNA 序列的特殊蛋白,定点切割 DNA 双链,从而提高基因编辑的效率。

基因编辑技术的核心是将 DNA 双链定点切开,形成双链断裂缺口(Double-strand breaks,DSBs),进而启动细胞内的 DNA 修复机制,该修复方式分为两类:非同源末端连接修复(Non-homologous end joining,NHEJ)和同源重组(Homology directed repair,HDR)修复。NHEJ 是一种较为简单的修复方式,主要是在发生断裂位点的基因序列之间直接修复,这种修复发生概率高,随机性高,容易造成断裂位置出现 DNA 小片段的插入或缺失,使得基因编码框发生移位、突变或终止等,造成基因功能的缺失或丢失,从而实现靶基因的敲除。HDR 修复是在 DNA 双链断裂时,具有 DSBs 位置两端同源序列的供体质粒参与修复的过程,使细胞内的修复按照同源臂之间的序列进行修复,即可实现细胞内特定序列的精确修饰——基因插入、基因缺失和基因突变等。

3.1.3.2 不同基因编辑技术的工作机制

基因编辑的关键是通过特定的核酸酶作用于基因组形成 DSBs。根据基因编辑使用核酸酶的种类,可将基因编辑技术分为三代:第一代普遍认为是锌指核酸酶(Zinc-finger nucleases,ZFNs);第二代为转录激活因子样效应物核酸酶(Transcription activator-like effector nucleases，TALENs)；第三代为规律间隔成簇短回文重复序列及其相关核酸酶(Clustered regularly interspaced short palindromic repeat/CRISPR-associated nucleases，CRISPR/Cas)。

1. ZFNs 基因编辑技术

ZFNs 是一种含有锌指 DNA 结合域与 Fok Ⅰ 酶切割结构域融合的基因编辑工具。其中单个锌指由 30 个氨基酸组成，每个锌指可以识别特定的 3 个碱基对，锌指通常以二聚体的形式发挥功能，串联 3～4 个锌指二聚体即可识别特定的 DNA 序列，从而锚定切割位点。Fok Ⅰ 酶主要是对锌指二聚体靶向识别的序列进行切割，使 DNA 链断裂，从而启动细胞内 DNA 链断裂后的修复。

针对不同的序列，需要通过人工设计锌指结构来识别特异的 DNA 序列。由于 ZFNs 构建和验证工作复杂耗时，步骤较多，成功率低，脱靶率高，对细胞存在毒性，且 ZFNs 结构之间存在相互影响，其应用受到了很大的限制。通过锌指结构合成平台合成特定的锌指结构可大大减少研发工作量，加快研究进程。也有研究者通过对 ZFNs 二聚体形成条件的控制，提高 ZFNs 对靶点的特异性切割，减少了脱靶率。

2. TALENs 基因编辑技术

TALENs 是一种由位点特异性 DNA 结合蛋白—转录激活因子样效应物(Transcription activator-like effectors，TALEs)与 Fok Ⅰ 酶构成的基因编辑工具。TALEs 一般由 33～35 个氨基酸组成，其中每个 TALEs 的第 12 和第 13 个氨基酸位置是高度可变的氨基酸重复可变直接序列(Repeat variable diresidues，RVDs)，RVDs 可以识别特定的靶 DNA 碱基，串联 TALEs 形成的模块化识别特定的 DNA 序列，通过调整 TALEs 顺序达到对任意目标序列的识别。根据 Fok Ⅰ 酶需形成二聚体才具有活性功能的特性，需在靶位点序列两侧设计 1 对 TALENs，在特定位点介导 DSBs 的形成，启动 DNA 的修复，这种对靶位点的特异性识别模式极大地降低了脱靶效应。

TALENs 应用的关键技术有两个：一是对靶 DNA 结合蛋白的预测及与特定 DNA 序列的结合，二是针对具有广泛相同的重复序列 TALENs 的克隆构建、设计及装配。随着技术的逐步更新，研究发现组合使用 TALEs，可以识别任意的靶序列。因此，采用商品化的 TALEs 阵列可以避免因 TALENs 的复杂设计及装配带来的难题。

3. CRISPR/Cas 基因编辑技术

CRISPR/Cas 基因编辑主要是指Ⅱ类 CRISPR 系统中的Ⅱ型 CRISPR/Cas9，该系统由 1 个向导 RNA(guide RNA，gRNA)和 Cas9 组成。CRISPR/Cas 系统最早发现于细菌和古细菌中，是细菌和古细菌长期演化过程中形成的特有的一种天然免疫防御系统，主要用来抵抗病毒或外源性 DNA 的侵害。其发生原理是，当病毒或外源 DNA 首次入侵时，细菌或古细菌会将外源 DNA 片段整合到自身 *CRISPR* 的间隔区内；当病毒或外源 DNA 再次入侵时，该防御系统的 *CRISPR* 序列将表达与入侵基因组序列相识别的 crRNA，crRNA 和其互补的反式激活 crRNA(tracrRNA)导向 Cas9 对识别的特定 DNA 位点进行切割。CRISPR/Cas9 系统中将 crRNA 和 tracrRNA 连接形成一条 gRNA，其长度约 100 个核苷酸，其中 gRNA 5′端 20 个碱基序列通过碱基互补配对原则识别靶序列，3′端通过特殊结构与 Cas9 结合，从而对识别的靶序列进行切割。

由于 gRNA 识别序列与 DNA 之间通过碱基互补配对原则结合，存在一定的错配概率，因此容易导致其出现脱靶效应，而且这种脱靶效应还存在不确定性。对 CRISPR/Cas9 系统的改进提升，主要包括：优化 gRNA 以降低其脱靶效应，包括 gRNA 5′末端序列长度的截短、gRNA 敲除文库的建立、gRNA 序列的优化、靶 DNA 序列 3′端 *NGG* 前间区序列邻近基序(protospacer adjacent motif，PAM)的优化等；优化 Cas9，如使 Cas9 部分功能失活变为单链切割，Cas9 突变体的应用或与 Fok Ⅰ 酶联合使用从而提高其编辑效率。此外，有效地将 CRISPR/Cas9 传输至细胞中也是提高编辑效率的重要方法，包括对电转化、脂质体和纳米颗粒等转染方式的优化，以及选择慢病毒、逆转录病毒和腺病毒等载体将 CRISPR/Cas9 携带至靶细胞中，从而提高基因编辑效率。

CRISPR/Cas9 系统由于成本低、作用高效的特性，已逐渐成为当前主要的基因编辑工具。该技术用于病毒基因组操作的技术路线如下：确定靶基因的序列，通过 gRNA 在线网站(https://zlab.bio/guide-design-resources.com)或根据靶基因的 CDS 序列自行设计，并通过 BLAST 分析 gRNA 序列对病毒和靶细胞基因组序列是否存在脱靶效应；由基因合成公司合成所需的单链 oligo DNA，并将其克隆至表达载体构建表达 gRNA 的质粒；将获得的质粒与病毒基因组共转染细胞，或者将质粒转染已感染病毒的细胞，通过药物筛选、噬菌体空斑纯化或有限稀释等方法筛选含有预期基因组编辑的重组病毒。

3.1.3.3 应用

在对猪相关病毒基因组的编辑上，运用较多的是 PRV 基因组的编辑，通过 CRISPR/Cas9 技术或与同源重组技术和细菌人工染色体技术结合的方法对 PRV 基因组的相关毒力基因 *TK*、*gI*、*gE* 等进行打靶编辑，可以有效地提高重组效率，快速获得基因缺失毒株。研究者使用 CRISPR/Cas9 技术对 PRV 变异株的毒力相关基因进行筛选获得的基因缺失毒株具有良好的免疫效果。也有学者用 CRISPR/Cas9 技术与同源重组技术结合的方法对非洲猪瘟病毒(African swine fever virus，ASFV)的基因组进行编辑，获得了 8DR 基因缺失的 ASFV 毒株。

除了直接对病毒基因组改造，研究人员还尝试使用 CRISPR/Cas9 技术设计抑制病毒的方法，针对病毒部分基因设计 gRNA，使其对病毒基因进行切割，从而抑制病毒的复制，达到阻止病毒感染的效果。将含 ASFV *P30* 基因的靶向 gRNA 和编码 Cas9 的质粒转染猪肺细胞系，筛选获得单克隆细胞株，对 ASFV 病毒感染的检测结果显示，ASFV 空斑消除，病毒滴度降低，表明含 CRISPR/Cas9 和 ASFV *P30* 基因靶向 gRNA 的细胞株能够抑制 ASFV 病毒的感染。有学者对 PRV 基因组的 75 个编码框进行了打靶研究，结果显示部分病毒基因被打靶敲除后可显著抑制病毒增殖或阻止病毒复制。

3.1.3.4 展望

随着基因组编辑技术的不断发展，未来在基因编辑猪、病毒基因组修饰及细胞基因组改造方面的应用会逐渐增多。新型基因编辑技术简便、高效、快速的特点必定会受到生物医药研究者的青睐，但其可能存在脱靶效应，无法预测和控制新的变异。随着技术的逐步提升，基因编辑的脱靶效应会逐步降低，基因编辑技术也会逐步发展成熟，在动物疾病防控中发挥更加重要的作用。

（撰稿人：仝晓丹　颜世君　张超林　谭菲菲）

3.2 基因工程亚单位蛋白表达技术

新型基因工程疫苗中，基于蛋白表达技术的亚单位疫苗，具有生物安全性高、稳定性好和易规模化生产等优点。病原体的主要免疫原蛋白，可通过多种基因工程蛋白表达系统实现高效表达。这些蛋白抗原可通过体外组装病毒样颗粒（Virus like particles，VLPs）的形式激活多种免疫途径，包括体液免疫应答和细胞免疫应答，还可通过不同的组合方式实现对多种动物疫病多联多价形式的免疫防控。目前，基因工程亚单位蛋白表达技术已在诊断试剂开发、靶向药物筛选和新型疫苗研究等领域得到广泛应用。本节就四种常用的表达技术——大肠杆菌表达技术、酵母表达技术、杆状病毒-昆虫细胞表达技术和哺乳动物细胞表达技术的技术路线、表达策略、应用和展望进行阐述。

3.2.1 大肠杆菌表达技术

3.2.1.1 概述

大肠杆菌表达系统是重组蛋白表达的首选系统，该系统有多种分子工具和操作策略可用于高水平生产外源蛋白，如基于蛋白表达调控的不同种表达质粒、工程菌株和培养策略。大肠杆菌表达系统较其他表达系统的优势：①生长速度快，在葡萄糖-盐培养基中，最适条件下的倍增时间约 20 min；②容易实现大体积高密度发酵；③培养简单，培养基成本低；④遗传背景清晰，质粒转化简单，传代稳定。

3.2.1.2 技术路线

利用大肠杆菌表达外源蛋白主要包括重组表达载体的构建、重组菌株的筛选以及目的蛋白的诱导表达与纯化等关键步骤。

1. 重组表达载体的构建

首先，利用 PCR 或人工合成的方式获得病毒、细菌等的目的基因片段。其次，利用限制性内切酶和连接酶进行酶切连接，或利用重组酶进行同源重组的方式，将目的基因序列克隆至目标载体。最后，将重组载体导入宿主菌株，一般可采用化学转化、电转化、接合转移以及原生质体融合等方法，应用较多的是化学转化或电转化。

2. 重组菌株的筛选

用于大肠杆菌表达系统的表达载体通常包含不同的筛选标记，可用于重组转化子的分离筛选。载体携带的不同种抗生素标记基因可用于目标载体的快速筛选，但该法不能有效筛选因载体自连而产生的阳性转化子。目前，多种商品化表达载体利用的是 *lacZ* 基因建立的蓝白斑筛选方法，可快速筛选出包含目的基因的重组载体。其他筛选基因，如基于蔗糖代谢的 *SacB* 基因和一些荧光标记基因在大肠杆菌表达系统中也有一定的应用。在一些情况下，菌体细胞的生长表型也可用于重组菌株的分离筛选，如利用部分营养缺陷型菌株表达外源蛋白或利用宿主菌株表达部分毒性蛋白时，菌体的生长速度可作为转化子筛选的直接参考。

3. 目的蛋白的诱导表达与纯化

目的蛋白在大肠杆菌中多为胞内表达，部分蛋白可实现周质表达，但通常表达水平较低。目的蛋白表达时需根据所用载体类型制定合适的诱导策略，如组成型表达和诱导型表达在诱导方式和诱导过程方面会有较大的差异。培养条件和诱导条件对目的蛋白在大肠杆菌中的可溶性及表达水平具有重要的影响，蛋白表达过程中需对这些因素进行系统的优化筛选。目的蛋白表达后的纯化，涉及菌体细胞的裂解、核酸和杂蛋白等非有效组分的去除等过程，目前已有多种适用于大肠杆菌表达系统的纯化方法，如沉淀、层析以及其他纯化技术，可实现目的蛋白快速、高效的分离纯化。

3.2.1.3 表达策略

利用大肠杆菌表达外源蛋白时，蛋白往往容易聚集，形成不可溶、无生物活性的包涵体，或者蛋白表达量很低甚至不表达，这主要与蛋白本身的性质有关，但也可以通过以下策略提高外源蛋白在大肠杆菌中的可溶性表达。

1. 解决密码子偏好性问题

当外源编码DNA同义密码子的出现频率与宿主密码子使用频率显著不同时，会出现密码子偏好性的问题。在表达过程中，低丰度tRNAs不足可能导致编码错误或者表达中止，影响目的蛋白表达水平和蛋白活性。解决密码子偏好性问题的策略有两种：密码子优化和增加宿主低丰度tRNAs。密码子优化可在氨基酸序列不变的前提下，通过定点突变或者合成全基因实现。通过宿主菌转入携带低丰度tRNAs基因质粒也可以解决密码子偏好性问题。Rosetta(DE3)菌株含有pRARE质粒，可额外提供AUA(Ile)、AGG/AGA(Arg)、CUA(Leu)、CCC(Pro)和GGA(Gly)的tRNAs；黄玉欣等利用同源重组将pRARE2质粒包含的上述六种和CGG(Arg)的tRNA编码基因整合到pET28a上，构建了pET28a-Rcodon重组载体，补充了稀有密码子对应的tRNA，在提高目的蛋白表达量的同时，解决了多质粒转化和诱导的问题。

2. 表达载体的改造

表达载体主要包括复制子、启动子、多克隆位点、融合标签、筛选标记等主要元件。改造复制子和启动子可以优化mRNA转录水平，从而提高目的蛋白表达量；选择合适的融合标签也可以改善蛋白的溶解性，从而提高其可溶性表达量。

复制子由复制及相关的顺式作用元件组成，对质粒拷贝数有重要的影响。一般认为质粒的拷贝数与重组蛋白的表达量有很大的相关性，但高拷贝可能会增加菌体代谢的负担，降低其生长速率，并导致质粒不稳定；而过低的拷贝则会降低重组蛋白表达量。常用的pET系列表达载体拥有pMB1复制子(由ColE1衍生，15～60个拷贝/细胞)，pQE质粒拥有野生型ColE1复制子(15～20个拷贝/细胞)，pACYC和pBAD系列拥有p15A复制子(10～12拷贝/细胞)，使用时需根据蛋白表达的细菌生长速度、质粒稳定性和蛋白表达情况，选择不同的复制子。

*lac*启动子是*lac*操纵子的主要组成元件，乳糖能诱导该启动子用于蛋白的表达，然而当培养基中存在葡萄糖时，诱导就难以被启动。*lacUV5*启动子可降低对分解代谢调控的敏感程度，能够在葡萄糖存在的条件下表达。但*lac*启动子及其衍生的*lacUV5*均为弱启动子，对重组蛋白的表达并不十分适用。部分杂合启动子兼具了其他启动子的强度和*lac*启动子的优点，如*lac*启动子，其启动子强度是*lacUV5*的10倍。pET载体使用的*T7*启动子为强启动子，目的基因需克隆在能够被噬菌体*T7* RNA聚合酶识别的启动子之后。

目前，大多数启动子的转录由化学物质调控，如pET载体的*T7*启动子可被乳糖或乳糖类似物异丙基-*β*-*D*-硫代半乳糖苷(IPTG)诱导。此外，部分启动子可通过物理调控启动转录开始。*pL*启动子中，λcI阻遏蛋白(λcI^{857})是温度敏感型蛋白，在高于37 ℃时不稳定；含有λcI^{857}蛋白的*E. coli*在28～30 ℃下先生长至所需细胞密度，然后将温度调至40～42 ℃，诱导蛋白表达。pCold系列载体拥有pUC118骨架和*cspA*启动子。*cspA*启动子为冷敏感型启动子，温度降至15 ℃，可以诱导基因的表达，用于表达易形成包涵体的蛋白。

异源蛋白在表达时通常会引入融合标签，以便在表达和纯化过程中检测出来；而小泛素相关修饰物(SUMO)、麦芽糖结合蛋白(MBP)、转录抗中止因子(NusA)和谷胱甘肽巯基转移酶(GST)等融合标签能够提高蛋白的可溶性表达量。短肽标签分子量小,融合表达时一般不影响蛋白的结构,应用较多的短肽标签有多聚精氨酸标签、FLAG-标签、多组氨酸标签、c-Myc标签、S标签和链霉亲和素结合肽(Strep Ⅱ)标签等。短肽标签都有商业化的抗体,可以方便地进行Western Blot检测。短肽标签也为亲和层析纯化提供了方便,如融合多组氨酸标签的蛋白,可以利用 Ni^{2+} 或 Co^{2+} 琼脂糖凝胶纯化,FLAG融合蛋白可用抗FLAG亲和凝胶纯化。MBP和GST也可用于亲和层析纯化融合蛋白,因为MBP可与淀粉-琼脂糖结合,GST可与谷胱甘肽-琼脂糖结合。

3. 选择合适的表达菌

大肠杆菌可用的表达宿主菌株有很多,常用的是BL21(DE3)和K-12及其衍生菌株,其中以BL21(DE3)及其衍生菌株应用最多。BL21是由Studier对B系进行改造后的菌株,缺乏能降解外源蛋白的Lon蛋白酶和外膜蛋白酶OmpT。在BL21(DE3)菌株中,噬菌体λDE3溶源至BL21的染色体上,并在*lacUV5*启动子调控下启动*T7* RNA聚合酶基因的表达,此过程可通过IPTG诱导表达。K-12的衍生菌株Origami(DE3)、Origami B(DE3)和Rosetta-gami(DE3)是*trxB*和*gor*双突变菌株,能够增强细胞质中二硫键的形成,促进蛋白质正确折叠。另外,因大肠杆菌细胞壁的脂多糖成分可在临床上引起较为严重的免疫炎症反应,目前已开发了低内毒素毒力表达菌株。黄玉欣等利用CRISPR-Cas9技术敲除大肠杆菌BL21(DE3)脂多糖生物合成途径中的*lpxM*,改变其毒性中心类脂A的侧链结构,降低内毒素毒力,并在基因组中整合表达*tig*基因提供蛋白折叠所需伴侣因子,获得了低内毒素毒力、高可溶性表达的菌株。

4. 与分子伴侣共表达

在大肠杆菌中,分子伴侣能够结合和稳定重组蛋白的不稳定构象,通过结合到新生肽链暴露的疏水基团而折叠和掩盖疏水域,促进蛋白溶解和正确折叠,阻止蛋白的不可逆聚集。目前常用的分子伴侣主要有3种:GroES-GroEL、DnaK/DnaJ/GrpE和TF。一般将目的基因表达载体与分子伴侣质粒共转化感受态细胞培养至合适菌体浓度后,先诱导分子伴侣表达,一定时间后再诱导目的蛋白的表达,从而使分子伴侣指导目的蛋白的正确折叠,增加其可溶性。

另外,表达温度、诱导剂量也是影响目的蛋白表达的重要因素。在实际蛋白质表达过程中,往往需要多种表达策略的组合以实现蛋白质的高效、可溶性表达。此外,发酵条件的优化也是提高目的蛋白表达量的重要手段,下一章节将对此进行重点阐述。

3.2.1.4 应用

1. PCV2亚单位疫苗

PCV2 Cap蛋白是PCV2的主要结构蛋白,也是主要的免疫原蛋白,已有大量文献报道过用大肠杆菌表达系统生产PCV2 Cap蛋白。Xi等将Cap蛋白基因序列进行密码子优化,在大肠杆菌中实现Cap蛋白的可溶性表达,纯化后Cap蛋白能够再组装为VLPs,免疫3周龄猪,能够产生攻毒保护效果。有研究者将Cap蛋白和SUMO标签融合表达,切除标签后可自组装成病毒粒子结构。研究表明,在大肠杆菌中表达截短NLS序列的Cap(tCap),可正确折叠并与PCV2 Cap抗体发生中和反应,说明tCap同样有潜力开发为亚单位疫苗或者诊断试剂。普莱柯生物工程股份有限公司通过密码子优化、表达载体启动子改造、表达菌株的改造实现了Cap蛋白在大肠杆菌的可溶性高表达,并且通过体外病毒样颗粒(VLPs)组装技术,成功实现了 PCV2 VLPs 的体外高效组装，基于此研制成功的亚单位疫苗“圆柯欣”已于 2017 年成功上市。

2. FMDV 亚单位疫苗

Guo 等人通过构建三种不同抗性、不同来源的载体，实现了 FMDV 的 VP0、VP1 和 VP3 蛋白的共表达，动物实验评价具有良好的攻毒保护效果。但因为单个表达菌中含有三个不同抗生素抗性的质粒，所以可能会导致表达菌生长缓慢，在后期生产规模放大的过程中出现因质粒丢失使各个蛋白间比例失调，从而导致 VLPs 组装失败的结果。Xiao 等利用多基因串联表达技术实现了 FMDV 多个结构蛋白在单一载体、单一宿主中的同时表达，实现蛋白可溶性表达的同时保证了不同蛋白间最佳的比例，为后续的 VLPs 组装提供了必需条件。

3.2.1.5 展望

大肠杆菌表达系统作为外源蛋白表达最常用的系统，已经成功实现多种猪病毒病相关蛋白的表达，在疫苗和诊断试剂的开发中具有极大的潜力。虽然大肠杆菌表达系统缺乏翻译后修饰，且表达的蛋白易形成包涵体，但市场上已开发出多种技术方法来提高目的蛋白的可溶性和表达量。随着分子生物学技术的发展和多基因共表达、促进蛋白质正确折叠等方面研究的深入，大肠杆菌表达系统在未来的发展和应用中仍将占有重要地位。

3.2.2 酵母表达技术

3.2.2.1 概述

酵母表达系统是一种常用的基因工程蛋白表达技术，兼具原核和高等真核表达系统的优点，操作简便、成本低廉、生物安全性高，且具有多种蛋白质翻译后加工、修饰和适合蛋白质折叠的细胞内环境，可实现外源蛋白胞内或分泌形式的高效表达。该技术在疫苗产业中具有广泛的应用。

3.2.2.2 技术路线

利用酵母细胞表达外源蛋白时，需先选择合适的宿主菌株、表达载体和蛋白表达形式。宿主菌株和表达载体决定了外源蛋白表达重组突变株构建过程中所使用的筛选标记、筛选方法及产生的菌体表型，而蛋白表达形式的不同主要体现在目的基因的转录起始、空间折叠、加工修饰、构象形成、转运分泌和拷贝数等方面。表达策略确定后，可根据以下步骤制定具体的蛋白表达技术路线，包括①基因序列的获得；②基因克隆至目标载体；③重组菌株的筛选验证；④目的蛋白的表达与条件优化。

1. 重组表达载体的构建

不同酵母表达系统所用表达载体的类型有所不同，如酿酒酵母（*Saccharomyces cerevisiae*）和裂殖酵母（*Schizosaccharomyces pombe*）表达系统中携带目的基因的表达载体一般可游离存在于细胞中，而巴斯德毕赤酵母（*Pichia pastoris*）载体多通过整合至细胞的基因组来实现目的基因的表达。酵母表达载体主要有胞内表达载体和带有信号序列的分泌型表达载体，可实现目的蛋白不同形式的表达。此外，还可通过不同的启动子类型实现目的蛋白的组成型或诱导型表达。

酵母表达载体通常会带有一些区别宿主特异性的筛选标记用于重组转化子的筛选，如适用于不同营养缺陷型细胞的 *His4*、*Arg4* 和 *Ura3* 等筛选基因，*Sh ble* 抗生素筛选基因及用于多拷贝转化子筛选的 *Npt Ⅱ* 基因等。重组载体构建完成后，一般通过电转化法导入酵母感受态细胞。对于 *P. pichia* 表达系统，待外源基因克隆至目标载体后，需将其经过线性化整合至宿主细胞的基因组来发挥载体元件的功能，常用的整合位点为 *AOX1* 和 *His4* 基因，不同整合位点及整合事件可产生不同的菌体表型。

2. 重组菌株的筛选与验证

酵母表达系统中，重组菌株的有效筛选主要有两种方法：一是利用载体或菌株的特性进行筛选，如通过载体携带的抗生素筛选基因，或菌种特异性的营养缺陷型标记基因，筛选获得包含目的基因的重组转化子；利用遗传霉素基因，筛选多拷贝基因整合转化子；利用 *lacZ* 作为报告基因，筛选酵母基因组整合转化子。二是根据表达产物的特异性进行筛选，如利用酵母细胞表达部分酶类蛋白质时，可通过添加特异性底物实现重组菌株的高通量筛选。此外，利用 *S. cerevisiae* 进行外源蛋白展示表达时，还可通过流式细胞仪对表达荧光标记融合蛋白的重组细胞进行分离筛选。

重组菌株的验证包括基因型验证和表型验证，*P. pichia* 表达系统中目的基因在基因组上的整合可通过 PCR 扩增进行验证，并利用 Dot Blot 等方法分析整合基因的拷贝数和对比突变株对不同碳源（甲醇和甘油）的利用率，来对其生长表型进行分析。

3. 目的蛋白的表达

目的蛋白在酵母细胞中的高水平可溶性表达依赖高效的转译通量和合适的折叠环境，而要想保证其生物学活性则需适度的加工修饰以形成正确的构象。表达外源蛋白时需在合适的培养条件下对蛋白的表达过程进行合理调控，以实现底物对外源蛋白最大效率转化。

在酵母细胞中，组成型的蛋白表达形式通常不利于一些毒性蛋白或酶的表达。对于目的蛋白的诱导型表达，一般需根据蛋白表达形式的不同选择合适的培养基，如胞内表达蛋白时一般使用 MGY（含有甘油的基础培养基）或 MMY 等基础培养基，而分泌表达则多使用成分较为复杂的 BMGY（含有甲醇的缓冲性复杂培养基）或 BMMY（含有甘油的缓冲性复杂培养基）等合成培养基。此外，*P. pichia* 等菌株能够利用无机培养基（BSM）实现高密度培养，使其培养成本得到大幅降低。在利用酵母细胞表达外源蛋白时，培养温度、诱导时机、诱导物种类及添加量等都是制约蛋白表达水平的重要因素，对其进行有效的优化筛选有利于目的蛋白表达效率的提高。

3.2.2.3 表达策略

外源蛋白在酵母细胞中的表达受多种因素的影响，涉及蛋白表达系统的选择、基因表达调控元件的筛选和蛋白表达策略的优化等。其中，不同酵母表达系统中的蛋白转录翻译过程及折叠修饰机制均存在一定的差异，表达蛋白的特性也不尽相同。此外，外源蛋白表达所用载体元件及表达策略对其构象形成过程及活性也有重要的影响。因此，提高外源蛋白在酵母细胞中的表达需从以下几个方面进行系统的优化筛选。

1. 表达系统选择

酵母表达系统主要包括 *S. cerevisiae* 表达系统、甲醇营养型酵母表达系统和 *S. pombe* 等。目前，亚单位疫苗蛋白质抗原生产应用最为广泛的是 *S. cerevisiae* 表达系统和甲醇营养型酵母表达系统。

利用 *S. cerevisiae* 表达外源蛋白时会发生超糖基化现象，其 *N*-型或 *O*-型糖基的外链可形成由 40 个以上甘露糖组成的复杂分支结构，这些结构对重组蛋白的免疫原性、活性以及药代稳定性均具有重要影响。*P. pichia* 是最常用的甲醇营养型酵母，可利用甲醇作为唯一碳源用于细胞生长及代谢，其糖基化程度适中，且能够利用无机培养基实现菌体高密度发酵。对于 *S. pombe*，其剪切体元件可移去外源基因中的内含子，信号转导体系及对蛋白 N 端的酰基化修饰也与哺乳动物十分相似。

2. 宿主菌株改造

用于酵母表达系统的宿主菌株，通常会选择性地缺失一些氨基酸合成基因，如 *His4*、*Arg4*、*Ura3* 和 *Leu* 等，以提供相应的营养缺陷型标记用于重组菌株的筛选。*P. pichia* 中的 *AOX1* 和 *AOX2* 基因同时突变后无法利用甲醇代谢，但其 P_{AOX1} 启动子并未失活，当以甲醇和葡萄糖作为混合碳源培养时，仍可诱导目的蛋白高效表达。此外，酵母细胞在分泌表达外源蛋白的过程中，易受到一些内源性蛋白酶的作用而发生降解，SMD1168 蛋白酶缺失突变株，可有效缓解因蛋白酶降解造成的表达产物水平降低的现象。近年来，研究者通过构建 *S. cerevisiae* 甘露糖磷酸化缺失突变株，提高了该系统表达抗原蛋白对不同宿主的免疫兼容性。

3. 基因序列加工

密码子优化是提高外源基因在酵母细胞中表达效率最为直接有效的方法，可在一定程度上协同启动子实现转译通量的最大化，有研究通过密码子优化显著提高了猪瘟病毒（CSFV）E2 蛋白在酵母细胞中的表达水平。研究表明，糖苷链在酵母细胞表达外源蛋白过程中可能发挥类伴侣分子的作用，从而促进蛋白质的有效折叠。因此，对于部分蛋白的表达，在其基因序列中引入人工糖基化位点可能同样有助于其表达水平的提高。

4. 启动子与信号肽

酵母表达系统中，不同类型的启动子及信号肽可有效调控目的基因的表达强度及分泌效率。*S. cerevisiae* 中常用启动子及调控类型主要包括受葡萄糖调控的 P_{PKG} 和 P_{ADH} 启动子、受半乳糖调控的 P_{GAL} 启动子和受温度调控的 P_{PHO} 启动子。*P. pichia* 中 P_{AOX1} 启动子可调控外源蛋白的高效表达，此外 P_{FLD1}、P_{ICL1}、P_{PEX8}、P_{YPT1} 和 P_{NPS} 等启动子也有所应用。P_{GAP} 启动子可调控目的蛋白在酵母细胞中的组成型表达，在 *S. cerevisiae* 和 *P. pichia* 表达系统中均具有广泛的应用。

S. cerevisiae 来源的 α-facter 是一种可实现外源蛋白高效分泌表达的信号肽，其他 *S. cerevisiae* 中的常用信号肽有性结合因子有 MF-α、蔗糖酶 SUC2 和杀手毒素因子 KIL 等。近来一些新型信号肽如 Ost1、Msb2 和 Dna4 的开发，使得重组蛋白在酵母细胞中的分泌表达效率得到了大幅提高。

5. 基因融合表达

在酵母表达外源蛋白过程中，添加不同的融合标签有助于蛋白的表达和分离纯化，一些蛋白添加 SUMO 或 GST 融合标签后可显著提高可溶性表达水平，而 His 和 CBM3 等亲和标签的添加可使目的蛋白能够通过亲和层析得到纯化。研究表明，*S. cerevisiae* 来源的 GCN4 标签与目的基因融合后可实现其结构的三聚化。因此，多聚体标签融合表达是一种有助于蛋白质高级结构形成的有效方法。此外，在抗原特性方面，部分基因序列通过融合表达可发挥类似佐剂或免疫增强剂的作用，如 B 细胞表面 Fc 受体序列与目的基因融合后可有效提高其表达产物的免疫原性。

6. 多基因串联表达

外源蛋白在酵母细胞中的有效折叠，依赖合适的细胞内环境和蛋白折叠所需的伴侣分子。

研究表明，目的基因与 Hsp70、Hsp40、GrosEs 和 GrosEL 等伴侣分子串联表达可有效促进其表达产物在酵母细胞中的正确折叠。此外，基因拷贝数也是影响酵母细胞表达外源蛋白水平的重要因素，利用基因多拷贝串联表达策略可不同程度地提高目的蛋白的表达水平，且二者之间呈一定的“基因剂量”相关性。研究者通过筛选多拷贝基因整合转化子，成功获得了高水平表达流感病毒 HA 蛋白的酵母突变株。多基因串联表达技术在蛋白质体外组装方面也有一定的应用，肠道病毒 71(Enterovirus 71，EV71)来源的 *P1* 和 *3C* 序列经密码子优化后在酵母细胞基因组上串联表达，其培养上清液中 EV71-VLPs 的含量可达 270 mg/L。

3.2.2.4 应用

随着酵母表达系统的深入研究和不断发展，多种动物疫病相关病原的结构蛋白或免疫原蛋白均已通过酵母表达系统获得了有效表达和应用。佐剂可有效增强细胞免疫应答，提高疫苗免疫效果，利用酵母表达系统将细胞因子 IL-18、IL-12 或热激蛋白 HSP 等与目的蛋白共表达，可在一定程度上达到提升免疫原性的作用。抗菌肽具有广谱的抑菌活性，常用于动物细菌或真菌感染的治疗，然而小分子肽利用原核表达系统实现可溶性表达往往难度较大；酵母表达系统由于具有多种转录后修饰机制的特性，在小分子肽表达方面通常较原核表达系统更具优势。在诊断试剂研究方面，多种酵母表达系统来源的靶蛋白如猪瘟病毒的 E2 蛋白、口蹄疫病毒的 VP1 蛋白以及猪圆环病毒 2 型的 Cap 蛋白等也都在相关抗体检测方法中得到了有效应用。

在新型安全疫苗的研究方面，酵母表达系统也发挥着重要作用，如以酵母细胞为载体的口服疫苗，可以通过抗原蛋白的表面展示或分泌表达来激活黏膜免疫发挥预防机制。如在新型冠状病毒(SARS-CoV2)疫苗的研究中，有研究者尝试通过酿酒酵母将 S 蛋白三聚体的 ACE2 受体结合域(RBD)与融合肽(FP)进行融合表达，以达到促进膜融合、激活免疫系统的目的。然而，市场上关于口服疫苗的免疫保护效果尚无定论，也许随着技术的发展该种疫苗能得到广泛应用。

3.2.2.5 展望

酵母表达系统具有操作方便、成本低廉和易规模化生产等优点，且较原核表达系统具有更高的生物安全性。利用酵母表达系统表达需要糖基化修饰的抗原蛋白，其免疫原性及活性通常要高于原核表达系统，分离纯化也相对较易实现。酵母表达的人用亚单位疫苗已经在市场应用多年，相信将来酵母表达系统也会在兽用基因工程疫苗方面发挥更大的作用。

3.2.3 杆状病毒-昆虫细胞表达技术

3.2.3.1 概述

杆状病毒-昆虫细胞表达系统(Baculovirus expression vector system，BEVS)是四大重组蛋白表达系统之一，具有专一寄生于无脊椎动物，安全性高；重组蛋白表达水平高；可对重组蛋白进行正确折叠和翻译后修饰，能获得具有生物活性的蛋白；基因组容量大，适应于多基因共表达的复杂设计；适用于大规模无血清培养等诸多优势。目前，该系统已被广泛用于蛋白表达、药物筛选、疫苗开发、基因治疗等领域。

3.2.3.2 技术路线

杆状病毒-昆虫细胞表达系统的原理是将外源基因通过重组插入野生型杆状病毒的 *Polh*

或 *P10* 强启动子下游而获得重组杆状病毒，重组杆状病毒进一步感染 Sf9 细胞或者 Hi5 细胞，通过培养工艺的优化实现外源蛋白的高效表达。常用作表达载体的杆状病毒有苜蓿银纹夜蛾核多角体病毒(Autographa californica nuclear polyhedrosis virus，AcNPV)和家蚕核多角体病毒(Bombyx mori nuclear polyhedrosis virus，BmNPV)两种。获得重组杆状病毒的方式包括昆虫细胞内重组和昆虫细胞外重组两种，重组后的病毒进行目的蛋白表达即可。

1. 重组方式

(1)细胞内重组　杆状病毒基因组庞大(大小约 130 kb)，很难利用酶切位点在体外将外源基因插入其基因组中，故需要转移载体在细胞内介导完成。最初是通过野生型杆状病毒基因组 DNA 与携带外源基因的转移载体共转染昆虫细胞，利用同源重组，获得目的基因插入的重组杆状病毒。由于细胞内重组效率较低，且空斑表型差异不明显，导致纯化获得重组杆状病毒的过程耗时耗力。1990 年，Kitts 等提出线性化技术，其原理是将杆状病毒基因组线性化后，与转移载体共转染细胞进行同源重组，虽然重组效率有所提高，但存在酶切不完全、筛选难度大的问题；1993 年，他又通过突变技术，将多角体基因删除，同时又通过重组技术在删除位置引入半乳糖苷酶基因(*lacZ*)，获得重组杆状病毒载体 BacPAK6，经 Bsu36 Ⅰ 内切酶切除 *lacZ* 基因和必需基因 *ORF1629* 基因，使转染细胞后自连环化的基因组不具有感染性。因此，上述基因组必须与携带外源基因和 *ORF1629* 基因的转移载体发生重组后，才能成功拯救获得重组杆状病毒，该种方式重组效率大大提高。

(2)细胞外重组　1992 年，Patel 等构建了昆虫细胞与酵母细胞间的穿梭载体。原理：在酵母细胞中可复制的含有杆状病毒基因组的 DNA 质粒与含有外源基因的转移质粒发生重组，进而在酵母细胞中筛选获得含有外源基因的杆状病毒 DNA 质粒，经核酸抽提和蔗糖密度梯度离心纯化后转染昆虫细胞，获得表达外源基因的重组杆状病毒。此方法的缺点是必须经蔗糖密度梯度超速离心纯化才能保证基因组的稳定性，操作较烦琐。1993 年，有研究者构建了可以在细菌和昆虫细胞之间的穿梭质粒，通过质粒在细菌中进行转座获得重组杆状病毒基因组，之后转染昆虫细胞可拯救重组杆状病毒。该方法是利用 Tn7 转座原理，将外源基因插入杆状病毒基因组中，通过蓝白斑在大肠杆菌中实现重组质粒的筛选，大大提高了重组效率，降低了筛选的难度，使获得重组杆状病毒的周期大大缩短。

2. 目的蛋白表达

获得重组杆状病毒后，可以将其接种至昆虫细胞进行目的蛋白高效表达。目的蛋白分泌到细胞培养上清中还是在胞质中表达主要取决于目的蛋白自身的理化特性，同时与构建重组病毒所采取的构建策略有关。目前重组杆状病毒所用的启动子均为晚期启动子，故蛋白表达时间仅为杆状病毒感染晚期到细胞凋亡这段时间，延长蛋白表达时间或抑制、延迟细胞凋亡时间可以提高蛋白的表达量。收获细胞培养上清或细胞裂解上清后，进一步利用层析、沉淀等多种纯化方法进行目的蛋白的高效分离纯化。

3.2.3.3 表达策略

随着分子生物学技术的发展，获得重组杆状病毒已不是主要问题，如何高效表达外源蛋白成为杆状病毒表达系统大规模应用的主要研究方向。针对不同的蛋白质，除考虑优化目的基因密码子为昆虫细胞偏好密码子外，表达策略通常从表达载体改造、病毒基因组改造、昆虫细胞改造、多基因表达和培养工艺等几个方面进行优化。

1. 表达载体改造

目前最常用的 Bac-to-Bac 表达系统，其表达载体也称转移载体，核心元件是启动子。目前常用的 *Polh* 和 *P10* 启动子均为杆状病毒极晚期强启动子，但是有些蛋白质的翻译后修饰需要在较早时间开始，此时可以考虑早期启动子 *VP39*、*Ie-2* 等，同时可以考虑启动子与增强子 *Hr1*/*Hr3* 联合使用。2016 年，Martínez-Solís 等通过研究启动子相关功能，发现当 *ORF46* 启动子与 *Polh* 启动子联用，或将 *P10* 启动子、*OpIE2* 启动子与第五同源区段（Homologous region 5，HR5）串联使用时，会大幅提升目的蛋白表达量。信号肽是目的蛋白能否分泌的重要因素，在外源基因 N 端融合蜂毒素信号肽和葡萄球菌蛋白 A 可促进蛋白分泌至培养上清；融合内质网定位信号 KDEL 等可实现胞内蛋白的高效表达。对于难表达或者可溶性较差的蛋白，共表达相应的分子伴侣，如 Bip、Calnexin、Calreticulin、Hsp70、SUMO 等，可协助目的蛋白正确折叠以提高目的蛋白的产量。

2. 杆状病毒基因组改造

除表达载体的优化外，针对杆状病毒基因组的改造也是优化杆状病毒表达系统的一个方向。其主要策略是敲除影响蛋白表达和分泌的非必需基因。例如，几丁质酶（chi A）是一种具有外切酶和内切酶活性的酶，可以在感染后期连同组织蛋白酶加快宿主角质层破坏和组织液化而释放病毒。杆状病毒感染昆虫后，其细胞几丁质酶密集地排列在内质网中，严重影响其分泌功能和效率。*chi A* 基因的删除可大幅提高分泌蛋白或膜蛋白的产量。在此基础上，组织蛋白酶 *v-cath* 基因和 *chi A* 基因的同时缺失除了增加分泌蛋白及膜靶向蛋白的表达量，还可显著延长宿主细胞的存活期。另外，敲除 *P10*、*P74* 和 *P26* 基因后，难表达蛋白的表达量也有所提升。

3. 昆虫细胞改造

与哺乳动物细胞表达系统相比，杆状病毒-昆虫细胞表达系统仍具有一定局限性，例如，不能产生具有复杂 N-糖基化模式的糖蛋白；当细胞因杆状病毒感染而死亡和溶解时，蛋白质的产生受到限制。为了改善糖蛋白的修饰，研究人员对昆虫细胞进行改造，研发出可加强其糖基化复杂程度的 MimicSf9 细胞。Mabashi 等将多种糖基转移酶基因整合进 Sf9 细胞基因组中，获得的转基因细胞系能产生唾液酸化的糖蛋白。为了延缓细胞的死亡和裂解，Steele 等将编码抗凋亡蛋白的 *vankyrin* 基因整合到昆虫细胞系中，明显延缓了感染杆状病毒后的细胞死亡时间，同时当含有 *vankyin* 基因的细胞感染一种编码 *vankyrin* 的杆状病毒后，细胞裂解延迟，重组糖蛋白产量增加。

4. 多基因表达

细胞中大多数蛋白质以亚基的形式与其他蛋白质装配成蛋白复合体而发挥其生理功能。然而，生产出足够数量和高质量的蛋白复合物是一项极具挑战性的任务。早期进行多基因表达时，一般通过多个表达单基因的重组杆状病毒同时感染昆虫细胞来实现，如蓝舌病毒的病毒样颗粒。此方法的缺点是需要构建多个重组杆状病毒，并且感染过程中多个病毒进入同一个细胞的概率较小，蛋白复合物的组装效率和数量均较低。通过改造获得 *pFastBac Dual* 双基因表达载体，同时在 *Polh* 和 *P10* 启动子下插入两个基因，可一齐转座而使同一个重组杆状病毒表达两个目的蛋白（但载体容量有限）。随着分子生物学和重组技术的发展，科学家们可利用多种技术实现多基因共表达及组装，如 MultiBac 是一种多基因重组表达技术，含有两种转移载体以及一个 MultiBac 的 Bacmid，两种转移载体通过酶切位点的组合应用，可以同时插入多个基因，实现多个基因的共表达。MultiBac 系统的 Bacmid 含有 *Tn7* 转座位点和 *loxp* 位点，可同时进行 *Cre-loxp* 位点特异性重组和 *Tn7* 转座，且 Bacmid 在删除 *chi A* 和 *v-cath* 基因的同时加入了 *lacZ* 基因，方便进行重组菌落的筛选。运用这一系统，既可以提高单基因多拷贝的表达量，又可以表达结构复杂的多蛋白复合物或多亚基组装成的病毒样颗粒。

5. 培养工艺优化

获得含有目的基因的重组杆状病毒后，需要接种昆虫细胞进行表达条件的优化，如最佳初始细胞接种密度、病毒接种量、蛋白收获时间等培养参数，以及培养过程中重要工艺参数的控制等。

3.2.3.4 应用

目前，杆状病毒-昆虫细胞表达系统已经在多个猪用基因工程亚单位疫苗研发中得以应用，其中已上市或处于临床申报的产品有猪瘟亚单位疫苗、圆环亚单位疫苗、猪细小亚单位疫苗和口蹄疫亚单位疫苗等。

猪瘟病毒(CSFV)的 E2 囊膜糖蛋白可以诱导机体产生保护性抗体，抵御病毒的感染入侵，是 CSFV 的主要保护性抗原，也是亚单位疫苗研究和诊断方法建立的主要靶蛋白。1999 年，有研究利用杆状病毒表达的 E2 蛋白以同源二聚体形式分泌到细胞培养基中，用该蛋白制备的亚单位疫苗可预防 CSFV 感染，并且该疫苗可用作标记疫苗，区分野毒感染和疫苗免疫。利用杆状病毒-昆虫细胞表达系统生产的猪瘟病毒亚单位疫苗国内外均已有产品上市，且得到广泛应用。

猪圆环病毒 2 型(PCV2)的 Cap 蛋白是主要的结构蛋白，可刺激机体产生特异性免疫保护，是亚单位疫苗研制的理想靶蛋白。有研究表明，将 PCV *ORF2* 基因克隆进杆状病毒后，Cap 蛋白在昆虫细胞自动包装成病毒样颗粒。也有研究者利用家蚕杆状病毒表达系统表达了 PCV2 Cap 蛋白(电镜下可见病毒样颗粒)，用此蛋白制备的亚单位疫苗免疫小鼠和仔猪后，能刺激小鼠和仔猪产生特异性抗体，且可以有效抑制 PCV2 在小鼠和猪体内复制，表明 Cap 蛋白具有良好的免疫原性。目前，国内外均有杆状病毒-昆虫细胞表达系统表达的 Cap 亚单位疫苗上市。

大量研究发现，口蹄疫病毒(FMDV)的 P1-2A 和 3C 蛋白可组装成病毒样颗粒。研究者将 FMDV 的 *P1-2A* 和 *3C* 基因重组到杆状病毒载体中，并转染 Sf9 细胞，产生的空衣壳前体表现出和野生病毒粒子相同的抗原性。Cao 等将 Asia 1 型和 FMDV O 型的 P1-2A-3C 序列分别重组到重组杆状病毒基因组中，利用 Hi5 细胞可表达 P1-2A-3C 蛋白，并且通过密码子优化和启动子的选择能够使 P1-2A-3C 蛋白大量表达并自我组装成与真实病毒粒子大小相似的病毒样颗粒。

猪细小病毒(PPV)的 VP2 蛋白是主要的免疫原蛋白并可以自我组装成病毒样颗粒。有研究者构建了表达 PPV VP2 的重组杆状病毒(电镜下可观察到病毒样颗粒)，免疫豚鼠产生的 HI 抗体高于全病毒灭活疫苗和商品化疫苗。苏晓蕊等将表达 PPV VP2 的重组杆状病毒进行生物反应器放大，通过生物反应器参数的优化，发现表达的病毒样颗粒具有较高的血凝活性，且免疫豚鼠后可快速产生高于灭活疫苗的抗体。

3.2.3.5 展望

经过近 40 年的发展，杆状病毒-昆虫细胞表达系统已成为外源重组蛋白表达的有力工具，但其仍存在着一些固有的劣势，如重组杆状病毒会随着代次增加表达量下降等。因此阐明杆状病毒的复制机制、促进重组杆状病毒在宿主细胞内更高效地进行目的蛋白的自折叠及糖侧链的加工修饰依旧是在扩大杆状病毒-昆虫细胞表达系统。随着对这一表达系统基础理论研究的不断深入，其调控机制也将越来越清晰明了，新的调控因子及更强的增强子也可能被找到，这都将极大地提高蛋白的表达效率。杆状病毒-昆虫细胞表达系统也能借助其独特优势在蛋白制备、疫苗研发、蛋白结构解析及药物设计等方面为人类健康做出更多贡献。

3.2.4 哺乳动物细胞表达技术

3.2.4.1 概述

哺乳动物细胞表达系统因生产的重组蛋白活性高，且有与天然蛋白相似的结构和糖基化类型，成为生产药用蛋白的首选表达系统。1986 年，来源于哺乳动物的重组蛋白——人组织纤溶酶原激活剂(tPA)，作为治疗性药用蛋白首次获得美国食品药品监督管理局(Food and drug administration，FDA)批准。此后借助哺乳动物细胞生产重组蛋白，逐渐成为研究的热点。常用的哺乳动物细胞有中国仓鼠卵巢细胞(CHO)、仓鼠肾细胞(BHK)、小鼠胸腺瘤细胞(NSO)、人胚胎肾细胞(HEK293)、犬肾细胞(MDCK)和非洲绿猴肾细胞(COS-7)等。其中，CHO 因表达量较高，糖基化修饰程度与人源蛋白更接近，并可实现大规模无血清悬浮培养，成为了应用最广泛的表达宿主之一。

3.2.4.2 技术路线

1. 稳定表达

稳定表达系统是指载体进入宿主细胞后将外源基因整合到宿主细胞中，随着细胞转录、表达和传代，可持续、稳定地表达外源蛋白。通常采用将目的基因与标记基因共转染的方法，通过加压筛选获得高表达的细胞株，二氢叶酸还原酶 *DHFR* 基因和谷氨酰胺合成酶 *GS* 基因是常用的扩增基因。CHO-DHFR 扩增系统常采用 *DHFR* 基因缺陷的细胞株(CHO-DHFR$^-$)，其在缺乏次黄嘌呤-腺嘌呤(HT)的培养基中不能生长，只有转入携带 *DHFR* 基因的表达质粒后才能生长。DHFR 可以被氨甲蝶呤(MTA)抑制，通过增加 MTA 的浓度，在 *DHFR* 基因扩增的同时伴随着目的基因的增加，从而筛选出高表达的细胞株。该扩增系统可使目的基因的拷贝数扩增1 000 余倍。*GS* 扩增基因是一种显性基因扩增选择标志，以谷氨酰胺合成酶存在(低表达)的 CHOKISV 细胞和谷氨酰胺合成酶敲除的 GS-KO 细胞为代表。其中，CHOKISV 细胞在缺乏谷氨酰胺的培养基中生长缓慢，*L*-氨基亚砜蛋酸(Methionine Sulphoximine，MSX)为 GS 抑制剂，可抑制内源性 GS 活性，只有转染了额外的 *GS* 基因才可以生存。因此，同样可以通过增加 MSX 的浓度来增加 *GS* 基因拷贝数的同时，使目的基因拷贝数增加，从而筛选获得高表达细胞株。

通过加压筛选获得高表达细胞株的方法虽然表达量可观，但也存在一些缺点，如 DHFR 系统筛选周期较长，需要经过多轮的加压筛选，周期一般 6～12 个月，不能满足药物的快速开发需求。

2. 瞬时表达

瞬时表达系统是指宿主细胞在导入表达载体后不经加压和选择培养，目的基因以质粒 DNA 的形式存在于被转染的细胞中，不会整合到宿主细胞中。其特点是外源基因随细胞分裂而丢失，目的蛋白的表达时限短暂。相比稳定表达系统，瞬时表达系统实验周期短，一般只需要 1～2 周就可实现蛋白的快速表达，另外瞬时表达可实现多种类型的重组蛋白表达，甚至是对宿主细胞有毒性的蛋白。但是由于外源基因不与宿主基因组整合，导致外源蛋白的表达量受限。生物制药的研发需求是快速生产足够量的候选蛋白，因此，大规模瞬时表达技术成为近年来人们研究的热点。由于大规模大批次的瞬时表达技术对操作人员有更高的要求，使用自动化的培养系统具有广泛的应用前景。有研究者使用 CompacTSelecT 自动细胞培养系统成功实现了 HEK293 的大规模瞬转，不仅减少了试验误差，而且大大减少了时间和人力消耗。

3. 诱导表达

为了控制重组蛋白在哺乳动物细胞中的表达水平，研究者开发了诱导型表达系统，如 T-REx™系统。相比其他所有受调控的哺乳动物细胞表达系统，T-REx™系统可实现更高水平的诱导表达。它利用完整的 *CMV* 启动子，同时添加细菌四环素操纵子作为控制元件来高效地抑制 *CMV* 启动子的转录。在无四环素诱导情况下，四环素阻遏子与诱导表达载体启动子中的操纵子紧密结合，也会抑制目的基因的转录和表达。加入四环素后，其与阻遏子结合后形成的复合物与表达载体中的四环素操纵子分离，从而诱导目的基因的转录和表达。研究表明，将重组人转铁蛋白 *HTF* 基因整合到 HEK293 细胞中，含有四环素的 T-REx™诱导系统的 HTF 蛋白表达水平是非诱导系统的 2 倍。针对有细胞毒性的目的蛋白，诱导表达是一种理想的表达方式，可最大程度减少目的蛋白对细胞的毒性，从而提高蛋白表达量。

3.2.4.3 表达策略

哺乳动物细胞表达系统存在成本高、表达周期长、细胞株不稳定的缺点，增加了重组蛋白的生产成本。近年来，用于重组蛋白生产的哺乳动物细胞表达领域也在快速进行技术的迭代更新。优化的宿主细胞、高效的表达载体和高通量筛选技术的应用，都大大提高了重组蛋白的研发和生产效率，使哺乳动物细胞表达技术可更好地应用到药用蛋白和疫苗的生产中。

1. 宿主细胞的改造

对细胞株进行遗传改造是提高重组蛋白表达水平的重要手段之一，通常从抑制细胞凋亡、控制细胞增殖速率、增强对蛋白质修饰和加工等方面着手。

在细胞培养后期，随着代谢产物的积累导致培养基环境的变化，细胞开始凋亡，释放出的蛋白酶会使目标蛋白降解。对此可以通过抑制细胞凋亡来减少目标蛋白的损失。常用的方法为增强抗凋亡基因的活性和抑制促凋亡基因的表达，从而提高细胞活性、延长培养周期、增加最终的细胞密度和产物浓度。研究表明，将抗凋亡基因 *bcl-2*（B 淋巴瘤/白血病蛋白-2）稳定转染细胞后，细胞生存能力增强，蛋白质分泌量上升。同样在重组 CHO 细胞中过表达的 Bcl-2 家族成员 BclxL（细胞淋巴瘤蛋白 2-特大蛋白），也可抑制细胞凋亡，延长细胞生存周期，提高蛋白表达量。Bcl-2 家族蛋白中的另外两种蛋白 Bax（Bcl-2-associatedXprotein）和 Bak（Bcl-2 homologous antagonist/killer）是凋亡促进因子，被激活后可以在线粒体上凝集成簇，增加线粒体膜的通透性，促进凋亡因子的释放。通过抑制或者敲除以上这些蛋白，可以减慢细胞凋亡进程，延长蛋白表达周期，完全敲除 CHO 细胞的 *Bak* 和 *Bax* 基因后，蛋白质表达水平提高了 2～5 倍。

利用基因工程技术控制细胞的增殖速度、减少代谢产物的积累，继而提高外源蛋白的表达量，是针对宿主细胞进行改造的另一种手段。有研究者在 CHO 细胞中分别表达了 *P21*、*P27* 和肿瘤抑制基因 *P53* 三种细胞周期 G1/S 抑制蛋白，产物表达量增加了 15 倍，由三种蛋白组成的三顺反子元件转染 CHO 后，外源蛋白表达量比对照提高了 30 倍。另外，降低培养温度、加入细胞生长抑制剂(丁酸钠、DMSO 等)也能让细胞阻滞在 G1 期。Zhou 等发现同时敲除乳酸脱氢酶 *LDH* 基因和丙酮酸脱氢酶激酶 *PDHKs* 基因可以有效降低乳酸水平并增加目的蛋白产量。

哺乳动物细胞表达系统常用于药用蛋白的生产，对蛋白的修饰类型有更高的要求。通过对细胞基因水平的改造可增强对目的蛋白翻译后的修饰和加工能力，继而获得高修饰水平的蛋白。研究表明，过表达半乳糖基转移酶、唾液酸转移酶、N-乙酰葡萄糖胺转移酶Ⅲ可以提高目的蛋白糖基化水平；向 CHO 细胞引入 α-2,6-唾液酸转移酶可使重组蛋白更接近人源蛋白。通过基因操作手段改变肽链结构、增加某些酶基因以及改进和控制某些培养条件等，也可达到正确糖基化的目的。例如，在人组织纤溶酶原激活剂(*tPA*)基因中进行点突变，就改变了一个氨基酸表达，从而使之增加一个糖基化位点。

2. 表达载体的优化

哺乳动物细胞表达载体的核心元件包括复制原点、标记基因、多克隆位点和启动子等。对表达载体的优化也是提高目的蛋白表达量的重要途径之一。我们主要从优化染色体上基因整合位点、加入合适的顺式作用元件和弱化筛选标记等几个方面来增强目的基因的表达。

稳定细胞株中外源基因在染色体上的插入位置会影响其表达。在目的基因两端引入某些转录调控元件，可减少染色质对目的基因的影响，或者利用同源重组使外源基因定点整合进入转录活跃区，以提高目的基因转录水平。Ley 等发现在转座子中心添加人基质附着区 MAR 1-68 并不会干扰转位频率，而且不需要抗生素筛选，就可以很容易地检测到转染成功的细胞株，且表达水平提高 3.1 倍。Boscolo 等发现将人 *HNRPA2B1-CBX3* 基因座上的染色质开放元件 A2UCOE 克隆到 pcDNA. 3.1 载体中，转染 CHO 细胞后，重组蛋白表达水平可提高 3～10 倍。

顺式作用元件是存在于基因旁侧序列中能影响基因表达的序列，包括启动子、增强子、调控序列和可诱导元件等，它们的作用是参与基因表达的调控。选择合适的启动子和增强子可以大大提高蛋白表达量，目前常用的强启动子包括人巨细胞病毒早期启动子(*CMV-IE*)、人延伸因子 *L-α* 亚基启动子和 Rous 肉瘤长末端重复序列等。有研究表明，利用糖皮质激素诱导的鼠乳房瘤病毒(Mouse mamary tumor virus，MMTV)启动子和鼠乳房瘤病毒长末端重复序列(*MMTV-LTR*)，在 CHO 细胞中表达分泌的碱性磷酸酶，产量为利用常规的 *SV40* 和 *CMV* 启动子的 10 倍。

为了提高筛选效率，常在载体中加入筛选基因，随着筛选药物浓度的增加，在获得高表达细胞株的同时，细胞的生长速度会受到限制。对此可以通过弱化筛选标记基因的表达来解决这个问题。常用的弱化筛选标记的方法有两种：第一种通过突变筛选标记基因来降低其活性，研究者向新霉素磷酸转移酶 (Neomycin-phosphotransferase，NPT)保守区引入 12 个单点突变降低转移酶活性，转染 CHO-DG-44 细胞，发现重组蛋白表达水平可提高 14～16 倍；第二种是降低筛选标记基因的表达，最为常见的方法是选用弱启动子。有研究者将基因扩增的 IR/MAR 和 DHFR/MTX 两种方法结合起来，用弱晚期启动子 *SV40* 启动 DHFR 的转录，用于表达 Fc 受体、GFP 和重组抗体，结果三种蛋白在两个 CHO 细胞系 DXB-11 和 DG-44 中的表达显著增加。除此之外，还可以利用 mRNA 不稳定化元件对筛选标记进行弱化，如富 AU 元件。将筛选标记基因密码子优化为宿主细胞不常用的密码子，降低其翻译效率。减少表达也是一种弱化筛选基因表达的策略。

3. 高通量筛选技术

传统的加压筛选不仅耗时费力，筛选周期过长还会造成细胞株不稳定的问题，在去除筛选药物后，表达量可能会出现大幅度的下降。更有甚者，在高选择压力情况下，会出现部分细胞株为适应高选择压力而出现目的基因突变的问题。近年来高通量筛选技术的出现，大大减少了筛选单克隆细胞株的时间，其中基于荧光活化细胞分选系统（Fluorescence activated cell sorting，FACS）的筛选是最有效的方法，主要包括凝胶微滴分泌分析法、亲和基质吸附法、冷捕获法、荧光蛋白直接标记法等。Caron 等用半固体培养基培养细胞，使用荧光标记抗体结合目的蛋白，应用自动筛选系统 ClonePix 2 可以快速分析数千个细胞并筛选出高表达克隆。Yoshimoto 等发展了自动单个细胞分析和分离系统，该系统主要由微室阵列芯片、自动显微操作器（包括毛细玻璃管和荧光纤维系统）和控制电脑等组成，能够更加有效地分离单个细胞。

3.2.4.4 应用

基因工程亚单位疫苗因不含病原遗传信息，只含有能产生免疫应答的保护性抗原，对宿主没有致病的风险，且可在体外大规模生产，成为投入市场品种最多的生物制品。而哺乳动物细胞表达系统生产的基因工程亚单位疫苗，具有糖基化修饰完全、抗原活性高、免疫效果好的优势，在猪用疫苗研发中占据重要的地位。

VantanDo 等构建了一种包含不耐热肠毒素 B(LTB)和 PEDV 核心中和表位(COE)的重组腺病毒，转染 HEK293 细胞后成功表达了 LTB-COE 融合蛋白，制备的疫苗可以诱导小鼠和猪产生良好的细胞免疫和体液免疫应答，并且能产生针对疫苗株和新分离株的中和抗体。

有研究利用稳定表达猪瘟(CSFV)E2 蛋白的 HEK293T 细胞系制备的 E2 亚单位疫苗可成功诱导试验兔和仔猪产生抗 CSFV 抗体，抵抗 CSFV 标准强毒石门株的攻击，且未出现体温升高或其他不良反应，证实了该疫苗的有效性和安全性。普莱柯生物工程股份公司张超林等构建了稳定表达 CSFV E2 蛋白的 CHO 细胞株，E2 蛋白以二聚体形式存在，表达量大于 2 g/L，接种猪后可以产生中和抗体，是一种理想的亚单位疫苗。

普莱柯生物工程股份有限公司颜世君等构建了稳定表达猪伪狂犬病毒 gD 蛋白的 CHO 细胞株，gD 蛋白表达量大于 1 g/L，接种猪后可以产生高滴度的中和抗体，用流行的强毒株攻击后可以提供完全保护。该亚单位疫苗可作为猪伪狂犬病净化的理想疫苗。

3.2.4.5 展望

哺乳动物细胞表达系统因其表达的蛋白更接近于真实的蛋白形态，在人用疫苗及抗体药物中已经得到了广泛的应用，相应地其表达技术也得到了较好的发展。在兽用疫苗研究领域，尤其是猪用疫苗的研究中，已经有哺乳动物细胞表达的亚单位疫苗在研发中，其大规模悬浮培养技术可降低疫苗的成本，相信在不久的将来会有越来越多的亚单位疫苗投入生产实践中。

（撰稿人：王彦伟　李鹏昊　王同燕　王玉娟　谭菲菲）

3.3 核酸疫苗技术

核酸疫苗包括 DNA 疫苗和 RNA 疫苗，由编码能引起机体保护性免疫反应的病原体抗原的基因和载体组成。直接将其导入机体细胞后，通过宿主细胞的转录系统表达蛋白抗原，诱导宿主产生细胞免疫应答和体液免疫应答，从而达到预防和治疗疾病的目的。目前针对兽用RNA疫苗的研究工作相对较少，因此本节主要对DNA疫苗技术在兽用疫苗领域的研究和应用进行介绍。

3.3.1 概述

DNA疫苗的概念是由Wolff等人提出的，将带有报告基因的质粒DNA直接肌内注射到小鼠骨骼肌后，可以在肌细胞内检测到报告基因的表达产物。自从早期研究证明了这种方法的潜在可行性以来，关于DNA疫苗的研究迅速进入白热化阶段。此后，在许多动物试验中都观察到了外源基因表达后被机体免疫系统识别并激发免疫应答的现象。DNA免疫作为新一代疫苗的应用自发明以来就得到了很好的研究，各种疫苗已在兽医实践中进行了临床试验。

DNA疫苗以核酸形式存在，这种核酸既是载体又能在真核细胞中表达抗原。DNA疫苗的这一特性，使之有别于传统疫苗及基因工程疫苗等而被认为是一类特殊的疫苗。

DNA疫苗具有很多优点：①生产简单，细菌扩增后，提取、纯化DNA等制备过程远比蛋白质纯化技术简单、省时、省力，因而成本低，适用于规模性生产。②性质十分稳定，可以室温保存，不需要冷链运输。③安全可靠，接种时不需要使用其他生物载体或化学佐剂。④更易于制备成多价疫苗。可以在同一载体上添加编码不同抗原蛋白的基因，或几种DNA疫苗同时使用联合免疫，相对于传统疫苗更具优势。⑤可以将受感染动物与已免疫动物区分开来，从而进行有效的疾病根除计划。此外，DNA疫苗既能诱导细胞免疫应答，又能刺激产生体液免疫反应。

3.3.2 技术路线

首先需要进行目的基因的选择。抗原基因可以是针对某一种抗原的单基因或基因片段，也可以是多个目的基因或嵌合基因。目前常通过构建cDNA文库进行候选基因的筛选，获得目的基因可通过PCR直接扩增或人工合成。

其次是表达载体的选择与构建。DNA疫苗使用的是哺乳动物细胞表达系统表达载体，目前常用的载体通常需要包含以下元件：①复制起始位点，可以在原核细胞中扩增；②有效的启动子元件，可在动物体内实现高水平转录；③mRNA加工信号；④含有多个限制性内切酶位点，以供外源基因插入；⑤选择性标记，以供选择含有目的基因质粒筛选；⑥质粒骨架序列。

再次是目的基因与载体连接，构建成重组质粒，并制备DNA疫苗。在免疫接种前需要制备高纯度、构象较为单一的大量质粒DNA。先对含有目的基因的质粒菌种进行多步扩增培养以获得大量带有目的基因质粒的菌体，然后通过较为简单和实用的方法提取质粒，并通过纯化和浓缩获得大量的基因重组质粒。

最后是进行DNA疫苗的免疫。DNA疫苗的免疫效果受免疫途径和免疫剂量的影响，不同的免疫途径会诱导不同的免疫应答反应。主要的免疫途径包括如下几个：① 肌内注射，肌肉组织具有安全、免疫接种容量大的优点，因而常被用来进行DNA疫苗免疫注射。②皮内或皮下注射，皮肤组织具有很多参与抗原递呈的细胞，通常只需要极少量的DNA疫苗即可诱发长时间的保护性免疫。③鼻内滴注及鼻腔喷雾，黏膜是预防大多数病毒、细菌入侵的第一道屏障，在免疫预防中具有重要作用。④其他免疫途径，包括口服、静脉注射和腹腔注射等。

3.3.3 应用

在兽医临床实践方面已经进行了大量的 DNA 疫苗试验，如用于预防牛口蹄疫、猪伪狂犬病和猪瘟，犬类的狂犬病和犬瘟热，家禽的禽流感、传染性支气管炎、传染性法氏囊病和球虫病等。DNA 疫苗作为新一代动物疫苗正迅速获得认可。下文将对 DNA 疫苗免疫在预防猪的各种病毒性疾病、细菌性疾病和寄生虫病等方面的最新研究进展做进一步讨论。

3.3.3.1 猪病毒性疾病

相当多的 DNA 疫苗研究已被开发用于预防猪病毒性疾病，主要包括：猪流感、口蹄疫、猪细小病毒病、非洲猪瘟、猪瘟、猪繁殖和呼吸综合征、猪乙型脑炎、猪伪狂犬病等。

有研究将非洲猪瘟病毒 *P54* 和 *P30* 串联的基因与猪白细胞抗原Ⅱ特异性抗体的单链可变区片段融合获得重组质粒，将抗原定向到淋巴细胞，能够增强免疫应答，但是不能提供有效的攻毒保护效果。

有研究用表达猪瘟糖蛋白 E2 的质粒免疫猪，发现在没有中和抗体的情况下，用 DNA-E2 疫苗免疫可诱导特异性辅助 T 细胞应答，对攻毒具有保护作用。

有研究构建了包含猪口蹄疫病毒结构蛋白前体 P1-2A 和非结构蛋白 3C 和 3D 的质粒，用该质粒连续 3 次免疫后，能够提供部分攻毒保护。也有研究用编码 2 个 VP1 表位(第 141～160 位和 200～213 位氨基酸残基)的碱基取代宿主 IgG 单链 cDNA 的可变区，获得新型 DNA 疫苗，该疫苗能够诱导 T 细胞增殖和产生中和抗体。

对于猪流感病毒，有研究发现含有猪流感病毒 H1N1 株 *HA* 基因的 DNA 疫苗可诱导黏膜免疫应答，产生保护性免疫。

在乙型脑炎方面，有研究评估了 2 种分别由编码乙型脑炎病毒前膜(prM)和同时编码 prM 和包膜(E)区域的序列组成的质粒。经过 2 次 DNA 疫苗免疫后，猪体内的 HAl 抗体水平至少能够维持 245 d，能够诱导猪体产生病毒特异性记忆 B 细胞和长效抗体。

研究发现，编码猪伪狂犬病毒囊膜糖蛋白 gD 的质粒免疫可诱导猪体产生抗体和细胞免疫应答，并能提供攻毒保护作用。利用编码包膜糖蛋白 GP5 的病毒 ORF5 DNA 的免疫策略也被用于预防猪繁殖和呼吸综合征。另外，研究人员还开发了一种新的 DNA 疫苗(pORF7t)，该疫苗旨在通过减少猪繁殖与呼吸综合征病毒引起的免疫调节活动，来调节特异性免疫应答。研究人员还成功地开发了利用核蛋白(N)基因治疗猪传染性肠胃炎的 DNA 疫苗。

3.3.3.2 猪细菌性疾病

针对猪细菌性疾病开发的 DNA 疫苗，目前报道的研究工作相对较少。对于猪肺炎支原体(Mycoplasma hyopneumoniae，Mhp)，编码热休克蛋白基因(P42)的质粒 DNA 是一个合适的候选 DNA 疫苗，它可以诱导 Th1 和 Th2 免疫应答。在 Mhp DNA 疫苗中加入肺炎分枝杆菌的 P97 黏附蛋白重复区能显著提升在小鼠体内的免疫原性。Galli 等研究报道针对 SEP P46 蛋白的 DNA 疫苗也能引起强烈的细胞和体液免疫反应。

Fu 等开发了一个编码甘油醛-3-磷酸脱氢酶的新型 DNA 疫苗(pCgap)，用于预防副猪嗜血杆菌的感染。

Register 等首次报道了 DNA 疫苗在小鼠和猪体内可引起对多杀性巴氏杆菌免疫反应的

能力。该研究用含有信号序列和编码整个毒素的 pMM4 免疫猪,能够产生相应抗体应答。

3.3.3.3 猪寄生虫病

针对猪带绦虫病(囊虫病),近年来开发了一种含绦虫 B 抗原的 DNA 疫苗 pcDNA3-B,接种的 5 头猪中 4 头无活囊虫存在,免疫保护率达到 92.6%。

3.3.4 展望

基因免疫是目前最有前途的新型免疫技术之一,极大地丰富了免疫学的内容,已成为疫苗研究领域中的热点之一。兽用核酸疫苗因其具有多价、高效、安全、成本低等优点,目前已获得了迅速发展,可用于病毒、细菌和寄生虫等多种疾病的预防,为畜牧业的健康发展起到重要作用。

尽管 DNA 疫苗已经在兽医疫苗学中开创了一个新时代,但还需进一步提升疫苗技术。鉴于核酸疫苗的发展趋势,研究人员正致力于改善或增加核酸疫苗的免疫原性,并开发新的递送系统解决其在体内吸收差和降解快的问题。期待随着生物信息学的应用,对更多 DNA 和 mRNA 序列的分析和预测,可以加快促进核酸疫苗和药物的发展,为养猪业的发展带来福音。

(撰稿人:张素玲　白露露　谭菲菲)

3.4 表位展示技术

表位是存在于抗原表面的决定抗原特异性的特殊性结构的化学基团。近年来,随着生物技术、计算机技术的发展,抗原表位的研究方法也日臻成熟,研究者可以精确地确定具有免疫功能的氨基酸序列,模拟、筛选、优化抗原表位,进而研制表位疫苗和开发诊断试剂,用于多种疾病的预防和诊断。表位疫苗能将生物体的免疫反应集中在最基本的保护性抗原元件上,当这些表位与佐剂一起偶联在合适的载体上时,便能诱导专一的免疫应答。因此与传统疫苗相比,表位疫苗有着明显的优势,是一种非常安全的符合未来疫苗发展方向的新型疫苗。本节就合成肽疫苗、噬菌体展示、酵母展示、病毒载体、病毒样颗粒展示等表位疫苗的几个主要研究方向进行技术路线和应用的阐述。

3.4.1 合成肽疫苗展示

3.4.1.1 概述

化学合成的多肽能够模仿自然产生的肽或蛋白质片段,常作为诊断试剂和疫苗的免疫原。合成肽技术是通过化学手段将氨基酸依次定向地缩合成多肽或蛋白质的技术,已在药物设计、分子免疫学、生物化学、疫苗学等领域得到了广泛的应用。

3.4.1.2 技术路线

1. 表位预测

表位是抗原分子中由特殊的化学基团组成的结构,包括 B 细胞表位和 T 细胞表位。B 细胞表位只有很少的一部分是线性表位,绝大部分(约 90%)是构象表位。T 细胞表位都是线性表位,并呈现极大的组合多样性。这些表位拥有有序构象,存在于蛋白质的表面,一般是亲水性的。随着生物信息学的发展,已有各种软件可以进行二级结构和抗原表位的预测,如

DNASTAR、OMIGA 和 PREDITO 等。

2. 多肽合成

多肽的合成方法可分为溶液(液)相和固相多肽合成。固相合成是把目标肽链的第一个氨基酸的 C 端羧基共价结合在固相载体上,再以这一氨基酸的氨基合成为起点,脱去氨基保护基团,与活化的第二个氨基酸反应,形成肽键。如此多次重复,逐步加入其他氨基酸残基,直至到所需长度的肽链,最后把肽链从树脂上裂解下来,经过纯化处理即得所需要的多肽。自 1963 年 Merrifield 成功发展固相多肽合成(Solid phase peptide synthesis,SPPS)技术以来,经过不断改进和完善,该技术已成为多肽和蛋白质合成的常用技术(Merrifield,1962)。现代 SPPS 方法中包含两种常用的化学合成途径,即叔丁氧羰基(t-BOC)和 9-氟甲基氧羰基(FMOC)。FMOC 固相合成法是目前较新且应用广泛的化学合成法,它采用 FMOC 作为 α-氨基保护剂,在温和条件下即可裂解,无任何副作用,甚至能实现 100-mer 肽的合成。

合成的多肽可以用简单的抗原抗体结合反应进行鉴定。一般可同时鉴定 5~15 个氨基酸长度的线性表位。此方法需合成一系列末端相互重叠的肽链,并将它们排列于固相上,用检测抗体识别这些固相肽链,快速且成功率高。

3. 多抗原多肽设计

一些短肽由于分子量小而不能引起实质性的免疫反应,但是多抗原多肽(Multiple antigenic peptides,MAPs)技术的出现为生产高免疫原性多肽提供了一种明确的方法,主要是通过在赖氨酸核上制备多个肽拷贝来产生多个 MAPs。多抗原肽疫苗是将病原微生物蛋白表面的多种 T 细胞或 B 细胞表位的氨基酸,连接于树枝状的多聚赖氨酸骨架上而形成的,一种具有独特三维空间结构的大分子疫苗。这种分子中含较多的抗原表位肽,无需载体蛋白就能诱导机体产生较好的免疫应答。这种设计使疫苗的一个分子中能够包含多种特异性的表位,能够很好地模拟表位构象,诱导更好的保护力。MAPs 技术克服了载体蛋白偶联等方法的局限性,是一种新颖、通用的提高多肽免疫原性的策略,利用 MAPs 技术制备多肽疫苗已成为可能。

3.4.1.3 应用

1. 诊断

合成肽已用于诊断的各个领域,如表位定位、单克隆抗体的表征以及连续与不连续表位识别区域的鉴定等。例如,表位定位可以通过肽库法来完成,首先建立一个代表整个蛋白质的重叠肽库,并通过酶免疫分析逐一检测其免疫原性和抗原性,其优点是覆盖面广、漏筛的可能性小,但工作量大、花费较高,适用于起始阶段的研究。

在病原检测方面取得了一些进展,如基于合成肽技术开发的小反刍兽疫病毒和口蹄疫病毒的抗原抗体检测试剂盒,利用包虫的合成肽作为抗原诊断和监测包虫病(即棘球蚴病)。

2. 疫苗

合成肽疫苗是根据病毒基因组序列推导出的氨基酸序列人工合成的一类疫苗,通常与佐剂偶联制得。这种疫苗不含核酸,是一种新型安全的理想疫苗。合成肽疫苗能否产生对 B 细胞表位的特异性免疫应答以及应答水平的高低,主要取决于设计的抗原表位的组成和组合方式。制备理想的合成肽疫苗关键是要确定可被免疫细胞识别的特异性多肽位点,因此表位的鉴定是开发合成肽疫苗的第一步。

合成肽疫苗的研究最早始于口蹄疫病毒(FMDV)。美国科学家 Bittle 等按照 O 型 FMDV

的 VP1 核苷酸序列合成了 7 种寡肽，包含 VP1 蛋白的主要 B 细胞表位(GH loop)和 T 细胞表位，将这些寡肽与钥孔铖血蓝蛋白(KLH)偶联，然后与弗氏完全佐剂混合，制备成合成肽疫苗。2002 年，有研究者以 VP1 的 GH loop 及大量侧翼序列为框架(129～169 位氨基酸)，将共有残基整合进入 VP1 高变区位点，并引入外源 *Th* 位点设计的合成肽疫苗，以 12.5 μg 剂量免疫猪可获得 95.24%的保护率。也有研究表明，合成含有 1 个 FMDV T 细胞抗原决定簇和具有 4 个分支的 B 细胞抗原决定簇的树形肽，免疫后 4 头猪均可获得 FMDV 攻击的保护。国内外已经有将口蹄疫的 O、A、C 型 FMDV 的保护性抗原决定簇偶联在同一载体上，研制成多价合成肽疫苗。

在其他猪病方面，合成肽疫苗也有研究进展。有研究报道，通过合成 5 段猪瘟病毒石门株 B/C 区 693～777 位氨基酸，偶联 BSA 制成合成肽苗，免疫后能产生高滴度的抗体，并能完全保护猪免受强毒的攻击。但在研究中发现，仅使用单一的中和抗原表位制备的猪瘟病毒合成肽疫苗，其保护效果并不十分理想。因此，研究的主要方向是增加中和抗原表位的数量，同时增加具有辅助作用的抗原表位的数量，这样就可以利用有限的抗原表位诱导机体产生足够的保护效果。猪圆环病毒 2 型的合成肽疫苗在国内目前进入临床试验阶段，大规模应用的效果还有待验证。

3.4.1.4 展望

与其他疫苗相比，合成肽疫苗在稳定性、易获取性、安全、纯化及成本方面具有明显优势，但也存在着免疫原性弱、半衰期短等缺点。这与构成抗原位点的氨基酸序列有关，合成肽疫苗中所选用肽段多为小肽，且现有合成技术只能合成直链肽段，其三维空间结构与完整蛋白结构不尽相同。相信随着基础免疫学和表位疫苗研究的纵深发展，合成肽技术的逐渐成熟，核心抗原肽的进一步鉴定，增强肽免疫原性技术的革新以及疫苗生产工艺的改进，合成肽疫苗所面临的问题将会逐步得以解决。另外，在合成肽疫苗研究过程中所提出的新思路及新方法的建立，都将为今后进一步完善多抗原肽、多价肽以及联合肽疫苗的开发研究提供理论依据和技术支持。

3.4.2 噬菌体展示

3.4.2.1 概述

噬菌体展示技术由 Smith 在 1985 年首次提出。该技术将外源 DNA 插入编码噬菌体外壳蛋白核苷酸序列的特定位置。当噬菌体感染细菌宿主时，外源 DNA 编码的氨基酸作为相关外壳蛋白的一部分被表达并展示于噬菌体表面。由于展示的外源多肽或蛋白能保持良好的生物学活性，因此能够与外部目标分子特异性结合并且具有良好的免疫原性。

噬菌体展示技术的一个显著特点是能够产生非常大的多肽文库，这一创新的发展使噬菌体展示成为一种快速、可靠、高通量的展示手段。同时与其他类型的表位展示系统相比，噬菌体展示还具有粒子体积小、易于操作、安全和成本低等优点。

3.4.2.2 技术路线

噬菌体展示需要先构建噬菌体文库。将外源基因插入噬菌体基因适当的位置，随着噬菌体的传代，外源蛋白展示在子代噬菌体的表面，然后再对噬菌体文库进行筛选。体外筛选的方法有生物淘洗法、竞争法、消减法、选择性感染筛选、延迟性感染筛选等。其中生物淘洗法是最常用的筛选方法，主要是以靶蛋白为固定相，以噬菌体展示文库为流动相，经过3～5轮的“吸附—洗脱—扩增”后，获得与靶蛋白具有高亲和力的外源肽或蛋白。经过筛选后，对筛选得到的蛋白质进一步用酶联免疫吸附试验或免疫印迹法对其进行特异性筛选，获得目的克隆后进行大规模生产。

3.4.2.3 噬菌体展示系统的类型

目前已开发出4种噬菌体展示系统，分别为丝状噬菌体展示系统、T4噬菌体展示系统、T7噬菌体展示系统和λ噬菌体展示系统。

1. 丝状噬菌体展示系统

丝状噬菌体主要是一种利用F菌毛作为受体感染多种革兰氏阴性菌的病毒，主要包含M13、fd和f1噬菌体。这些噬菌体是生产噬菌体展示疫苗的理想平台。一个噬菌体表达约2 700个拷贝的基因Ⅷ蛋白(g8p或者pⅧ，由50个氨基酸残基组成，是主要的衣壳蛋白)和5个拷贝的纳米纤维头部的次级外膜蛋白(pⅢ、pⅥ、pⅦ和pⅨ)。丝状噬菌体展示疫苗的免疫原性很大程度上取决于展示肽的种类和展示方法。目前多肽展示是通过与pⅢ或pⅧ融合实现的，这两种展示方法各有优缺点。pⅧ拷贝数较多，可以提供较高水平的免疫原，从而引发有效的免疫反应，但是只能用于短肽的展示(一般少于20个氨基酸)；而pⅢ可展示约100 kDa的较大蛋白，但抗原表位暴露水平较低，降低了疫苗的免疫原性。

2. T4噬菌体展示系统

T4噬菌体是一种侵染大肠杆菌的烈性噬菌体。T4噬菌体衣壳的结构较为复杂，由头、尾和12尾纤突组成。T4噬菌体的头部被9～19类蛋白质覆盖。在这些蛋白质中，包括155个拷贝的高抗原外衣壳蛋白(Highly outer capsid protein, HOC)(39 kDa)和810个拷贝的小外衣壳蛋白(Small outer capsid protein, SOC)(10 kDa)。两者都是非必需的被膜蛋白，常用来展示外源抗原表位。T4噬菌体展示系统相较于其他展示系统的优点是SOC/HOC的双位点展示，能够充分暴露展示外源抗原表位，诱导有效的免疫反应。

3. T7噬菌体展示系统

T7噬菌体用于展示多肽或蛋白质的衣壳蛋白通常包括两种形式：10A(344个氨基酸)和10B(397个氨基酸)。功能性衣壳可以完全由10A或10B组成，也可以由这两种蛋白质的不同比例组成。因此，T7噬菌体展示系统可以适应肽或蛋白序列的变化，从而展示高拷贝数的多肽或蛋白。此外，T7噬菌体增殖速度比其他噬菌体快，使得T7噬菌体成为一个比较经济的展示载体。

4. λ噬菌体展示系统

λ噬菌体由405个拷贝的D头蛋白和6个拷贝的pⅤ尾蛋白组成。D头蛋白和pⅤ尾蛋白均可用于外源肽或蛋白质的融合。然而，由于pⅤ尾融合表达水平较低，噬菌体产量也较低，因此，D头蛋白的N端或C端作为展示位点更为常见，其拷贝数较大，且不干扰噬菌体的增殖。

与丝状噬菌体相比，λ噬菌体可以展示更多种类的蛋白质，且在D头蛋白上展示相同复杂的大蛋白的多个拷贝，能引起更有效的免疫反应。

3.4.2.4 应用

目前噬菌体展示技术已广泛应用于疾病的诊断与治疗、新型疫苗研制、分子间相互作用研究、抗原表位的筛选、抗体工程等领域。下文主要对噬菌体展示在猪病预防和诊断方面的应用进行介绍。

1. 疫苗

与传统疫苗相比，噬菌体展示疫苗可以诱导机体产生有效的免疫反应，且具有成本低、理化性质稳定、安全性高等优点，在新型疫苗的研制方面具有广阔的应用前景。

T7 噬菌体被用于口蹄疫候选疫苗的研究。口蹄疫病毒(FMDV)的主要抗原位点是 VP1 结构蛋白的 G-H loop，Xu 等将编码此抗原位点的基因插入 T7 噬菌体基因组，得到重组 T7-G-H 噬菌体，展示 G-H loop 抗原肽。免疫后，噬菌体展示疫苗比商业化的口蹄疫疫苗更能激发有效的免疫反应。Ren 等采用 T4 噬菌体表面基因蛋白展示系统(T4-S-GPDS)，开发了一种口蹄疫全衣壳蛋白疫苗。在 T4 噬菌体表面 *SOC* 位点分别插入 FMDV 前体蛋白 P1 和 3C 蛋白的基因，分别展示到不同的 T4 噬菌体颗粒表面，将 T4-P1 和 T4-3C 颗粒混合免疫小鼠，结果显示所有经口服或者注射免疫的小鼠均获得 100%保护。

有研究将猪圆环病毒 2 型(PCV2)衣壳蛋白的 4 个免疫优势区与噬菌体 D 蛋白的 C 端融合，获得重组噬菌体，在不加佐剂的情况下免疫猪，首次免疫后能够产生水平较高的抗体。重组噬菌体不仅能够诱导体液免疫，还能诱导细胞免疫，而且不会引起任何不良的局部或全身反应。

在猪疫苗开发方面，有研究者利用 T4 *SOC*/*HOC* 的双位点展示的方法，将猪瘟病毒(CSFV)主要抗原决定簇 *mE2*(123 个氨基酸)基因融合到 T4 噬菌体基因组 *SOC* 基因的 C 末端；同时将 CSFV 全长抗原 *E2*(371 个氨基酸)基因融合到 *HOC* 基因的 N 端获得融合表达载体 pHocE2，其与 *HOC* 基因缺失的 T4 噬菌体(*SOC* 位点已包装 mE2 融合蛋白)共转染，将 E2/HOC 融合蛋白包装到 T4 噬菌体的 *HOC* 基因位点，实现了在 T4 噬菌体衣壳表面同时展示两种蛋白。动物实验表明，T4 噬菌体双位点展示的外源蛋白具有良好的免疫学活性，产生的抗体滴度是单位点展示或质粒表达的 2 倍左右。

2. 诊断

Santos 等利用噬菌体展示不同的文库和选择策略，筛选出 PCV2 衣壳蛋白的新表位，并免疫接种小鼠进行抗体反应的评价。经噬菌体展示筛选鉴定的 PC12 肽可以作为 PCV2 感染的血清学诊断工具。

Wong 等将 FMDV 衣壳蛋白 VP1 的免疫优势区与 T7 噬菌体融合，并在噬菌体衣壳蛋白表面展示表达。噬菌体酶联免疫吸附试验表明，接种疫苗和阳性感染的牛血清与重组 T7 噬菌体均有明显的反应，证实了 T7 噬菌体展示的 VP1 表位作为诊断抗原的潜力。

随着噬菌体展示技术和噬菌体肽库技术的不断完善与发展，该技术在兽用生物制品研究中将会得到越来越多的应用。

3.4.3 酵母展示

3.4.3.1 概述

酵母细胞表面展示技术是一类利用酵母表达系统将蛋白质或多肽展示在其细胞表面的技术，其原理是将外源靶蛋白编码序列与特定载体序列融合后导入酵母细胞，并在酵母内源蛋白的作用下在细胞表面进行固定化表达。目前，该技术已在医疗、诊断和生物技术开发等领域得到了广泛的应用。

3.4.3.2 技术路线

利用酵母表面展示系统表达外源蛋白时，需首先选择合适的展示系统，如大分子蛋白质抗原、小分子多肽、蛋白酶类以及纳米抗体等的展示表达，应根据不同展示系统的结构类型和作用方式进行合理选择。不同酵母展示系统配套有不同的宿主菌株和表达载体，外源蛋白编码基因克隆至目标载体后，根据载体所带有的特异性筛选标记，筛选表达外源蛋白的阳性转化子。

1. 酵母表面展示系统

酵母表面展示系统是一种新型的蛋白质展示技术，利用该技术表达某些需要糖基化、乙酰化或二硫键异构化等翻译后修饰的真核蛋白时，较细菌展示系统和噬菌体展示系统更具优势。根据外源蛋白与酵母细胞表面内源性蛋白融合部位的不同，酵母表面展示系统可分为凝集素展示系统和絮凝素展示系统。

(1)凝集素展示系统　包括 α-凝集素(Agα)展示和 α-凝集素(Agα)展示。在 Agα 展示系统中，外源蛋白作为 N 端与 Agα 的 C 端融合后，在信号肽作用下分泌至酵母细胞的表面，并通过 Agα 的 C 端(约 320 个氨基酸残基)锚定在酵母细胞壁的葡聚糖上。在 Agα 展示系统中，核心亚基 Agα1P 和结合亚基 Agα2P 通过二硫键相连接；外源蛋白与 Agα2P 的 N 端融合后通过 Agα1P 与酵母细胞壁的 β-葡聚糖相连接，进而实现展示表达。

(2)絮凝素展示系统　是通过絮凝素基因与外源蛋白融合，分泌后锚定至细胞表面，达到蛋白展示的目的。该系统又可分为 GPI 锚定系统和絮凝结构域锚定系统，前者是利用絮凝素 FLo1P 结构域 C 末端含 GPI 锚定信号的多肽序列将外源蛋白锚定至酵母细胞壁中；后者则是利用 FLo1P 中间具有絮凝功能的结构域与外源蛋白融合，该结构域可进一步识别酵母细胞壁中的甘露聚糖链，并诱导细胞聚集形成可逆性絮状物。

2. 宿主菌株

酵母细胞展示外源蛋白的设想，最早由美国 Illinois 大学的 Boder 和 Wittrup 提出并完成。他们首先将 *Agα1* 编码序列整合至酵母基因组，构建稳定表达 Agα1 的突变株；其次，将包含受乳糖调控的 *GAL4* 启动子和 *Agα2* 编码序列的开放阅读框整合至突变株的 Agα1 位点，从而得到可同时表达 Agα1 和 Agα2 蛋白的重组突变株。目前，用于展示外源蛋白的酵母细胞多为 Agα1 稳定整合突变株，且通常包含不同的营养缺陷型筛选标记，用于包含目的基因的重组载体的筛选。

3. 表达载体

酵母展示系统所用载体元件主要包括 *GAL* 乳糖诱导型启动子、营养缺陷型基因筛选标记以及 *Agα2* 序列开放阅读框等，带有 *CEN*/*ARE* 复制起始位点的载体可在酵母细胞中游离存在并复制。目前，已有多种用于酵母细胞展示的商品化载体研究成功，如用于凝集素展示系统中外源蛋白表达的 pYD1 载体，带有 *TRP*1 筛选标记，能够用于色氨酸营养缺陷型酵母菌株的筛选。此外，还有包含 *URA*3 和 *Leu* 等筛选标记的载体，可用于不同营养缺陷型酵母细胞展示外源蛋白的筛选过程。

除了利用营养缺陷型筛选标记筛选获得阳性转化子外，还可以在荧光标记抗体作用下通过荧光激活细胞分选系统(Fluorescence activated cell sorting, FACS)进行筛选，该技术尤其在抗体功能表位的筛选中应用较多。

3.4.3.3 应用

酵母表面展示技术不仅能够满足单一亚基或异寡聚体多亚基蛋白质分子的表达，而且可实现多个蛋白分子在同一细胞表面的展示。目前，该技术已在酶的固定化与定向进化、蛋白表位筛选、抗体工程和疫苗研究等多个领域得到应用。

在表位筛选与抗体研究方面，酵母表面展示系统多用于抗体文库的构建，利用该系统表达抗体分子中结合抗原的重链可变区，可使被结合抗原保持正确的空间构象和良好的抗原特性，用于诊断及医疗试剂的研究。

目前，利用酵母展示系统制备单克隆抗体的研究多有报道，已成功筛选出与猪流行性腹泻病毒（Porcine epidemic diarrhea virus，PEDV）的 S 蛋白反应性较好的单克隆抗体，并建立了相应的 ELISA 检测方法。近年来，利用酵母表面展示系统制备的口服疫苗为相关疫病的防控提供了新的方向。有研究者尝试利用酵母展示表达猪圆环病毒 2 型的 Cap 蛋白，并作为口服疫苗用于免疫防控，取得了一定的进展。然而，关于该种疫苗的免疫保护效果及应用前景，仍有待进一步的深入研究和考察。

3.4.4 病毒载体展示

3.4.4.1 概述

病毒载体展示技术是近些年发展的新型真核生物表面展示技术，将目的蛋白或多肽与病毒载体蛋白进行融合表达或与特异的锚定部位结合，可对外源蛋白进行多种形式的翻译修饰，最后既能将外源蛋白展示于病毒粒子表面，又能很好地保持外源蛋白的活性。病毒载体展示技术在高亲和力抗体及多肽药物的筛选、蛋白质抗原表位分析、多肽文库和抗体库构建、新型疫苗研制、基因治疗等方面具有广阔的应用前景。目前，研究及应用最为广泛的是杆状病毒表面展示系统（Baculovirus surface display，BSD）和腺病毒（Adenovirus surface display，ASD）的表面展示系统。

3.4.4.2 技术路线

1. 腺病毒展示系统

腺病毒（AdV）是一种无囊膜线性 DNA 病毒，病毒颗粒呈二十面体对称结构，衣壳由 3 个主要结构蛋白（Hexon、Fiber 和 Penton）和 4 个次要结构蛋白（Ⅲa、Ⅵ、Ⅷ和 pⅨ）组成。重组腺病毒载体是以 AdV 为基础发展起来的工具病毒载体，可高效传递和表达基因，但是受到成本和潜在复杂疫苗方案的限制，且不能针对某些外源蛋白产生相对应的体液免疫，其应用也受到了一定的限制。因此对 AdV 载体进行改造使外源蛋白能够在衣壳表面上展示也成了一种潜在的疫苗递送方式。AdV 表面可用于展示的部位有 Hexon、Fiber、Penton 和 protein Ⅸ（pⅨ）等，使用较广泛。

Hexon 在每个病毒粒子有 720 个拷贝，为 AdV 病毒粒子中含量最丰富的蛋白，占总蛋白含量的 63%左右，所以 Hexon 衣壳蛋白经常被用作 AdV 表面展示的靶点。不同血清型的 AdV 之间的 Hexon 并不保守，存在多个高变区（Hypervariable regions，HVRs）。不同的 HVRs 在 AdV 病毒粒子表面暴露情况有所不同，HVR1、HVR5 和 HVR7 更趋近于暴露在病毒粒子表面，更加适合外源蛋白和肽段的插入。不同的 HVRs 位置所能插入外源蛋白或者肽段的长度是不同的，HVR1 可以容纳 8～30 个氨基酸范围内的线性表位，HVR5 则可以插入

12～66 个氨基酸的外源蛋白或肽段，且均能够产生有效的抗原特异性免疫反应。

HVRs 包含 AdV 特异性表位，因此，机体内存在的特异性 AdV 抗体可以中和 AdV 载体，并降低 AdV 载体疫苗的免疫原性。实际生产过程中为了避免此问题，可以对不同血清型的 Hexon 进行单个 HVR、多个 HVR 或者对 Hexon 进行完全替换或修饰，使得以 AdV 为载体的疫苗能够表现出对机体内预先存在抗体的逃避能力，以达到良好的免疫效果。

相对于 Hexon 可插入外源蛋白或肽段大小的局限，pⅨ 蛋白的 C 端则可插入大小范围为 15～70 kDa 的抗原。pⅨ蛋白在每个病毒粒子具有 240 个拷贝，在 AdV 病毒粒子中含量仅次于 Hexon，是理想的表面展示载体，其 C 端暴露在衣壳外围，可以将多种蛋白或多肽与 pⅨ C 端进行融合从而展示在成熟病毒粒子的表面上，且不会显著降低 AdV 病毒的复制与感染能力，从而实现外源基因和药物的高效投递。

以 Hexon HVR5 位置展示为例，其技术路线如下：首先通过融合 PCR 方法将抗原基因与 Hexon HVR5 左右两侧进行融合，获得含有同源重组区的重组 Hexon 穿梭质粒，然后对 Hexon 穿梭质粒和 pAdV 5/Hexon 分别进行线性化，经回收后共同转化至大肠杆菌 BJ5183 中进行同源重组，最后对重组的 pAdV 5 质粒进行线性化之后，转染至表达 AdV5 E1 的 293T 细胞中，获得重组腺病毒。

2. 杆状病毒表面展示系统

杆状病毒是双链 DNA 病毒，可容纳较大片段的外源基因插入，已广泛用于亚单位疫苗的表达。同时又可通过融合表达将外源蛋白或肽段插入病毒膜蛋白或衣壳蛋白中，使其在杆状病毒表面得到展示。

杆状病毒表面展示系统应用较多的是利用 GP64 囊膜蛋白在杆状病毒粒子表面的分布特性，将外源蛋白定植在杆状病毒粒子表面。GP64 囊膜蛋白是一种大小为 64 kDa 的Ⅰ型包膜糖蛋白，主要以二硫键相连的三聚体形式存在于杆状出芽型病毒粒子(Budded virus，BV)的一端。GP64 囊膜蛋白包含 N 端信号肽(Signal peptide，SP)和成熟结构域(Mature domain，MD)，其中的成熟结构域包括跨膜结构域(Transmembrane domain，TM)和细胞质结构域(Cytoplasmic domain，CTD)。利用 GP64 囊膜蛋白的成熟过程及其在 BV 病毒粒子的分布特点，将外源蛋白插入 GP64 囊膜蛋白的 SP 和 TM/CTD 之间，或将外源蛋白与 GP64 囊膜蛋白成熟结构域的 N 端进行融合表达，都可展示于杆状病毒粒子表面。

F 囊膜蛋白是Ⅱ型核多角体病毒上与 GP64 囊膜蛋白有着相似功能的囊膜糖蛋白，在体内被 Furin 酶切割成 N 端 F2 蛋白和 C 端 F1 蛋白，这两个蛋白以二硫键相连形成 F0。利用 F 蛋白在Ⅱ型核多角体病毒中的特性，可以在成熟 F2 蛋白的 N 端或 C 端插入外源蛋白，将其展示在Ⅱ型核多角体病毒的表面。

VP39 作为杆状病毒主要的衣壳蛋白，也有研究将外源肽段与 VP39 N 端融合后在病毒衣壳中进行展示，病毒本身的感染性并没有得到破坏，同时外源肽段仍保持活性。

以外源蛋白或肽段插入到 GP64 囊膜蛋白 SP 和 TM/CTD 之间为例，其技术路线如下：首先构建 GP64 囊膜蛋白 SP-外源抗原或肽段-GP64 囊膜蛋白 TM/CTD 转移质粒，然后将该转移质粒转化至 DH10Bac 感受态细胞中筛选获得重组 Bacmid，最后将重组 Bacmid 质粒转染至 Sf9 昆虫细胞中，获得重组杆状病毒。

3.4.4.3 应用

目前应用较多的展示系统的 AdV 病毒血清型主要集中在人 AdV3、AdV5 和 AdV35 等，但利用 AdV 展示系统进行猪用疫苗开发的研究仍较少。有研究将 mcherry 融合到猪腺病毒 pⅨ 的 C 端，结果表明，重组 AdV 虽然可以被拯救，但是其在宿主细胞中的复制能力严重下降。

重组杆状病毒具有良好的安全性，展示系统也已经被开发用于 PRRSV、CSFV、PCV2 和 JEV 等疫苗的开发中。有研究者开发了基于重组杆状病毒的二价疫苗载体，在杆状病毒表面展示了 PRRSV 的 GP5 蛋白和 PCV2 的 Cap 蛋白，动物实验结果表明，该疫苗能够刺激猪只产生 GP5 特异性的中和抗体，并能有力地刺激淋巴细胞的增殖，可以作为预防 PRRSV 和 PCV2 混合感染的潜在疫苗。Ye 开发了一种重组杆状病毒展示疫苗，利用水疱性口炎病毒(Vesicular stomatitis virus，VSV) G 蛋白具有对宿主细胞的广泛趋向性，构建了含有 PCV2 Cap 蛋白和 VSV G 蛋白的重组杆状病毒，其中 PCV2 *Cap* 基因和 VSV *G* 基因分别位于巨细胞病毒(Cytomegalovirus，CMV)和 *Polh* 启动子之下，VSV G 蛋白和 PCV2 Cap 蛋白同时展示在杆状病毒粒子表面，接种小鼠后可以诱导 Cap 蛋白特异性的体液和细胞免疫反应。Anbu K 利用白斑综合征病毒(White spot syndrome virus，WSSV) *ie1* 的启动子、GP64 蛋白的信号肽、H3N2 跨膜结构域和 GP64 胞内结构域分别表达 PRRSV 的 GP2a、GP3、GP4、GP5 蛋白，重组抗原接种小鼠后，能够产生针对 PRRS 病毒的中和抗体。

3.4.5 病毒样颗粒展示

3.4.5.1 概述

病毒样颗粒(VLPs)是由病毒衣壳蛋白形成的，类似于天然病毒结构的纳米级颗粒，不含病毒核酸，不能在细胞或宿主中繁殖。VLPs 长度为 20～200 nm，其高度有序重复序列结构，能够充分展示抗原表位，最大限度地被树突状细胞(Dendritic cells，DC)吞噬和抗原递呈，从而诱导高效的细胞和体液免疫反应。

VLPs 的构象和天然病毒颗粒构象类似，允许插入外源基因或多肽片段，因此可以模拟天然病毒作为展示抗原表位的载体。VLPs 表面的有序重复位点与外源抗原表位结合而形成嵌合 VLPs，可显著增强抗原表位对免疫系统的刺激。外源抗原表位可通过融合表达将其插入病毒衣壳蛋白的某些特定部位，实现在 VLPs 表面展示；或者通过化学方法修饰，利用双异官能团交联剂如 Sulfo-SMCC、纳米凝胶等与 VLPs 交联，实现在 VLPs 表面展示。总之，VLPs 具有作为纳米载体的天然优势，有望成为开发预防或治疗性疫苗有效的载体工具。

3.4.5.2 技术路线

首先，需要通过 SWISS-MODEL 等软件模拟衣壳蛋白的空间结构，寻找衣壳蛋白上 VLPs 组装的非必需区。其次，通过重叠 PCR 或在衣壳蛋白基因上插入表位基因，替换衣壳蛋白上的非必需区，形成融合蛋白。最后，利用原核或真核表达系统进行融合蛋白的表达，自组装或体外组装为嵌合 VLPs，从而将抗原表位展示于 VLPs 表面。

表位基因的插入位点会影响其在 VLPs 展示的效果，从而影响其免疫原性，而基因的大小可能导致 VLPs 组装效率改变，甚至影响 VLPs 的空间构型，导致其不能正确组装。不同的 VLPs 载体也影响表位的展示效果，在动物疫苗研究中，常用 HBC VLPs、PCV2 VLPs、PPV VLPs 等展示动物病毒的抗原表位。

3.4.5.3 常用 VLPs 载体

1. 乙型肝炎病毒核心抗原蛋白

乙型肝炎病毒核心抗原蛋白(Hepatitis B virus core protein,HBC)是乙型肝炎病毒(Hepatitis B virus,HBV)的核衣壳蛋白。利用原核表达系统和真核表达系统表达的 HBC 均能够自组装为二十面体 VLPs,直径约 25 nm,并具有良好的免疫原性。HBC VLPs 是最常用的进行抗原表位展示的 VLPs 载体之一,外源抗原表位可插入 HBC 的主要免疫结构域(Major immunogenic region,MIR),即 78～82 位氨基酸(aa),而不影响 VLPs 的组装。有研究者利用 HBC 构建了嵌合 VLPs,展示 FMDV A 型和 O 型 VP1 的 134～161aa 和 200～213aa B 细胞表位和非结构蛋白 3A 的 T 细胞表位 21～35aa,嵌合 VLPs 能够诱导小鼠产生特异性 IgG 和中和抗体。Zhang 等将 HBC 75～82aa 替换为 FMDV 串联表位 BTB:VP1(141～160aa) -VP4(21～40aa)-VP1(141～160aa),在 *E. coli* 中实现可溶表达并组装为 VLPs,与 GST-BTB 相比,能够刺激小鼠产生更强烈的肽段特异性抗体和病毒特异性抗体,以及淋巴细胞增殖。

2. 猪圆环病毒 2 型

猪圆环病毒 2 型(Porcine circovirus type2,PCV2)的 Cap 蛋白是其唯一的衣壳结构蛋白,可自组装为 VLPs,同样有作为 VLPs 展示载体的潜力。利用 PCV2 VLPs 展示的方法有两种:一种是将 Cap 蛋白的核定位信号(Nuclear localization signal,NLS)替换为抗原表位,因为利用原核表达系统和真核表达系统表达的 PCV2 Cap,无论是否含 NLS,均能够组装为 VLPs;另一种是将抗原表位插入 Cap 蛋白的 loop 结构中展示。Zhang 等利用 PCV2 VLPs 展示 CSFV 的 B 细胞和 T 细胞表位,将 PCV2 Cap 的 NLS 替换为 CSFV 的 T 细胞表位(1 446～1 460aa)和 B 细胞表位(693～716aa),结果显示替换后均不影响 VLPs 的组装,且能够在小鼠上诱导有效的针对 PCV2 和 CSFV 的体液免疫和细胞免疫。Hu 等将 PRRSV 的 GP5 B 细胞表位插入 PCV2 Cap 的 loop 区,纯化后的嵌合 VLPs 能够刺激小鼠产生 PCV2 和 PRRSV 的中和抗体及细胞免疫。有研究将 Cap 168～189aa 替换为 FMDV O 型 VP1 的中和表位 140～160aa,利用枯草芽孢杆菌进行分泌表达,Western Blot 证实嵌合 VLPs 具有免疫反应性。

3. 猪细小病毒

猪细小病毒(Porcine parvovirus,PPV)的衣壳由主要结构蛋白 VP2 形成,VP2 能够在多种表达系统中表达,并形成 VLPs,具有良好的免疫原性。有研究报道利用腺病毒载体将 FMDV VP1 表位 21～40aa 和 141～160aa-linker-200～213aa 替换 PPV VP2 的 Y223～Q229 和 D430～K435,在 HEK293 细胞中表达,表位替换后不影响 PPV VLPs 的组装,能够引起高水平的体液免疫和 T 细胞增殖,并且能够对所有免疫猪提供 FMDV 的攻毒保护。也有研究将 PCV2 Cap 主要 T 细胞抗原表位插入 PPV VP2 的 N 端,在腺病毒载体表达系统中成功表达出嵌合 VLPs,不仅能诱导小鼠产生 PCV2 特异性的 CTL 反应,还能刺激小鼠产生高效价的 PPV 特异性抗体。

(撰稿人:梁严予　张素玲　李鹏昊　尹坤　王彦伟　谭菲菲)

参考文献

黄玉欣,李鹏昊,王孟月,等. 2021. 基于重组技术的低毒力高效大肠杆菌原核表达系统的改造与应用[J]. 微生物学通报,48(2):686-696.

苏晓蕊，李伟国，王延辉，等. 2017. 重组杆状病毒细小 VP2 蛋白 40L 生物反应器放大工艺研究[J]. 中国生物工程杂志，(10)：66-70.

Beall A，Yount B，Lin C M，et al. 2016. Characterization of a Pathogenic Full-Length cDNA Clone and Transmission Model for Porcine Epidemic Diarrhea Virus Strain PC22A[J]. *mBio*，7(1)：e1451-1415.

Bittle J L，Houghten R A，Alexander H，et al. 1982. Protection against foot-and-mouth disease by immunization with a chemically synthesized peptide predicted from the viral nucleotide sequence[J]. *Nature*，298(5869)：30-33.

Boder E T，Wittrup K D. 1997. Yeast surface display for screening combinatorial polypeptide libraries[J]. *Nat Biotechnol*，15(6)：553-557.

Boscolo S，Mion F，Licciulli M，et al. 2012. Simple scale-up of recombinant antibody production using an UCOE containing vector[J]. *N Biotechnol*，29(4)：477-484.

Cao Y，Sun P，Fu Y，et al. 2010. Formation of virus-like particles from O-type foot-and-mouth disease virus in insect cells using codon-optimized synthetic genes[J]. *Biotechnol Lett*，32(9)：1223-1229.

Caron A W，Nicolas C，Gaillet B，et al. 2009. Fluorescent labeling in semi-solid medium for selection of mammalian cells secreting high-levels of recombinant proteins[J]. *BMC Biotechnol*，9：42.

Chaolin，Zhang，Linghua，et al. 2015. Construction of a triple gene-deleted Chinese Pseudorabies virus variant and its efficacy study as a vaccine candidate on suckling piglets[J]. *Vaccine*，33(21)：2432-2437.

Do V T，Jang J，Park J，et al. 2020. Recombinant adenovirus carrying a core neutralizing epitope of porcine epidemic diarrhea virus and heat-labile enterotoxin B of Escherichia coli as a mucosal vaccine[J]. *Arch Virol*，165(3)：609-618.

Ellingson J S，Wang Y，Layton S，et al. 2010. Vaccine efficacy of porcine reproductive and respiratory syndrome virus chimeras[J]. *Vaccine*，28(14)：2679-2686.

Fang Y，Rowland R R，Roof M，et al. 2006. A full-length cDNA infectious clone of North American type 1 porcine reproductive and respiratory syndrome virus：expression of green fluorescent protein in the Nsp2 region[J]. *J Virol*，80(23)：11447-11455.

Fu S，Zhang M，Ou J，et al. 2012. Construction and immune effect of Haemophilus parasuis DNA vaccine encoding glyceraldehyde-3-phosphate dehydrogenase(GAPDH) in mice[J]. *Vaccine*，30(48)：6839-6844.

Galli V，Simionatto S，Marchioro S B，et al. 2012. Immunisation of mice with Mycoplasma hyopneumoniae antigens P37，P42，P46 and P95 delivered as recombinant subunit or DNA vaccines[J]. *Vaccine*，31(1)：135-140.

Guo H C，Sun S Q，Jin Y，et al. 2013. Foot-and-mouth disease virus-like particles produced by a SUMO fusion protein system in Escherichia coli induce potent protective immune responses in guinea pigs，swine and cattle[J]. *Vet Res*，44(1)：48.

Hoffmann E，Neumann G，Kawaoka Y，et al. 2000. A DNA transfection system for generation of influenza A virus from eight plasmids[J]. *Proc Natl Acad Sci U S A*，97(11)：6108-6113.

Hu G，Wang N，Yu W，et al. 2016. Generation and immunogenicity of porcine circovirus type 2 chimeric virus-like particles displaying porcine reproductive and respiratory syndrome virus GP5 epitope B[J]. *Vaccine*，34(16)：1896-1903.

Huang L，Lu Y，Wei Y，et al. 2011. Construction and biological characterisation of recombinant porcine circovirus type 2 expressing the V5 epitope tag[J]. *Virus Res*，161(2)：115-123.

Karuppannan A K，Qiang J，Chang C C，et al. 2013. A novel baculovirus vector shows efficient gene delivery of modified porcine reproductive and respiratory syndrome virus antigens and elicits specific immune response[J]. *Vaccine*，31(46)：5471-5478.

Kitts P A, Ayres M D, Possee R D. 1990. Linearization of baculovirus DNA enhances the recovery of recombinant virus expression vectors[J]. *Nucleic Acids Res*, 18(19): 5667-5672.

Kobayashi T, Ooms L S, Ikizler M, et al. 2010. An improved reverse genetics system for mammalian orthoreoviruses[J]. *Virology*, 398(2): 194-200.

Komoto S, Fukuda S, Ide T, et al. 2018. Generation of recombinant rotaviruses expressing fluorescent proteins using an optimized reverse genetics system[J]. *J Virol*, 92(13): e00588-18.

Ley D, Harraghy N, Le Fourn V, et al. 2013. MAR elements and transposons for improved transgene integration and expression[J]. *PLoS One*, 8(4): e62784.

Mabashi-Asazuma H, Shi X, Geisler C, et al. 2013. Impact of a human CMP-sialic acid transporter on recombinant glycoprotein sialylation in glycoengineered insect cells[J]. *Glycobiology*, 23(2): 199-210.

Martinez-Solis M, Gomez-Sebastian S, Escribano J M, et al. 2016. A novel baculovirus-derived promoter with high activity in the baculovirus expression system[J]. *PeerJ*, 4: e2183.

Merrifield R B J. 1962. Solid Phase Peptide Synthesis. I. The Synthesis of Tetrapeptide[J]. *J Am Chem Soc*, 85(14):2149-2154.

Messerle M, Crnkovic I, Hammerschmidt W, et al. 1997. Cloning and mutagenesis of a herpesvirus genome as an infectious bacterial artificial chromosome[J]. *Proc Natl Acad Sci U S A*, 94(26): 14759-14763.

Meulenberg J J, Bos-de Ruijter J N, van de Graaf R, et al. 1998. Infectious transcripts from cloned genome-length cDNA of porcine reproductive and respiratory syndrome virus[J]. *J Virol*, 72(1): 380-387.

Neumann G, Watanabe T, Ito H, et al. 1999. Generation of influenza A viruses entirely from cloned cDNAs[J]. *Proc Natl Acad Sci U S A*, 96(16): 9345-9350.

Racaniello V R, Baltimore D. 1981. Cloned poliovirus complementary DNA is infectious in mammalian cells[J]. *Science*, 214(4523): 916-919.

Register K B, Sacco R E, Brockmeier S L. 2007. Immune response in mice and swine to DNA vaccines derived from the Pasteurella multocida toxin gene[J]. *Vaccine*, 25(32): 6118-6128.

Ren Z J, Tian C J, Zhu Q S, et al. 2008. Orally delivered foot-and-mouth disease virus capsid protomer vaccine displayed on T4 bacteriophage surface: 100% protection from potency challenge in mice[J]. *Vaccine*, 26(11): 1471-1481.

Roner M R, Sutphin L A, Joklik W K. 1990. Reovirus RNA is infectious[J]. *Virology*, 179(2): 845-852.

Santos M R, Assao V S, Santos F A A, et al. 2018. Utilization of phage display to identify antigenic regions in the PCV2 capsid protein for the evaluation of serological responses in mice and pigs[J]. *Arch Virol*, 163(7): 1877-1887.

Schnell M J, Mebatsion T, Conzelmann K K. 1994. Infectious rabies viruses from cloned cDNA[J]. *EMBO J*, 13(18): 4195-4203.

Smith G P. 1985. Filamentous fusion phage: novel expression vectors that display cloned antigens on the virion surface[J]. *Science*, 228(4705): 1315-1317.

Steele K H, Stone B J, Franklin K M, et al. 2017. Improving the baculovirus expression vector system with vankyrin-enhanced technology[J]. *Biotechnol Prog*, 33(6): 1496-1507.

Sun Y, Li N, Li H Y, et al. 2010. Enhanced immunity against classical swine fever in pigs induced by prime-boost immunization using an alphavirus replicon-vectored DNA vaccine and a recombinant adenovirus [J]. *Vet Immunol Immunopathol*, 137(1/2): 0-27.

Wang T, Xiao Y, Yang Q, et al. 2015. Construction of a gE-deleted pseudorabies virus and its efficacy to the new-emerging variant PRV challenge in the Form of Killed Vaccine[J]. *Biomed Res Int*, 2015: 684945.

Wissink E H J, Wijk H A R V, Pol J M A, et al. 2003. Identification of porcine alveolar macrophage glycoproteins involved in infection of porcine respiratory and reproductive syndrome virus[J]. *Arch Virol*, 148(1): 177-187.

Wolff J A, 1990. Direct transfer into mouse muscle in vivo[J]. *Science*, 247(4949): 1465-1468.

Wong C L, Sieo C C, Tan W S. 2013. Display of the VP1 epitope of foot-and-mouth disease virus on bacteriophage T7 and its application in diagnosis[J]. *J Virol Methods*, 193(2): 611-619.

Xi X, Mo X, Xiao Y, et al. 2016. Production of Escherichia coli-based virus-like particle vaccine against porcine circovirus type 2 challenge in piglets: Structure characterization and protective efficacy validation[J]. *J Biotechnol*, 223: 8-12.

Xiao Y, Chen H Y, Wang Y, et al. 2016. Large-scale production of foot-and-mouth disease virus(serotype Asia1) VLP vaccine in Escherichia coli and protection potency evaluation in cattle[J]. *BMC Biotechnol*, 16(1): 56.

Xu H, Bao X, Lu Y, et al. 2017. Immunogenicity of T7 bacteriophage nanoparticles displaying G-H loop of foot-and-mouth disease virus(FMDV)[J]. *Vet Microbiol*, 205: 46-52.

Ye Y, Cheng X, Zhang J, et al. 2013. Induction of robust immunity response in mice by dual-expression-system-based recombinant baculovirus expressing the capsid protein of porcine circovirus type 2[J]. *Virol J*, 10: 316.

Yoshimoto N, Kida A, Jie X, et al. 2013. An automated system for high-throughput single cell-based breeding[J]. *Sci Rep*, 3: 1191.

Zhang H, Qian P, Liu L, et al. 2014. Virus-like particles of chimeric recombinant porcine circovirus type 2 as antigen vehicle carrying foreign epitopes[J]. *Viruses*, 6(12): 4839-4855.

Zhang Y L, Guo Y J, Wang K Y, et al. 2007. Enhanced immunogenicity of modified hepatitis B virus core particle fused with multiepitopes of foot-and-mouth disease virus[J]. *Scand J Immunol*, 65(4): 320-328.

Zhou M, Crawford Y, Ng D, et al. 2011. Decreasing lactate level and increasing antibody production in Chinese Hamster Ovary cells(CHO) by reducing the expression of lactate dehydrogenase and pyruvate dehydrogenase kinases[J]. *J Biotechnol*, 153(1-2): 27-34.

第4章 新型疫苗工艺技术

畜禽养殖过程中流行性疾病的肆虐带动了兽用生物制品市场的飞速发展，吸引了更多的研发资源投入，疫苗生产工艺在良好的发展环境下也在不断突破新的技术瓶颈。从原来经验性的传统生产方式到利用新型工艺技术靶向制备特定的疫苗抗原组分，避开了传统疫苗的盲目性和缺陷。疫苗生产工艺的进步在流行性疾病的控制中发挥了重要的作用。

新型疫苗的出现对新型生产工艺技术提出了更高的要求，特别是微生物的高密度发酵、细胞的悬浮培养、外源蛋白的高效表达，以及后期的分离纯化技术。此外，病毒样颗粒（VLPs）因其良好的免疫原性、抗原呈递性及安全性，使得 VLPs 的体外组装技术成为新型疫苗生产的重要技术之一。微生物高密度发酵技术和细胞悬浮培养技术的发展完善，使许多疫苗制品的大规模生产成为可能；而超滤法、沉淀法及各种层析法等蛋白分离纯化技术的建立，进一步推动了疫苗制备过程向精制化发展，很好地提高了疫苗的免疫原性和安全性。VLPs 体外组装技术应用的完善，使 VLPs 疫苗从研究开发走向了临床应用。同时，新型猪用疫苗佐剂和免疫增强剂在疫苗生产中的广泛使用，大幅提高了疫苗免疫效果，减少了免疫次数，提升了疫苗使用的整体收益。

本章节重点阐述了近年来微生物高密度发酵技术、细胞悬浮培养技术、抗原分离纯化技术和 VLPs 体外组装技术，猪用疫苗佐剂和免疫增强剂的发展趋势，以期为疫苗生产过程中重难点问题的解决提供一定的帮助。

4.1 微生物高密度发酵技术

微生物高密度发酵是应用一定的培养技术和设备来提高菌体量与目标产物，或获得高外源蛋白产量的发酵技术。高密度发酵水平常受营养成分种类及比例、培养环境、培养方式等因素制约，特殊病原菌还因缺少生物合成途径的相关基因难以实现正常生长。与病原菌高密度发酵技术相比，基因工程重组菌表达外源蛋白的高密度发酵还需要根据生长期和蛋白质表达期的菌体特点设计不同的发酵策略。目前，高密度发酵技术已经在动物疫苗的生产中得到广泛应用。

4.1.1 大肠杆菌高密度发酵技术

4.1.1.1 概述

高密度发酵技术主要通过提高菌体发酵密度实现单位体积、单位时间内目标产物产量的增加。重组大肠杆菌高密度发酵是提高外源蛋白产率的一种重要策略。该技术不仅可以减少菌体培养体积，提高下游分离提取效率，还可以缩短生产周期、减少设备投资，达到降低生产成本、提高生产效率的目的。随着大肠杆菌表达系统的广泛应用，大肠杆菌高密度发酵技术也越来越重要，本节主要对影响大肠杆菌高密度发酵的因素进行综合分析。

4.1.1.2 技术路线

重组大肠杆菌高密度发酵的基本步骤:菌种活化,种子液制备,发酵培养,目的蛋白诱导表达和菌体收获。将通过固体培养基活化的单菌落接种于液体种子培养基,逐级扩大培养后,在无菌条件下接入生物反应器中进行培养。通过向培养基持续补充必需营养物质,调节培养温度、pH 和溶氧等重要参数维持最佳培养条件。当菌体生长到一定密度,进入诱导蛋白表达阶段时,可以添加适当浓度的诱导剂诱导目的蛋白高效表达。发酵过程中可通过取样检测菌体生长速度与目的蛋白的可溶性表达情况。

4.1.1.3 影响因素

培养基成分、培养温度、pH 及培养方式等因素不仅影响重组大肠杆菌菌体的生长速率,同时又与诱导策略协同影响目的蛋白的可溶性表达量。

重组大肠杆菌表达的外源蛋白常以包涵体形式存在,特别是在目的蛋白表达速度过快时,目的蛋白会因无法及时形成正确的高级结构而发生聚集形成包涵体。因此,要想实现重组大肠杆菌的高密度培养和外源蛋白高效可溶性表达需要从以下几个方面进行发酵参数优化。

1.培养基成分

大肠杆菌的培养基通常包括碳源、氮源、无机盐和微量元素等多种成分。

(1)碳源　常用碳源有糖类、低碳醇、油脂和有机酸等。其中,葡萄糖因具有廉价、易检测等特点,所以最常用作碳源,但前期添加过量时,大肠杆菌易生长过快,且产生的乙酸等代谢副产物,不利于后期外源蛋白质表达。当甘油用作碳源时,可减少大肠杆菌生长过程中有机酸的产生,获得较高的菌体密度,缺点是成本高、甘油品质对培养结果影响较大。

(2)氮源　重组大肠杆菌高密度培养中,氨水作无机氮源时,兼具调节 pH 的功能。但加入过量氨水时会显著降低细胞产率,NH_4^+ 浓度一般控制在 170 mmol/L 以下。在培养基中需要添加一定量的酵母粉、蛋白胨等速效有机氮源,弥补氨水补充的不及时性,更有利于菌体生长。

(3)无机盐　无机盐离子是生物维持自身新陈代谢的重要元素,一般以 Ca^{2+}、Mg^{2+}、Na^+ 为主。其中,Mg^{2+} 能明显促进菌体的生长和重组蛋白的表达。为了避免发酵液 pH 剧烈变化而影响菌体生长代谢和外源蛋白的表达,常常需要添加磷酸盐缓冲液。但应将其控制在一定的浓度范围内,因为磷酸盐浓度过低,菌体生长缓慢;浓度过高,大肠杆菌生长周期缩短,会过早死亡,从而影响重组蛋白的表达。

(4)微量元素　大肠杆菌对微量元素需求量较少,但 Fe^{2+} 对菌体生长影响显著,培养基中添加 Fe^{2+} 可以促进菌株生长,减少乙酸的生成。

研究表明,过量的营养物质会抑制菌体生长,各种营养物质抑菌浓度为葡萄糖 48 g/L、氮 2.9 g/L、Fe^{2+} 1.13 g/L、Mg^{2+} 8.8 g/L、PO_4^{3-} 9.5 g/L、Zn^{2+} 0.039 g/L。因此培养过程中要控制各种营养物质的浓度,避免影响菌体生长。

2.pH

pH 对菌体生长及重组蛋白表达有显著影响,大肠杆菌生长最适 pH 为 7.0~7.2,较低 pH 有利于控制较低比生长速率。在不同培养阶段,控制不同 pH 可以大大提高目的蛋白的产量及产率。因此,在大肠杆菌培养过程中 pH 一般采用两阶段控制策略。

3.溶解氧浓度

大肠杆菌各个生长阶段均需氧气参与,溶解氧浓度对菌体生长和目的蛋白产量影响显著。

在菌体高密度发酵中期，菌体量呈指数增长，耗氧量极大，供氧不足会导致大量乙酸生成，抑制目的蛋白合成，菌体生长速率下降，严重时甚至发生自溶现象。提高发酵罐罐压可提高氧传输速率，减少溶解氧浓度过低对菌体生长和目的蛋白表达的影响。

在目的蛋白诱导表达阶段，通过控制溶解氧浓度进行反馈补料可限制菌体生长，利于目的蛋白正确折叠。在表达杀菌肽-X 时发现，溶解氧浓度过高对重组蛋白的表达有潜在抑制作用，限氧状态下最适合蛋白质表达。溶解氧浓度低虽然有利于目的蛋白表达，但易导致乙酸大量生成，故需将溶解氧浓度控制在合适范围内。

4. 培养温度

培养温度是影响细菌生长和调控细胞代谢的重要因素。重组大肠杆菌生长阶段和目的蛋白表达阶段的温度通常不一致：发酵初期目的蛋白未表达时，应先考虑菌体生长，温度控制在 37±0.5 ℃。大肠杆菌在低于 37 ℃培养时，可以降低比生长速率和菌体营养摄入速率，同时减少代谢产热及乙酸等有害物质产生，利于目的蛋白表达。因此，目的蛋白诱导表达阶段应适当降低培养温度。另外，温度选择还要参考其他发酵参数，通气较差时适当降低温度，提高溶解氧浓度、减缓菌体生长速率，避免因通气不足造成菌体代谢异常。

5. 生长速度

菌体生长阶段可以通过维持充足营养和溶解氧浓度使菌体快速生长。低温、维持较慢生长速度可降低无活性聚集体形成速率和疏水作用，减少包涵体形成。因此，目的蛋白诱导表达阶段可通过降低温度、补料方式等降低菌体生长速度和蛋白表达速度，利于蛋白正确折叠和高级结构形成，实现外源蛋白大量可溶性表达。

此外，维持菌体较低比生长速率利于重组菌种质粒维持较高稳定性，提高诱导后期目的蛋白的表达量。

6. 补料

补料是实现大肠杆菌高密度发酵的基础。指数流加补料利于菌体生长，可以使基质浓度保持在较低水平，有效抑制副产物积累，提高外源蛋白表达效率。指数流加补料对微生物生长的促进作用大于对外源蛋白表达的促进作用，外源蛋白适用性较弱，产量不一定会显著提高。恒 pH 补料是通过补料维持培养液适宜的 pH，因为 pH 变化不完全是葡萄糖代谢的结果，该方法容易造成补料体系错误。恒溶解氧补料是通过补料维持培养液溶解氧浓度在一个合适范围，该方法易导致补料滞后。采用补料-溶氧-搅拌的联动方法，可以通过控制溶解氧、搅拌速率和补料速率避免补料滞后，维持恒定溶解氧，减少有机酸生成。

发酵过程中，重组大肠杆菌在菌体生长阶段和目的蛋白诱导表达阶段的生长速率不同，补料控制方式差异显著。菌体生长阶段，采用指数补料利于菌体量快速增加。目的蛋白诱导表达阶段，为避免过量碳源和代谢副产物对外源蛋白表达产生抑制，常采用反馈补料的方法提高外源蛋白表达量；通过溶氧脉冲信号补料可提高目的蛋白表达量。

7. 化学伴侣分子

化学伴侣分子是指一些能协助蛋白质折叠的小分子物质，改善蛋白质在多种情况下的错误折叠和聚集。大肠杆菌培养过程中添加高浓度的多醇类、蔗糖或非代谢糖可以阻止分泌到周质的蛋白聚集；添加 *D*-甘露醇可以产生渗透压，通过激活 RNA 酶 δS 亚基（也称 δ38）调节渗透压反应基因的表达，促进目的蛋白可溶性表达。*β*-环糊精通过其疏水性内核与未折叠蛋白相互作用，可以掩盖蛋白疏水残基，辅助蛋白正确折叠。添加 *β*-环糊精后，可溶性蛋白的表达量能提高 4.17 倍。因具有特殊的立体结构，β-环糊精对可结合蛋白大小和空间结构要求较高。

此外，乙醇作为一种有效的热休克反应诱导因子，可诱导应对热应激的防御机制，使蛋白质不再错误折叠和聚集。在体外被广泛用作蛋白质稳定剂的山梨醇和作为蛋白质聚集抑制因子的精氨酸也常用于提高目的蛋白的可溶性表达。尽管化学伴侣分子在体内协助蛋白质折叠的确切机制尚不完全清楚，但是每种化学伴侣分子都能以独特的方式改变折叠环境，并通过改变蛋白质的焓值或熵值来帮助其折叠。

4.1.1.4 应用

在重组大肠杆菌高密度培养过程中，上述方法已被广泛应用于外源蛋白可溶性表达。有研究表明，通过高效伴侣蛋白与猪细小病毒(PPV) VP2 同时表达可解决蛋白可溶性问题，在 70 L 发酵罐中进行高密度发酵，大肠杆菌湿重为 124.86 g/L，PPV VP2 蛋白产量为 2.5 g/L，为大规模 PPV VP2、VLPs 疫苗生产提供基础。

在实际生产中，为了提高外源蛋白在大肠杆菌中可溶性表达量，需要多种方法结合使用。以圆可欣(PCV2-Cap 蛋白)为例，可采用分阶段补料控制策略：菌体生长阶段通过指数补料，温度控制在 37 ℃，使菌体快速生长和积累；目的蛋白表达阶段通过低温诱导，并采用溶氧反馈补料策略使溶解氧浓度维持在一定范围内，控制菌体生长速度，可溶性 Cap 蛋白表达量高达 1 g/L。

大肠杆菌作为工程菌，具有成本低的优势，是产业化首选的外源蛋白表达菌株，能否实现高密度发酵是其能否产业化的关键。通过上述多种条件的控制和优化，可以实现大肠杆菌的高密度发酵和外源蛋白的大量可溶性表达。随着蛋白质折叠调节机制的探索和经验的积累，在大肠杆菌中可溶性表达外源蛋白的技术将会越来越成熟。同时，新型生物反应器及检测技术的应用，使便利、及时、精确的高密度发酵过程成为可能。

4.1.2 酵母高密度发酵技术

4.1.2.1 概述

高密度发酵是提高外源蛋白表达水平的关键技术环节之一，可有效缩短发酵周期、提高菌体密度和产物产量。酵母表达系统作为重要的外源蛋白表达系统之一，具有背景蛋白分泌少、糖基化程度适中、生物安全性高等优势。*P. pichia* 等酵母细胞能够利用无机培养基实现高密度发酵，大大降低培养成本。近年来，多种酵母表达的外源蛋白已通过高密度培养技术实现规模化的生产和应用。

4.1.2.2 技术路线

酵母高密度发酵通常采用补料分批发酵方式。以 *P. pichia* 为例，其高密度发酵过程一般分为两个阶段：第一阶段为细胞生长阶段，使用 BMGY 或基础盐 BSM 培养基进行分批培养；当培养基中甘油消耗完毕，启动分批补料控制策略流加补入甘油等碳源，将细胞培养至所需高密度水平。第二阶段即甲醇诱导目的蛋白高效表达阶段，为了避免乙醇等毒副中间产物影响诱导期蛋白表达，在第一阶段结束前 1～2 h 停止流加补料，使细胞以乙醇、乙酸等代谢副产物作碳源进行生长，将其完全消耗后添加甲醇，诱导目的蛋白的表达。此外，还有 P_{GAP} 启动子调控下的组成型蛋白表达形式，即在整个发酵过程中采用“一步法”进行蛋白的诱导表达。

实现酵母细胞的高密度培养及外源蛋白的高效表达，须在具备最优上游重组菌株构建策略的同时，运用发酵工程技术对下游蛋白表达过程中的发酵条件及参数，如培养基、诱导条件、底物添加策略等进行系统优化。

4.1.2.3 过程控制与优化策略

酵母高密度发酵的过程控制和优化，旨在使重组菌株在细胞生长阶段达到较高的菌体密度，并提高诱导阶段目的蛋白的表达水平，同时保证目的蛋白的稳定性。在酵母高密度发酵过程中，以培养基组成、温度、pH、溶氧量为主的培养条件和以流加不同诱导物或碳源为主的补料策略是影响目的蛋白表达水平的主要因素。

1. 培养基

碳源和氮源对实现酵母细胞的高密度培养至关重要。在 *P. pichia* 细胞的生长阶段，甘油和葡萄糖常作为碳源为细胞代谢提供底物和能量。在外源蛋白的表达阶段，甲醇可同时作为碳源和诱导物用来维持细胞的生长和诱导目的蛋白的表达。

氮源对细胞生长和外源蛋白表达有重要的影响，如氨水既能够用于发酵液 pH 的调节，又可作为氮源用于细胞生长。甲醇诱导外源蛋白表达阶段，合适的 NH_4^+ 浓度可促进细胞对甲醇的消耗，并通过三羧酸（TCA）循环合成更多的能量和氨基酸前体，用于外源蛋白的高效表达。研究表明，适当浓度的 NH_4^+ 可有效提高外源蛋白在 *P. pichia* 中的表达水平。此外，脯氨酸作为氮源时可有效提高酵母细胞的生长速率，谷氨酰胺和硫酸铵等富含氮元素的物质对外源蛋白的表达也有一定的改善作用，适量的蛋白胨、酪蛋白水解物和胃蛋白酶水解物等富含氨基酸和多肽的蛋白酶水解底物可减少外源蛋白的降解作用。

2. 培养条件

在酵母细胞的培养过程中，培养温度、pH、溶解氧浓度及比生长速率等对菌体细胞的生长代谢、蛋白的折叠分泌等均具有重要的影响。通过优化这些条件参数，可实现对细胞生长和蛋白表达等过程的有效调控。

酵母细胞生长阶段最佳培养温度为 30 ℃，因低温能够提高耗氧速率、减少细胞的裂解和蛋白酶的分泌、降低胞外蛋白的水解，故外源蛋白生产阶段常采用低温诱导的策略来提高其表达水平。低温补料分批发酵技术（TLFB）可使目的蛋白的产量较常规甲醇补料分批发酵技术（MLFB）提高 1 倍以上。

pH 通过影响酶的活性、带电物质的解离、细胞膜的流动性等影响目的蛋白的合成、折叠、分泌和稳定。酵母细胞最适生长 pH 范围为 4.8～5.5，而不同外源蛋白表达的最适 pH 范围不同。在进行重组人红细胞生成素研究中，采用细胞生长阶段控制 pH5.0、外源蛋白表达阶段控制 pH4.5 的策略，细胞产率和产物产率达到了最高。

溶氧浓度是发酵过程中一个重要控制参数，溶氧浓度不足可导致内质网的折叠机制出现过载问题，进而使蛋白聚集。甲醇诱导阶段，酵母细胞需通过代谢甲醇来维持其生长和外源蛋白合成，该过程对溶氧浓度的依赖性较高，通常可采用提高搅拌速率或纯氧供氧等方式来确保氧气的供应。

外源蛋白诱导表达阶段，过高的比生长速率易使蛋白质翻译相关基因和线粒体基因转录水平增加，自噬、蛋白质水解相关基因以及转录调节因子的转录水平下降，与未折叠蛋白反应相关的基因（如运输基因、内质网基因和伴侣分子基因）增加，导致外源蛋白表达量下降。应将细胞比生长速率控制在（0～0.02）/h，此时产物比形成速率与生长速率呈严格正相关。

诱导物的添加量对目的蛋白的表达水平也有较大的影响，常规培养条件下甲醇的使用浓度需控制在0.5%～2.5%，浓度过高可能会产生细胞毒性。目的蛋白的诱导时长一般控制在72～96 h，诱导时间过长可能会使其在蛋白酶的作用下发生降解。

3. 流加补料策略

细胞生长阶段，需通过流加补料来获得高密度菌体，在蛋白表达阶段也需要以流加诱导物的方式诱导目的蛋白表达。常用的流加补料策略主要有恒速流加、指数流加、间歇流加等前馈式流加控制方式，以及DO-Stat、pH-Stat和基于人工神经网络模式识别的反馈控制（ANNPR-Ctrl）等反馈式流加控制方式。

（1）碳源与无机盐混合流加补料　甘油流加补料策略使用不当，会导致乙酸、乙醇等代谢副产物积累，从而对细胞造成不可逆的伤害。而采用甘油和基础盐联合补料方式相比单独使用甘油补料，可使细胞密度得到更明显地提升。细胞生长期向诱导表达阶段过渡时，生长阶段残留的甘油会抑制甲醇诱导表达融合蛋白。研究发现，采用甘露醇作为过渡碳源代替饥饿培养的控制策略，既可以维持较高的细胞相对活性（>97%），又可以解除甘油对蛋白表达的抑制，可使表达量和生产强度分别提高92.3%和44.4%。

（2）混合碳源流加补料　高密度发酵诱导阶段，常使用甘油等碳源底物与甲醇混合流加方式，缓解甲醇对细胞的毒性，并有效提高外源蛋白表达量。研究证明，当混合碳源中甘油质量分数为12%时，重组 *P. pichia* 发酵产抗辐射不动杆菌脂肪酶（ARL）的水平较单独甲醇补料提高约70%。酵母细胞对甘露醇的代谢利用率较高，以甘露醇作为第二碳源与甲醇混合补料更有利于菌体的生长。山梨醇与甲醇混合补料可显著降低细胞死亡率，削弱蛋白酶的释放程度，降低对目的蛋白的降解作用。在酵母高密度发酵的诱导表达阶段应合理选择不同的碳源，以在最短的发酵周期内实现蛋白表达水平的最大化。

4.1.2.4　应用

P. pichia 表达系统兼有原核和真核表达系统的优点，被广泛应用于疫苗、激素、干扰素、抗菌肽、酶、膜受体蛋白、细菌毒素及其衍生物等的生产和研究。利用 *P. pichia* 表达猪流行性腹泻病毒的COE蛋白具有很好的生物学活性，重组蛋白免疫后可产生特异性的中和抗体。利用 *P. pichia* 表达系统对猪圆环病毒2型Cap蛋白进行分泌表达时，动物免疫试验显示重组Cap蛋白能刺激机体产生特异性抗体。此外，在高密度发酵技术研究中采用改良型DO-Stat流加策略，大幅度提高了猪 α-干扰素在酵母细胞中的表达水平。

成熟的高密度发酵技术使酵母表达系统成为科学研究和生产商业化蛋白的重要技术之一。随着酵母表达系统进一步完善，以及基础研究的深入和推广，新的优化表达策略会不断涌现，并在发酵工业领域中得到更为广泛的应用。

4.1.3　病原菌高密度发酵技术

4.1.3.1　概述

病原菌高密度发酵是指利用生物反应器通过一定的控制手段获得更高菌体密度的发酵培养技术。将高密度发酵技术应用于病原菌发酵领域可以提高单位体积病原菌的菌体密度，缩短生产周期，提高生产效率，降低疫苗生产成本。

4.1.3.2　技术路线

病原菌高密度发酵常用技术路线分为四个步骤：菌种活化、种子扩培、发酵罐培养、无菌收获。将菌种划线于固体培养基进行活化,挑取活化的单菌落接种液体种子培养基进行逐级扩大培养后,将菌种在无菌条件下接入生物反应器内。发酵过程中通过添加各种必需营养物质,人为干预培养温度、pH、通气量等培养环境来提供菌体最佳生长条件,最终达到收获高密度菌体的目的。

4.1.3.3 影响因素

影响病原菌高密度发酵的因素很多,如菌体生长所需要的营养物质,发酵过程中生长抑制物的积累、溶氧浓度、培养温度、pH、补料方式等。

1. 培养基成分

病原菌生长需要碳源、氮源、生长因子、无机盐等多种成分,特殊病原菌因缺少生物合成途径的相关基因,在培养过程中需要添加血清、氨基酸、嘌呤、嘧啶及细胞膜组成成分等特殊物质。培养基中各种营养物质与生长因子配比对病原菌高密度生长有很大影响。

(1)碳源和氮源　碳源构成菌体细胞的碳架,提供细胞生命活动所需的能量,在培养基中具有重要作用。葡萄糖、蔗糖、果糖、麦芽糖、甘油等是常用的碳源物质,病原菌产生的酶系决定了可以利用碳源的种类。氮源是组成核酸和蛋白质的重要成分,常用的氮源如蛋白胨、牛肉膏、酵母粉等含有丰富的蛋白质、肽类、氨基酸和少量的生长因子。培养基优化时不仅要关注不同的碳源和氮源,还要关注培养基的碳氮比,碳氮比过小易导致菌体生长旺盛,提前衰老自溶;过大则菌体繁殖量小,不能达到所要求的菌体量。运用代谢调控技术对碳源和氮源进行优化,能使副猪嗜血杆菌血清型 4 型 JS 株和 5 型 ZJ 株的活菌数均达到 2.5×10^{10} CFU/mL,实现高密度发酵。

(2)无机盐　无机盐在病原菌生长中的主要功能是维持菌体中各种酶的活性,调节细胞渗透压等。培养基中常通过添加 K_2HPO_4 和 $MgSO_4$ 来提供钾、磷、硫和镁四种大量元素。在猪链球菌 2 型高密度发酵培养中,Mg^{2+} 可以缩短生长延迟期,同时培养基中添加的磷酸盐缓冲体系不仅是核酸、三磷酸腺苷(Adenosine Thiphospate,ATP)和辅酶的前体成分,而且能起到稳定发酵液 pH 的作用。

铁、铜、锌、钴、钼、锰等微量元素在一些化学试剂和天然培养基组分中存在,病原菌发酵时一般不必另行加入,但对于微量元素有特别需求的病原菌需要在培养时单独添加。

(3)特殊营养物质　特殊病原菌在培养过程中需要添加其不能合成的特殊养分和生长因子。特殊养分有血红蛋白的血红素部分、血清、烟酰胺腺嘌呤二核苷酸(Nicotinamide Adenine Dinucleotide,NAD);生长因子包括维生素、氨基酸、嘌呤、嘧啶,如副猪嗜血杆菌生长就严格需要 NAD。氨基酸是组成蛋白质的主要成分,在进行猪丹毒杆菌培养时使用含精氨酸、色氨酸的合成培养基能显著提升活菌数。维生素是各种酶的活性基的组成部分,缺少维生素酶就不能正常起作用,因此不能自身合成维生素的病原菌需要在培养过程中添加维生素。在培养基中添加不同的 B 族维生素可以在一定范围内提高猪丹毒杆菌的活菌数,并有效提高冻干存活率。猪血清中富含猪肺炎支原体生长所必需的胆固醇和脂肪酸,因此在培养过程中需要加入一定量的猪血清,满足菌体生长过程中的营养需求。

2. 培养环境

(1)温度　在一定范围内,随着温度的升高,菌体的生长代谢加快,但酶失活速度也逐渐加快,菌体提前衰老。对于病原菌的高密度发酵培养,既要关注菌体的最适培养温度范围,又要关注毒素等产生的最适温度范围。在研究不同培养温度对产气荚膜梭菌 C59-2 产生毒素的影响时，发现35 ℃培养条件下产生的毒素毒力最强，37 ℃毒素毒力较弱，40 ℃毒素毒力最弱。

(2)pH　培养环境的pH会影响病原菌的酶活性以及营养物质的吸收代谢，从而影响病原菌的生长。高密度发酵时，要在整个发酵过程中保持适合病原菌生长的pH环境。pH的控制可通过调整培养基中碳氮源、生理酸(碱)性物质的比例或补入酸(碱)物质来实现。

pH是影响某些细菌疫苗免疫原性的重要因素之一，生产猪丹毒杆菌灭活疫苗时，培养基pH在8.0～8.5时，对小鼠的免疫保护率不高；pH在7.5～7.6时，对小鼠免疫保护率可达90%以上。培养基的pH是影响该疫苗免疫原性的重要因素。

(3)溶氧　好氧型病原菌的生长和代谢需要氧气，发酵液中的溶氧浓度是影响发酵的关键因素，对菌体生长有重要影响。在猪霍乱沙门氏菌发酵工艺研究过程中，根据溶氧需要优化通气量和搅拌速率，优化后的活菌数较优化前显著提高。

发酵液中溶解氧对厌氧菌有毒害作用，即使短时间接触也会抑制其生长甚至致其死亡，因此厌氧菌在发酵培养过程中要提供无氧或低氧环境满足其生长。在产气荚膜梭菌的培养过程中，维持厌氧环境，可实现菌体的高密度培养，并获得较高毒力活性的毒素蛋白。

另外某些生长在动物的血液、组织和肠道中的致病微生物，需要少量二氧化碳才能正常生长。在副猪嗜血杆菌的高密度培养过程中通入CO_2，当CO_2占气体总体积的比例为3%时，能显著提高发酵培养液的活菌数。

(4)有害代谢产物的积累　发酵过程中会产生一些对菌体有毒害的代谢产物，如葡萄糖浓度过高会产生葡萄糖效应。在这种效应下，酿酒酵母会产生乙醇、大肠杆菌会产生乙酸、链球菌会产生乳酸，均对菌体的高密度培养不利。通过确定初始葡萄糖浓度、残糖浓度、调节溶氧水平及控制菌体比生长速率等措施减少猪链球菌高密度发酵过程中代谢副产物的生成，可使活菌数量显著提高。

CO_2是病原菌发酵过程中的代谢产物，也是合成代谢的一种基质。溶解在发酵液中的CO_2对病原菌培养有一定的影响。大多数微生物适应的CO_2浓度范围为0.02%～0.04%，尾气中CO_2浓度高于4%时会导致微生物的糖代谢与呼吸速率下降。当细胞膜的脂质相中CO_2浓度达到临界值时，膜的流动性及表面电荷密度发生变化，会阻碍许多基质在细胞膜上的运输，使菌体生长受抑制，形态发生变化。发酵过程中可根据实际需要，通过调节罐压、通气量和搅拌速率来提高或降低CO_2在发酵液中的浓度。

(5)渗透压　在等渗透压情况下细胞外形不变，有利于菌体生长。当培养基中糖类、大分子物质和无机盐累积导致渗透压过高时，细胞易失水发生质壁分离，其生长会受抑制或致死；当培养环境中渗透压过低时，细胞吸水膨胀，会导致细胞破裂死亡。因此在特殊病原菌的发酵培养过程中需要关注渗透压的影响。猪肺炎支原体经高渗溶液作用后，细胞会皱缩变圆，直径变小，菌体数量快速变少，菌液的终CCU降低一个滴度，且培养时间延长1天。

3.培养方式

病原菌的发酵培养多采用分批培养或补料分批培养两种形式。

(1)分批培养　指在发酵过程中不采取补料措施，使菌体在特定培养条件下只完成一个生长周期的培养方式。这是一种非恒态的培养方式，工艺控制简单，产品质量稳定，容易解决杂菌污染和菌种退化问题，应用比较广泛。

(2)补料分批培养　指在分批发酵过程中间歇或连续补加新鲜培养基的培养方式，可避免高浓度底物抑制、产物反馈抑制和分解产物阻遏。补料分批培养又可分为非反馈补料和反馈补料。

非反馈补料有恒速补料、变速补料和指数补料。在恒速补料中，补料培养基按预先设定的恒定速率进行补料，生长过程中比生长速率逐渐下降，菌体密度线性增加。运用恒速补料分批培养工艺使副猪嗜血杆菌菌数从优化前的 4.0×10^{9} CFU/mL 提高到 1.6×10^{10} CFU/mL。变速补料是在培养过程中通过梯度、阶段、线性等方式不断增加流加速率，菌体比生长速率在不断改变。该补料法需要在发酵培养过程中根据菌体的生长情况改变补料速率。指数补料法可以调节营养物质浓度，使菌体密度以一定的比生长速率呈指数增长，以便减少有害代谢物的积累。

反馈补料是根据发酵过程中某些参数的变化进行补料的方法。根据反馈的信息不同，一般可分为恒溶氧补料法、恒 pH 补料法和 CO_2 排放率(Carbon dioxide evolution rate，CER)法，病原菌培养经常使用的是前两种补料法。恒溶氧补料法是以溶解氧为反馈指标，根据溶氧的变化调节补料的流加量，以维持溶氧在恒定范围，满足病原菌生长的需要。一般培养初期菌体数量较少，溶氧浓度变化不明显，在培养过程中应避免补料滞后。恒 pH 补料法是指利用碳氮源的消耗引起 pH 的变化作为补料时机，以此维持 pH 恒定。但因为碳源和氮源代谢只是引起 pH 变化的一部分原因，因此在进行恒 pH 补料时需关注 pH 变化的真正原因。

4.1.3.4 应用

近年来，随着高密度发酵技术的发展，一些检测设备不断出现，人们能更加详细地了解培养环境和病原菌生长代谢过程，为高密度发酵的调控方法提供了依据，极大地推动了病原菌高密度发酵产品的诞生。目前高密度发酵技术在病原菌发酵生产实践中已得到广泛应用，并且取得了令人惊喜的成果。

由普莱柯生物工程股份有限公司开发的副猪嗜血杆菌二价灭活疫苗，采用高密度发酵工艺，血清 4 型 JS 株和血清 5 型 ZJ 株的活菌数均达到 2.5×10^{10} CFU/mL，且大量研究结果表明，该灭活疫苗安全性良好，对仔猪和母猪均有较好的免疫效果。该公司开发的猪支原体肺炎灭活疫苗，采用高密度发酵技术生产，培养滴度不低于 5.0×10^{9} CCU/mL，最高可达 1.0×10^{10} CCU/mL，该工艺制备的灭活疫苗对猪具有较好的免疫保护效果。该公司开发的猪萎缩性鼻炎灭活疫苗，采用高密度发酵技术有效提高了抗原含量，极大降低了内毒素含量，产品含有的猪支气管败血波氏杆菌和巴氏杆菌重组(Pasteurella multocida toxin，PMT)抗原成分，能够有效预防猪萎缩性鼻炎。

高密度发酵技术的发展趋势是不断完善细菌代谢理论的过程，其采用先进的发酵优化技术，运用完备的检测和调控手段，使发酵放大工艺更加完善。相信随着这些技术手段的不断完善和应用，将会使更多的病原菌发酵疫苗产品推向市场。

(撰稿人：耿笑林　李可乐　黄玉欣　李鹏昊　逄文强)

4.2 细胞悬浮培养技术

细胞悬浮培养技术是指在生物反应器中、人工条件下、高密度大规模培养细胞用于生物制品生产的技术，不仅可以提高培养产物的滴度和产量，降低生产成本，而且可以减少传统贴壁生产方式因物料、操作、人为因素等造成的产品批次间差异。随着基因工程疫苗上游技术的飞速发展，人们对下游细胞培养工艺的要求也越来越高，悬浮培养因为具有诸多优势而得到越来越广泛的发展和应用。全病毒疫苗的培养工艺根据其培养细胞的特性可分为微载体悬浮培养和全悬浮培养。亚单位疫苗的培养工艺以全悬浮培养为主，主要应用于以杆状病毒-昆虫细胞表达系统和 CHO 哺乳动物细胞表达系统为代表的真核表达系统。由于昆虫细胞和 CHO 细胞本身具备悬浮生长的特性，因此发展相对较快，应用也更广泛。本节分别就全病毒和亚单位疫苗的细胞悬浮培养技术进行阐述，为生物制品的新型工艺研究提供参考。

4.2.1 全病毒悬浮培养技术

4.2.1.1 概述

随着市场对疫苗质量要求的提升，细胞悬浮培养技术的开发和应用正成为动物疫苗行业技术革新和产业升级的重要内容。全病毒悬浮培养技术是指利用悬浮的细胞进行病毒培养和增殖的技术，主要包括微载体培养和全悬浮培养。

微载体培养技术在 1967 年由 van Wezel 最先提出，用于贴壁依赖性细胞的大规模悬浮培养。微载体是一种可以悬浮在培养基中，为细胞贴附生长提供支撑的载体。细胞贴附在微载体上，极大地增加了比表面积，使营养物质、气体及热量的传递更加充分、均匀，并且整个生物过程控制精确、易于重复，保证了疫苗批次间质量的一致性。

全悬浮培养是一种非贴壁依赖性细胞的培养方式，细胞自主悬浮在培养基中生长，单位体积的细胞密度高于转瓶，同时无血清培养基的使用，减少了疫苗中杂蛋白的含量，从而降低了疫苗的副反应，安全性好。全悬浮培养技术中悬浮细胞株的驯化、个性化培养基开发和生物反应器高密度培养是疫苗生产工艺的关键因素，也是未来研究的主要方向。

4.2.1.2 技术路线

1. 微载体悬浮培养技术

大规模微载体悬浮培养需要经过微载体的选择、微载体的前期处理、微载体和细胞贴附培养三个过程。目前商品化的微载体主要有以葡聚糖为基质的微球型载体 Cytodex，其中 Cytodex1 应用最广泛，几乎适合所有贴壁细胞；以纤维素为基质的微载体 Cytopore；以高分子合成材料为基质的微载体 Cytoline 等。在筛选微载体时，主要从细胞贴壁率、贴壁时间，微载体的用量和最大细胞生长密度等指标考察其生物相容性和细胞适应性，选择更适于所用细胞悬浮培养和病毒稳定增殖的微载体。

培养贴附细胞之前需要对微载体进行处理，不同类型的微载体处理方式不同。具有膨胀性的微载体，使用前须经过“水化”。“水化”即在硅化剂处理的玻璃容器中加入微载体及适量的超纯水混悬，室温浸泡后用不含钙、镁离子的 PBS 缓冲液平衡 2～3 次。“水化”结束后，采用高压蒸汽(121 ℃、30 min)灭菌，待温度降至 80 ℃左右，充分摇匀混悬载体，降至室温后，加入适量的培养液于 37 ℃孵育 24～72 h 使载体平衡，之后做无菌检验。对于非膨胀性的微载体，可直接在无钙、镁离子的 PBS 缓冲液中灭菌使用，如美国 NBS 公司的 FibraCel© disk 片状载体。

进行微载体和细胞贴附培养时，在摇瓶中按照合适的浓度接种细胞和微载体，初期采用间歇低速振荡，保证细胞能充分黏在微载体上，摇床转速以能使载体完全悬浮在培养基中的最低速度为宜。之后由间歇振荡培养改为连续振荡培养，细胞汇合到一定程度后，可以进行工艺放大处理。在进行微载体悬浮培养工艺放大时，细胞与微载体的分离是关键，其效率直接影响后期细胞的生产力。目前，最常用的细胞分离方法是胰酶消化法，即先停止搅拌，使微载体沉降，尽可能弃去所有的生长液，然后用无钙、镁离子的 PBS 缓冲液反复漂洗 2～3 次，弃去 PBS 缓冲液，加入胰酶消化。待细胞开始从微载体上脱落时，加入生长液终止消化，取上清液离心，将收集的细胞加入下一级反应器中进行扩大培养。待细胞在微载体上的汇合度达到 70%～80%时，按照一定的比例接种病毒液，定时取样进行代谢产物的分析、病毒滴度的测定等。连续进行微载体细胞培养时，也可以采用“球转球”的方式，即细胞在微载体上生长时，直接加入新的微载体，细胞可从原有微载体上转移至新的微载体。

2. 悬浮细胞培养技术

大规模悬浮细胞培养技术的前提是贴壁依赖性细胞的悬浮驯化。细胞驯化的方法主要有直接法和间接法。只有状态较好或对环境变化不敏感的细胞可采用直接法驯化，大多数细胞均采用逐步降低含血清培养基比例的方式进行间接驯化，每个血清梯度至少传代 3 次，以保证细胞已经完全适应相应的环境。在逐渐减少血清使用量时，生长液中会出现一些贴壁不牢固的活细胞，呈团块状漂浮在培养瓶中，收集这一类细胞至摇瓶，在低转速条件下进行悬浮适应。每 2～3 d 对细胞进行计数，并采用新鲜生长液稀释传代；若细胞生长缓慢，稀释比例较低，则需将细胞离心，重悬在新鲜培养基中继续培养，直至生长动力学完全恢复。

在反应器中进行细胞的大规模悬浮培养时，需先复苏驯化成功的悬浮细胞，待其生长稳定后，在不同规模反应器中逐级放大。细胞生长至一定密度后，按照合适的感染复数接种病毒液，定期取样监测细胞状态、培养过程中的生化指标以及样品病毒滴度，选取病毒滴度最高的时间点收获。

4.2.1.3 影响因素

1. 细胞株

病毒在同一种细胞的不同培养状态下适应性不同，即使同一细胞的不同克隆株对病毒的敏感性也不同，因此在使用某种细胞系进行大规模疫苗生产前，首先要进行细胞与病毒的相互适应性选择。

BHK-21 悬浮细胞是工业化生产口蹄疫疫苗抗原的首选，但并非所有毒株都能在 BHK-21 细胞中成功繁殖。Veronika Dill 等通过病毒对不同细胞株的适应和筛选，成功实现了口蹄疫病毒(FMDV)Asia-1 株的悬浮培养。Veronika Dill 在 2018 年的另外一项研究中比较了 FMDV 在贴壁细胞和悬浮细胞传代过程中病毒基因组序列的变化，以及悬浮细胞在无动物源成分培养基、含血清培养基、贴壁细胞含血清培养基中病毒的增殖情况，结果表明在不同的细胞和培养基系统中，病毒滴度无差异；但 146S 颗粒产量存在差异，且这种差异取决于细胞系，而不是培养基。

2. 培养基

无血清培养基的成分十分复杂，关键组分有水、能源物质(碳源和氮源)、氨基酸、维生素、脂类、生长因子、微量元素等。大多数疫苗生产企业不具备培养基开发平台，可以采用商品化培养基筛选的策略。

试验设计(Design of experiment, DOE)因为具有用较少的人力、物力和时间得到可靠结果，准确估计和控制误差，减少试验中不可控因素等特点，成为培养基筛选和优化的最常用方法。试验设计包括单因素筛选法、正交实验法、响应面分析法、均匀设计法、全因子实验法、部分因子设计法、Plackett-Burman 法、中心组合法及 Box-Behnken 设计等。

由于无血清培养基的通用性差，针对特定细胞株和毒株，可能无法筛选到十分理想的培养基，因此根据细胞和病毒的生长特性进行定制化、个性化无血清培养基的开发技术应运而生。

3.培养方式

在细胞悬浮培养过程中，不同的培养方式对细胞的生长代谢、培养环境乃至高密度培养工艺有着决定性的影响。按照操作方式可以将其分为批培养、流加培养、半连续培养、连续培养和灌注培养。

在兽用疫苗生产中，FMDV、伪狂犬病病毒（PRV）在接种 BHK-21 细胞后，细胞很快产生病变死亡，因此多采用批培养和流加培养。猪瘟病毒（CSFV）和猪圆环病毒 2 型（PCV2）由于不产生细胞病变，适合灌注培养，连续收获。

4.培养策略和过程参数

微载体悬浮培养系统中，影响细胞生长和病毒滴度的因素有微载体的类型和浓度、细胞接种密度、搅拌速率等。全悬浮培养虽然不涉及微载体，但是细胞状态、接种密度和病毒接种与收获时间也是获得高滴度病毒的关键。

在细胞生长微环境方面，微载体和全悬浮培养方式具有一致性，培养温度、代谢产物以及剪切力等都是影响细胞生长和病毒滴度的重要因素。

Ce Gu 等使用微载体悬浮培养人诱导性肝脏实质细胞（hiHeps），通过微载体类型、微载体浓度、接种模式、接种密度和搅拌速率的优化，最终使细胞密度达到 2.53×10^{6} 个/mL，最大扩增倍数为 12.61，实现了 hiHeps 的高密度、大规模培养。Sascha Kiesslich 等报道，无血清微载体培养 Vero 细胞生产埃博拉候选疫苗 rVSV-ZEBOV，34 ℃培养条件下的病毒滴度明显高于 37 ℃，接毒 36 h 达到 8.79×10^{7} $TCID_{50}$/mL，比 37 ℃提升了 2.5 倍。Veronika Dill 等在优化 FMDV 培养条件时，考察了葡萄糖/谷氨酰胺浓度、细胞密度以及新鲜培养基更换比例对病毒滴度的影响，结果表明，提高葡萄糖/谷氨酰胺的浓度以及细胞密度对病毒滴度均无显著影响，在病毒感染细胞之前采取更换新鲜培养基的方法对病毒滴度的提升有一定的效果。Grein 等在使用微载体培养溶瘤麻疹病毒时发现，当剪切力≥0.25 N/m^2 时，病毒滴度下降超过 4 个数量级；保持在 0.25 N/m^2 以下，可实现高滴度培养。

4.2.1.4 应用

1.微载体培养技术

在多种猪用疫苗研发、生产应用中，病毒滴度均得到了不同程度的提升。闪伊红等在 NBS 反应器中利用 Cytodex-1 球状微载体培养猪肾细胞（PK15）-B1 增殖 PCV2 病毒，实现了病毒的高滴度连续收获培养。王延辉等利用有限稀释法从猪睾丸细胞系（ST）中克隆出一株对 CSFV 疫苗株高度敏感的克隆细胞株 STK，通过微载体培养的病毒滴度可达 $10^{7.0}$ $TCID_{50}$/mL，为 CSFV 传代细胞疫苗的工艺开发提供了一种新的思路。有研究发现了生物反应器内微载体逐级放大培养 PK-15 细胞和增殖 PCV2 的技术，病毒滴度较常规滚瓶培养提高了近 10 倍。有研究通过比较转瓶和微载体悬浮培养生产的猪繁殖与呼吸综合征病毒（PRRSV）活疫苗的病毒含量、疫苗安全性及免疫效力，发现在疫苗工业化生产及产品质量控制方面，微载体悬浮培养工艺比转瓶培养工艺更具有优势。有研究者通过对猪细小病毒（PPV）接毒量和接收毒时间的优化，成功建立了基于 PK-15 细胞反应器微载体悬浮培养的 PPV 培养工艺，在 5 L 反应器上最大病毒滴度达到 $10^{7.2}$ $TCID_{50}$/mL。采用自主研发的细胞培养微载体及其应用技术，结合细胞生物反应器大规模高密度悬浮培养 ST 细胞，制备的 CSFV 抗原病毒滴度是转瓶工艺的 2 倍，整个收毒过程维持 16 d，较转瓶工艺缩短 5 d。这些研究表明，利用微载体反应器悬浮培养技术较传统转瓶培养工艺，不仅大大提高了生产效率，而且很好地提高了抗原的质量。

2. 全悬浮培养技术

利用 BHK-21 悬浮细胞系生产口蹄疫疫苗是目前国内全病毒悬浮培养在兽用疫苗生产中应用最成熟的案例，抗原生产规模达上万升，抗原 146S 浓度达到 3 μg/mL 左右，且内毒素含量低，疫苗产量和质量显著提高。魏金凤等通过对市售 BHK-21 悬浮细胞系无血清培养基筛选和反应器培养参数优化，在 40 L 反应器中增殖 PRV，48 h 收获的病毒液滴度达到 $10^{9.5}$ $TCID_{50}$/mL，为生产工艺的优化提供了可能。随着无血清悬浮培养基的研究和开发，越来越多的细胞系实现了悬浮培养，如 PK15、ST、MDCK、Vero 等，这些细胞系可用于 PCV2、PPV、CSFV 和 PEDV 等多种猪用疫苗的生产。

4.2.2 亚单位疫苗悬浮培养技术

4.2.2.1 概述

亚单位疫苗悬浮培养技术是将大规模悬浮培养技术应用于新型基因工程疫苗生产的过程，可有效解决产能限制、产品质量批次间差异的问题。亚单位疫苗悬浮培养技术的应用能够优化细胞培养的环境，提升兽用生物制品的质量，对现代兽用生物制品产业的发展起着至关重要的作用。目前应用悬浮培养技术的亚单位疫苗表达系统主要有杆状病毒-昆虫细胞表达系统和哺乳动物细胞表达系统，如中国仓鼠卵巢(CHO)细胞、人胚肾 293(HEK293)细胞。

4.2.2.2 技术路线

利用杆状病毒-昆虫细胞表达系统悬浮培养技术生产亚单位疫苗前期需要准备两个方面的工作：一方面是细胞种的准备，选择合适的培养基复苏细胞传代，在不同规模反应器中逐级放大；另一方面是种毒制备，将重组杆状病毒接种于一定数量的昆虫细胞复壮，根据反应器的培养规模确定所需的种毒体积，同时在合适规模的反应器中扩增种毒。最终在一定规模的反应器中，昆虫细胞按照一定的初始细胞密度(Cell concentration at infection，CCI)、感染复数(Multiplicity of infection，MOI)、感染时间点(The time of infection，TOI)，接种杆状病毒种毒，在不同的时间点取样检测以确认收获时间(Time of harvest，TOH)。

哺乳动物细胞表达系统以 CHO 细胞为例，首先，复苏经过单克隆筛选后能稳定表达目的蛋白的细胞株，待细胞状态稳定后，在摇瓶和反应器中逐级放大，备作种子细胞；其次，按照一定的初始细胞密度接种至反应器，选取合适的培养基、培养方式，培养过程中取样监测细胞营养物质及代谢产物的变化；最后，通过补加氨基酸、糖等营养物质维持细胞生长和目的蛋白的表达，根据选定的收获参数(细胞活率、培养时间等)收获蛋白，进行纯化。

4.2.2.3 影响因素

亚单位疫苗悬浮培养技术的提升主要体现在两个方面：一是工艺参数的优化，主要包括培养方式、培养基和工艺参数等；二是反应器以及过程参数的控制和优化，主要包括培养温度、pH 和剪切力等。

1. 培养方式

主要是指悬浮培养，具体可分为批培养、补料批培养和灌流培养。不同培养方式存在着营养物质和代谢产物的供给与清除方式的差异。批培养过程中，将培养基、细胞同时加入生物反应器中，培养结束后将其全部收获。补料批培养则需要间断或连续地向生物反应器中加入培养基或者其他营养物质。灌流培养则依靠特殊的细胞截留装置不断地向生物反应器中添加新的培养基，同时排出旧培养基。不同的培养方式对活细胞密度、细胞活率的维持以及最终的产品质量均有较大影响。

补料批培养与批培养相比，培养过程中补加营养物质能够满足较高活细胞密度或者目的蛋白表达的需求，避免因营养成分受限而出现细胞损伤；另外灌流培养中必需的细胞截留装置此处不需要。因此，兽用亚单位疫苗悬浮培养选取补料批培养的方式更为合适，操作简单、产率高、容易放大。

采用补料批培养，使用杆状病毒-昆虫细胞表达系统，在 8.0×10^6 cells/mL 初始细胞密度下生产重组血凝素蛋白(recombinant hemagglutinin，rHA)，选择在病毒接种前和接种时补充营养物质，rHA 产量比批培养可增加 3 倍多；生产重组腺病毒相关病毒(recombinant adeno-associated virus，rAAV)时，生产过程中补加新鲜培养基，rAAV 的病毒滴度是批培养的 2.6 倍。也有人通过建立数学模型模拟病毒感染的全过程和感染后对宿主细胞代谢的影响，发现补料批培养过程中添加营养物质有利于重组蛋白的产生。

在 CHO 细胞表达系统中，补料批培养方式已广泛用于各类产品的表达，如表达抗人源恒河猴血型抗原 D(Rhesus blood group antigen D of human origin，RhD)的单克隆抗体，在对细胞进行代谢分析的基础上，设计了一种营养物质进行补料批培养，与对照批培养相比，最终的抗体效价提高了 1.5～2 倍。有文献强调在制定补料批培养策略时需要兼顾摇瓶或反应器工作体积的限制和细胞所能承受的渗透压(应≤400 mOsm/L)。

2. 培养基

培养基能为细胞自身生长增殖和代谢产物的合成提供各种营养成分，是细胞培养和蛋白表达的重要物质基础。现阶段化学成分明确、无动物来源或无蛋白细胞的培养基，能够有效保证工艺的重复性和稳定性，降低下游纯化成本，同时避免外源物质污染。但对于不同种类的疫苗、细胞株和生产工艺，都需要与之对应的个性化细胞培养基来支持。个性化、专业化细胞培养基的开发，是现阶段研究的热点，更是未来细胞培养基的发展趋势。

一般采用试验设计、非参数回归等数学模型分析、验证及定量影响细胞生长的关键营养成分(如葡萄糖、谷氨酰胺、天冬氨酸等)的方法对化学成分限定培养基进行优化。有报道称，CHO 细胞使用优化后的化学成分限定培养基后，目的蛋白的表达量是基础培养基的 9.6 倍。CHO 细胞生产单克隆抗体的过程中，对天冬酰胺(Asn)与谷氨酰胺(Gln)的添加比例(Asn/Gln 高比例为 2，Asn/Gln 低比例为 0.5)不同引起的代谢差异分析后发现，高比例实验组的最高活细胞密度和抗体产量均为低比例实验组的 1.2 倍。另外，对于个性化培养基的开发与应用，要充分考虑细胞株的特性及表达产品的要求，以实现细胞培养和目的蛋白生产的高效性。

3. 工艺参数

在杆状病毒-昆虫细胞表达系统中，CCI、MOI、TOI 以及 TOH 这些工艺参数是高度相关且非线性相互依存的。

MOI 是指病毒与细胞数量的比值。MOI 的高低直接决定了病毒接种的量，即大规模培养工艺所需的种毒体积。通常建议选取较低 MOI 感染的策略，通过少量被感染的细胞群增殖以达到杆状病毒被大量放大的目的，从而感染更多的细胞。这种策略能在一定程度上缓解病毒种子库的压力。利用杆状病毒-昆虫细胞表达系统生产 rAAV，采用低 MOI 策略获得的 rAAV 滴度是高 MOI 策略的 3 倍。

杆状病毒感染昆虫细胞表达重组蛋白是 MOI/TOI 联合的作用，可以采用数学模型来模拟细胞生长、病毒形成和重组蛋白表达之间的关系，从而确定合适的 MOI 和 TOI。这个过程也是感染动力学和营养成分的平衡，过早表达，细胞裂解会导致培养基未能充分利用；过迟表达，则会由于营养限制导致表达水平低。确定 MOI 后需要摸索合适的初始细胞密度 CCI 与之对应，研究数据表明，选取最高细胞密度的 25%～40%较为合适。另外，不同规模反应器培养过程中的 TOH 会有差别，25 L 反应器的目的蛋白表达量达到最高的时间较 2 L 反应器推迟 24 h，工艺参数需要针对性优化。

4. 培养温度

几乎所有细胞的生长都要受到温度变化的影响，而大多数细胞只能耐受很窄的温度范围，因此确定所选用细胞株的最适生长和表达温度是有必要的。多数哺乳动物细胞培养温度范围在 36.5±0.5 ℃，偏离这一温度范围，细胞的生长会受到严重影响：温度过高会导致细胞代谢加速而死亡；温度过低同样不利于细胞增殖，25 ℃时细胞生长完全受到抑制，冰点以下细胞会因为胞质结冰而受损死亡。昆虫细胞培养温度一般选择 27±0.5 ℃。

哺乳动物细胞在不同的培养阶段对温度的需求有所差异，细胞在快速增殖期，需要维持培养温度在正常水平，即 36.5±0.5 ℃。培养后期，细胞生长缓慢，为了降低细胞死亡的速率，可以选择将培养温度降低到 33～35 ℃，以减慢细胞代谢速率、延缓细胞死亡、提高细胞的生产能力。

哺乳动物细胞表达系统在培养过程中采取温度变化的策略会在一定程度上影响目的蛋白的产量和质量，降低温度能诱导 RNA 结合蛋白(Cold inducible RNA-binding protein，CIRP)过量表达，使细胞停滞在细胞周期 G1/G0 期，从而提高外源基因 mRNA 的转录水平，提高目的蛋白产量。在 CHO 细胞合成分泌型碱性磷酸酶(Secreted alkaline phosphatase，SEAP)的研究中发现，温度从 37 ℃下降至 30 ℃时，大量细胞生长停滞在 G1 期，比生产速率提高了 1.7 倍，总产量比 37 ℃培养的高出 3.4 倍。当表达干扰素的重组 CHO 细胞在平台期从 37 ℃降温到 32 ℃时，干扰素的产量增加了 90%。在昆虫细胞培养过程中也可以通过降温的方式提高目的蛋白产量，当培养温度从 28 ℃降到 20 ℃时，生长速度和细胞密度明显下降，但重组蛋白的表达量大大增加，比生产率提高 1 倍。

5. pH

pH 对大多数细胞来说都是一个重要的生长过程控制参数，能影响细胞的生长速度以及目的产物的表达。哺乳动物细胞生长适宜的 pH 范围一般在 6.8～7.3，低于 6.8 或高于 7.3 可能会影响营养物质在细胞内的代谢通路。

在杆状病毒-昆虫细胞表达系统中，pH 范围一般控制在 6.2～6.4。但对于基孔肯雅病毒样颗粒的生产，只有将 pH 提高到 6.6～6.8，才能检测到 VLPs 的组装；将培养基 pH 提高至 7～7.2，VLPs 的产量可提高 10 倍。

在 pH 为 7 和 7.3 的条件下分别培养 CHO 细胞，结果表明，pH 为 7 时，细胞密度提高 1 倍，生产率增加 1.5 倍。因此在培养过程中，合适的 pH 控制对于整体产物产率的提高有较大的影响。另有研究表明，CHO 细胞表达促红细胞生成素(Erythropoietin，EPO)时，较低的 pH (6.9～7.1)不利于细胞生长的维持，收获时间缩短；而相对较高的 pH(7.3～7.5)虽然有利于细胞的维持，收获时间延长，但其收获液的 EPO 表达量相对偏低，质量明显下降。因此 EPO 在 CHO 细胞上表达的最适 pH 需要控制在很窄的范围内，最终选定为 7.1～7.25。

6.剪切力

细胞在生物反应器上悬浮培养的过程中主要有三种剪切损伤源：搅拌速率、气泡破裂冲击力、空气分布器出口的通气速率。空气分布器出口的通气速率受通气量和通气方式两方面因素影响。常见的通气方式分为两种：无泡通气和有泡通气。其中无泡通气方式最有利于动物细胞的培养，但是存在传质效率低、CO_2难以逸出、装置难以清洗和产品难以验证四大弊端。有泡通气又包括微泡通气和大泡通气。微泡通气方式，氧气传质效率有所提高，但在规模化之后装置难以拆卸清洗。大泡通气方式设计简单，混合传质效果较好，工艺易于放大。

如何降低空气分布器出口通气速率的剪切力？目前国际上很多大公司的做法是在罐体设计时采用大泡通气方式，同时选取合适的通气量，一方面满足溶氧需求，另一方面保证反应器中CO_2的排出，避免CO_2堆积后对细胞的毒害作用；另外，在反应器中验证细胞可耐受的最大搅拌速率，确定可接受的搅拌速率范围，规避搅拌速率过高损伤细胞的风险；剪切保护剂的添加(如 Pluronic F-68)能够有效降低气泡破裂冲击力对细胞的损伤。

在开发生物反应器工艺时，需要综合评估搅拌速率、通气量以及空气分布器通气方式等因素的影响，找到临界流体动力条件，以满足细胞的生长需求。杆状病毒-昆虫细胞表达系统在无血清培养基中制备 PPV VP2 亚单位疫苗时，会依次通过改变搅拌速率、氧气比例和通气量的策略来满足细胞生长，最大限度降低剪切力损伤。当放大至 25 L 反应器时，在满足溶氧需求的条件下，将最大通气量从 0.04 vvm 降为 0.03 vvm，细胞的裂解率可以降低 50%以上，相应地比生产率提高近 1 倍。

4.2.2.4 应用

悬浮培养技术在猪用亚单位疫苗上的应用已日趋成熟。目前国内外已经使用细胞悬浮培养技术商业化生产的 PCV2 Cap 亚单位疫苗和 CSFV E2 亚单位疫苗，大量临床试验结果表明，此法对动物的保护效果较为理想。杆状病毒-昆虫细胞表达系统表达的 PPV VP2 亚单位疫苗，国内外均有通过对悬浮培养过程中的 MOI、搅拌速率、通气策略等相关参数优化，将悬浮培养工艺做到成功放大的案例。国外也有文献报道称，从 2 L 反应器放大至 25 L 反应器的工艺，二者目的蛋白表达量均稳定且免疫原性良好。

在兽用疫苗生产技术急剧变革的今天，疫苗产品的竞争实质是不同企业在核心技术基础上的疫苗质量之争，反应器生产工艺技术为疫苗的效力和安全性提供了有力的保障。整合行业力量、快速实现悬浮培养技术在疫苗生产中的升级换代是未来几年我国兽用疫苗行业发展的重点。这个过程应重视技术成熟度和成功率，避免时间、资金、人力等资源的浪费，减少机会成本，从而抢占市场先机。

（撰稿人：苏晓蕊　陈晓　逄文强）

4.3 抗原分离纯化技术

疫苗生产过程中，不同来源的蛋白质和病毒等抗原大多以混合物的形式存在，需通过不同的分离纯化技术去除其中的杂质来满足疫苗生产的需求。抗原分离纯化技术在传统的疫苗产业中已有较为广泛的应用，然而新一代基因工程疫苗的研究开发以及抗原表达形式的多样化，为疫苗工业化生产尤其是下游分离纯化生产带来了巨大的挑战。抗原分离纯化通常采用的技术有蛋白质沉淀技术、层析技术、膜分离技术、多相萃取技术等。此外，基于新型生物材料的蛋白质沉淀技术和混合模式层析纯化分离技术为抗原的分离纯化提供了新的思路，大幅提高了疫苗生产过程中抗原的分离纯化效率。下文介绍和讨论了几种典型的纯化方法，并对几种常见的抗原分离纯化技术进行了重点阐述，以期为猪用疫苗抗原纯化工艺的研究和开发提供借鉴、参考。

4.3.1 蛋白质的分离纯化

蛋白质抗原常与核酸、宿主细胞蛋白质（Host cell protein，HCP）和内毒素等杂质混合在一起，因此疫苗生产过程中，需对蛋白质进行分离纯化以提高疫苗安全性。本节将对抗原生产过程中常用的蛋白质分离和纯化方法进行介绍，具体包括蛋白质沉淀技术、蛋白质层析技术以及其他蛋白质分离纯化技术三个方面。

4.3.1.1 蛋白质沉淀技术

1. 概述

沉淀是溶液中溶质由液相变成固相析出的过程。沉淀法是纯化各种生物物质的一种经典方法。蛋白质沉淀技术由于具有快速、温和、易放大以及比较廉价等特点，在生物制品下游加工中通常被用于蛋白质纯化和浓缩。沉淀法最初被广泛用于低价值产品的纯化，但由于其较高的回收率，近年来在高价值生物制品的下游处理中的应用也开始引起广泛关注。

蛋白质沉淀的诱发机制较为复杂，受温度、pH、离子强度、蛋白质浓度和蛋白质表面特征（包括极性氨基酸和非极性氨基酸的分布）和沉淀剂等多种因素的影响。因此，尽管关于蛋白质沉淀技术已有较多研究，开发针对某种特定蛋白质的沉淀方法却仍然是一个经验过程，需要经过广泛的实验论证。

2. 基于常规沉淀剂的沉淀策略

常规沉淀剂包括中性盐、有机溶剂、非离子型聚合物、聚电解质、某些多价金属离子和酸等，可以根据各种沉淀剂的特点开发不同的应用策略。

（1）盐析沉淀　蛋白质在高离子浓度的溶液中溶解度降低，发生沉淀的现象称为盐析。盐析的作用原理：盐离子浓度增加到一定范围时，大量的水分子与盐离子结合，使蛋白质的疏水区得以暴露，而蛋白质表面电荷被盐离子中和，蛋白质随之发生沉淀。盐析沉淀可以通过在蛋白质水溶液中加入中性盐来实现，常用的盐析盐有硫酸铵、硫酸镁、氯化钠、硫酸钠、磷酸钠等，其中硫酸铵因具有能稳定蛋白质结构、溶解度高、成本低、纯物质容易获得等特点，应用最广泛。

进行蛋白质沉淀操作时，缓慢加入饱和硫酸铵溶液或硫酸铵固体，并伴以快速搅拌，以避免局部盐浓度过高。一般在盐析沉淀后，需要对析出物脱盐处理才能进行后续的分离操作。

通常情况下，要实现目的蛋白与杂蛋白的分离，需要进行硫酸铵分级沉淀。原理是各种蛋白质盐析所需硫酸铵浓度不同，通过调节蛋白质混合溶液中硫酸铵的浓度，就可以实现目的蛋白与其他杂蛋白的分离。一般取蛋白质样品进行分段盐析，根据回收率和纯度来选择和确定蛋白质盐析范围。

（2）非离子型聚合物沉淀　最常用的非离子型聚合物沉淀剂是聚乙二醇（Polyethylene glycol，PEG），一般认为是 PEG 的空间排阻作用使蛋白质被迫挤靠在一起而引起沉淀。最初发现，蛋白质溶解度的对数与 PEG 浓度呈线性关系，高分子量的 PEG 由于体积排阻效应而具有较高的沉淀效率。传统的方法是在蛋白质溶液中加入高浓度的直链 PEG-4000-6000 进行沉淀。因为高分子量的直链 PEG 黏度较高，所以支链 PEG 逐渐被使用，不过这样可能会降低蛋白质沉淀产量。

PEG 沉淀的优点是反应条件温和、操作简单、沉淀速度快、成本低等。尽管 PEG 沉淀已获得了广泛应用，但是在去除高分子量杂质方面仍存在不足。此外，残留 PEG 的干扰以及去除问题也亟待解决。因此在进行沉淀时，PEG 的分子质量、蛋白质浓度、pH、离子强度和沉淀时间等条件都需优化，以获得最佳的沉淀效率。

(3)聚电解质沉淀　蛋白质或杂质在不同 pH 溶液中会携带不同数量的电荷基团，静电相互作用可被携带相反电荷的聚电解质沉淀。当溶液的 pH 低于或高于蛋白质的等电点(Isoelectric point，pI)时，蛋白质分别携带正电荷或负电荷，通过控制溶液的 pH 或离子强度等条件，可以对目的蛋白或杂质进行以电荷为基础的沉淀。通常，阴离子聚电解质包括聚乙烯磺酸、聚丙烯酸和聚苯乙烯磺酸等，可用于沉淀碱性蛋白质。相反，阳离子聚电解质，如聚酰胺，可用于去除带负电荷的杂质，如酸性 HCP 和核酸。基于电离的可逆性，可通过调节溶液的 pH 或离子强度来实现沉淀络合物的复溶。

聚乙烯亚胺(Polyethyleneimine，PEI)是一种碱性阳离子聚合物，其在蛋白质分离纯化上的应用起源于 Zillig 等的研究，可用于大规模制备高纯度的重组大肠杆菌表达的 RNA 聚合酶。PEI 是一种典型的聚电解质蛋白质沉淀剂，类似于可溶的二乙基氨基(DEAE)纤维素，可结合带负电荷的大分子，如核酸和酸性蛋白质等，进而形成网状结构，并快速形成沉淀；大部分酸性蛋白质与 PEI 的结合具有可逆性，在较低盐浓度条件下，与 PEI 结合形成沉淀；在较高盐浓度条件下，可以从多聚体上解离。

PEI 沉淀策略主要有 3 种：一是在高盐浓度条件下加入 PEI，可以沉淀大部分的核酸，几乎所有的蛋白质都存在于溶液中；二是在低盐浓度条件下加入 PEI，可以沉淀核酸和酸性蛋白质，中性或碱性蛋白质存在于溶液中；三是根据聚集和解聚的可逆性，在低盐浓度条件下加入 PEI，沉淀酸性蛋白质，随后用高盐浓度溶液从多聚体沉淀上解离目的蛋白，此方法可以去除几乎所有核酸和大部分中性及碱性蛋白质杂质，并获得纯度较高的目的蛋白，是 PEI 沉淀法的经典应用。

尽管聚电解质沉淀法具有较高的选择性，但是该方法要求对复杂的作用体系有一定的了解，包括预测蛋白质的三维结构，局部电荷分布，以及疏水作用和氢键结合等多种类型的相互作用。此外，设计实验策略时，应考虑一些重要参数之间的相互影响。

(4)其他沉淀法　向蛋白质溶液中加入丙酮或乙醇等水溶性有机溶剂，随着有机溶剂浓度的增大，水对蛋白质分子表面荷电基团或亲水基团的水化程度降低，溶液的介电常数下降，蛋白质分子间的静电引力增大，从而使其凝聚和沉淀。相对而言，此种方法的优点是分辨率比盐析高，沉淀剂可回收，但缺点是易使蛋白质变性，适用范围窄。为了避免蛋白质变性，利用该法沉淀时必须在较低温度下进行。最常用的有机溶剂是乙醇和丙酮，其他如乙醚、丙醇、二甲基甲酰胺、二甲基亚砜等也有一定应用。在选择有机试剂时，主要考虑介电常数小、对生物分子的变性作用小、毒性小、能与水无限混溶等因素。

某些金属离子可与蛋白质分子上的某些残基发生相互作用而使蛋白质沉淀。例如，Ca^{2+}、Mg^{2+} 和 Cu^{2+} 等能与羧基结合，Mn^{2+} 和 Zn^{2+} 能与羧基、含氮化合物以及杂环化合物结合。该方法的优点是可对浓度很低的蛋白质进行沉淀，沉淀产物中的重金属离子可用离子交换树脂或螯合剂去除。

依据蛋白质在 pH 等于其 pI 的溶液中溶解度下降的原理进行沉淀分离的等电点沉淀法，以及依赖热稳定性差的蛋白质在较高温度下发生变性沉淀的热沉淀法，都是比较常见的沉淀方法。此外，在过酸或过碱条件下，蛋白质所带电荷相同，增加了分子间的相互排斥力或破坏其自身的离子键而造成其空间结构的破坏，从而引起变性沉淀的方法统称为 pH 变性沉淀法。这与等电点沉淀有一定差别，但也属于蛋白质沉淀技术的一种。

常规沉淀策略在疫苗生产过程中已被广泛应用，例如硫酸铵沉淀常用于蛋白质的粗纯，实现目的蛋白的浓缩、杂质去除、溶液置换等目的，以便后续的层析纯化。然而，沉淀法对体积庞大、价格昂贵的离心系统的依赖和相对较低的选择性限制了其在大规模纯化中的应用。尽管如此，沉淀法因具备高通量和低成本的特性，在蛋白质纯化尤其是成本要求更为严格的兽用疫苗下游处理中仍占据重要地位。

3. 新型沉淀策略

为了弥补现有沉淀方法的缺陷，研究人员不断致力于利用生物材料开发更先进的沉淀剂，以减少或避免使用成本较高的层析法。

随着无柱纯化方法越来越受重视，据此开发了诱导融合蛋白自沉淀的多种融合标签，并通过加入促进化学裂解、蛋白酶解或自裂解发生的裂解位点或裂解标签，来实现融合标签的移除。融合标签诱导蛋白质聚集的机制主要基于溶解度敏感性、高疏水性和标签的自组装行为等。

类弹性蛋白多肽(Elastin-like polypeptide，ELP)是由重复多肽序列组成的典型的可诱导蛋白自沉淀的融合标签，主要依赖其热可逆相变行为进行蛋白质分离纯化。通过优化 ELP 融合蛋白的分子量、相变温度、ELP 裂解等参数，可以获得较好的纯化性能。除了热响应的 ELP 外，许多融合标签都具有高疏水性，可以促进目的蛋白的聚集，这些融合标签包括酮甾类异构酶、4AaCter 和自组装短肽，如 ELK16 和 18A。Xu 等报道了一种由自组装短肽 ELK16 (LELELKLKIELELELKLK)和内含肽分子组成的可裂解自聚集标签，与其重组可以生产流感病毒血凝素和 HIV-1 GP120 抗原肽。融合标签自沉淀具有操作简单和成本低廉等优点，但是纯化后的蛋白质的产量和纯度低于传统层析法。为了解决杂质的共聚集、融合标签的部分过早裂解和不完全去除等问题，必须进一步探索更有效的融合标签设计方法。

另一种新型的蛋白质沉淀策略是亲和沉淀。亲和沉淀剂的设计要求：一个片段特异性捕获目的蛋白，另一个片段具有可逆的可溶性，兼具亲和配体的特异性捕获能力和沉淀的可逆性。它包括热响应聚合物、pH 响应聚合物和可逆交联聚合物在内的智能聚合物，其常与亲和配体结合，形成有效的亲和沉淀剂。肽链自组装纳米结构的溶解度对 pH 和盐离子浓度等环境条件高度敏感，目前正在进行的研究是开发和优化这种自组装系统，作为重组蛋白亲和沉淀的替代技术。

4. 展望

沉淀法为疫苗生产的下游处理过程提供了一种可扩展的、经济有效的选择，用沉淀法进行蛋白质纯化具有成本低、操作灵活、时间短、适应于分批加工或连续加工等特点。但是沉淀法仍然需要经过广泛的发展和优化，才能真正实现工业替代。考虑到纯化性能可能会随着规模的不同而发生改变，想要在产业化中应用蛋白质沉淀技术，必须在制定扩展策略之前进行一系列的考察分析。亲和沉淀因其较高的选择性，纯化效果通常优于常规沉淀方法。然而，有效去除沉淀剂或融合标签的方法还有待开发和验证。

一种有效的沉淀方法必须满足以下几个要求：第一，沉淀剂不应破坏目的蛋白的功能，易于从蛋白质溶液中去除；第二，无论是对目的蛋白还是杂质的沉淀，都需要高选择性和高效率；第三，沉淀行为应以可预测和可控制的方式发生；第四，沉淀剂易于大规模生产；第四，沉淀剂在不会造成蛋白质活性损失的情况下方便回收。

4.3.1.2 蛋白质层析技术

1. 概述

层析法(Chromatography)又称色谱法，是一种重要的生物物理技术，它可以根据蛋白质的大小和形状、总电荷、表面的疏水基团以及与固定相的结合能力等特征，对蛋白质进行纯化。尽管非层析纯化方法(如沉淀法)的发展取得了重大进展，但是由于层析法具有可扩展性、稳定性和较高的分辨率等优点，仍然是下游处理过程中最重要的纯化技术，尤其是在产业化过程中的应用。

2. 层析法分类和特点

根据分离原理的不同，可将层析法分为凝胶过滤层析(Gel filtration chromatography，GFC)、离子交换层析(Ion exchange chromatography，IEC)、疏水作用层析(Hydrophobic interaction chromatography，HIC)和亲和层析(Affinity chromatography，AC)。

(1)凝胶过滤层析　GFC 的基本原理是以凝胶粒子为固定相，根据溶质相对分子质量的差别对其进行分离。该方法主要用于蛋白质等生物大分子的分级分离，以及蛋白质溶液的置换中。GFC 也可以代替 SDS-PAGE 测定蛋白质相对分子质量，因为球状蛋白质的洗脱体积与分子量的对数呈线性相关。Sephadeks G 是最传统的凝胶过滤介质之一，此外，葡聚糖、琼脂糖、聚丙烯酰胺也常被用作凝胶介质材料。

GFC 传统介质具有成本低和流速慢的特点，高效介质具有使用方便、流速快和成本高的特点。需要注意的是，进行 GFC 的蛋白质样品浓度一般不超过 50 mg/mL，且应具有较高的澄清度。蛋白质与介质可以通过静电作用或范德华作用结合，为了将结合降至最低，所用溶剂的离子强度应不小于 0.2 mol/L。采用传统介质进行的 GFC，试验规模容易放大，可以通过增大柱体积适应需要分离纯化的样品体积。GFC 在兽用疫苗的相关研究中也有一定的应用，如 Lee 等利用 GFC 检测了表达的重组 FMDV 衣壳蛋白的大小。

(2)离子交换层析　蛋白质等生物大分子表面通常呈现带电荷基序，因而可以与离子交换剂相互作用。IEC 正是基于带电荷的蛋白质基团和离子交换剂之间的静电相互作用的差别，实现蛋白质分离的层析技术。IEC 分为阳离子交换层析(Cation-exchange chromatography，CIEC)和阴离子交换层析(Anion-exchange chromatography，AIEC)，二者分别携带负电荷和正电荷。蛋白质表面所带的电荷取决于其 pI 和缓冲液 pH，缓冲液 pH 大于其 pI 时，蛋白质带负电荷，可与阴离子交换介质结合；小于其 pI 时，蛋白质带正电荷，可与阳离子交换介质结合。

IEC 中蛋白质的分离高度依赖于缓冲液的 pH 和盐浓度，许多蛋白质的最佳 pH 范围在其 pI 的 1 个 pH 单位内。IEC 最常用的洗脱策略是通过增加缓冲液的盐浓度，或者增加或降低 pH 的方法来对蛋白质进行洗脱分离，洗脱方式主要分为以下 4 种：线性盐梯度、分步盐梯度、pH 梯度和置换层析。对于高分辨率的分离，宜采用线性盐梯度和 pH 梯度洗脱；分步盐梯度洗脱则适于浓缩蛋白质。

IEC 操作步骤如下：①样品准备；②层析柱平衡；③蛋白质上样；④未结合物质的去除；

⑤目的蛋白质洗脱；⑥层析柱再生。

根据离子交换平衡的原理，应在较低的盐浓度条件下上样，推荐盐浓度为 10～100 mmol/L，其电导率相应为 1～4 mS/cm。此外，缓冲液不能与离子交换介质结合，例如，不应将乙酸盐缓冲液用于 AIEC，Tris 缓冲液不能应用于 CIEC。当对目的蛋白质 pI 等信息所知甚少时，需要先进行小规模的探索实验，以寻求最佳的结合条件；对于纯化方案已经存在的蛋白质的制备及工业化分离，其重点在于生产率、生产能力或规模放大。

IEC 是发展最早的层析技术之一，是蛋白质分离纯化中应用最广泛的纯化方法，具有分辨率高，应用灵活，分离原理比较明确，交换容量高，非特异性吸附小，操作简单易行，成本低，有利于放大分离规模等特点。IEC 常被用来去除各种类型的杂质，如残留的 HCP、核酸、培养基成分、内毒素和病毒等，已成为兽用疫苗下游纯化工艺的首选方法。Tripathi NK 等利用 IEC 纯化了重组乙型脑炎病毒域Ⅲ蛋白；Xi 等利用 IEC 对重组大肠杆菌表达的猪圆环病毒 2 型 Cap 蛋白进行纯化，获得了较纯的 Cap 蛋白。

（3）疏水作用层析　由于存在疏水性或非极性氨基酸侧链，大多数蛋白质表面都有分布在亲水区域或极性区域之间的疏水区域，这些疏水区域的数量、大小和分布是每个蛋白质的固定特征。HIC 以蛋白质的疏水性特征为分离基础，利用具有适度疏水性的介质作为固定相，根据蛋白质与疏水性配基之间的疏水相互作用的差别进行分离纯化。这种相互作用发生于有利于疏水相互作用的环境，如高离子强度环境；而在低离子强度时，蛋白质则会被洗脱。

影响 HIC 过程的因素取决于固定相类型、流动相组成和层析条件。固定相所采用基质的类型、配基的种类和取代程度等都会影响样品的分离效果，常见的疏水配基有烷基和芳香基两大类。其中，烷基配基与溶质间显示出单纯的疏水作用，而芳香族配基往往呈现出混合模式的分离行为。配基的疏水性结合强度会随着有机链长度的增加而提高。流动相条件对 HIC 的影响主要与离子强度和种类、流动相 pH 以及其他添加剂等有关。利用 HIC 纯化蛋白质时，常用硫酸铵和氯化钠增加蛋白质的疏水作用强度。也可以使用有机溶剂改变蛋白质疏水作用的强度，如乙二醇和丙三醇等含羟基的物质能降低蛋白质的疏水性吸附作用，经常用作洗脱促进剂；而表面活性剂可与吸附剂或者蛋白质的疏水部位结合，从而减弱蛋白质的疏水性吸附。HIC 的洗脱方式与 IEC 类似，分为梯度洗脱和分步洗脱。

与其他层析技术相比，HIC 在样品准备方面的要求比较低，只要上样前，在样品中添加足够浓度的盐，使目的蛋白能够与介质结合即可。需要注意的是，蛋白质在高盐浓度下可能会发生沉淀，所以在选择盐浓度之前，应先评估蛋白质在给定盐溶液中的溶解性。此外，应该确认蛋白质和介质在该环境 pH 下的稳定性。

由于 HIC 的分离原理完全不同于 IEC 或 GFC 等层析技术，使得该技术与后两者经常被联合应用于分离复杂的生物样品。HIC 对样品的离子强度要求非常低，能够与传统的沉淀技术结合使用，因此该技术非常适合于整个纯化方案的早期阶段。例如，HIC 可以和硫酸铵沉淀技术等联合应用，硫酸铵沉淀部分杂质后，目的蛋白存在于含高浓度盐的上清液中，无须脱盐就能直接进行 HIC 分离。由于该技术属于典型的吸附技术，介质对吸附物的结合容量也能达到较高的水平，因此该技术还非常适合大规模生产。HIC 可用于重组蛋白、激素、酶以及一些药物分子，甚至病毒和细胞的分离纯化。Gwinn W 等利用 HIC 实现了对重组大肠杆菌表达的炭疽芽孢杆菌保护性抗原蛋白的纯化。

（4）亲和层析　AC 以生物分子和其配体之间高度特异、可逆的相互作用为基础，对样品进行分离纯化。AC中生物分子与配体之间的特异结合类型主要有酶与其底物、辅酶、激活剂或抑制剂，抗体与其抗原，凝集素与对应糖蛋白等。此外，将具有特殊分子识别作用的基团（亲和标签）与目的蛋白相连接，制备连接有亲和标签的基因重组融合蛋白，然后利用亲和标签的特异性亲和吸附剂，就可简单方便地纯化目的蛋白。

常用的亲和标签有六聚组氨酸（His）、谷胱甘肽S-转移酶（Glutathione S-transferase，GST）和麦芽糖结合蛋白（Maltose binding protein，MBP）等。其中，His标签经常被用于重组蛋白的纯化，该标签由6个或更多的组氨酸残基组成，这些残基被添加到重组蛋白的N端或C端，并对金属离子如镍（Ni）表现出很高的亲和力，可统称为固定化金属螯合亲和层析（Immobilized metal-chelated affinity chromatography，IMAC）。IMAC的基质中含有金属螯合基，能够螯合金属离子形成固定相，而金属上的其余配位点与重组蛋白上的His残基可逆结合；通过咪唑等金属螯合剂即能将重组蛋白洗脱、纯化。与其他亲和层析（AC）方法相比，IMAC除了成本低廉和使用简便外，还有几个优势：His标签与配基的相互作用可以耐受变性条件、各种类型的化学物质；即使在高蛋白质浓度条件下，也可以获得高捕获率；纯化工艺具有可放大性。但是，IMAC在纯化过程中可能会有重金属从介质中脱落造成额外污染，而且去除His标签需要昂贵的蛋白酶，会进一步增加纯化成本。

AC的显著特点是高度选择性，而且操作条件温和，能有效保持生物大分子的构象和生物活性，回收率较高，还具有浓缩蛋白质的功能，通常仅用一步分离过程，就能快速达到较好的纯化效果，这是其他纯化方法所不具备的优势。因此，AC已成为当下最受欢迎的分离纯化技术。AC在重组蛋白纯化方面有较多的报道，如利用AC纯化重组表达的乙型脑炎病毒NS1蛋白、炭疽热保护性抗原、埃博拉病毒VP35蛋白等。除此之外，AC尤其是IMAC在兽用疫苗的研发中也有较多的应用，如Xiao等利用IMAC对大肠杆菌表达的重组口蹄疫病毒VP蛋白进行纯化，获得了纯度较高的病毒样颗粒（VLPs），为口蹄疫病毒亚单位疫苗的开发提供了高质量的抗原；Li等利用IMAC纯化了大肠杆菌表达的猪圆环病毒3型重组Cap蛋白，其可用于制备单克隆抗体；Park等利用IMAC实现了对猪传染性胸膜肺炎融合蛋白的纯化，将其作为候选疫苗。

3. 展望

疫苗抗原生产过程中的相关杂质十分复杂，需要根据目的蛋白的特定性质和具体的纯化要求开展联合纯化操作。例如，Xiao等采用IMAC联合IEC的方法纯化获得了重组口蹄疫病毒VP蛋白；Gwinn等在纯化炭疽热保护性抗原蛋白时联合使用了IEC和HIC两种层析纯化方法。

此外，涉及层析配体和蛋白质分子之间通过离子、疏水、氢键或范德华力等多种相互作用进行分离纯化的多模式或混合模式的层析法也已成为当下的研究热点。例如，Capto Core 700填料（GE）使用基于分子排阻、疏水和离子相互作用的混合模式，陶瓷羟基磷灰石（CHT）使用基于静电相互作用和亲和相互作用的混合模式。此外，混合模式填料具有耐盐、分离性好、结合力强等优点，是蛋白质层析技术的主要发展方向之一。

4.3.1.3 其他蛋白质分离纯化技术

蛋白质纯化过程中，利用沉淀或层析技术可实现生物样品中的蛋白质以外的细胞碎片、核酸和杂蛋白等大部分非有效物质的去除，不同纯化方法针对的组分各有不同，且对不同蛋白质的适用性不一。因此，在蛋白质纯化过程中应充分综合不同纯化方法的优势，达到高效纯化蛋白质的目的。除上述两种常用的蛋白质纯化方法外，膜分离技术和萃取分离技术在蛋白质纯化过程中也有较多的应用。

1. 膜分离技术

这是一种利用滤膜的选择性，以膜两侧存在的压力差作为推动力，使溶液中的组分根据迁移率的不同而实现蛋白质分离的技术，其本质是物质透过或截留于膜的筛分过程。膜分离过程中所用的滤膜是由均一的一相或两相以上的凝聚物复合体构成的，通常具有耐压、耐高温，以及生物或化学相容性的特点。

（1）分类　根据孔径大小的不同，可将滤膜分为微滤（Micro filtration，MF）膜、超滤（Ultra filtration，UF）膜、纳滤（Nano filtration，NF）膜和反渗透（Reverse osmosis，RO）膜等；而根据结构的不同，又可将滤膜分为对称膜、非对称膜和复合膜。蛋白质纯化过程中常用的 UF 膜、RO 膜等属于非对称膜，MF 膜则通常是对称膜。不同种类的滤膜可通过单独或膜组件的方式，逐级去除分离体系中不同粒径大小的杂质，实现蛋白质等目标物质的有效分离。

（2）应用　在疫苗的规模化生产过程中，膜分离技术主要用于病毒类抗原的纯化，以及来源于细菌或真核细胞等抗原的分离纯化，其分离纯化方式以透析和过滤为主。

①膜透析分离技术　通过上游途径获得的蛋白质类抗原，通常含有一定浓度的盐离子、小分子化合物等，这些物质对于疫苗来说是非必需的，甚至可能对疫苗的品质产生一定的影响，因此必须对其进行去除。膜透析分离技术，可实现病毒或蛋白质类抗原与体系中非必需物质的有效分离。Li 等将口蹄疫病毒 VP1 序列中的 B 细胞表位（135～160aa）融合至猪圆环病毒 2 型 Cap 蛋白中，并通过膜透析技术实现了组装后 Capfp-VLPs 的高效分离，纯化后的 VLPs 免疫小鼠和豚鼠后均可诱导产生针对口蹄疫病毒和猪圆环病毒 2 型的特异性抗体。

②膜过滤分离技术　是疫苗有效抗原生产过程中应用最广泛的一项技术，根据其过滤方式的不同可分为垂直过滤和切向流过滤。其中，垂直过滤应用于抗原分离的主要是膜深层过滤。在低电导率条件下，高离子容量的深层过滤系统可实现对猪细小病毒的完全清除。基于不同膜孔径的切向流过滤系统，可有效分离病毒粒子与蛋白质。有学者利用 UF 和肝素亲和层析相结合的办法实现了猪繁殖与呼吸综合征病毒中超过 96%杂蛋白的去除。在实际生产应用中，不同的膜过滤方式通常以膜组件的方式联合使用，以提高膜的使用效率及分离效率。

2. 萃取分离技术

这是一种利用溶质在互不相溶的两相之间分配系数的不同而使溶质得到纯化或浓缩的技术，其本质是一种扩散分离过程，早期曾用于生物小分子的分离和纯化。20 世纪 60 年代以来，在传统的有机溶剂萃取技术的基础上，相继出现了可应用于生物大分子如多肽、蛋白质、核酸等分离纯化的反胶团萃取等溶剂萃取法。

（1）分类　萃取分离技术根据参与溶质分配的两相的不同而分为多种，如液固萃取、液液有机溶剂萃取、双水相萃取和超临界流体萃取等，每种方法均各具特点。蛋白质纯化过程中常用的反胶团萃取（Reversed micellar extraction）的本质仍是液液有机溶剂萃取，利用表面活性剂在有机相中形成的反胶团形成分散的亲水微环境，故可萃取肽、蛋白质和核酸等生物分子。20 世纪 70 年代以后，双水相萃取（Aqueous two-phase extraction）技术的迅速发展为蛋白质，特别是胞内蛋白的提取纯化提供了有效的手段，该技术利用某些亲水性高分子聚合物的水溶液超过一定浓度后可形成两相的双水相系统（Aueous two phase system，ATPS），并根据不同物质在两相中分配系数的差异实现蛋白质分离纯化。该方法具有环境友好、成本低、操作连续、易于规模化等优点,适用于生物分子的浓缩和纯化。

(2)应用　在疫苗的规模化生产中,萃取分离技术主要用于病毒类抗原的纯化、蛋白质的提取以及杂质的去除等,其分离方式以双水相萃取为主。

以 VLPs 疫苗为例,良好的免疫原性和安全性使其在疫苗研发方面具有很高的影响力,但其产量目前受到传统下游加工技术的限制。Jorge Benavides 等提出了一种基于 ATPS 的杆状病毒重组表达的双层轮状病毒样颗粒(double-layered rotavirus-like particles,dlRLP)回收策略。经 ATPS 处理后,培养上清液中 dlRLP 的纯度提高了 55 倍。此外,随着发酵技术的发展,重组蛋白表达量不断提高的同时,也给蛋白质的初级回收步骤带来了巨大挑战。Josefine Persson 等利用 ATPS 通过离心和萃取对重组大肠杆菌表达的人生长激素(human growth hormone,hGH)进行初级回收,hGH 的纯度和回收率均与 AIEC 纯化结果相当。

4.3.1.4 应用

近年来,随着养殖技术的进步和对兽用生物制品安全性要求的不断提高,疫苗生产的下游分离纯化过程越发重要。由于疫苗抗原生产过程中相关杂质的复杂性,仅通过一种分离纯化方法很难获得符合要求的蛋白质产品,因此必须根据目的蛋白的特定性质和具体的产品需求制定联合纯化方案。

在疫苗大规模生产中,常规的下游分离纯化过程大致分为粗分离和精细纯化两个阶段。粗分离阶段主要为蛋白质的初级回收,由于此时样本体积大、成分杂,并要求迅速将目的蛋白质与杂质分离,因此可以利用传统的蛋白质沉淀技术以及膜分离技术对其进行初步的纯化和浓缩。精细纯化阶段则需要更高的分辨率,要将目的蛋白与其性质相似的杂蛋白分离,因此可以通过蛋白质层析技术获得纯度较高的目的蛋白。

Xi 等为了获得高纯度大肠杆菌表达的猪圆环病毒 2 型重组 Cap 蛋白,先利用 60%饱和度的硫酸铵盐析沉淀对含有重组 Cap 蛋白的细胞裂解上清液进行初步纯化,之后利用 IEC 进行精细纯化。Xiao 等则先利用 IMAC 对大肠杆菌表达的重组猪口蹄疫病毒 VP 蛋白进行富集,紧接着通过 AIEC 提高 VP 蛋白纯度,纯化后的 VP 蛋白通过 UF 进行小规模或者 TFF 进行大规模的浓缩处理,最终获得了纯度较高的 VLPs。Youngmin Park 等为了从转基因本氏烟草植物叶片组织中大规模提取表达的猪瘟病毒 E2 融合蛋白,开发了一种由 AC 和 GFC 组成的蛋白质联合纯化方案。此外,David Wetzel 等在牛病毒性腹泻病毒(BVDV)E2 蛋白嵌合 VLPs 的纯化案例中,充分发挥了蛋白质联合纯化策略的优势,即先利用 ATPS 进行裂解液的澄清,随后通过二氧化硅吸附进行蛋白质富集,浓缩后的样品通过 AIEC 进行纯化,洗脱后的蛋白质样品依次进行 DF 脱盐处理,再利用 UF 或 TFF 进行浓缩和密度梯度离心收集 VLPs,最后再经 GFC(SEC)脱盐处理,最后获得了高纯度 VLPs 蛋白。

近年来,随着兽用生物制品国家标准的不断提高,如何生产安全、有效、高质量的兽用疫苗开始成为疫苗产学界关注的重点,而下游分离纯化过程的控制逐渐成为疫苗生产的关键环节。人用生物制品分离纯化技术的快速发展可以助推兽用疫苗下游纯化工艺的改进。在兽用疫苗分离纯化技术的开发过程中,必须从实际出发,鉴于兽用疫苗成本控制方面的特殊性,在有限的条件下,应综合考虑安全性、有效性、成本效益等多方面因素,开发出真正适合兽用疫苗的下游分离纯化工艺。

4.3.2 病毒纯化

4.3.2.1 概述

疫苗最重要的就是安全性和有效性，随着对疫苗的质量和安全性的要求越来越高，人们对疫苗的纯度也提出了更高的要求。

未经纯化的病毒原液中存在大量的培养液物质及宿主细胞的核酸、内毒素、蛋白质和脂质等杂质。这些杂质通常会作为热源，引起细胞免疫不良反应，严重时甚至会导致其死亡。为了获得纯度高、安全性好的疫苗，需要对培养完成的病毒液进行纯化。目前病毒纯化通常使用物理化学法、膜过滤法和层析纯化等方法。以下对这些常用的病毒纯化技术分别进行阐述。

4.3.2.2 技术路线

1. 物理化学法

物理化学法是传统的抗原纯化方法，包含离心、硫酸铵或聚乙二醇沉淀、酸沉淀和过滤等，目前已在动物疫苗生产中被广泛使用。

(1)离心法　分为差速离心法和密度梯度离心法。差速离心法是根据颗粒的大小、质量、形状不同，在同一离心加速作用下，因沉降速度存在差异而进行分离的方法。此法是最常用的，虽然操作简单，但分离纯度低，一般用于病毒分离纯化的预处理步骤，去除细胞碎片等。

密度梯度离心法是用一定的介质在离心管内形成连续或不连续的密度梯度，密度由上到下增加，各种颗粒在不同的梯度层中沉降的方法。颗粒的沉降速度取决于其大小、形状、密度，也取决于离心力及悬液介质的密度和黏度。常用的介质为氯化铯、蔗糖和多聚蔗糖。此方法适用于分离沉降速度相接近的颗粒，已被应用于纯化猪口蹄疫病毒(FMDV)、非洲猪瘟病毒(ASFV)等多种病毒。目前，有研究者通过一种简单而独特的负黏度-正密度梯度，直接从细胞质裂解物中单步纯化到 FMDV，病毒的回收率大于 95%。也有研究者运用梯度离心的方法来纯化 ASFV，纯化后的病毒以单一组分的形式在蔗糖沉降速率梯度中沉淀富集，在 −70 ℃保存至少 7 个月后仍具有感染性。该方法由于设备购买和维护成本高，离心时间较长，操作烦琐，所以仅适合实验室的小规模纯化，难以实现工业化应用。

(2)沉淀法　经常使用的沉淀剂为硫酸铵和聚乙二醇。

高浓度的盐离子在蛋白质溶液中可与蛋白质竞争水分子，从而破坏蛋白质表面的水化膜，降低其溶解度，使之从溶液中沉淀出来。硫酸铵因其溶解度大，温度系数小而应用最广。多数病毒可用 25%～50%饱和度的硫酸铵沉淀；而某些易溶的病毒，则需用 75%饱和度的硫酸铵沉淀。有研究利用 50%饱和度的硫酸铵成功沉淀了 FMDV，实现了纯化病毒的目的。

聚乙二醇是近年来使用较广泛的沉淀剂，用其沉淀病毒，技术简单且沉淀速度快，病毒颗粒结构及侵染性不易损伤。在使用时，要注意选择合适的浓度，当提高聚乙二醇浓度时，非病毒颗粒的沉淀也会增加。有研究者利用一步 PEG6000 沉淀有效去除了 BHK-21 细胞培养液中的致敏成分。Kima 等比较了硫酸铵沉淀、PEG 沉淀及超滤三种方法纯化 FMDV 的效果，发现 PEG 沉淀法回收率最高，并且能去除 99.8%的杂蛋白。

此外，用调节等电点的方法也可使病毒沉淀。当 pH 在 4.8～5.0 时，宿主的许多成分会沉淀。因此，等电点法主要适用于沉淀等电点在 4.5 以下的病毒。某些对有机溶剂稳定的病毒可用甲醇或乙醇沉淀，但应选择合适的条件。有研究报道称，利用甲醇纯化 FMDV，病毒回收率达到 88%。

(3)双水相萃取法　ATPS 实质是把两种聚合物或一种聚合物(或亲水有机溶剂)与一种盐的水溶液混合在一起,在水中以适当的浓度溶解后形成的互不相溶的两相。主要类型有高聚物和高聚物、高聚物和无机盐、亲水有机物和盐体系。Vijayaragavan 等以猪细小病毒(PPV)作为模型病毒,测试和开发了一种 ATPS 分离法,成功将病毒与牛血清蛋白分离开。

2. 膜过滤法

膜过率是指在一定的压力下,利用特定的分离介质去除细胞碎片、大分子杂蛋白等物质,以达到纯化抗原的目的。Hu 等利用超滤和肝素亲和层析联和的方法纯化猪繁殖与呼吸综合征病毒(PRRSV),该方法除掉了细胞和培养基中 96%以上的蛋白质。Gencoglu 等尝试使用病毒絮凝与渗透,然后微滤的方法对 PPV 进行了纯化。Liu 等运用超滤和液相色谱分析结合的纯化方法获得了高纯度的 PRRSV,且病毒回收率达到 50%以上。

3. 层析纯化法

层析纯化的原理是利用生物分子物理化学特性的不同达到不同物质分离的目的,主要包括离子交换层析、亲和层析和疏水层析等方法。

(1)离子交换层析　是以离子交换剂为固定相,依据流动相中的离子与交换剂上的平衡离子进行可逆交换时结合力大小的差别而进行分离的一种层析方法。离子交换层析中,基质由带有电荷的树脂或纤维素组成。带有正电荷的为阴离子交换树脂;反之为阳离子交换树脂。有研究报道称,利用二乙基氨基纤维素(DEAE)离子交换层析纯化 FMDV 悬浮液,成功将病毒液中的 12S 和 146S 进行了分离。Du 等用阴离子交换和亲和层析结合的方法去除了 FMDV 中 94%以上的杂蛋白。

(2)亲和层析　是利用生物大分子与某些相对应的专一分子特异识别和可逆结合的特性而建立起来的一种分离生物大分子的层析方法。以肝素为配体的亲和层析经常应用于 FMDV 的纯化。有研究以肝素为配体从粗细胞裂解液中一步纯化得到了 FMDV,用这种方法,病毒回收率大于 90%且纯度提高了近 1 000 倍。也有研究者用固定化金属亲和层析的方法对 FMDV 进行纯化,杂蛋白含量降低 1 150 倍,DNA 含量降低了 8 400 倍。Cheng 等开发了一种名为 GEM-PA-nanotrap 的亲和层析方法,该方法通过简单的孵育和离心步骤,从细胞裂解物中纯化了 FMDV,病毒回收率大于 99%,非病毒蛋白去除率约 98.3%。

(3)疏水层析　是利用固定相载体上偶联的疏水性配基与流动相中的一些疏水分子发生可逆性结合而进行的分离。该方法基于病毒蛋白质与杂质的疏水差异,在高盐溶液中,蛋白质会与疏水配基相结合,从而将病毒与其他杂质分离开。Li 等用疏水层析的分离方法,从粗纯上清液中分离出了灭活的 FMDV。

4.3.2.3　应用

疫苗产品要求必须具备安全性、有效性和稳定性。为了制备高质量的疫苗,对病毒进行有效的分离纯化获得高纯度和高回收率的产品是必需的。在实际生产实践中,很难用上述单一的方法实现病毒的分离纯化,通常需要综合使用几种方法才能达到分离纯化病毒的目的。灭活 FMDV 疫苗是预防口蹄疫重要的疫苗之一,目前上述的多种技术均可用于灭活 FMDV 的分离纯化,即去除病毒非结构蛋白、宿主蛋白、DNA 以及内毒素,从细胞培养液中提取抗原,获得高纯度和高含量的灭活 FMDV。

随着病毒纯化经验和技术的不断积累和发展,以下游生产工艺为切入点,重点提高病毒有效含量，降低产品杂质蛋白含量，开展纯化工艺技术的研究逐渐增加，为兽用疫苗产品质量的不断提升奠定了基础。

（撰稿人：王孟月　李鹏昊　张素玲　吴芃　逄文强）

4.4 病毒样颗粒体外组装技术

病毒样颗粒（Virus like particles，VLPs）与天然病毒粒子结构类似，能够被抗原递呈细胞摄取，同时刺激动物机体产生先天性和获得性免疫反应，因此受到广泛关注。目前，已有多种兽用 VLPs 疫苗产品在临床上使用，如猪圆环病毒 2 型（PCV2）VLPs 疫苗，经过多年验证，临床使用效果很好。VLPs 疫苗已经成为新型基因工程亚单位疫苗发展的主流方向，因此，VLPs 的体外组装技术也是新型疫苗生产的重要技术之一。

4.4.1 概述

VLPs 的体外组装技术是基于病毒结构蛋白的自组装特性来开展研究的。病毒结构蛋白可以自组装为粒子“壳”，也可以在脚手架蛋白或分子伴侣的帮助下，通过中间步骤进行组装。在组装过程中，病毒结构蛋白通常形成多聚亚单位结构，如衣壳粒。具有组装能力的病毒结构蛋白可以用真核表达系统或原核表达系统进行表达。相比而言，利用原核表达系统体外组装 VLPs 操作简单、周期短、成本低、效率高，且体外组装的 VLPs 疫苗不存在安全隐患。虽然病毒结构蛋白可以在胞内自组装成 VLPs，但可能有来自宿主蛋白和核酸的污染风险，而且胞内自组装的 VLPs 容易形成不稳定结构或聚集，不能充分稳定展示抗原表位，从而导致疫苗免疫效力低或不稳定。VLPs 的体外组装可以解决胞内自组装带来的污染问题，并且能够通过调控组装条件来控制组装过程，实现 VLPs 的高效组装。

4.4.2 技术路线

4.4.2.1 结构蛋白的表达与纯化

利用真核或原核表达系统表达病毒结构蛋白或嵌合结构蛋白，并进行蛋白纯化，可以去除宿主杂蛋白和核酸的污染。某些病毒结构蛋白在表达过程中需要脚手架蛋白或分子伴侣的辅助，以促进其正确折叠，并形成单体，因此需要在同一表达宿主中共表达。

4.4.2.2 体外组装

指通过调控纯化后结构蛋白的缓冲液条件，包括 pH、离子强度、金属离子等，结构蛋白单体聚集形成有规则的多聚体，随后再组装成 VLPs。对于含融合标签的结构蛋白，需要先切除融合标签，再进行组装；对于已在胞内形成聚集体或自组装结构错误的结构蛋白，解组装和再组装是常用的解决方法，解组装-再组装处理好后，能够减少非特异性二硫键介导的蛋白聚集，促进人类乳头瘤病毒（Human papilloma virus，HPV）16 L1 更好的折叠，再组装的 HPV VLPs 更均一稳定，具有更强的免疫原性。

4.4.2.3 纯化

为了去除未组装的蛋白质和组装不彻底或错误的粒子，通常需要对 VLPs 进行纯化。常用的 VLPs 纯化方法包括制备型密度梯度离心法、切向流或中空纤维柱等膜分离法，从而获得结构均一、符合质量标准的 VLPs。

4.4.2.4 检测

纯化后 VLPs 的检测是疫苗研发和生产过程中必需的过程，通过多种检测方法的联用，获得 VLPs 的组装效率、生物活性等数据，并为进一步优化组装条件提供依据。

4.4.3 影响因素

结构蛋白的组装是通过调控缓冲液的物理化学环境来改变结构蛋白的疏水作用和共价键，进而驱动 VLPs 进行组装的。与病毒的组装过程类似，VLPs 的组装也是由单体先形成组装中间体，然后再进一步有规则地聚集组装成完整 VLPs。如在 FMDV VLPs 的组装过程中产生的 10 nm 左右微小颗粒，可能是衣壳结构蛋白组装成的单体(5S)、五聚体(14S)等。研究表明，溶液条件如温度、pH、蛋白质浓度、离子强度和金属离子浓度等对 VLPs 组装均有影响，它们可以通过改变组装中间体之间的相互作用，触发或抑制 VLPs 组装。

4.4.3.1 温度

温度对蛋白质折叠和稳定性的影响较大，高温可使蛋白质疏水作用增强，但容易导致蛋白质不可逆的变性。一般来说，温度越高，蛋白质越不稳定，病毒和 VLPs 也是如此。例如，FMDV 的保存温度达到 37 ℃以上时，会发生严重的裂解，146S 含量急剧下降。因此，组装温度一般控制在低温 4～20 ℃。

4.4.3.2 pH

溶液的 pH 会影响蛋白质分子表面电荷状态，改变蛋白质分子间及蛋白质分子与溶液中的离子之间的相互作用力，对组装中间体相互作用及 VLPs 的稳定性有很大影响。例如，在研究 FMDV VLPs 组装过程中，Oem 等在偏酸性的昆虫细胞中只检测到五聚体样结构物质，未能检测到 VLPs；而中性偏碱性及碱性条件下，FMDV VLPs 均能组装。依据蛋白质等电点调节溶液 pH 能够使结构蛋白形成天然、正确的结构，并通过共价键有规则地缓慢聚集成 VLPs。

4.4.3.3 蛋白质浓度

在组装过程中，蛋白质正确折叠和聚集为动态的竞争过程，蛋白质折叠为分子内一级反应过程，而相互聚集为蛋白质分子间二级以上反应过程。当蛋白浓度过高时，分子间相互碰撞的概率增加，导致中间态蛋白质分子更加容易聚集而不能正确折叠，因此，高浓度蛋白质容易导致聚集而不利于组装。蛋白质浓度一般控制在 0.1～1 mg/mL。为了提高组装效率，可通过分步多次加入蛋白质，促使蛋白质充分折叠，降低相互聚集的概率，从而实现蛋白质高效组装。

4.4.3.4 盐类

溶液中的盐类对蛋白质的折叠状态影响复杂，主要影响因素包括离子强度、金属离子类型等。盐离子既可以与蛋白质表面未配对的带电基团作用，调节蛋白质分子内部与分子间带电基团的静电作用强度，从而起到稳定蛋白质、抑制聚集的作用，也可以调节蛋白质疏水基团间相互作用，促进蛋白质的折叠组装。例如，NaCl 可有效抑制 VLPs 的聚集、提高其稳定性，而低盐离子浓度和还原剂存在时不利于 VLPs 结构的保持。尿素可使蛋白质结构疏松，低浓度的尿素可抑制蛋白质聚集，促进蛋白质折叠。在解组装-再组装处理过程中，尿素可使聚集结构解组装；去除尿素后，可使结构蛋白再组装。Zn^{2+}、Ca^{2+} 等金属离子可稳定蛋白的天然状态，对蛋白高级结构的形成也有重要的影响，研究表明当蛋白序列中存在线性 Ca^{2+} 结合基序时，Ca^{2+} 可有效辅助病毒粒子的组装与结构形成。

4.4.4 检测方法

对组装过程中 VLPs 组装状态的检测是实现 VLPs 高效组装的前提。虽然通过检测方法能够观察到溶液环境对组装的影响，但精确机制还不能完全清楚，可能是组装过程中蛋白质结构快速转换和不被发现的微观变化，以及无法精确检测分子间作用力等原因导致的。VLPs 组装的检测内容包括结构蛋白浓度、纯度，VLPs 形态、状态、生物活性等。

4.4.4.1 蛋白质检测分析

常用的蛋白质分析技术有 SDS-聚丙烯酰胺凝胶电泳（Sodium dodecyl sulfate polyacrylamide gel electrophoresis，SDS-PAGE）和高效液相色谱（High performance liquid chromatography，HPLC），SDS-PAGE 在蛋白质纯度检测、灰度定量、分子量确定等方面发挥着重要作用，可以检测单个亚基的分子量；HPLC 可以精确定量、分析蛋白质纯度，并可以分离非蛋白质物质，是一种高效检测技术。

4.4.4.2 VLPs 检测分析

VLPs 形态和状态可以通过标准的实验室分析技术如分析型超速离心分离法（Analytical ultra-centrifugation，AUC）、密度梯度离心和透射电子显微镜（Transmission electron microscopy，TEM）等进行检测分析。动态光散射（Dynamic light scattering，DLS）和多角度激光散射（Multiple-angle laser light scattering，MALLS）是检测粒径和分子量常用的技术。DLS 可利用动态光散射原理测定不同条件下 VLPs 的尺寸信息和分散状态，反映颗粒聚集情况及分散度。MALLS 是检测 VLPs 分子量常用的技术，根据从不同角度用激光照射样品，产生的散射光强度随光照角度和样品浓度变化的原理，可检测到蛋白质的分子量及粒径。高效液相尺寸排阻色谱（High performance size exclusion chromatography，HPSEC）是分析蛋白质聚集组装较灵敏且重复性好的方法之一，HPSEC 和 DLS 或 MALLS 联用可以获得组装中间体的分子质量和纯度，从而反映组装状态和效率。原子力显微镜（Atomic force microscopy，AFM）可用于检测获得样品的表面结构，在 VLPs 的表征检测中是非常有效的工具，可以观察到 VLPs 的表面结构，计算 VLPs 的大小。在结构解析方面，圆二色光谱（Circular dichroism，CD）是常用的研究蛋白质结构变化的方法，可以通过波长扫描计算二级结构（如 α 螺旋、β 折叠、β 转角等）的变化，进一步分析蛋白质结构的变化，可用以评价 VLPs 组装条件、筛选稳定剂等。近年来迅速发展起来的冷冻电镜（Cryo-electron microscopy，Cryo-EM）技术已成为研究结构生物学极为关键的技术，与 X 射线衍射（X-ray diffraction，XRD）技术和核磁共振（Nuclear magnetic resonance，NMR）技术共同构成了高解析度的结构生物学研究的必要手段。在 VLPs 疫苗产品质量控制过程中，通常需要综合多种检测技术来分析 VLPs 的组装过程和组装效率，例如，在解析 PCV2 亚单位疫苗抗原 Cap 蛋白 VLPs 时，利用 DLS 测定显示，接近 100％的 Cap 蛋白组装成了 VLPs；利用 CD 测定 Cap 蛋白的二级结构，显示 Cap 蛋白与 PCV2 病毒衣壳蛋白二级结构高度吻合；通过 XRD 揭示三级结构，显示 Cap 蛋白拥有正确的三级结构，且 VLPs 组装正确；通过 Cryo-EM 分析，表明组装的 VLPs 具有与全病毒相同的表面抗原决定簇。

4.4.4.3 生物活性分析

VLPs的生物活性包括体外活性和体内活性，体外活性一般用酶联免疫吸附试验(Enzyme-linked immunosorbent assay，ELISA)、斑点印迹、免疫沉淀和免疫扩散等技术检测。VLPs如果发生聚集或解聚，会影响颗粒结构的变化，进一步影响与抗体的结合，因此能够反映VLPs的结构变化。体内活性需要通过动物试验，测定动物免疫后的抗体水平，并进行攻毒保护试验来确定VLPs组装的效果。

4.4.5 应用

4.4.5.1 猪圆环病毒2型(PCV2)VLPs的组装

Xi等利用大肠杆菌表达的rCap蛋白，经纯化后在组装液(50 mmol/L Tris-HCl，500 mmol/L NaCl，pH8.0)中进行再组装，DLS检测组装为直径约17 nm的VLPs，组装效率达到99%。王彦伟等通过在缓冲体系中添加尿素，降低pH，使自组装的PCV2 VLPs解组装，分离Cap蛋白和核酸，然后透析出尿素，提高NaCl浓度和pH，同时添加Ca^{2+}，实现了PCV2 VLPs的高效再组装，并且显著提高了VLPs的稳定性。王席等利用HPSEC对PCV2 VLPs进行检测，能够分离出VLPs和聚集体。Yin等利用SUMO融合表达PCV2 Cap，经Ni^{2+}亲和层析后的蛋白质，切除SUMO标签，实现Cap蛋白的体外组装，从而消除NLS对目的蛋白表达的影响。

4.4.5.2 口蹄疫病毒(FMDV)VLPs的组装

Xiao等在表达FMDV VP蛋白时，采用SUMO融合表达VP蛋白，避免其在大肠杆菌中出现非特异的组装。后续研究又通过控制SUMO标签的切除速度，成功实现了FMDV VLPs的体外组装，且组装蛋白具有极强的免疫活性，免疫后的半数保护剂量(Fifty percent protection dose，PD_{50})能达到15.59。

4.4.5.3 猪细小病毒(PPV)VLPs的组装

有研究者利用杆状病毒表达系统表达PPV VP2蛋白，在体外组装成VLPs，发现动物试验结果优于全病毒免疫效果，具有PPV亚单位疫苗的应用前景。有研究表明，在*E. coli*中表达融合SUMO标签的PPV VP2蛋白时，在酶切组装过程中，发现pH对PPV VP2蛋白的组装影响较明显：pH为7.0时，PPV VP2组装VLPs效率较高；而在pH为6.5和8.0时，组装效率较低。此外，NaCl浓度在300 mmol/L时，VLPs组装效果优于150 mmol/L和500 mmol/L条件下的组装效果。

VLPs的体外组装作为VLPs疫苗生产的最终步骤之一，直接决定了疫苗的品质。虽然已经有多种技术手段用于指导VLPs的体外组装，但技术方法仍然不成熟。VLPs的组装效率、组装质量和稳定性等仍是制约技术发展的关键因素，尤其是有些VLPs疫苗的稳定性还不如全病毒疫苗(活疫苗或灭活疫苗)。但是，随着VLPs生物工程技术的发展，指导VLPs体外组装技术的应用性设计工具也在逐步开发，这将进一步指导VLPs疫苗产品的开发，为兽用VLPs疫苗的品质提升提供技术支撑。

(撰稿人：王彦伟　逄文强)

4.5 猪用疫苗佐剂和免疫增强剂的发展趋势

疫苗佐剂是指预先或与抗原同时注入体内，可增强机体对抗原免疫应答或改变免疫应答类型的非特异性免疫增强性物质。佐剂虽然已经使用100多年了，但其机理直到2011年才由获得诺贝尔生理学或医学奖的朱尔斯·霍夫曼、布鲁斯·比特勒和拉尔夫·斯坦曼阐明。第一代猪用佐剂是在不知道免疫过程和佐剂机理的情况下进行研究的，只是把佐剂当生产疫苗的一种辅料进行筛选。目前大多数猪用疫苗用的是第一代佐剂，主要是铝胶佐剂和乳剂型佐剂，但经常出现的问题是效果好的副反应大、副反应小的效果差；以猪支原体肺炎、猪圆环病毒2型为代表的猪用疫苗将猪用佐剂带进第二代佐剂时代，第二代佐剂在第一代佐剂的基础上加入了免疫增强剂或者特定的高分子材料。本节就猪用佐剂以及猪用免疫增强剂的理化性质、作用机制和应用进行阐述，以期为猪用佐剂的使用和研究提供借鉴和参考。

4.5.1 概述

机体免疫系统分为2个部分：天然免疫和适应性免疫。天然免疫是保护人类或动物免受病原体侵害的第一道屏障。适应性免疫主要由具有抗原特异性的T淋巴细胞和B淋巴细胞及其抗体分子所组成。佐剂不仅能使机体产生长期高效的特异性免疫应答，还能降低抗原用量、节约生产成本和减少疫苗接种次数。佐剂的作用机制可分为：①抗原在注射位点持续释放(抗原存储库效应)。②上调多种细胞因子和趋化因子的表达。③募集免疫细胞至注射位点。④激活抗原提呈细胞(Antigen presenting cells，APCs)，促进成熟提呈抗原转运至引流淋巴结。⑤激活炎性小体等。佐剂种类繁多，根据主要作用方式可将其分成两类：一是具有免疫增强活性或免疫调节活性佐剂，这类佐剂也称为免疫增强剂；二是能够作为"递送系统"促进抗原摄取并能与抗原构成制剂的佐剂，如铝胶佐剂、乳剂型佐剂和高分子佐剂等。

4.5.2 猪用疫苗佐剂的理化性质、作用机制和应用

4.5.2.1 铝佐剂

1. 理化性质

铝佐剂通常指氢氧化铝[$Al(OH)_3$]和磷酸铝($AlPO_4$)，这两种佐剂有着不同的结构。X射线衍射法和红外光谱法检测结果表明，$Al(OH)_3$佐剂以$Al(OH)_3$晶体形式存在，由大小为4.5 nm×2.2 nm×10 nm的纤维构成。这些纤维以松散的结构聚集在一起，表面积可达500 m^2/g。$AlPO_4$佐剂在X射线下呈无定形状态，以羟基磷酸铝[$Al(OH)_x(PO_4)_y$]复合物的形式存在，其中的磷酸根被一些羟基替代。因此，将$AlPO_4$定义为羟基磷酸铝更为准确。与$Al(OH)_3$不同的是，它不是定比化合物，其磷酸根被羟基取代的数量与反应物的种类和制备方法有关。$AlPO_4$的初级粒子为盘状结构，直径约5 nm，可形成20 μm左右的多孔结构。$Al(OH)_3$的表面基团是羟基，而$AlPO_4$的表面基团是羟基和磷酸根的混合物。$Al(OH)_3$佐剂的等电点是11.4，在组织液(pH7.4)中带正电荷；$AlPO_4$佐剂的等电点取决于磷酸根被羟基置换的程度。

2. 与抗原的吸附机制

1926年，Glenny将白喉类毒素与明矾[$AlK(SO_4)_2 12H_2O$]溶液混合制成沉淀物并注射豚鼠，发现含明矾的疫苗较只含白喉类毒素的疫苗能提供更好的保护作用。对含明矾的疫苗进行分析，发现其上清液中不含白喉类毒素。这一结果使研究者认为抗原必须吸附于铝佐剂才有免疫增强作用。鉴于抗原结构的复杂多样性，铝佐剂对抗原的吸附机制也有所不同。这些机制包括静电吸引、疏水作用、配体交换、氢键结合和范德华力等。

3. 作用机制

(1)抗原储库效应　铝佐剂与可溶性抗原吸附后，抗原在其表面和内部高度聚集。铝佐剂将抗原传递至免疫细胞，促进免疫细胞与抗原高浓度、长时间充分接触，产生免疫应答，这个过程被称作储库效应。铝佐剂通过静电吸引、疏水作用及其表面的羟基与抗原表面的磷酸根发生配体交换来吸附抗原，从而达到缓慢释放抗原、提高局部抗原浓度的效果。可溶性抗原吸附于铝佐剂表面后即转变为颗粒性抗原，从而能更好地与APC相互作用，刺激产生免疫应答；随后铝佐剂崩解，位于其内部的抗原释放出来，从而增加了抗原在体内的滞留时间。先前人们认为储库效应是铝佐剂发挥免疫应答的主要作用机制之一，但Hutchison等发现用含佐剂的嵌合荧光素蛋白注射小鼠，2 h后切除注射部位，并不影响该蛋白诱导的特异性T细胞或B细胞应答。因此，储库效应虽然不能充分解释铝佐剂的免疫增强机制，但是其吸附抗原，使抗原在注射部位聚集以加强APC与抗原的相互作用，从而进一步增强免疫应答，这一机制还是存在的。

(2)刺激树突状细胞(DC)成熟和T细胞分化　非淋巴组织中的DC是未成熟的，对T细胞分化没有作用。DC只有经历成熟过程才能对感染和组织损伤产生应答，这个过程以共刺激分子(尤其是CD8和CD86)表达的增多为主要特征，而趋化因子受体CCR7是DC迁移到引流淋巴结所必需的，在DC成熟过程中，其表达也会增加。铝佐剂可以促进DC成熟。用$Al(OH)_3$佐剂培养人外周血单核细胞和巨噬细胞，会导致CD86表达增加，用$Al(OH)_3$或$A1PO_4$培养小鼠骨髓源性DC，发现CD80和CD86的表达都有所增加。铝佐剂也可以通过诱导炎症反应和释放危险信号分子来进一步增强共刺激分子的表达。

(3)危险信号分子释放和炎性小体形成　铝佐剂有一定的细胞毒性，注射含铝佐剂的疫苗后可引起局部细胞死亡。有研究表明，死亡后的细胞释放的DNA可以作为内源刺激信号来介导免疫应答。宿主DNA可以诱导初始B细胞应答反应，还可以激活Th2型免疫应答。

4. 在猪用疫苗中的应用

铝佐剂作为公认的最安全的佐剂，也是最早使用的佐剂，对其结构和作用机理的研究一直在持续进行中。铝胶佐剂以氢氧化铝胶为主，能吸附内毒素的性质可以减轻疫苗的副反应，多用于细菌疫苗。表4-5-1列出了用已经注册铝胶佐剂制备的猪用疫苗。铝胶佐剂疫苗也有明显的缺点，即不能冷冻，冷冻后疫苗效果会大大降低，另外铝佐剂疫苗主要诱导Th2型体液免疫应答，而诱导Th1类免疫应答的能力较弱，对于细胞内生长繁殖的病原体的免疫防制效果不佳。单独以铝胶为佐剂的猪用疫苗越来越少了。

表 4-5-1 铝胶佐剂制备的猪用疫苗

品名	标准来源
猪副猪嗜血杆菌病灭活疫苗	农业部公告第 2417 号
副猪嗜血杆菌病二价灭活疫苗(1 型 LC 株+5 型 LZ 株)	农业部公告第 2318 号
猪丹毒灭活疫苗	质量标准二〇〇一版
猪支原体肺炎复合佐剂灭活疫苗(P 株)	农业部公告第 2503 号
猪链球菌病灭活疫苗(马链球菌兽疫亚种+猪链球菌 2 型)	农业部公告第 717 号
仔猪大肠埃希氏菌病三价灭活疫苗	〔1993〕农(牧)函字第 22 号
仔猪水肿病灭活疫苗(0138:C83905 株+0139:C83684 株+0141:C83527 株)	农业部公告第 704 号
猪圆环病毒 2 型杆状病毒载体灭活疫苗(CP08 株)	农业部公告第 2195 号

4.5.2.2 乳剂型佐剂

1. 理化性质

乳剂型佐剂主要由油和表面活性剂组成,人们很早就对各种油脂制成的佐剂进行了比较,发现和其他油脂相比,矿物油对疫苗具有更高的免疫增强作用。其中最为常见的是弗氏完全佐剂(FCA)和不完全佐剂(FIA),这两者均广泛应用于动物免疫。FCA 是在矿物油和乳化剂组成的 W/O 乳液中加入灭活的分枝杆菌制成的,属强效佐剂,但毒性较大。FCA 中不加入分枝杆菌时,就成为 FIA。FIA 活性不如 FCA,但毒性较小,其副作用只出现在注射部位。也有人做了以其他烃类作为疫苗佐剂的研究,比较受关注的是角鲨烷和角鲨烯。两者制成的乳液均为有效佐剂,可以提高体液和细胞免疫反应强度,并且没有显著的副作用。乳剂型佐剂按照其连续相和分散相的不同可以分为油包水型(W/O)、水包油包水型(W/O/W)、水包油型(O/W)。含油量从高到低为油包水型、水包油包水型、水包油型。不同类型乳状液释放抗原的动力学行为各不相同:水包油型最快,油包水型较慢,水包油包水型介于两者之间。

2. 作用机制

20 世纪 80 年代以来,科学家陆续发现,有些乳剂能诱导巨噬细胞或树突状细胞产生趋化因子,于注射部位募集淋巴细胞,可引起单核细胞的分化及巨噬细胞的激活,增强抗原递呈作用,乳剂型佐剂的作用机制主要表现在以下几个方面。

(1)诱导产生高水平的抗体　抗体是 B 淋巴细胞产生的对机体具有最直接保护力的免疫球蛋白。B 细胞受抗原刺激后,分化为浆细胞,产生大量特异性抗体,并通过多种方式介导体液免疫应答,如产生中和作用、调理作用、激活补体、介导 ADCC 作用等。

(2)促进 DC 细胞分化成熟及抗原递呈　DC 细胞是天然免疫与获得性免疫间的一座桥梁,既能非特异识别和递呈抗原,又能分泌大量细胞因子。抗原递呈细胞(Antigen presenting cells,APC)是指能摄取并能在细胞内加工处理抗原,将抗原信息递呈给 T 淋巴细胞的细胞,DC 是目前发现的抗原递呈功能最强的 APC。

(3)介导 $CD4^+$ T 细胞反应,分泌大量细胞因子　$CD4^+$ T 细胞活化后主要分化为 Th1、Th2,二者之间存在相互制约或促进作用。Th1 细胞主要分泌白细胞介素(IL)-2 和干扰素(IFN-γ),其中 IFN-γ 主要介导细胞毒和局部炎症有关的免疫应答,辅助抗体生成;Th2 细胞主要分泌 IL-4、L-5、IL-6 和 IL-10 等，与体液免疫相关。

(4)增强 $CD8^+$ CTL 反应　细胞毒作用(Cytotoxiceffect,CTL)是针对病毒性感染的防御方式，疫苗进入机体后，激活机体能否产生显著的 $CD8^+$ T 细胞反应，是体现疫苗临床保护性的一个重要方面。

3. 在猪用疫苗中的应用

乳剂型佐剂既可促进体液免疫，也可促进细胞免疫，几乎所有的猪用疫苗都可以使用乳剂型佐剂。乳剂型佐剂使用时最大的问题是副反应，这与抗原纯度有关，也与佐剂本身的性质有关，其中油包水佐剂副反应最大，水包油包水佐剂次之，水包油佐剂最小。另外，在稳定性方面，油包水和水包油佐剂较稳定，可以在 37 ℃条件下 21 天不破乳；佐剂制备的猪用疫苗剂型如下(表 4-5-2)。

表 4-5-2　乳剂型佐剂制备的猪用疫苗

品名	标准来源	剂型
猪口蹄疫 O 型合成肽疫苗(多肽 98+93)	农业部公告第 2115 号	油包水
猪伪狂犬病灭活疫苗(鄂 A 株)	农业部公告第 573 号	油包水
副猪嗜血杆菌病灭活疫苗(4 型 MD0322 株+5 型 SH0165 株)	农业部公告第 865 号	油包水
猪繁殖与呼吸综合征灭活疫苗(NVDC-JXA1 株)	农业部公告第 858 号	油包水
猪繁殖与呼吸综合征灭活疫苗(M-2 株)	农业部公告第 2007 号	油包水
猪流感病毒 H1N1 亚型灭活疫苗(TJ 株)	农业部公告第 2211 号	油包水
猪圆环病毒 2 型灭活疫苗(WH 株)	农业部公告第 1804 号	油包水
猪细小病毒病灭活疫苗(WH-1 株)	农业部公告第 752 号	油包水
猪萎缩性鼻炎灭活疫苗(D 型多杀性巴氏杆菌 P. m. 5/05097-1 株+支气管败血波氏杆菌 Bb-7 92.932 株)	农业部公告第 1974 号	油包水
猪支原体肺炎灭活疫苗(NJ 株)	农业农村部公告第 74 号	油包水
猪口蹄疫 O 型灭活疫苗(O/Mya98/XJ/2010 株+/GX/09-7 株)	农业部公告第 2049 号	水包油包水
猪圆环病毒 2 型灭活疫苗(SH 株)	农业部公告第 1448 号	水包油包水
猪伪狂犬病灭活疫苗(HN1201-Δ*gE* 株)	农业农村部公告第 129 号	水包油包水
猪支原体肺炎灭活疫苗(P-5722-3 株)	农业部公告第 2446 号	水包油
猪伪狂犬病灭活疫苗(Bartha K61 株)	农业部公告第 2301 号	水包油
猪萎缩性鼻炎灭活疫苗(D 型多杀性巴氏杆菌 P. m. 5/05097-1 株+支气管败血波氏杆菌 Bb-7 92.932 株)	农业部公告第 1818 号	水包油
猪胸膜肺炎放线杆菌亚单位灭活疫苗(APP1-L-452+APP HV169+APP HV143+APP2 株)	农业部公告第 1818 号	水包油

4.5.2.3　高分子佐剂

20 世纪 50 年代开始，尤其是 80 年代以来，人们发现许多高分子化合物用于增强机体对抗原的免疫应答十分有效。2000 年以后高分子佐剂逐渐开始应用到猪用疫苗商业化生产。按不同的作用机理，可以将高分子佐剂分为 3 类。

1. 天然多糖及其衍生物

一些天然多糖及其衍生物，如革兰氏阴性菌脂多糖、葡聚糖磺酸盐、壳聚糖，具有促进 B 细胞有丝分裂，刺激巨噬细胞释放白细胞介素-1 和诱导 T 细胞活化、增殖的作用，从而能够增强体液免疫和细胞免疫应答。

2. 合成聚阴离子

常见的一些合成的聚阴离子有聚丙烯酸及其共聚物，聚马来酸及其共聚物等。较高的电荷密度是这类聚合物具有较好活性的必需条件之一，其中聚丙烯酸聚合物已得到商业化使用。聚丙烯酸、聚丙烯酸均聚物以及对聚丙烯进行改性的其他高分子化合物在猪用疫苗中的使用情况见表 4-5-3。

表 4-5-3　高分子佐剂制备的猪用疫苗

品名	标准来源	高分子成分
猪圆环病毒 2 型杆状病毒载体灭活疫苗	农业部公告第 2117 号	聚丙烯酸聚合物
猪支原体肺炎灭活疫苗(P-5722-3 株)	农业部公告第 1975 号	泊洛沙姆 L121
猪圆环病毒 2 型、猪肺炎支原体二联灭活疫苗(SH 株+HN0613 株)	农业农村部公告第 74 号	聚丙烯酸聚合物
猪圆环病毒 2 型基因工程亚单位疫苗(大肠杆菌源)	农业部公告第 2591 号	聚丙烯酸聚合物
猪支原体肺炎灭活疫苗(HN0613 株)	农业农村部公告第 187 号	聚丙烯酸聚合物
猪圆环病毒 2 型、副猪嗜血杆菌二联灭活疫苗(SH 株+4 型 JS 株+5 型 ZJ 株)	农业农村部公告第 207 号	聚丙烯酸聚合物

3. 部分嵌段共聚物

能改变抗原的物理状态和递呈方式。颗粒性抗原和不溶性抗原能够比可溶性抗原诱导更强的免疫应答。这类聚合物佐剂的特征在于它们是将抗原转移至疏水性微粒或油滴的表面，将抗原变为“不溶性”和“颗粒性”，改变了抗原的物理形态。这种抗原-佐剂复合物易被巨噬细胞等抗原递呈细胞吞噬、处理，并将抗原信息传递给淋巴细胞。并且抗原处于微粒和油滴表面，也易被抗原递呈细胞识别，这类佐剂目前已有商业化使用的是商品名为泊洛沙姆 L121 的高分子化合物。

4.5.3　猪用免疫增强剂的理化性质、作用机制和应用

4.5.3.1　Quil A

Quil A 皂苷是从南美植物石碱木(*Quillaja saponaria* Molina)树皮中提取的单糖或寡聚糖基与三萜类的糖苷配基连接而成的一种糖苷，属于表面活性物质，具有溶血性，纯化后是纯度为 98%以上的总皂苷，商品名为 Quil A；进一步用 HPLC 纯化得到其第 21 个单体组分，称为 QS-21。Quilla 皂苷、Quil A、QS-21 具有大致相同的性质，均可用作免疫增强剂。人用疫苗需要更好的安全性，使用 QS-21，如葛兰素史克的 AS01 佐剂。猪用疫苗多用 Quil A，加入胆固醇和磷脂，按 1∶1∶1 混合后自发形成一种具有较高免疫活性的脂质小泡，称之为 ISCOM。QS-21 可促进特异性抗原抗体反应，也可激活细胞毒性 $CD8^+$ T 细胞(Cytotoxic

CD8$^+$ T cells)。QS-21 所激活的信号途径尚不明确。QS-21 的作用与缓释无关，通过荧光素标记 QS-21 和抗原示踪等研究发现，肌内注射 30 min，可在注射部位检出 QS-21 和抗原；30 min 后，QS-21 和抗原在注射部位快速减少；24 h 后不能检出 QS-21。在猪用疫苗佐剂中，Quil A 和 ISCOM 可以作为免疫增强剂与铝胶佐剂或乳剂型佐剂联合使用。

4.5.3.2 人参皂苷

人参皂苷按其化学性质可分为人参皂苷二醇型（A 型），包括 Rbl、Rb2、RC、Rd、Rh2 等；人参皂苷三醇型（B 型），包括 Re、Rf、R91、R92、Rhr 等；齐墩果酸型（C 型），如 Ro、Rh3、Ri 等。现代药理研究表明，人参皂苷具有双相免疫调节作用，能改善实验动物的非特异性免疫和特异性免疫功能，人参皂苷与其他植物皂苷相比，不具有毒性和溶血作用，是猪用免疫增强剂的理想选择。人参皂苷有多种免疫功效，能够诱导巨噬细胞的氧化作用、吞噬作用，免疫细胞的增殖，以及促进人参皂苷诱导 Th1（与 IL-2 和 IFN 相关）、Th2（与 IL-4 和 IL-10 相关）的表达来调节抗体的产生。人参皂苷是通过 TLR4 信号通路来发挥免疫调节作用的。人参皂苷＋铝胶佐剂具有良好的协同作用。

4.5.3.3 左旋咪唑

左旋咪唑（Levamisole，LMS）是一种人工合成的白色结晶粉状的咪唑类似物，它可以促使功能受抑制的 T 淋巴细胞及巨噬细胞恢复到原有水平，并且可以促进 CTL 细胞活化增殖，进而增加其细胞杀伤效果，还可以改善单核吞噬细胞的吞噬功能和趋化功能，促进脂多糖所引起的白细胞介素 1 的产生，同时也能促进单核吞噬细胞表达主要组织相容性复合物（MHC）Ⅰ、Ⅱ类分子。另有研究发现，LMS 作为佐剂可以通过诱导 IL18 的产生而使免疫反应由 Th2 型向 Th1 型转变。LMS 还可以上调 IL-2 和 IFN-7 的表达，使抗原特异性细胞免疫应答和细胞毒性 T 细胞（CTL）反应的树突状细胞表面细长突起结构增多，细胞表面分子（CDllC、CD80、CD86 及 MHCII）均高表达，细胞因子 IL12 也高表达。研究表明，LMS 刺激树突状细胞前体细胞成熟诱导 Th1 型免疫应答与 DC 表面 TLR2 受体有关联，与 TLR4 可能无关。LMS 是一种可以显著增强口蹄疫灭活疫苗、乙型肝炎蛋白疫苗、口蹄疫 DNA 疫苗诱发机体特异性细胞免疫的佐剂。

4.5.4 猪用疫苗佐剂的发展趋势

4.5.4.1 不含矿物油的佐剂

猪用疫苗目前使用的佐剂以乳剂型佐剂为主，乳剂型佐剂的主要成分为矿物油和表面活性剂。矿物油主要成分为 C12-C26 的正烷烃，不能被人和动物机体代谢，可导致注射部位出现肉芽肿、炎症，疫苗被包裹起来形成游离的肿块，会影响动物肉类产品的品质，人食用这样的肉类后体内积蓄一定浓度的矿物油，可能会引发病症。为了提高猪肉的品质、减少药物残留，疫苗佐剂的其中一个发展方向为不含矿物油，如生物可代谢的高分子佐剂。

4.5.4.2 让不同疫苗联合使用的佐剂

为了尽可能减少免疫次数以降低动物应激反应、降低劳动力强度，其中一个办法是疫苗联合使用。但现有佐剂有三个缺陷：一是油包水佐剂无法联合；二是水性佐剂往往仅对部分抗原有效果，虽然可以与其他佐剂联合使用，但往往会有一种疫苗达不到免疫效果；三是联合使用后，机体副反应有明显增加。因此猪用疫苗佐剂另外一个发展趋势是广谱佐剂——一种佐剂适用多种抗原，并且能够稀释活疫苗，对活疫苗有免疫增强作用。这样，不同的猪场可以根据自己的免疫程序实现“任意联”。

4.5.4.3 黏膜佐剂

黏膜免疫可以诱导局部黏膜产生分泌型 IgA（sIgA）、IgM 和 IgG 等保护性抗体，因为 80%的病原微生物通过黏膜途径传播，所以能够喷鼻免疫的黏膜佐剂是猪用疫苗佐剂的另外一个发展方向和趋势。

猪用佐剂的研究涉及化学、免疫学、生物学等众多学科，佐剂作用机制复杂，在不同动物体内作用机制也有所区别，因此佐剂总是伴随着其他学科的突破而发展。猪用疫苗应用佐剂已经是提高免疫效果、减少免疫次数的主要技术手段。

（撰稿人：李兴国　刘永梅）

参考文献

耿笑林，张翼，刘鹏，等. 2018. 副猪嗜血杆菌高密度发酵工艺研究[J]. 畜牧与饲料科学，39(11)：1-6.

闪伊红，王进产，郭丽霞，等. 2016. 猪圆环病毒 2 型培养工艺研究[J]. 中国畜牧兽医文摘，32(3)：56-57，46.

苏晓蕊，李伟国，王延辉，等. 2017. 重组杆状病毒细小 VP2 蛋白 40L 生物反应器放大工艺研究[J]. 中国生物工程杂志，37(10)：60-64.

王生富，廖永洪，胡东波，等. 2016. 副猪嗜血杆菌病二价灭活疫苗(4 型 JS 株+5 型 ZJ 株)的研制及临床应用[J]. 养猪，(2)：3-4.

王席，李国攀，陈清清，等. 2019. 猪圆环病毒 2 型病毒样颗粒的纯化及鉴定[J]. 中国畜牧兽医，46(6)：1792-1800.

王延辉，彭伍平，胡东波，等. 2010. 猪瘟病毒高敏感性细胞的克隆及其在微载体培养中的应用[C]//中国畜牧兽医学会动物传染病学分会第四次猪病学术研讨会论文集. 郑州，pp 322-324.

魏金凤，侯蕾蕾，杨康利，等. 2019. 无血清培养基悬浮培养 BHK21 细胞增殖伪狂犬病毒的参数研究[J]. 畜牧与饲料科学，40(9)：6-10.

Apostolico Jde S, Lunardelli V A, Coirada F C, et al. 2016. Adjuvants: classification, modus operandi, and licensing[J]. *J Immunol Res*, 6: 145 93-94.

Benavides J, Mena J A, Cisneros-Ruiz M, et al. 2006. Rotavirus-like particles primary recovery from insect cells in aqueous two-phase systems[J]. *J Chromatogr B Analyt Technol Biomed Life Sci*, 842(1): 48-57.

Bhattacharjee S, 2016. DLS and zeta potential-What they are and what they are not? [J]. *J Control Release*, 235: 337-351.

Cheng H, Chen J, Cai Z, et al. 2019. Development of GEM-PA-nanotrap for purification of foot-and-mouth disease virus[J]. *Vaccine*, 37(24): 3205-3213.

Chi L, Wei J, Hou J, et al. 2020. Optimizing the DO-stat protocol for enhanced production of thermostable pullulanase in *Escherichia coli* by using oxygen control strategies[J]. *J Food Biochem*: e13173.

Dandage R, Bandyopadhyay A, Jayaraj G G, et al. 2015. Classification of chemical chaperones based on their effect on protein folding landscapes[J]. *ACS Chem Biol*, 10(3): 813-820.

Didierlaurent A M, Laupeze B, Di Pasquale A, et al. 2017. Adjuvant system AS01: helping to overcome the challenges of modern vaccines[J]. *Expert Rev Vaccines*, 16(1): 55-63.

Dill V, Hoffmann B, Zimmer A, et al. 2017. Adaption of FMDV Asia-1 to suspension culture: cell resistance is overcome by virus capsid alterations[J]. *Viruses*, 9(8).

Dill V, Hoffmann B, Zimmer A, et al. 2018. Influence of cell type and cell culture media on the propagation of foot-and-mouth disease virus with regard to vaccine quality[J]. *Virol J*, 15(1): 46.

Dill V, Zimmer A, Beer M, et al. 2019. Investigation of cell culture conditions for optimal foot-and-mouth disease virus production[J]. *BMC Biotechnol*, 19(1): 33.

Du P, Sun S, Dong J, et al. 2017. Purification of foot-and-mouth disease virus by heparin as ligand for certain strains[J]. *J Chromatogr B Analyt Technol Biomed Life Sci*, 1049-1050: 16-23.

Gencoglu M F, Pearson E, Heldt C L. 2014. Porcine parvovirus flocculation and removal in the presence of osmolytes[J]. *J Biotechnol*, 186: 83-90.

Ghimire T R. 2015. The mechanisms of action of vaccines containing aluminum adjuvants: an in vitro vs in vivo paradigm[J]. *Springerplus*, 4: 181.

Grein T A, Loewe D, Dieken H, et al. 2019. Aeration and shear stress Are critical Process parameters for the production of oncolytic measles virus[J]. *Front Bioeng Biotechnol*, 7: 78.

Gu C, Chai M, Liu J, et al. 2019. Expansion of transdifferentiated human hepatocytes in a serum-free microcarrier culture system[J]. *Dig Dis Sci*, 65(7): 2009-2023.

Gwinn W, Zhang M, Mon S, et al. 2006. Scalable purification of Bacillus anthracis protective antigen from *Escherichia coli*[J]. *Protein Expr Purif*, 45(1): 30-36.

Hu J, Ni Y, Dryman B A, et al. 2010. Purification of porcine reproductive and respiratory syndrome virus from cell culture using ultrafiltration and heparin affinity chromatography[J]. *J Chromatogra A*, 1217(21): 3489-3493.

Hutchison S, Benson R A, Gibson V B, et al. 2012. Antigen depot is not required for alum adjuvanticity [J]. *The FASEB Journal*, (3): 1272-1279.

Kiesslich S, Vila-Cha Losa J P, Gelinas J F, et al. 2020. Serum-free production of rVSV-ZEBOV in Vero cells: Microcarrier bioreactor versus scale-X hydro fixed-bed[J]. *J Biotechnol*, 310: 32-39.

Kim H, Kim A Y, Kim J S,et al. 2019. Determination of the optimal method for the concentration and purification of 146S particles for foot-and-mouth disease vaccine production[J]. *J Virol Methods*, 269: 26-29.

Kuznetsov Y G, McPherson A. 2011. Atomic force microscopy in imaging of viruses and virus-infected cells[J]. *Microbiol Mol Biol Rev*, 75(2): 268-285.

Lau J, Tran C, Licari P,et al. 2004. Development of a high cell-density fed-batch bioprocess for the heterologous production of 6-deoxyerythronolide B in Escherichia coli[J]. *J Biotechnol*, 110(1): 95-103.

Lee C D, Yan Y P, Liang S M, et al. 2009. Production of FMDV virus-like particles by a SUMO fusion protein approach in Escherichia coli[J]. *J Biomed Sci*, 16: 69.

Lei Y, Shao J, Zhao F, et al. 2019. Artificially designed hepatitis B virus core particles composed of multiple epitopes of type A and O foot-and-mouth disease virus as a bivalent vaccine candidate[J]. *J Med Virol*, 91 (12): 2142-2152.

Li H, Yang Y, Zhang Y, et al. 2015. A hydrophobic interaction chromatography strategy for purification of inactivated foot-and-mouth disease virus[J]. *Protein Expr Purif*, 113: 23-29.

Li X, Bai Y, Zhang H, et al. 2018. Production of a monoclonal antibody against Porcine circovirus type 3 cap protein[J]. *J Virol Methods*, 261: 10-13.

Li X, Meng X, Wang S, et al. 2018. Virus-like particles of recombinant PCV2b carrying FMDV-VP1 epitopes induce both anti-PCV and anti-FMDV antibody responses[J]. *Appl Microbiol Biotechnol*, 102(24): 10541-10550.

Liu B H, Sun M, Yang L, et al. 2016. Purification of porcine reproductive and respiratory syndrome virus using ultrafiltration and liquid chromatography[J]. *J Chromatogr B Analyt Technol Biomed Life Sci*, 1017/1018: 182-186.

Matsui T, Shinzato N, Yokota H, et al. 2006. High cell density cultivation of recombinant *E. coli* with a pressurized culture[J]. *Process Biochemistry*, 41(4): 920-924.

Oem J K, Park J H, Lee K N, et al. 2007. Characterization of recombinant foot-and-mouth disease virus pentamer-like structures expressed by baculovirus and their use as diagnostic antigens in a blocking ELISA[J]. *Vaccine*, 25(20): 4112-4121.

Park B S, Lee N. 2019. A bivalent fusion vaccine composed of recombinant Apx proteins shows strong protection against Actinobacillus pleuroneumoniae serovar 1 and 2 in a mouse model[J]. *Pathog Dis*, 77(2): ftz020.

Park Y, An D-J, Choe S, et al. 2019. Development of recombinant protein-based vaccine against classical swine fever virus in pigs using transgenic *Nicotiana benthamiana*[J]. *Front Plant Sci*, 10(624).

Persson J, Andersen D C, Lester P M. 2005. Evaluation of different primary recovery methods for *E. coli*-derived recombinant human growth hormone and compatibility with further down-stream purification[J]. *Biotechnol Bioeng*, 90(4): 442-451.

Tripathi N K, Shrivastava A, Biswal K C, et al. 2012. Development of a pilot-scale production process and characterization of a recombinant Japanese encephalitis virus envelope domain III protein expressed in *Escherichia coli*[J]. *Appl Microbiol Biotechnol*, 95(5): 1179-1189.

van Wezel A L. 1967. Growth of cell-strains and primary cells on micro-carriers in homogeneous culture[J]. *Nature*, 216(5110): 64-65.

Vijayaragavan K S, Zahid A, Young J W, et al. 2014. Separation of porcine parvovirus from bovine serum albumin using PEG-salt aqueous two-phase system[J]. *J Chromatogr B Analyt Technol Biomed Life Sci*, 967: 118-126.

Wang J, Liu Y, Chen Y, et al. 2020. Large-scale manufacture of VP2 VLP vaccine against porcine parvovirus in *Escherichia coli* with high-density fermentation[J]. *Appl Microbiol Biotechnol*, 104(9): 3847-3857.

Wetzel D, Barbian A, Jenzelewski V, et al. 2019. Bioprocess optimization for purification of chimeric VLP displaying BVDV E2 antigens produced in yeast Hansenula polymorpha[J]. *J Biotechnol*, 306: 203-212.

Xi X F, Mo X B, Xiao Y, et al. 2016. Production of *Escherichia coli*-based virus-like particle vaccine against porcine circovirus type 2 challenge in piglets: Structure characterization and protective efficacy validation[J]. *J Biotechnol*, 223: 8-12.

Xiao Y, Chen H Y, Wang Y, et al. 2016. Large-scale production of foot-and-mouth disease virus(serotype Asia1) VLP vaccine in *Escherichia coli* and protection potency evaluation in cattle[J]. *BMC Biotechnol*, 16(1): 56.

Xu W, Zhao Q, Xing L, et al. 2016. Recombinant production of influenza hemagglutinin and HIV-1 GP120 antigenic peptides using a cleavable self-aggregating tag[J]. *Sci Rep*, 6: 35430.

Yin S, Sun S, Yang S, et al. 2010. Self-assembly of virus-like particles of porcine circovirus type 2 capsid protein expressed from *Escherichia coli*[J]. *Virol J*, 7: e166.

Zillig W, Zechel K, Halbwachs H J. 1970. A new method of large scale preparation of highly purified DNA-dependent RNA-polymerase from *E. coli*[J]. *Hoppe Seylers Z Physiol Chem*, 351(2): 221-224.

第 5 章 常见猪病诊断技术

动物疫病诊断是动物疫病防控的第一环节，检测诊断是动物疫病监测、流行病学调查、疫病确诊的技术保障。近年来，我国猪病日趋复杂，表现在新病原不断出现，老病原不断变异，温和型非典型病例不断增多，混合、继发感染不断发生。因此，不同毒株之间的疫苗毒与野毒的检疫鉴别诊断显得尤为重要。为此，学习和掌握相应的检测诊断技术不仅是专业检测机构人员和兽医的必备的技能，也需养殖从业者对其有所了解。本章分别从样品的采集、保存与运输，病原分离与鉴定，分子生物学检测，血清学检测和病理学诊断五方面内容进行介绍，以期为猪病的临床诊断和疫病防控提供技术与方法。

5.1 样品采集、保存与运输

样品是检测工作的源头，所有检测均以样品为对象。样品采集是流行病学调查、免疫监测、疾病诊断不可或缺的工作。样品的质量高低会直接影响检测结果的正误，决定检测工作的成败，而样品的质量高低则直接与样品的采集、保存和运输过程中的操作是否恰当有关。因此，样品的正确采集、合理保存和运输是保证实验室检测结果准确的前提。

5.1.1 样品采集前准备

5.1.1.1 样品采集的一般原则

样品的采集应在遵守国家法律法规的前提下，遵循以下原则：

①当发现猪只急性死亡时，如怀疑其为炭疽等人兽共患病或类似非洲猪瘟的烈性传染病，则不可随意解剖。

②在剖检过程中，解剖采样人员应做好自身防护，严防被人兽共患病感染；同时应防止病原污染环境，控制疫病传播，做好环境消毒和尸体的无害化处理。

③采样前，最好与兽医或饲养人员沟通，根据检测目的确定采集的样品类型。如样品用于临床健康和免疫状态评估、流行病学调查或环境卫生检测，则样品数量应尽量满足统计学分析要求；如样品用于临床疫情诊断，最好根据典型或特征性临床症状和剖检病变情况，采集相对应的靶组织；当无法估计病因时，则可对其进行全面采样，以备检测之需。为了保证检测结果的准确性，应尽量采集发病初期未经药物治疗的濒死猪样品。

④活猪最好采用腋下大动脉快速放血法处死，以避免人为损伤造成的病变。如患病猪已死亡，应在 3 h 以内完成采样，因为在夏季温湿度较高时，无法对腐败的样品进行有效的检测与诊断。

⑤采样人员应详细记录样品的来源、名称、大体病变情况，所有样品容器均应做好标记，以防混淆。如果可能，最好对剖检过程进行影像或图像记录。

5.1.1.2 采样器械和用具准备

在采样过程中，需准备以下用品：

①防护用具：一次性手套、口罩、帽子和防护服等。

②解剖和采样用具：在采集组织样品时，需准备解剖刀、剪、锯、骨剪、止血钳和镊子等；在采集其他样品时，应准备不同规格的注射器、真空采血管、无菌棉拭子、无菌吸管和载玻片等。

③样品收集用具：离心管、自封袋和病理组织固定袋等。

④其他用具：离心管架、冷藏箱（可用泡沫箱代替）、冰袋、记号笔、铅笔、胶带、处理尸体用的包装袋、消毒液等。

5.1.2 样品的采集与保存

5.1.2.1 血样的采集与保存

对猪多通过注射器或真空管从前腔静脉（静脉窦）和耳缘静脉采血。当从前腔静脉采血时，根据猪体大小，可用提鼻法、手握前肢倒提法或者仰卧法进行保定，然后在颈静脉沟末端的凹陷处刺入采血。当从耳缘静脉采血时，可用橡皮筋环扎或用手按压猪耳根部，使其静脉怒张后将针头刺入静脉采血。

1. 血清采集与保存

采血器械可选用无菌注射器、真空采血管。无论用什么器械采血均不要采到最大刻度，如用 10 mL 注射器采血，最多采 6～7 mL。在完成采血后，将注射器拉至最大刻度，在针管上做好标记后，针头朝上，呈一定角度斜放（避免由震荡与冷冻造成的溶血），静置于常温下。待血液凝固析出血清后，取上清液，冷藏或冷冻保存。若将血样留存于注射器内，可将针尖折回，盖好帽，拧紧，再打捆装箱，放置于低温中冷藏，尽快送检。

2. 全血抗凝血或血浆的采集与保存

若需抗凝血，视检测目的及检项要求来选择抗凝剂，如肝素、乙二胺四乙酸、阿氏液、柠檬酸钠等任意一种。在采血完成后，轻轻颠倒几次使血液和抗凝剂充分混匀，冷藏保存。抗凝血静置，待血细胞下沉后，取上层液体，即为血浆，然后冷藏或冷冻保存。

5.1.2.2 眼、鼻、口腔、咽、肛拭子的采集与保存

用无菌拭子采集眼、鼻、口腔、咽及直肠的分泌物，采集后，立即将拭子放入离心管或浸入样品保存液中（保存液没过拭子即可），冷藏或冷冻保存。

5.1.2.3 液体样品和胃肠内容物的采集与保存

1. 口腔液的采集与保存

用灭菌棉绳、棉袋或纱布放在猪栏边以供猪群咀嚼，在 15～30 min 后，取下棉绳，将湿润棉绳放在大号塑料袋中，用力挤压收集液体，待收集到一定数量后，剪开塑料袋一边的下角，将口腔液转至离心管中，低温冷冻保存。

在对环境采样时，用生理盐水将灭菌纱布润湿后，擦拭需采样部位的表面，将纱布中的液体挤压至塑料袋中，收集取样。

2. 水疱液和水疱皮的采集与保存

尽量选取未破溃的水疱，用一次性注射器抽取水疱液，同时剪取水疱皮；破溃的水疱则对其直接剪取、收集病变皮肤的碎屑、水疱皮及基部组织。然后，将采集后的液体置于离心管内，

将水疱皮等置于灭菌的50%甘油盐水保存液中(液体没过组织即可),冷藏或冷冻保存。

3. 胸腹腔积液的采集与保存

用一次性注射器抽取积液后,将其置于离心管中,冷藏或冷冻保存。

4. 乳汁样品的采集与保存

在采集乳汁样品时,需先用消毒液清洗操作者的手和被操作的乳房,弃去最初挤出的3～4滴乳汁,将后续采集的乳汁置于灭菌试管或离心管中,冷藏保存。用于血清学检测的乳汁不应冷冻、加热或强烈震荡。

5. 精液、尿液及其他液状样品的采集与保存

用人工方法采集的精液样品应包括"富精"部分。尿液宜在早晨采集。在动物排尿时,用洁净的容器将其直接接取,也可把塑料袋固定在母猪外阴部或公猪的阴茎下接取尿液,甚至可直接用导尿管采取尿液。

在采集胆汁、脓液、黏液或关节液等样品时,用灭菌吸管、毛细吸管或注射器插入液体蓄积部位,吸取液体,然后将其置于灭菌试管中,冷藏或冷冻保存。

6. 胃肠内容物的采集与保存

直接留取胃内容物,将其置于离心管中即可;肠道只需采集病变部位的内容物,即在采样时,结扎病变部位明显的肠道一端,剪开另一端将肠内容物轻轻挤压至离心管中,或在两端均结扎后,剪下整个肠段,冷藏或冷冻保存。

7. 粪便样品的采集与保存

体外采集的粪便应力求新鲜。最好用拭子从肛门直接采集粪便,然后,将拭子直接置于容器或有灭菌的50%甘油盐水保存液的容器中,冷藏或冷冻保存。若样品用于虫卵检查,则需在采样完成后尽快通过漂浮法或水洗沉淀法稀释粪便,虫卵能浮于液体表面。

5.1.2.4 涂片、滴片、触片、压片、刮片、粘片的采集、制备与保存

涂片、滴片、触片、压片、刮片、粘片是指将采集的血液、渗出液、脏器组织、胃肠内容物和黏膜、皮肤表面物质通过不同的制片方法被固定在载玻片上,直接或经过染色后在显微镜下观察样品中的病原或细胞形态的检测方法。

1. 涂片的制备和保存

(1)血涂片　一手持一个载玻片的两端,另一手持推片或另一个载玻片,用推片蘸取一点血液,从一个载玻片的一端向另一端轻推(两玻片的角度约呈35°)成均匀的薄片,尾部最好呈火焰状,推好后,样品面向下,自然干燥,在毛玻璃部位用铅笔做好标记。

(2)分泌物和积液样品的涂片　将样品直接滴在干净的载玻片中央,再用另一个玻片推抹或滴加盐水后,涂抹,待涂片自然干燥后,用火焰将其固定,在毛玻璃部位用铅笔做好标记。将涂片置于常温保存,防止由冷冻受潮而导致的脱片,染色后将其置于显微镜下观察。

2. 滴片的制备

将肠内容物或胸腹水滴在载玻片上或滴后加生理盐水稀释,用盖玻片覆盖后,直接在显微镜下观察。由于这种样品无法保存,其应在制片完成后第一时间观察。

3. 触片的制备和保存

将新鲜脏器组织用消毒后的剪或刀切开,露出较平整的切面,切面向上,用无菌载玻片轻轻向下触压切面,用铅笔做好标记,加盖玻片后,直接在显微镜下观察;或待其自然干燥后,用火焰固定,将其置于常温保存,染色后将其置于显微镜下观察。

4. 压片的制备和保存

将新鲜黏膜上皮组织，用无菌剪刀取下一块置于载玻片上，用盖玻片压平，做好标记，直接在显微镜下观察。由于这种样品无法保存，其应在制片完成后第一时间观察，或者用火焰固定，染色后将其置于显微镜下观察。

5. 刮片的制备和保存

在进行表皮真菌检查时，用手术刀刮取疑似皮癣病变组织处的碎屑，置于载玻片上，加盖盖玻片后，常温保存，直接在显微镜下观察。用于检测寄生虫的刮片应尽快观察，以免虫体爬出。

6. 粘片的制备

可用与载玻片同宽的胶带逆毛黏取内耳、耳根、颈背部及尾根、肛周毛根部的皮屑，将黏取后的胶带贴附于载玻片，直接在显微镜下进行表皮寄生虫和真菌检查。用于检查寄生虫的粘片应尽快观察，以免虫体爬出。

5.1.2.5 脏器组织的采集和保存

脏器组织的病原微生物的检出率取决于组织是否新鲜，有无污染，病理组织学观察的结果取决于组织结构和细胞形态是否完好。因此，第一时间取材并将其保存于适宜条件下是保证后续实验室检测结果准确性的必要条件。采样顺序通常为从表层到深层，从实质脏器到腔肠脏器组织，从相对洁净的胸腔到腹腔。取材要迅速，在脏器组织离体后的第一时间照相、记录、切取、分装或固定。

1. 病原微生物检测样品的采集、保存和注意事项

用于病毒分离的样品最好取正常组织与病变组织交界处的组织，大小不限，以能够保证完成检测和分离培养并留出备份样品量为准；用于细菌分离的样品最好不做切面，以保持脏器组织的完整性。如果细菌分离的样品必须做切面，要尽量取得大一些，每份脏器组织单独放在一个容器内，做好标记，以防交叉污染。胎儿采样与其一致。如无法采集，可选取新鲜、完整、无腐败的死胎直接送实验室。取样后，立即置于放有冰袋的冷藏箱内保存；如 24 h 内无法送至实验室，则可冷冻后送检。需注意的是，严禁反复冻融。

2. 病理组织学观察样品的采集、固定和注意事项

良好的细胞、组织学结构和形态决定了病理组织学诊断的正确与否。为避免由组织自溶造成的误诊，最好活体取样，并在第一时间对取材组织进行固定。取材部位应为主要病变区，且与正常组织交界。如果肉眼可见多种病变，就要多点取材；如果肺、肝等整叶均见病变，就取其他正常部位作为对照。切取的组织块厚度不要超过 1.5 cm，包膜完整的组织无论大小均应做切面，以保证固定效果，水疱皮及基部组织也可进行取材、固定。取好的组织要立即浸入浓度为 4%的甲醛（10%福尔马林）或其他组织固定液中，固定液的体积应为组织块的 10 倍以上。同一只猪的不同组织可放在同一容器中，不同猪的样品应分别放在不同容器中。固定用的容器最好选用病理组织固定袋（或自封袋），袋上应注明采样日期和所有组织的名称。固定样品应常温保存，切勿冷冻，以防形成的冰晶影响观察组织形态。

3. 分子生物学检测样品的采集、保存和注意事项

核酸检测结果的准确性取决于组织是否新鲜、有无腐败及组织是否被污染，因此，机体在死亡后应第一时间取材并将其保存于适宜条件是保证检测结果准确的前提条件。同一只猪的不同组织样品要分别放置，做好标记，在取样后，立即置于放有冰袋的冷藏箱内保存。如 24 h 内无法送至实验室，就可将其冷冻后送检。需注意的是，严禁反复冻融。

常见猪病靶脏器组织及采样顺序见表 5-1-1。

表 5-1-1　常见猪病靶脏器组织及采样顺序

病名或疾病类型	靶脏器组织及采样顺序				
猪瘟	扁桃体	脾	肾	淋巴结	血液
猪繁殖与呼吸综合征	肺	血液	扁桃体	死胎	淋巴结
猪伪狂犬病	脑	扁桃体	肺	淋巴结	血液
猪圆环病毒病	淋巴结	扁桃体	肺	血液	
猪乙型脑炎	死胎脑	脑			
猪细小病毒病	死胎	肾	胎盘		
口蹄疫	水疱皮	水疱液	食道、咽部分泌物(OP 液)	淋巴结	
腹泻	小肠内容物	小肠组织	粪便		
胸部细菌感染	肺	脾	胸腔积液	心血	淋巴结
腹部细菌感染	肝	脾	腹水	肾	淋巴结
脑部细菌感染	蛛网膜下腔	脑皮层内	脑组织		
附红体病	耳血				
弓形虫病	心血	肺	腹水	脑	流产胎儿
结肠小袋纤毛虫	结肠内容物	结肠黏膜			
肠道寄生虫	粪便	病变部位组织			

5.1.3　样品的包装与运输

5.1.3.1　样品的包装

在样品打包装箱时，存放于离心管的样品要密封，防止泄漏；注射器和采血管要用胶带打捆固定；组织样品要用自封袋封严装好，以防漏出，互相污染。常温固定的病理组织样品在固定液中固定 24～48 h 至组织完全变色后，可将固定液倒掉，留少许以保证运输过程中组织块的湿润。存放固定组织的容器应密封包装，以防固定液泄漏。如常温样品需与冷藏样品一起运输，就应用泡沫板或纸板等隔温材料将其与冰袋隔离，以防形成冰晶。制备的涂片、触片和压片等样品经火焰固定后，用纸等缓冲材料分隔包装；如其需寄送，在装箱时要垫上足够的缓冲材料，以防其破损。

5.1.3.2　样品的运输

应以最快、最直接的方法将样品送往实验室。若不能在 24 h 内送达实验室，新鲜组织和血清、血浆等样品可先在冰箱里冷冻保存。如准备邮寄，应在寄送前加足够多的冰袋，以保证其全程处于冷链状态。病理组织样品需常温运输。

所送样品需附采样和剖检记录，应最好另附送样品猪的临床发病情况或猪群免疫程序等内容。提供的信息越详细，对检测结果的判读越有利。

（撰稿人：王璐璐　邓均华）

5.2 病原分离与鉴定

病原分离与鉴定是确定致病病原最经典、准确的技术方法。这种方法可为猪传染性疾病诊断提供直接的病原学证据，在传染病的诊断方面发挥着极其重要的作用。本节将分别叙述病毒、细菌的分离与鉴定和寄生虫病的论断方法。

5.2.1 病毒的分离与鉴定

病毒的分离与鉴定是猪病毒性传染病诊断的“金标准”。这项“金标准”不仅对病毒性传染病的诊断十分重要，也可为分离病毒的后续研究提供重要的生物材料。

5.2.1.1 病毒的分离培养

病毒缺乏完整的酶系统，又无核糖体等细胞器，是严格的细胞内寄生物。其必须在活的易感细胞内才能生长增殖，不能在无生命的人工培养基中进行培养。在一般情况下，分离病毒主要用原代细胞和传代细胞。只有在找不到适合病毒生长的原代细胞或者传代细胞的情况，才用动物接种或鸡胚培养的方法。

猪的主要致病性病毒都可用细胞进行分离培养。除了猪流感病毒分离用鸡胚、非洲猪瘟病毒和大部分的猪繁殖与呼吸综合征病毒毒株需用原代细胞分离培养外，其他猪源致病性病毒均有易感的传代细胞。其为猪病毒性传染病的诊断及防控技术研究提供了重要的物质保障。病毒分离有样品处理、易感细胞的准备、传代细胞的培养、病料的接种与观察 4 个主要步骤，具体如下。

1. 样品处理

用于病毒分离培养的样品要根据感染病毒的类型、对组织的嗜性和组织定位的不同来确定所需样品的种类和采集时间。不同样品处理方法如下。

(1)拭子类样品　在样品保存液中加入蛋白稳定剂(如 0.5%牛血清白蛋白)和 200～500 U 的青霉素、链霉素。充分涮洗、挤压后，弃去棉拭子，或反复冻融 3～5 次，5 000 r/min 离心 5～10 min，取上清液，0.22 μm 滤膜过滤除菌后用于接种。

(2)脏器组织类样品　将样品充分剪碎，加入无菌的磷酸盐缓冲液，或将无血清细胞培养基研磨成组织悬液(10%～20%)，反复冻融 3～5 次，使细胞内的病毒充分释放。5 000 r/min 离心 5～10 min，取上清液，0.22 μm 滤膜过滤除菌后，用于接种。

(3)液体样品(含血液样品)　这类样品可不进行处理，直接 5 000 r/min 离心 5～10 min，取上清液，0.22 μm 滤膜过滤除菌后，用于接种。

(4)胃肠内容物　这类样品含大量细菌，通常加入高剂量(1 000～2 000 U 或 μg/mL)的青霉素、链霉素，置于温度为 2～8 ℃的环境中作用 4 h 或过夜，5 000 r/min 离心 5～10 min，取上清液，0.22 μm 滤膜过滤除菌后，用于接种。

2. 易感细胞的准备

自 20 世纪 50 年代以来，易感细胞被广泛用于病毒的分离培养。猪的主要致病性病毒都可用细胞进行分离或增殖。

原代细胞培养的具体操作如下。

以猪原代肺泡巨噬(Porcine alveolar macrophages，PAM)细胞的培养过程为例说明。原代 PAM 细胞来源于猪肺泡灌洗液，可用于猪繁殖与呼吸综合征病毒及非洲猪瘟病毒的分离培养。

①培养材料的获得与预处理。原代细胞培养所需的组织直接取自动物机体，采样时应尽量无菌操作。幼龄猪的细胞活力优于成年猪的细胞活力，易于培养，因此，选择从 3～6 周龄仔猪肺中采集的 PAM 细胞。病死猪于腋下大动脉处放血，经表皮消毒后打开胸腔，结扎气管后，取出完整肺脏，然后用无菌 PBS(或 RPMI-1640 培养基)冲洗肺脏表面 3～4 次，清除残留的血块。整个过程应避免给肺脏表面造成损伤。

②制备细胞悬液。剪开气管结扎线，通过气管向肺脏中注入 200 mL 左右(尽量灌满)无菌 PBS(或 RPMI-1640 培养基)，轻轻拍揉肺脏 2～3 min 后，吸出灌洗液，重复灌洗 3～5 次，直至灌洗液较为清亮。将收集的灌洗液经 1 500～2 000 r/min 离心 10 min 后弃去上清液，加入 30 mL 无菌 PBS(或 RPMI-1640 培养基)悬起沉淀，1 500～2 000 r/min 离心 10 min 弃上清液，反复洗涤 2～4 次，最后一次用适量生长液(PAM 细胞的生长液为含 20%～30%胎牛血清的 RPMI-1640 培养基)重悬细胞，取样，进行细胞计数。

③细胞计数。单位体积内细胞的接种量对细胞的生长和增殖有很大的影响，即适宜的接种量可以促进细胞的增殖和贴壁；接种量太大或太小都不利于细胞的增殖。根据不同的细胞类型确定细胞的接种量，一般 PAM 细胞的接种量为 100 万～150 万个细胞/mL。

通常采用标有 1/400 mm^2 和 0.1 mm 字样的血球计数板进行细胞计数，计数方法与白细胞计数相同。细胞数/mL=(4 个大方格细胞总数/4)×10 000×稀释倍数。

④细胞悬液的分装与培养。按细胞计数结果，将细胞悬液用营养液调整至所需含量。如 PAM 细胞调整成 100 万～150 万个细胞/mL 细胞悬液，将细胞悬液分装于细胞培养瓶，分装量为瓶容量的 1/10，盖上盖后做好标记(培养日期和细胞名称等)，轻轻摇动细胞培养瓶，使细胞分布均匀，然后置于二氧化碳培养箱，静置培养或转瓶机(6～12 r/h 的转速)旋转培养。

⑤单层细胞生长情况观察。培养的细胞在数小时内贴壁后开始生长，24～36 h 可以长成单层。随着细胞的增多，大量的酸性物质产生，培养液的颜色逐渐变黄，此时可用倒置显微镜或立体显微镜观察细胞生长情况：若尚未完全形成单层、细胞仍处于生长繁殖的旺盛阶段，可将已变黄的培养液弃去，更换新的培养液；若营养液颜色不变色或更红，就说明细胞生长不良，此时，应结合镜检，寻找原因；若营养液变浑浊，表明已被细菌污染，培养失败，应弃之。细胞长成单层后可接种病毒或处理好的样品。

3. 传代细胞的培养

适合在体外培养条件下持续传代培养的细胞被称为传代细胞；可以在体外无限期繁殖传代的细胞克隆被称为传代细胞系。传代细胞的培养就是以少量的细胞为基础来扩大培养。传代细胞培养可分为两类，即细胞单层培养和细胞悬浮培养。猪致病病毒培养通常采用单层细胞培养。虽然传代细胞获得方便，可持续供应，但其种类繁多，营养需求各不相同。在培养不同类型的传代细胞时，应对其特点有所了解。

培养传代细胞常用的培养液(包括生长液和维持液)由在人工合成营养液(如 DMEM、RPMI-1640 等)中加适量胎牛血清配制而成。其生长液中的血清含量一般为 5%～20%，以促进和保证细胞贴壁、生长、增殖；维持液的血清含量一般为 1%～5%。在细胞长成单层或接毒后，其可用于维持细胞的存活。

4. 病料的接种与观察

经研磨、除菌等处理好的样品根据拟分离病毒的特性，按一定比例、不同接种方式接种于准备好的单层细胞。

(1)接种方法　选择生长良好的易感细胞。大多数病毒待细胞长成单层后，弃掉培养瓶中的营养液，用无血清培养基洗 1～2 次，加入处理好的样品，均匀铺满表面后，置于二氧化碳培养箱中吸附 30～60 min，在吸附过程中，可轻摇混匀 1～2 次；在吸附结束后，取出细胞培养瓶，弃去接种物，按瓶容量的 1/10 加入维持液，置于 33～37 ℃二氧化碳培养箱中培养。

(2)注意事项

①应设不接种细胞对照。

②为保证样品中病毒的活力，在操作过程中，需将待接种物置于冰水中。

③细胞毒性较大的接种物。在吸附完毕后一定要弃去接种物，并用无血清培养基轻轻冲洗一次，然后再加入维持液。

(3)接种后的观察　接种后，每天于显微镜下观察 1～2 次，连续观察 5～7 d，根据有无细胞病变(Cytopathic effect，CPE)判断是否有病毒增殖，如接种后有 CPE 且检测目标病毒为阳性，则分离成功；如接种后无 CPE，对照细胞已活力减退，就需收取样品。样品经检测无该细胞易感病毒，则判为阴性。将其继续盲传，盲传 5 代以上均为阴性，即判定未分离到病毒。猪瘟病毒、猪圆环病毒 2 型不产生 CPE，每次收取后，检测盲传，如果盲传 3 代检测的阳性逐步增强，即可判定为分离成功；如检测的阳性逐渐减弱，则盲传 5 代终止。

(4)病毒收获　将收取的培养瓶冻融 1～3 次，使细胞破碎、病毒充分释放，即可收获病毒含量较高的病毒液。

5.2.1.2　分离病毒的鉴定

根据分离病毒的生物学特征及理化特性、血清学和分子生物学检测结果对病毒进行鉴定。

1. 生物学特征及理化特性分析

(1)生物学特征　主要有病毒接种细胞的细胞病变、病毒效价测定，分析是否有红细胞凝集、吸附现象和病毒干扰现象。

①细胞病变。病毒利用细胞成分在细胞内的增殖会影响细胞自身的代谢过程，并通过一定的形态改变表现出来，即细胞病变。当不同病毒接种同一种或不同种细胞后，在显微镜下观察可见细胞圆缩、肿大、团聚成堆、细胞融合成合胞体(多核巨细胞)等病变。猪瘟病毒和圆环病毒在细胞内增殖时通常无明显细胞病变。细胞病变经常具有的病毒“种属”的特性可以作为病毒鉴定的依据之一。根据病毒感染细胞的种类、病变类型和特点，病毒的种属就可以得到初步判断。猪常见病毒的易感细胞及主要细胞病变见表 5-2-1。

表 5-2-1　猪常见病毒的易感细胞及主要细胞病变

病毒名称	分　类	易感细胞	细胞病变(CPE)
猪口蹄疫病毒	微 RNA 病毒科，口蹄疫病毒属	仓鼠肾细胞、犊牛甲状腺细胞	细胞圆缩、脱落
非洲猪瘟病毒	非洲猪瘟病毒科，非洲猪瘟病毒属	猪骨髓细胞、原代猪肺泡巨噬细胞、猪白细胞	细胞圆缩、肿大、空泡样变，逐渐形成葡萄堆状，最后崩解

续表 5-2-1

病毒名称	分类	易感细胞	细胞病变(CPE)
猪瘟病毒	黄病毒科，瘟病毒属	猪肾细胞、猪睾丸细胞	无
猪流行性乙型脑炎病毒	黄病毒科，黄病毒属	仓鼠肾细胞，非洲绿猴肾细胞	细胞肿大、脱落，拉网成空斑
猪伪狂犬病病毒	疱疹病毒科，水痘病毒属	猪肾细胞	细胞变圆、肿大，胞质融合成大空泡后形成多核巨细胞
猪繁殖与呼吸综合征病毒	动脉炎病毒科，动脉炎病毒属	猪肺泡巨噬细胞、猴胚胎肾上皮细胞	细胞圆缩、聚集、固缩、崩解、脱落
猪流感病毒	正黏病毒科，A 型流感病毒属	鸡胚、犬肾细胞	MDCK 细胞肿大变圆，细胞间隙增大，细胞核固缩或崩解
猪流行性腹泻病毒	冠状病毒科，冠状病毒属	非洲绿猴肾细胞	细胞空泡化，由合胞体细胞形成多个细胞核，并可见空斑样小区，细胞逐渐脱落
猪传染性胃肠炎病毒	冠状病毒科，冠状病毒属	猪睾丸细胞、猪肾细胞	细胞颗粒增多，圆缩，呈小堆状均匀分布，细胞破损、脱落
猪德尔塔冠状病毒	冠状病毒科，德尔塔冠状病毒属	非洲绿猴肾细胞	细胞肿大、变圆，部分细胞出现细胞融合、细胞皱缩脱落现象
猪轮状病毒	呼肠孤病毒科，轮状病毒属	罗猴肾细胞、猪肾细胞	细胞先肿大、变圆，边界不清，后聚集、萎缩，直到崩解、脱落
猪圆环病毒	圆环病毒科，圆环病毒属	猪肾细胞	无
猪细小病毒	细小病毒科，细小病毒属	猪睾丸细胞	细胞拉网、继而变圆脱落。

②病毒效价测定。病毒感染力(毒力)的强弱主要通过半数组织细胞感染量(Tissue culture infection dose，$TCID_{50}$)来表示，是指能使半数组织细胞出现感染的最高的病毒稀释度。其原理是将病毒悬液做 10 倍连续稀释，感染细胞，观察细胞病变情况(猪瘟病毒等无 CPE 的病毒，通过荧光抗体染色后，观察病毒增殖)，经统计学方法计算出能使半数组织细胞感染的最高的病毒稀释度。

③红细胞凝集现象。有些病毒具有凝集动物红细胞的特性。如猪细小病毒的完整病毒粒子和空衣壳病毒样颗粒均具有良好的凝集红细胞的能力，能凝集豚鼠、恒河猴、鸡、鹅和人 O 型红细胞，尤其对豚鼠和人 O 型红细胞具有较强的凝集能力。

④红细胞吸附现象。有些病毒在细胞培养物内增殖后感染细胞表面的病毒蛋白可吸附某些种类动物的红细胞。只有感染病毒的细胞才可吸附红细胞，未感染的细胞不吸附红细胞。大多数具有红细胞凝集特性的病毒都能引起红细胞吸附现象。如猪的红细胞可吸附于感染非洲猪瘟病毒的单核细胞和巨噬细胞的表面，并形成玫瑰花环状或桑葚状。该现象可被特异性抗血清阻断，且抗体抑制作用的特异性导致其只针对相同毒株，因此红细胞吸附抑制试验

(HADI)可用来测定抗体效价或鉴别非洲猪瘟病毒不同毒株的抗原性差异。

⑤病毒干扰现象。其是指当两种不同种类的病毒同时接种于一个细胞培养瓶时,其中一种病毒的增殖对另一种病毒的增殖呈现明显抑制作用的现象。例如,猪传染性胃肠炎病毒能够干扰牛病毒性腹泻病病毒的增殖。因此,利用一个已知病毒,并根据其在细胞培养物中被干扰的情况来间接判定另一种病毒的存在。如果有目标病毒的单抗,就可直接用免疫荧光、免疫酶染色进行鉴定。

(2)理化特性分析　病毒的理化特性是鉴定病毒的重要依据。除在电子显微镜下观察病毒粒子的大小和形态结构外,其还可通过病毒核酸型鉴定、脂溶剂敏感性试验、耐酸性试验和胰蛋白酶敏感性试验进行鉴定。

①病毒形态观察。在电子显微镜观察测定病毒粒子的大小、形态结构及在细胞内的增殖动态就可大致判定其科属。

②病毒核酸型鉴定。病毒核酸主要分为 DNA 和 RNA。通常用在组织细胞培养中加入脱氧核糖核酸抑制剂 5-碘脱氧核苷(IUDR)或 5-氟脱氧尿核苷(BUDR)处理的方法加以鉴定。如与对照组相比,病毒的增殖受到明显的抑制,抑制滴度大于 2 个对数以上,则其为 DNA 病毒;反之,其为 RNA 病毒。

③脂溶剂敏感性试验。脂质是具有囊膜的病毒的重要的结构成分。脂质可被乙醚、氯仿、丙酮等脂溶剂破坏,病毒被灭活,如猪瘟病毒、猪伪狂犬病病毒、猪流行性腹泻病毒和猪传染性胃肠炎病毒等。乙醚破坏囊膜的作用最大,其次是氯仿,再次是丙酮。通常用乙醚和氯仿进行脂溶剂敏感性试验。与对照病毒液相比,如果用乙醚处理的病毒液滴度下降 2 个对数值以上,则可判定其对乙醚或氯仿敏感,即有囊膜病毒。

④耐酸性试验。大多数病毒在 pH6.0～8.0 的范围内保持稳定,在 pH5.0 以下的酸性环境中迅速灭活,如口蹄疫病毒。有些病毒耐酸,如与口蹄疫病毒同科的肠道病毒。因此,病毒对酸的敏感性也被作为病毒鉴定的一个重要指标。

⑤胰蛋白酶敏感性试验。有的病毒对胰蛋白酶具有较强的抵抗力,有的病毒却易被胰蛋白酶灭活,因此,胰蛋白酶敏感性试验也常被用于某些病毒的鉴定。如猪细小病毒对胰蛋白酶具有较强的抵抗力,短时间(1 h)的处理对病毒悬液的感染性不仅没有影响,而且能提高其感染效果;但猪伪狂犬病病毒对胰蛋白酶敏感,其可被胰蛋白酶灭活。

2. 血清学方法

血清学方法是实验室诊断病毒感染和鉴定病毒的重要手段。常用已知的抗病毒阳性血清或单克隆抗体进行中和试验、血凝抑制试验和间接免疫荧光试验等血清学方法对病毒进行特异性的检测和鉴定。

3. 分子生物学方法

随着现代生物技术的快速发展,建立在分子生物学基础上的病毒快速检测技术也得到迅速发展。除了对特定病毒目的基因的常规聚合酶链式反应(PCR)扩增检测外,实时荧光定量 PCR、荧光热对流 PCR、环介导恒温扩增等方法均得以广泛应用。目前常通过基因序列的测定和进化树分析对病毒进行鉴定、对基因给予分型及对病毒的流行特征和遗传特征进行分析,以了解病毒的进化特点。

基因测序是从获得的基因序列原始密码上对病毒进行鉴定和分析。如分离获得中国非洲猪瘟病毒(Pig/HLJ/2018 株)流行毒株后,可以通过全基因序列的测定来确定中国流行毒株的基因型。

根据各种病毒相关基因或全基因组的序列，可以建立分子进化的系统发育树，估测物种间的亲缘关系，直接阐明物种的进化历程。进化树能够较为直观地反映序列之间、物种之间在进化过程中的亲疏、远近关系，用树状拓扑结构来描述这样的亲缘关系，对研究病毒的生命起源及演化变异等具有重要意义。

5.2.2 细菌的分离与鉴定

细菌分离主要是指动物临床病料样本（组织病料、流产胎儿、鼻咽拭子等）或培养物中存在多种细菌时进行目的菌的分离。通过分离，使细菌在平板上分散生长，便于观察单个菌落特征，也易于挑取单个菌落。单菌落分离纯化后，进行革兰氏染色镜检、细菌的生长特性观察、生化鉴定及药敏试验，可以为猪的细菌病诊断提供科学依据，为临床疾病的治疗提供合理的敏感抗生素，达到科学诊断和有效治疗的目的。

5.2.2.1 细菌的分离培养

细菌分离培养的目的是获得致病病原菌，是猪细菌性疾病诊断的最重要的环节。在保证实验室生物安全的前提下，选择适宜的培养基和培养条件，规范操作，可为准确快速分离病原菌提供物质和技术保障。

1. 细菌分离的基本条件

（1）无菌室和生物安全柜　可为细菌分离培养的操作提供洁净的环境，保障样品免受环境污染及人的生物安全。在生物安全柜中操作时禁止使用酒精灯等明火，以免柜中气流受干扰而影响安全柜对操作者及操作的正常保护性能，同时明火可使高效滤层老化，缩短其使用寿命。通常在操作过程中使用红外灭菌灯替代酒精灯。

（2）接种用具　针对不同性状的样品和培养基的状态，可选择使用接种环和接种针取样并接种。接种环（针）由三部分即环（针）、金属柄、绝缘柄组成，接种前需要将环（针）和金属柄，尤其是其连接部位靠近灭菌灯进行灭菌，因该部位更容易藏污纳垢且不易灭菌。接种环用来挑取标本、菌液及平板划线等。接种环的直径一般为 2～4 mm，长 5～8 cm；商品化的一次性接种环规格有 1 μL、5 μL 和 10 μL。接种针则用来挑取单个菌落，穿刺固体、半固体高层琼脂等。接种完成后需要再次通过灭菌灯灭菌，倒置于试管架上。通常情况下，使用一次性接种环或接种针时，注意从包装袋内取出后一定要无菌操作，接种完成后应立即放入装有消毒液的容器内，防止产生气溶胶。

（3）培养箱　根据待分离细菌的生长特性，可选择普通培养箱、二氧化碳培养箱或厌氧培养箱进行细菌的培养。

①普通培养箱。可调节培养温度，一般常用温度为 35～37 ℃，用于培养普通需氧或兼性厌氧菌。

②二氧化碳培养箱。可自动调节二氧化碳浓度（一般为 5%～10%）和培养温度，用于分离培养嗜血杆菌和奈瑟菌等需二氧化碳的细菌，尤其是初次分离培养时必须有二氧化碳。它主要用于培养猪嗜血杆菌、副猪嗜血杆菌、猪胸膜肺炎放线杆菌、猪链球菌等。无二氧化碳培养箱时，可用烛缸代替。

③厌氧培养箱　是一种在无氧环境条件下进行细菌培养及操作的专用装置，它能提供严格的厌氧状态和恒定的培养温度。厌氧培养箱主要用于如猪 C 型产气荚膜梭菌等厌氧菌的

培养。无厌氧培养箱时，可用厌氧盒或厌氧罐代替。

(4)灭菌设备　包括高压灭菌器、干烤箱等，用于培养基及所需物品的灭菌。

①高压蒸汽灭菌器　是湿热灭菌的一种方式，其原理是将待灭菌的物体放置在盛有适量水的高压蒸汽灭菌锅内，把锅内的水加热煮沸，驱赶尽冷空气，密闭条件下继续加热到 100 ℃以上。可根据待高压的培养基的成分及物品选择不同的灭菌时间和温度，121 ℃(15 Psi，0.1 MPa) 15～30 min，或 116 ℃(8 Psi，0.075 MPa)20～35 min。温度不能过高，时间不能过长，否则有机物会在高温下分解失去营养作用，也会使培养基变质、变色甚至固体培养基难以凝固。例如含葡萄糖的培养基，通常要求在 116 ℃ 20min 的条件下灭菌。

②烤箱　是干热灭菌的一种方式，干热灭菌法是在干燥环境下用高温杀死细菌和细菌芽孢的技术，用于不能耐受湿热蒸汽、不能用高压蒸汽灭菌的物品。干热灭菌法所需温度较高，时间较长。常用温度是 160 ℃，持续 2 h。干热最适用于玻璃器皿的灭菌，尤其是玻璃注射器等。温度可以提高到 170 ℃，灭菌时间 1 h。干热对某些不耐热材料有较大损害，不宜应用。

2.培养基的分类

培养基是指供给细菌生长繁殖的、由不同营养物质组合配制而成的营养基质，用于细菌的分离纯化培养、传代、菌种保存及病原菌分离鉴定。细菌培养基一般都含有糖类、含氮物质、无机盐(包括微量元素)、维生素和水等几大类物质。培养基既是提供细菌营养和促使细菌增殖的基础物质，也是细菌生长和繁殖的生存环境。培养基种类很多，根据配制原料的来源可分为天然、合成、半合成培养基；根据物理状态可分为固体、半固体、液体培养基；根据培养功能可分为基础、营养、选择、鉴别培养基等。培养基配成后，一般需测试并调节 pH，再进行高压灭菌。有些液体培养基不能高压处理，而是需要滤过除菌，如猪支原体培养基。

(1)按性状分类　分为固体、半固体、液体培养基和双向培养基。固体培养基易于观察细菌生长，多用于细菌的分离、纯化、生物活性检测以及生物制品生产中的菌种检验等，对于患病动物的组织样本，致病菌含量相对较高，采取直接固体平板划线的方法就能达到很好的细菌分离效果。半固体培养基一般用于穿刺试验，观察细菌的动力及短期菌种保藏等；液体培养基易于增菌，常用于收获纯培养的菌体、确定细菌生长曲线等；双相培养基是一种封闭式固液双相一体化的培养基，常用的有试管双相培养基和培养瓶双相培养基，由固体斜面和斜面三分之一高度的液体培养基组成，主要用于血液、胸、腹水、胆汁等无菌液体样本的增菌及分离培养。

(2)按用途分　分为基础、营养、选择、鉴别和特殊培养基 5 类。

①基础培养基。含有生长所需的基本营养成分，主要成分有牛肉浸液和蛋白胨。基础培养基广泛用于细菌的增菌和检验，也是制备其他培养基的基础成分，例如，营养肉汤(LB)培养基是一种应用较为广泛的细菌基础培养基，它含有酵母提取物、蛋白胨和 NaCl。其中酵母提取物提供碳源和能源，磷酸盐、蛋白胨主要提供氮源，而 NaCl 提供无机盐。营养肉汤和营养琼脂也是常用的基础培养基，其主要成分为蛋白胨、牛肉膏和氯化钠，可供一般细菌培养使用。营养琼脂可倾注平板或制成斜面，用于细菌计数和传代保藏。

②营养培养基。在基础培养基中加入葡萄糖、血液、生长因子等特殊成分，供营养要求较高的细菌和需要特殊生长因子的细菌生长。例如，最常用的血琼脂培养基用于培养猪胸膜肺炎放线杆菌(如副猪嗜血杆菌)时，在胰酪大豆胨液体(TSB)或胰酪大豆胨琼脂(TSA)培养基中添加了血清和烟酰胺腺嘌呤二核苷酸(NAD)等。

③选择培养基。在培养基中加入选择性抑菌物质，有利于目的菌的检出和识别，而抑制其

他非目的菌。例如，麦康凯琼脂平板可以抑制球菌及革兰阳性杆菌生长，却有利于肠道菌生长，特别是大肠杆菌和沙门氏菌，其中大肠杆菌的菌落为桃红色（发酵乳糖），沙门氏菌菌落为无色（不发酵乳糖）。

④鉴别培养基。利用细菌分解糖类和蛋白质的能力及其代谢产物的不同，在培养基中加入特定的作用底物和指示剂，用于观察细菌各种生化反应以鉴别细菌。例如，伊红-亚甲蓝琼脂用以鉴别肠道病原菌及其他杂菌，科玛珈鉴别培养基用于鉴别大肠杆菌、沙门氏菌、链球菌、金黄色葡萄球菌等。

⑤特殊培养基。包括厌氧培养基和细菌 L 型培养基等。厌氧培养基是培养专性厌氧菌的培养基，除含营养成分外，还需加入还原剂以降低培养基的氧化还原电势。细菌 L 型培养基是针对细胞壁缺损的细菌 L 型，由于胞内渗透压较高，故必须采用高渗低琼脂培养基。

3. 培养基的制备

(1)固体培养基　对于非商品化的培养基，需按所需的培养基配方，分别称取各组分，加热溶解，用一定浓度的盐酸或氢氧化钠调整 pH。先用 pH 试纸测量培养基的原始 pH，之后根据培养基配方要求调整，若偏酸性，可用滴管逐滴加入 2 mol/L NaOH，边加边搅拌，随时用 pH 试纸测定，直至 pH 达到所需范围；若偏碱性，则用 2 mol/L HCl 进行调节，再用蒸馏水补足至所需体积，分装试管或三角瓶，高压灭菌。对于商品化的半成品培养基，按照配方说明配制，不需调整 pH，待其融化后分装、高压灭菌。试管装量不超过体积的 1/3，高压后待温度降到 50 ℃左右摆斜面；三角瓶装量不超过体积的 3/4，高压后待温度降到 50 ℃左右，无菌操作倒平板。斜面和平板完全凝固后，放置 4 ℃环境中保存备用。有时为了满足某些苛氧菌的生长需求，需配制营养培养基，即在这些基础培养基中加入脱纤维绵羊血来制备血平板或巧克力平板。巧克力平板与血平板制备方法不同、颜色不同，冷却至 80～85 ℃时加入无菌脱纤维绵羊血，使红细胞破裂，摇匀倒平板，培养基呈巧克力色，即巧克力平板；血平板是待培养基冷却到 50 ℃左右，加入脱纤维绵羊血，摇匀，倒平板，平板呈细胞颜色。有些细菌如副猪嗜血杆菌，需要在 TSA 培养基中加入 5%～10%牛血清及烟酰胺腺嘌呤二核苷酸（NAD）才能生长良好，配制 TSA＋血清＋NAD 培养基时，必须待 TSA 冷却至 50 ℃以下，无菌操作加入血清和 NAD，摇匀倒平板。一般情况下，90 mm 直径的平板需要加入培养基 13～15 mL。

(2)半固体培养基　对于非商品化的培养基，配制方法同固体培养基，但其琼脂浓度减半，一般为 0.7%～1.0%。对于商品化的培养基，需要使用相应的液体培养基，加入 0.7%～1.0%的琼脂粉，融化、分装于小试管，装量不超过 2/3 高度，高压后垂直放置，待其自然冷却凝固，保存备用。

(3)液体培养基　根据商品化干粉培养基的说明按需称取，按比例加入蒸馏水，搅拌溶解完全后分装于合适的容器（三角瓶或试管等）中。如果用三角瓶配制，也可直接称取一定量的干粉培养基，加入适量蒸馏水溶解，用蒸馏水补足至所需体积。盖好瓶塞，双层报纸或牛皮纸包扎，灭菌备用。

4. 操作步骤

为了从临床标本中分离病原菌并进行准确鉴定，必需选择合适的培养基。另外，要根据待检标本的来源、培养目的及所使用培养基的性状，采用不同的分离方法。

(1)培养基的选择

①TSA 平板（TSA＋血清＋NAD）。引起猪病的病原菌比较多，有些在普通琼脂上生长

良好，例如大肠杆菌、沙门氏菌、肺炎克雷伯菌；但有些对营养需求较高，需要添加 5%～10% 的血清（如多杀巴氏杆菌）或添加血清＋NAD（如副猪嗜血杆菌）才能生长。为了防止漏检，建议选择 TSA 平板（含血清和 NAD）。

②麦康凯平板。是一种用于细菌分离鉴定的培养基，由于含有胆酸盐，具有中等强度选择性。主要抑制革兰阳性菌，但少数革兰阴性菌也不生长，有利于肠杆菌科的细菌生长。

③血平板。由 TSA 中加入 5%～10%的脱纤维绵羊血制成，主要用于观察菌落形态和溶血性，以鉴别病原菌。

(2)病料触片或涂片、染色、镜检　取出待检病料置于一次性平皿中，用 75%酒精棉球擦拭取样部位，用装有 75%酒精的小烧杯浸泡剪刀和镊子（或高压灭菌）。取出 1 套酒精浸泡的剪刀和镊子在酒精灯上过火，待工具充分消毒晾凉后，将消过毒的待检病料用剪刀剪开，露出新鲜截面，用干净载玻片轻触，待其自然干燥后固定并进行革兰氏染色，显微镜下观察结果。如果是胃液、血液等液体样本，则直接用接种环或无菌滴管取样，涂布玻片，待其自然干燥后进行火焰固定，染色镜检。

(3)平板划线　对于实质脏器组织病料，如肝、脾、肺等，按照上述操作剪切组织，露出新鲜截面，剪刀用酒精浸泡后过火，待稍凉后，垂直截面深入组织剪一切口，再用一次性接种环插入切口，转动接种环取样，采用划线的方法接种 2 种平板，即 TSA＋血清＋NAD 平板、麦康凯琼脂平板，每个样本平行接种各 2 块平板。对于血液、脑脊液、胃液、羊水等液体病料，直接用接种环蘸取液体划线接种于上述琼脂平板。平板划线法操作如下。

①分区划线法。此法多用于含菌量较多的标本。先将标本均匀涂于平板表面边缘一小部分（第 1 区）；然后将环通过第 1 区 3～4 次，连续划线（为第 2 区）；依次划 3 区。平板上每 1 区的细菌数会逐渐减少，直至分离出单个菌落。

②连续划线法。一般用于接种含菌数量相对较少的标本或培养物。先将标本均匀涂布于平板边缘一小部分，并由此开始，在平板表面连续划线并逐渐下移，直至划满平板表面。

(4)培养条件。为了防止漏检，同时鉴别初次分离的病原菌生长是否需要二氧化碳，需将接种的 2 块平板，一块置于 37 ℃ 含 5%～10%二氧化碳恒温培养箱中培养，另一块置普通培养箱中培养。观察细菌菌落生长情况。一般情况下培养 18～24 h 观察结果，记录菌落形态；然后再连续培养 3～5 d，每天观察是否有新的菌落生长。

5.2.2.2 细菌鉴定

1. 菌落形态观察

(1)菌落特征。一般经过 37 ℃培养 18～24 h 后，单个细菌分裂繁殖成一堆肉眼可见的细菌集团，即菌落。接种物含菌量较大时，菌落连接成片，形成菌苔。不同种细菌或相同细菌在不同的培养基及培养条件下，菌落形态[包括菌落的大小（用尺在平皿底部测量）、形状、颜色、隆起度、边缘和透明程度等]不同。菌落特征的描述见表 5-2-2。在培养一定时间后，主要观察分离菌生长是否需要二氧化碳，在 TSA 平板、麦康凯平板上的生长情况和菌落特征。例如，培养 18～24 h，在 TSA 平板上有几种菌落，以及菌落大小、形状、颜色、边缘整齐度、表面光滑或粗糙程度、光泽度、透光度、是否产生色素等；在麦康凯培养基上是否生长，菌落大小、颜色、形态如何。常见猪病原菌在不同平板上的菌落特征见表 5-2-2。菌落大小以 mm 计，主要分大（直径大于 3 mm）、中（直径 2～3 mm）、小（直径小于 2 mm）。

表 5-2-2 菌落特征描述

观察项目	描 述
大 小	以 mm 计算(大菌落、中等大小,小菌落、针尖大小)
形 状	圆形、针尖状、不规则、煎蛋状、卷发状、菌丝状等
颜 色	无色、灰白色、乳白色、黄色、绿色、蓝色等
表 面	光滑、粗糙、黏液样、皱纹状、放射状、同心圆状等
隆起度	扁平、隆起、圆顶形、脐形(中间凹陷)、草帽样、纽扣样等
边 缘	整齐、锯齿状、细毛状、树枝状等
透明度	透明、半透明、不透明
光 泽	有光泽、金属光泽、蓝色荧光、虹彩等
色素产生	白色、金黄色、褐色、绿色、红色、紫色、黑色等
气 味	无臭、酸臭、生姜味、恶臭味、水果味等

(2)溶血性　血琼脂平板上的溶血分为 α、β、γ 三种。其中,α 溶血又称草绿色溶血,菌落周围培养基出现 1～2 mm 的草绿色环,为高铁血红蛋白所致,α 溶血环中的红细胞未完全溶解,如肺炎链球菌的溶血环。β 溶血,又称完全溶血,红细胞完全溶解,在菌落周围形成一个完全清晰透明的环,如化脓链球菌、金黄色葡萄球菌等的溶血环。γ 溶血,即不溶血,不产生溶血素,在血琼脂培养基上菌落周围的培养基没有变化,无溶血环,如非溶血性链球菌。溶血双环,指在菌落周围完全溶解的晕圈外有一个部分溶血的第二圆圈,内环为由毒素所引起的完全溶血,外围为毒素产生的不完全溶血。例如,产气荚膜梭菌的 B 型和 C 型菌株,在绵羊或是牛血琼脂平板上培养时可由毒素产生较宽的溶血环。

(3)气味　通过某些细菌在固体培养基上代谢活动产生的气味,结合液体培养基上的性状,也可为细菌的鉴定提供新的途径。例如,大肠杆菌有臭味,厌氧梭菌有腐败的恶臭味,铜绿假单胞菌有生姜味等。

(4)色素　脂溶性色素使菌落本身出现颜色改变,如金黄色葡萄球菌的金黄色色素;水溶性色素使菌落周围的培养基出现颜色变化,如铜绿假单胞菌的铜绿色色素。

2. 染色和镜检

通过对组织病料的触片以及分离菌纯培养物的涂片和染色,可在显微镜下观察细菌的大小、形态、排列、染色特性,以及荚膜、芽孢、鞭毛、异染颗粒等的结构,有利于细菌的初步鉴定和诊断。其基本步骤为涂片、干燥、固定、染色、镜检。涂片是指将液体细菌培养物或组织样本直接均匀涂抹于干净载玻片,对于固体斜面、平板、半固体培养的细菌,可事先滴一小滴生理盐水于载玻片上,用接种环蘸取一点点培养物于生理盐水中,涂抹分散均匀,形成薄层(1 张玻片可涂抹 2 个样本);固定是待涂片自然干燥后,在酒精灯外焰迅速通过 3～4 次,杀死细菌并使之固定于载玻片上,不易被水冲掉。猪细菌性传染病原常用的染色方法有革兰氏染色法和特殊染色法。

(1)革兰氏染色法　是细菌学中广泛使用的一种鉴别染色法,属于复染法,其步骤包括初染、媒染、脱色、复染四个步骤。即用碱性染料结晶紫初染、碘液媒染、酒精脱色(在一定条件下有的细菌媒染后的颜色不会被脱去,有的可以被脱去,前者为革兰氏阳性菌,后者为革兰氏阴性菌)、碱性复红复染。结果是阳性菌仍为结晶紫的紫色,阴性菌则染成了复红的红色。通过革兰氏染色,将细菌分为革兰氏阳性菌(G^+)和革兰氏阴性菌(G^-)两大类。根据细菌的形态,又可将其分为革兰氏阳性球菌、杆菌、球杆菌、棒杆菌和革兰氏阴性球菌、杆菌、球杆菌等。

(2)美兰或复红染色　是用一种染液的简单染色法。此法只能显示细菌的形态和大小,利于有异染颗粒细菌结构的观察,如观察巴氏杆菌、嗜血杆菌的两级浓染,美兰染色比革兰氏染色颜色更明显。

(3)特殊结构染色法　是用于菌体特殊结构,如鞭毛、荚膜、芽孢等的染色方法。

①负染色法。是观察细菌荚膜的染色方法,背景着色而细菌本身不着色,或菌体染成紫色(结晶紫)或红色(复红),背景染料为印度墨汁,荚膜呈一条围绕菌体的亮带。如新分离的多杀巴氏杆菌及产气荚膜梭菌可通过此法观察到细菌荚膜。

荚膜是某些细菌表面的特殊结构,为一层松散的黏液物质,其成分因菌种不同而异,主要是由葡萄糖与葡萄糖醛酸组成的聚合物,也有的含多肽与脂质。荚膜对碱性染料亲和力低,不易着色,可用特殊染色法将荚膜染成与菌体不同的颜色进行观察。

②芽孢染色。芽孢是在一定条件下,细胞质高度浓缩脱水形成的一种抗逆性很强的球形或椭圆形的细菌休眠体,在适宜的条件下可以重新转变成为营养态细胞。芽孢是在菌体内形成的,一个细菌只形成一个芽孢,有的在细胞一端,有的在细胞中部。产芽孢的细菌多为杆菌,也有一些球菌。芽孢的有无、形态、大小和着生位置是细菌分类和鉴定中的重要指标,可作为细菌分类鉴定的依据,如产气荚膜梭菌,位于菌体中央、近端或顶端,菌体膨大呈梭形、匙形或鼓槌状。

芽孢壁厚、透性低,着色、脱色均较困难。因此,用着色力强的染色剂(如孔雀石绿)在加热条件下进行染色时,染料不仅可以进入菌体,而且也可以进入芽孢,进入菌体的染料可经水洗脱色,进入芽孢着色的染料则难以透出;若再用复染液(如番红水溶液)染色,芽孢仍保留初染剂的颜色,而菌体被染成复染剂的颜色,即菌体和芽孢分别染成易于区分的红色和绿色。因为芽孢不易着色,所以通过革兰氏染色也可以清楚地观察到芽孢的大小、形态和位置。

③鞭毛染色法。细菌鞭毛的有无、多少和着生方式是细菌鉴定的重要指标。一般情况下,细菌的鞭毛特别细(直径为 10～20 nm),在普通光学显微镜下无法观察。通过特殊染色方法将染料沉积在鞭毛上使其加粗,即可观察到有无鞭毛。鞭毛染色方法很多,常用的有硝酸银法、Leifson 氏法和 Bailey 氏法。

3. 生化试验

生化试验是细菌鉴定中最重要的试验之一。各种细菌具有各自独特的酶系统,因而对底物的分解能力不同,代谢产物也不同。有些生化反应能直接观察到结果,如糖、醇发酵试验,通过 pH 改变和指示剂的变化来判断阳性或阴性反应。尿素分解试验,生化管变红即是阳性反应;硫化氢试验,培养基不同,结果的观察方法也不一样;生化管中有黑色沉淀或双糖铁或三糖铁管中有黑色产生即判断为阳性。有的生化反应需要在 35 ℃温箱培养一定时间后,另加其他试剂才能看见颜色反应,如靛基质试验、甲基红(MR)试验、V-P(Voges-Proskauer reaction)试验、苯丙氨酸试验等糖类代谢试验。

生化鉴定是借助细菌对营养物质分解能力的不同及其代谢产物的差异对细菌进行鉴定,

生化试验包括糖类代谢试验、蛋白质和氨基酸分解试验、碳源和氮源利用试验、酶类试验等。

(1)糖类代谢试验　是对细菌分解葡萄糖等糖类的能力及利用其他化合物转化成糖类的能力测试，是细菌生化试验重要的一部分，主要包括糖(醇、苷)发酵试验、葡萄糖代谢型测定或葡萄糖氧化发酵试验(O/F)试验、甲基红试验、V-P试验、淀粉水解试验、七叶苷水解试验等。

(2)蛋白质和氨基酸分解试验　不同种类的细菌分解蛋白质、氨基酸的能力不同，主要试验方法包括明胶液化试验、吲哚试验(靛基质试验)、硫化氢试验、尿素酶试验等。

(3)碳源和氮源利用试验　是细菌对单一来源的碳源和氮源利用的鉴定试验，主要包括枸橼酸盐利用试验、丙二酸盐利用试验等。

(4)酶类试验　是鉴定细菌生化反应中酶类存在与否的试验，主要包括触酶试验、氧化酶试验、血浆凝固酶试验、硝酸盐还原酶试验等。

①触酶试验。触酶又称过氧化氢酶，产生过氧化氢酶的细菌，能催化过氧化氢生成水和原子态氧，继而形成氧分子，出现气泡。大多数需氧和兼性厌氧菌可产生过氧化氢酶为阳性，但少数细菌为阴性，如链球菌属的细菌和猪丹毒杆菌触酶为阴性，而葡萄球菌属的细菌和单增李斯特菌为阳性，故常用此试验来鉴定链球菌和葡萄球菌、猪丹毒杆菌和单增李斯特菌。

②氧化酶试验。氧化酶不直接与氧化酶试剂反应，而是先使细胞色素C氧化，然后此氧化型细胞色素C再对苯二胺氧化，产生颜色反应。试验结果与细胞色素C的存在有关。此试验常用于奈瑟菌属的菌种鉴定，该属细菌均阳性；也用于假单胞菌属与肠杆菌科细菌的区别，前者阳性，后者阴性。

③血浆凝固酶试验。多数致病菌株能产生凝固酶，可使含有肝素等抗凝剂的人或兔血浆发生凝固。该试验是判断金黄色葡萄球菌有无致病性的重要指标，同时也是金黄色葡萄球菌最重要的鉴别手段。

④硝酸盐还原酶试验。是根据某些细菌能产生硝酸盐还原酶，可将硝酸盐还原为亚硝酸盐；亚硝酸盐与醋酸作用，生成亚硝酸；亚硝酸与试剂中的对氨基苯磺酸作用，生成重氮基苯磺酸；重氮基苯磺酸最终与α-萘胺结合，生成N-α萘胺偶苯磺酸，出现颜色反应。有的细菌仅使硝酸盐还原为亚硝酸盐，如大肠杆菌等；有的细菌可使其还原为亚硝酸盐和离子态的铵；有的细菌能使硝酸盐或亚硝酸盐还原为氮，如沙雷菌属。

4. 生长特性

(1)液体培养基生长状态　大多数细菌在液体培养基中生长繁殖后呈现均匀浑浊状态；少数链状细菌如猪链球菌等呈沉淀生长状态。

(2)半固体穿刺生长状态　半固体培养基黏度低，有鞭毛的细菌在其中可自由游动，除了在穿刺接种的穿刺线上生长外，在穿刺线的两侧均可见羽毛状或云雾状浑浊生长；无鞭毛细菌只能沿穿刺线呈明显的线状生长状态。

根据以上特性，可对主要致病菌进行鉴别，详见表5-2-3。

5. 血清学试验

细菌菌体为颗粒性抗原，可与特异性抗血清发生肉眼可见的凝集反应，常用的血清学试验为玻片凝集反应，可用于分离菌的种、型别鉴定(Milton Huppert，1970)。凝集试验方法具体见本章凝集试验部分。

表 5-2-3 主要猪致病菌菌落形态、生长特征、染色镜检及生化特性

病名	病原	平板生长状况、菌落形态、特征				CO_2	革兰氏染色镜检	液体生长状况	半固体穿刺	触酶	氧化酶
		TSA+S+N	TSA+S	MAC	血平板						
副猪嗜血杆菌病	副猪嗜血杆菌	37 ℃培养 24～48h				变化不定	革兰氏阴性，两级浓染短杆丝状多形态		无鞭毛、不运动	阳性	阴性
		圆形、表面光滑、边缘整齐、灰白色、半透明，针尖至绿豆大小	不生长	不生长	不溶血、不生长，生长需要 V 因子						
猪传染性胸膜肺炎	猪传染性胸膜肺炎放线杆菌	37 ℃培养 24～48h			生长、β 溶血小菌落	需要，10% CO_2，呈黏液性菌落	革兰氏阴性，两极浓染，小球杆菌，多形态		有鞭毛、可运动	阳性	阳性
		圆形、表面光滑、边缘整齐、灰白色、半透明，小菌落	不生长	不生长							
巴氏杆菌病	多杀巴氏杆菌	37 ℃培养 24～48 h				不需要	革兰氏阴性，球杆或短杆状，两极浓染	表面形成菌环	无鞭毛、不运动	可变	阳性
		中等大小菌落，为黏液型，45°折射光下观察有蓝色荧光	生长，菌落较大，为黏液型，45°观察有蓝色荧光	不生长	水滴样菌落，不溶血						
萎缩性鼻炎	猪波氏杆菌	37 ℃培养 48 h				不需要	革兰氏阴性，小杆状，两极浓染		有鞭毛、可运动	阳性	阳性
		小菌落，圆形、光滑、边缘整齐	生长	蓝灰色小菌落，周围有狭窄红色环，培养基琥珀色	某些有 β 溶血						
猪曼氏杆菌病	溶血性曼氏杆菌	37 ℃培养 18～24 h				不需要	同多杀巴氏杆菌		无鞭毛、不运动	阳性	可变
		同多杀巴氏杆菌	同多杀巴氏杆菌	生长，小菌落，桃红色或无色	新分离株有弱 β 溶血						
仔猪黄痢、水肿病	大肠杆菌	37 ℃培养 18～24 h				不需要			有鞭毛、可运动	阳性	阴性
		中等大小菌落，圆形、光滑、边缘整齐	中等大小菌落，圆形、光滑、边缘整齐	中等大小菌落，桃红色	有的溶血						
猪丹毒	猪丹毒丝菌	37 ℃培养 18～24 h				不需要，微需养	革兰氏阳性，直或稍弯的细杆菌，两端钝圆单或呈“V”形、堆状或短链排列，易形成长丝状	轻度浑浊，有少量白色黏稠沉淀，无菌膜和菌环	无鞭毛、不运动，明胶沿穿刺线横向四周生长，如试管刷状，明胶不液化	阴性	
		光滑型菌落细小、圆形、凸起、有光泽、露珠样，粗糙型菌落较大，表面呈颗粒状，周围有轻微溶血	生长，露珠样小菌落	不生长	有 α 溶血或不溶血环，圆形细小菌落，透明灰白色，露珠样						
猪链球菌病	猪链球菌	灰白色细小菌落，圆形、凸起，表面光滑、边缘整齐	灰白色、细小、圆形、凸起，表面光滑、边缘整齐	不生长	α 或 β 溶血，灰白色小菌落，表面光滑，边缘整齐，稍黏	需要，可促进生长	革兰氏阳性，单个或双卵圆形，短链排列	初均匀浑浊，后呈颗粒状沉淀管底，上清透明	无鞭毛、不运动	阴性	

备注：TSA+S+N 是指 TSA 琼脂+血清+NAD；TSA+S 是指 TSA 琼脂+血清；MAC 是麦康凯培养基。

6. 分子生物学检测

主要依赖于PCR扩增及其产物的序列测定。根据细菌16S rDNA特异性的基因片段设计细菌的通用引物，进行PCR扩增，产物测序后经BLAST比对，实现对待检菌的鉴定。也可根据不同细菌的特异性的基因片段，如产毒基因等，选择或设计引物序列，进行PCR扩增及产物测序，通过与网络序列比对获得鉴定结果。主要猪病原菌的特异性引物序列及片段大小见表5-2-4。

表5-2-4 主要猪病原菌的特异性引物序列及片段大小

病原名称	引物序列	片段大小	参考文献
副猪嗜血杆菌	5′-ACAACCTGCAAGTACTTATCGGGAT-3′ 5′-TAGCCTCCTGTCTGATATTCCCA-3′	275bp	Howell K J et al., 2015
猪波氏杆菌	5′-CCCCGCACATTTCCGAACTTC-3′ 5′-GGCTCCCAAGAGAAAGGCTT-3′	237bp	ozbor D et al., 1999
猪丹毒丝菌	5′-AGATGCCATAAACTGGTA-3′ 5′-CTGTATCCGCCATAACTA-3′	407bp	Zhu W F et al., 2017
猪链球菌	5′-CATGAAACAGAATTCCTCCAAGC-3′ 5′-GTATTGACCGTACATGTAACCGA-3′	500bp	李文娴等,2018
胞内劳森菌	5′-TATGGCTGTCAAACACTCCG-3′ 5′-TGAAGGTATTGGTATTCTCC-3′	300bp	马景霞等,2015
猪胸膜肺炎放线杆菌	5′-TTATCCGAACTTTGGTTTAGCC-3′ 5′-CATATTTGATAAAACCATCCGTC-3′	417bp	Yu Z Y et al., 2015

7. 药敏试验

体外药物敏感性试验简称药敏试验，是指在体外测定药物抑菌或杀菌能力的试验。抗菌药对细菌性传染病的治疗起到了非常重要的作用，但由于养殖过程中不科学、滥用抗菌药，很多致病菌产生了耐药性，使得抗菌药的治疗效果越来越差，不但造成药物浪费，而且还延误病情，给养殖户造成了很大的经济损失。由于各种致病菌对不同的抗菌药物的敏感性不同，同一细菌的不同菌株对同一抗菌药的敏感性也有差异。因此，细菌的药敏试验可为临床上细菌感染的治疗方案提供重要参考。常用的药敏试验方法有3种，包括纸片扩散法、稀释法和抗生素浓度梯度法。考虑到性价比和可操作性，养殖场常选择纸片扩散法进行药敏试验。

纸片扩散法是将含有定量抗菌药物的滤纸片贴在已接种了测试菌的琼脂表面，纸片中的药物在琼脂中扩散，随着扩散距离的增加，抗菌药物的浓度呈对数减少，从而在纸片的周围形成浓度梯度。同时，纸片周围抑菌浓度范围内的菌株不能生长，而抑菌范围外的菌株则可以生长，从而在纸片的周围形成透明的抑菌圈，抑菌圈的大小可以反映测试菌对药物的敏感程度，并与该药物对测试菌的最小抑菌浓度（Minimum inhibitory concentration，MIC）呈负相关。根据抑菌圈的大小，参照有关标准，可对该项药敏试验结果进行判定。

5.2.3 寄生虫病的诊断

寄生虫病通常依据流行病学、临床症状的分析，以及病原形态检查进行诊断，血清学检测、分子生物学检测主要用于流行病学调查，也可作为寄生虫病诊断的重要参考依据。

5.2.3.1 病原检查

病原检查是最经典、可靠、易实施的诊断方法，是寄生虫病确诊的主要依据。缺点是检出率低，部分方法操作烦琐，耗费人力物力。

1. 粪便检查

(1)直接涂片法　用镊子或小棒取少许新鲜粪便，置于载玻片上，滴加清洁常水或 50%甘油水数滴，混匀，除去粗渣，加盖玻片后，置显微镜下检查。制片厚度以透过粪便液膜能模糊识别片下字迹为宜。该法适用于猪的各种消化道线虫虫卵和球虫卵囊的检查，但检出率较低，需要反复检查 3 次以上。

(2)漂浮法　用比虫卵比重大的溶液做漂浮液稀释粪便，使粪便中的虫卵浮聚于液体表面，用载玻片蘸取液面进行镜检，以提高检出率。此法操作简便，但使用范围有限，适用于检查猪粪便中的各种消化道线虫卵和球虫卵囊。漂浮液可用饱和盐水溶液、硫酸镁饱和液、硝酸钠饱和液等，但检查比重较大的虫卵(如猪肺丝虫病的虫卵)时，需用硫酸镁、硫代硫酸钠等饱和溶液。此方法的问题是不同虫卵的比重不同，漂浮速度有差异，时间短虫卵达不到液面，时间长易使虫卵和卵囊变形，因此需摸索最佳取样时间。

(3)水洗沉淀法　该法原理是虫卵比水重，用清水处理粪便，经离心或沉淀，使虫卵沉淀集中，可提高检出率。该法主要用于吸虫虫卵和棘头虫虫卵的检查。

2. 组织检查

(1)压片镜检法　检查不同寄生虫时取样部位不尽相同。对疑似感染旋毛虫的病猪可剪取膈脚肌肉组织，撕去筋膜和脂肪，剪成 24 粒黄豆大小的肉粒，用旋毛虫检查玻板作压片镜检，观察到线状幼虫或螺旋卷曲状幼虫和包囊，即可诊断为旋毛虫病。对疑似感染猪囊尾蚴的病猪，在咬肌、舌肌、膈肌、肩胛肌、肋间肌、脑、肝脏等组织中，肉眼检查即可观察到乳白色或透明的椭圆形囊体(俗称“米豆”)，囊壁上可见一个圆形粟粒大乳白色小节，其中有一内陷的头节，即可判定为猪囊尾蚴病。为防止误判，剥离组织上的囊尾蚴，压片镜检，观察到囊虫头节上有四个吸盘及两圈小钩，即可确诊。

(2)涂片镜检　弓形虫病可通过涂片、触片染色镜检诊断。取病死猪的心血、腹水涂片，肺、肝等脏器组织触片，自然干燥后火焰或甲醇固定，吉姆萨染色，显微镜下观察到弓形虫体(香蕉样、弯月形速殖子)即可确诊。

(3)消化分离法　旋毛虫用压片镜检法的漏检可能性较大，可采用消化观察法进行检查：取一定长度的肌肉组织，用 PBS 缓冲液或者生理盐水进行冲洗、研磨，加入一定比例的胰蛋白或胃蛋白消化液消化，获得组织匀浆，过滤粗渣后静置或 500～1 000 r/min 离心，取沉淀滴片，显微镜下观察到旋毛虫幼虫，即可确诊。

5.2.3.2 血清学检测

利用寄生虫或其蛋白成分、循环抗原和用这些抗原制备的相应单克隆抗体的特异性反应，可以实现对寄生虫的血清学检测。有些寄生虫(如猪囊尾蚴、弓形虫、棘球蚴)在机体生前检查十分难发现，但其寄生后会刺激机体产生相应的抗体，血清学检测可用于其辅助诊断。常用的有凝集试验、免疫荧光试验、酶联免疫吸附试验等方法，这些方法弥补了寄生虫学在流行病学调查、病原学诊断等方面的不足。

5.2.3.3 分子生物学检测

分子生物学作为更精准的一种实验室检测工具，是对病原学和血清学的补充，理论上三者相结合可以更好地完成寄生虫病的诊断，但除原虫为单细胞结构、生物学特性较简单外，其余寄生虫虫体均较大、结构复杂，在分子水平进行诊断比病毒、细菌要复杂困难得多。文献报道中分子生物学检测主要应用于猪弓形虫病、猪旋毛虫病等的检测。同时鉴于原虫的同属异种较多，吸虫、线虫、绦虫虫体较大，结构和生长发育过程复杂等原因，应用分子生物学检测尚存在特异性较差、抗体交叉反应不易排除等问题。此外，此法对操作环境和人员要求较高，且需要特殊的仪器设备，与其他检测方法相比成本过高等问题，限制了其广泛应用。

（撰稿人：孙杰　李妍花　黄甜　高富红　邓均华）

5.3 分子生物学检测

分子生物学检测是以分子生物学理论为基础，用分子生物学技术检测动物疫病及其病原，从而为养猪生产的健康管理和疫苗生产用菌（毒）种的筛选与构建提供先进的技术方法和支撑。在猪病的诊断和检测中，分子生物学诊断多以核酸检测为基础，即通过对样品中病原核酸检测而达到诊断的目的。随着 2018 年非洲猪瘟在我国猪群中的暴发和流行，核酸检测方法得到了快速发展和应用，目前常用的有聚合酶链式反应（PCR）、实时荧光定量 PCR（RT-PCR）、荧光热对流 PCR（convective PCR，cPCR）和环介导恒温扩增（Loop-mediated isothermal amplification，LAMP）等方法。

5.3.1 聚合酶链式反应（PCR）

聚合酶链式反应是一项体外扩增 DNA 序列的方法，1985 年由 Kary Mullis 公开发表。PCR 是在模板 DNA、引物和 4 种碱基（A、T、G、C）存在的条件下，由耐热的 DNA 聚合酶指引下合成子代 DNA 链的反应。

5.3.1.1 基本原理

PCR 可分为三个步骤：模板双链 DNA 变性解链为单链、引物与模板 DNA 单链的互补序列配对结合（即退火）和引物的延伸（即在 DNA 聚合酶作用下，以 dNTP 为原料，靶序列为模板，按碱基配对与半保留复制原理，合成一条新的双链）。三个步骤作为 PCR 的一个循环，每完成一个循环，一个双链 DNA 即复制为两个，产物量呈指数级增长。经 25～40 个循环后，DNA 可扩增 10^6～10^9 倍。对于 RNA 病毒，需要先经 MLV 等反转录酶由 RNA 链反转录为互补的 cDNA 链，再经 PCR 进行扩增。

5.3.1.2 主要操作步骤

PCR 的操作主要包括核酸提取、PCR 体系配制、PCR 扩增、PCR 扩增产物的分析等步骤。

（1）核酸提取　PCR 的模板为核酸，常用的抽提核酸方式有裂解法、柱式离心法和磁珠提取法三种。裂解法省时省力，但如果没有对核酸浓缩纯化，PCR 检测的灵敏度就可能受限。柱式离心法是采用硅胶膜特异性的过滤结合核酸的原理进行核酸抽提，有各种成品试剂盒供选择。磁珠提取法实现了操作的自动化，具有高通量、便捷、效率高的特点。对于 RNA 病毒，需先经过反转录获得 cDNA 作为模板，配制 PCR 体系或选用一步法试剂盒。

（2）PCR 体系配制　根据商品化试剂盒的说明书要求，依次将 PCR 体系的各组分按比例混合，涡旋混匀后分装至 PCR 反应管中。再将制备好的模板分别加到 PCR 管，涡旋混匀后备用。RNA 病毒的扩增可选择一步法 RT-PCR 试剂盒进行扩增，不用单独进行反转录操作，可有效降低样品污染的风险，提高 RNA 病毒的检测效率。

(3)PCR 扩增　根据商品化试剂盒的说明书要求并结合 PCR 仪的操作说明，录入 PCR 扩增反应程序后启动 PCR 扩增。

(4)PCR 扩增产物的分析　PCR 扩增完成后，取 PCR 扩增产物，通过琼脂糖凝胶电泳对结果进行分析判定。

5.3.1.3 注意事项

(1)实验室分区　PCR 检测需在特定的专业实验室进行，实验室应进行合理的分区，包括样品处理区(制备模板)、PCR 扩增区(体系配制和 PCR 扩增)和产物分析区。各工作区有一定的隔离且操作器材专用，均按“模板制备—PCR 扩增—产物分析—产物处理”的方向单向流动，禁止将产物分析区的产物及器材拿到其他两个工作区。

(2)防止污染环境　整个操作过程戴一次性手套，打开管盖时要避免液体飞溅，可于开盖前稍离心，将液体收集于管底，若不小心将液体溅到手套或桌面上，应立刻更换手套并用稀酸擦拭桌面。RNA 病毒的检测过程中应特别注意 RNA 酶的污染，防止 RNA 模板被降解。

(3)加样顺序　操作多份样品时，先将 dNTP、反应缓冲液、引物和酶混合后分装，然后按阴性对照、样品和阳性对照的顺序加入模板。

5.3.1.4 特点和用途

(1)特异性好　通过选择特异性和保守性的靶基因区引物，保证了其特异性。具体包括引物与模板 DNA 特异性的结合、引物链的延伸遵循碱基配对原则，Taq DNA 聚合酶耐高温，使反应中模板与引物的结合(复性)可以在较高的温度下进行，结合的特异性大大增加，被扩增的靶基因片段也能保持很高的正确度。

(2)灵敏度高　PCR 产物的生成量是呈指数级增加的，能将皮克量级的起始待测模板扩增到微克水平。

(3)对模板要求低　不需要分离纯化病毒或细菌，可直接用血液、组织悬液、分泌物等临床标本或未经纯化培养的细菌或病毒混合物粗制的 DNA 作为扩增模板。

(4)扩增产物可用于克隆测序　基于 PCR 具有特异性好、灵敏度高和模板纯度低等特点，作为 OIE 推荐的诊断方法之一，PCR 技术已广泛应用于各类猪传染病的诊断并列入国家标准，如细菌性传染病有猪丹毒诊断技术：NY/T 566—2019；猪副伤寒的诊断技术：NY/T 3190—2018；猪巴氏杆菌病的诊断技术：NY/T 564—2016；猪链球菌 2 型的诊断方法：GB/T 19915.1—2005 和 GB/T 19915.3—2005；猪支原体病的诊断技术：NY/T 1186—2017 等。病毒性传染病：伪狂犬病的诊断方法 GB/T 18641—2018；猪繁殖与呼吸综合征的诊断方法：GB/T 27517—2011；猪瘟的诊断方法：GB/T 36875—2018；猪流行性腹泻的检测方法：GB/T 34757—2017；传染性胃肠炎的检测方法：NY/T 2841—2015 等。

5.3.2 实时荧光定量 PCR

实时荧光定量 PCR 是美国 Applied Biosystems 公司 1996 年推出的一项技术，实现了 PCR 由定性到定量的飞跃。近年来在猪病检测诊断中得以广泛应用。

5.3.2.1 基本原理

实时荧光定量 PCR 是在 PCR 反应体系中加入荧光化学物质，随着 PCR 产物不断增加，荧光信号也成比例增强，实时荧光定量 PCR 仪的光学系统每完成一个 PCR 循环就收集一次荧光信号，所以可通过荧光信号强度变化实时监测 PCR 产物量的变化，最后得到一条荧光扩增曲线。

5.3.2.2 主要操作步骤

实时荧光 PCR 的操作步骤主要包括核酸提取、体系配制、荧光 PCR 扩增和结果判定。

（1）核酸提取　和普通 PCR 相同。

（2）体系配制　与普通 PCR 不同的是，实时荧光 PCR 体系除了引物之外，还加入了特异性探针。配制时，依次将体系的各组分按比例混合，涡旋混匀后分装至荧光 PCR 反应管中。再将制备好的模板分别加入管内，涡旋混匀并离心。

（3）PCR 扩增　与普通 PCR 不同的是，实时荧光 PCR 在程序中有荧光收集阶段，可根据商品化试剂盒的说明书要求，并结合仪器的操作说明，录入扩增反应程序后，启动荧光 PCR 扩增。需要注意的是，对于 RNA 病毒，同样需要增加反转录的步骤，目前多采用一步法的商品试剂盒，可根据其说明书进行程序设置。

（4）结果判定　与常规 PCR 有较大差异，其结果主要根据 Ct 值来进行判定，各商家的试剂盒判定标准不尽相同，以普泰生物技术有限公司研发的非洲猪瘟病毒荧光 PCR 检测试剂盒为例，无 Ct 值且无特异性扩增曲线，判为非洲猪瘟病毒核酸阴性；有 Ct 值且出现特异性扩增曲线，判为非洲猪瘟病毒核酸阳性。

5.3.2.3 注意事项

除 PCR 的一般注意事项外，还需要注意以下两点。

（1）定量分析　如果需要对目的病毒载量进行定量分析，则每次试验必须设定标准品。且标准品和待测品所用试剂质量和反应条件等均要保持一致，同一次试验标准品可使用与待测品相同的基因序列，也可使用不同的。

（2）试剂保存　所有试剂应在规定的温度下保存，PCR 反应液 Mix 在室温融化后，应尽快使用，剩余试剂应尽快放回原处。

5.3.2.4 特点与用途

（1）操作简便快速　通过计算机和分析软件实现 PCR 扩增、产物检测和定量分析一体化，无 PCR 后处理步骤，减少了交叉污染，产出率高，并且可以进行多重检测。

（2）高特异性　实时荧光 PCR 将 DNA 杂交的高特异性和光谱技术的高精准性相融合，应用荧光探针和光电传导，直接探测基因扩增过程中荧光信号的变化，以获得定量结果。

（3）适用范围广　实时荧光 PCR 除了能对样品进行定性分析之外，还可对样品中的目的病毒载量进行定量分析。

基于这些特点，实时荧光定量 PCR 在基础研究和分子诊断领域受到青睐，在生猪产业中逐渐得到推广应用。特别是随着非洲猪瘟疫情在我国的暴发和流行，养殖者在饲料、运输、环境等与养殖相关环节中，对高灵敏、高特异检测方法产生的迫切需求，使实时荧光定量 PCR 技术迅速得到了普及，在我国非洲猪瘟的检测诊断及防控中发挥了重要的作用。

5.3.3 荧光热对流 PCR（cPCR）

对流 PCR 是近年来发展起来的一种核酸快速检测技术，Krishnan 等于 2002 年首次报道了利用自然对流原理进行 PCR 扩增的方法。2017 年，第一台用于商业化的 8 孔对流 PCR 扩增仪问世。2019 年普泰生物技术有限公司为适应非洲猪瘟诊断既要快速又要灵敏的需求，借鉴荧光热对流 PCR 的技术方法，在兽医领域推出了基于 cPCR 技术的荧光热对流 PCR，配以便携式 POCT 设备和荧光热对流 PCR 快速检测试剂盒，建立了简便、快速，且灵敏度与荧光定量 PCR 相仿的非洲猪瘟核酸检测方法。

5.3.3.1 基本原理

荧光热对流 PCR 是在反应管(毛细管)的上下两端进行加温[下部为高温(94～96 ℃)，上部为低温(58～60 ℃)]，通过温度差异在反应管中形成液体的密度差异，实现热对流循环，使管中部温度适度(约 72 ℃)，即反应管在循环过程中同时具有适合于变性、退火和延伸的三个不同温度区域，使 PCR 反应的变性、退火、延伸能够在同一时间内进行，省去了 PCR 扩增时各个阶段的升降温时间，20～30 min 即可完成 PCR 扩增，提高了扩增效率，缩短了扩增时间。

5.3.3.2 主要操作步骤

(1)核酸提取　澄清透明的样品如血清或血浆等不需提取核酸，样品可直接作为模板用于配制体系。从其他样品如拭子、环境、溶血的血液等提取核酸时，此法可提高检测灵敏度。核酸提取与传统的 PCR 操作流程和步骤基本一致。

(2)荧光热对流 PCR 扩增仪预热　配制体系前开启扩增仪，在面板上选择相应的反应程序，启动预热程序。

(3)体系配制及扩增　按照产品说明书配制好体系后，将毛细管置于扩增仪孔位中，设置样品编号，启动扩增程序。

(4)结果判定　扩增结束后，检测结果直接在仪器的面板上显示，直观易判。

5.3.3.3 注意事项

PCR 通过毛细管中反应体系的热对流实现高效扩增，在体系配制中应注意避免在反应管中形成气泡影响检测结果。其他操作注意事项与 PCR 和实时荧光定量 PCR 相同。

5.3.3.4 特点和用途

(1)敏感性、特异性好　提取核酸或用血清直接扩增检测时灵敏度与实时荧光定量 PCR 相似，同样具有高敏感性和特异性的优点。

(2)快速　相较于普通 PCR 和实时荧光定量 PCR，荧光热对流 PCR 扩增时间更短，20～30 min 即可完成检测。

(3)免提核酸　对于清亮透明如血清或血浆的样品，可免提核酸，直接取样配制体系，进行扩增反应，减少了操作步骤，方便临床使用。

(4)仪器小型便携　荧光热对流仪体积小，操作简单，可自动显示结果，非专业人员经简单培训即可现场操作。每个反应孔位均为独立的加热和荧光模块，单孔可独立检测，适合现场应急检测。

基于以上特点，荧光热对流 PCR 在非洲猪瘟的防控中已得到广泛应用，特别适用于快速诊断、生猪流通和屠宰等环节的应急监测。

5.3.4 环介导恒温扩增(LAMP)

环介导恒温扩增是核酸恒温扩增技术的一种，具有快速、高效、特异且不需要专用设备等优点。

5.3.4.1 基本原理

LAMP的原理是DNA在65 ℃左右处于动态平衡状态，任何一个引物向双链DNA的互补部位进行碱基配对延伸时，另一条链就会解离成单链。在此前提下，针对目的基因的6个区域设计4条特异性引物（包括2条内引物和2条外引物），利用一种具有链置换特性的Bst DNA聚合酶，以外侧引物区段的3′末端为起点，与模板DNA互补序列配对，启动链置换DNA合成。其反应过程包括哑铃状模板合成阶段、循环扩增阶段、延伸和再循环阶段。靶DNA变性后，内外引物在Bst DNA聚合酶作用下延伸，外引物的延伸产物将内引物的延伸产物置换出来，形成一个哑铃状的DNA，然后进入循环扩增阶段。通过不断延伸和扩增，最终形成茎环结构和多环花椰菜样结构的DNA片段混合物。

5.3.4.2 主要操作步骤

LAMP的操作包括核酸提取、体系配制、扩增反应、结果显示等步骤。

(1)核酸提取　与普通的PCR操作流程和步骤基本一致。

(2)体系配制　通常采用25 μL反应体系，其反应体系包含了引物、模板DNA、Bst DNA聚合酶、dNTP和缓冲液。

(3)扩增反应　将LAMP反应体系（除Bst DNA聚合酶）混合后，在95 ℃加热5 min，使模板变性解链，冷却后再加入Bst DNA聚合酶，在60～65 ℃保温60 min后，在高于80 ℃的温度下加热2 min使Bst DNA聚合酶热失活，反应随即终止。

(4)结果显示　LAMP的结果显示更为直观，直接根据反应管内液体的颜色变化对样品进行结果判定即可。

5.3.4.3 注意事项

除普通PCR注意事项之外，反应结束后，如果是在与PCR仪类似的仪器上进行的反应，一定要等扩增管冷却后再将其取出，否则管盖容易爆开，造成气溶胶污染。如果是在水浴锅上进行反应，扩增管取出后需直接放在冰上冷却。

5.3.4.4 特点与用途

(1)恒温扩增　LAMP独特的优势是反应不需要温度循环，在某一恒定温度下即可实现目标核酸序列的扩增，对仪器的要求大大简化，用PCR仪或水浴保温即可，不需要特殊的设备。但与实时荧光定量PCR相比，LAMP敏感性、特异性略低，不能实时定量。

(2)结果直观　LAMP结果的判定是通过肉眼观察整个体系的颜色变化，不需要特殊的检测仪器。

基于这些特点，LAMP技术可应用于临床现场病原检测。但由于LAMP最终是以颜色进行结果的判定，在多重病原检测上，尚有一定的局限性。

（撰稿人：赵若恒　刘攀　邓均华）

5.4 血清学检测

血清学检测是建立在体外抗原抗体反应基础上的检测技术。通过免疫学手段，利用已知的抗体检测抗原，或利用已知的抗原检测抗体，并借助不同的结果判定方式，对血清中的抗原或抗体进行定性或定量的分析。血清学检测已广泛用于养猪生产中，不仅可以用于疫情的监测预警、检测诊断、流行病学调查等，也可用于疫苗免疫效果评价、免疫程序调整。随着我国养猪业的集约化程度越来越高，血清学检测作为一种简便、有效的方法，已经成为生猪疫病防控的一种重要手段。本节将主要对凝集试验、血凝和血凝抑制试验、中和试验、间接免疫荧光试验、酶联免疫吸附试验、蛋白芯片、胶体金免疫层析检测试纸条等血清学检测方法进行简要介绍。

5.4.1 凝集试验

凝集试验是较简单的血清学试验方法。Durham 和 Gruber 于 1896 年发现凝集现象，随后 Widal 将其应用于血清学诊断中。

5.4.1.1 基本原理

有电解质存在的情况下，颗粒性抗原与其抗体结合形成的复合物相互凝聚形成可见的凝聚小块，依据是否产生凝聚现象来对相应的抗原或者抗体进检测的方法，称为凝集试验。颗粒性抗原直接与抗体结合产生的凝集现象，称为直接（平板）凝集试验；可溶性抗原或抗体吸附于颗粒性载体表面，然后与相应的抗体或者抗原反应产生的凝集现象，称为间接凝集试验；依据操作方法的不同，直接凝集试验又可分为平板凝集试验和试管凝集试验；间接凝集试验可分为正向间接凝集试验、反向间接凝集试验和间接凝集抑制试验。

5.4.1.2 主要操作步骤

以试管凝集试验为例。操作步骤：将抗体用生理盐水倍比稀释，每个稀释度加入等量的抗原，置于 30 ℃水浴静置，数小时后观察结果。视不同凝集程度，将结果记录为“＋＋＋＋”（100％凝集）、“＋＋＋”（75％凝集）、“＋＋”（50％凝集）、“＋”（25％凝集）、“－”（不凝集）。以出现 50％凝集以上的抗体的最大稀释度，作为该抗体的凝集效价。

5.4.1.3 注意事项

抗原使用前应先恢复至室温后充分混匀，污染或摇不散的凝集原不可使用。最好于自然光白色背景下，与对照管在同一环境中判定结果，以减少判定误差。

5.4.1.4 特点与用途

凝集试验主要用于细菌性传染病的诊断与检测，其中平板凝集为定性试验，用于检测判断疑似菌是否存在，也可用于抗体的检测；试管凝集为半定量试验，可用于抗体效价的测定。布鲁氏菌病、猪链球菌病（2 型）、副猪嗜血杆菌病均可用平板凝集试验作为检测方法。

5.4.2 血凝和血凝抑制试验

血凝抑制试验于 1942 年由 Hirst 建立，Salk 于 1944 年进行了完善。血凝及血凝抑制试验是血清学检测常用的检测方法，因其操作步骤简单、耗时短而被广泛使用。

5.4.2.1 基本原理

许多病毒表面有血凝素，具有凝集特定动物或人红细胞的特征，称为血细胞凝集，简称血凝（Hemagglutination，HA）。血凝活性是病毒的一种生物学特征，是非特异性的。血凝现象能被相应抗体抑制，即将病毒与特异性抗体作用后再加入红细胞不产生血凝现象，称为血凝抑制(Hemagglutination inhibition,HI)。血凝抑制可用于测定血清中抑制凝集的特异性抗体的水平,这一过程是抗原抗体的特异性反应。

5.4.2.2 主要操作步骤

血凝抑制试验需在血凝试验的基础上进行,滴定病毒对相应红细胞的血凝效价,之后将配制的一定浓度的抗原与倍比稀释的待检血清混合,经适当时间作用后加入红细胞,当红细胞对照出现100%沉淀时判定结果,通常以能完全(或50%)抑制红细胞凝集的血清最高稀释度为该血清的血凝抑制效价。

以我国行业标准中猪细小病毒血凝抑制试验为例具体操作方法如下。

(1)材料准备　无菌采集被检动物的血液并分离血清,冷藏保存。采集健康豚鼠抗凝血,取红细胞用PBS缓冲液配制成0.5%红细胞悬液。

(2)HA试验　取96孔“V”形板,每孔加稀释液25 μL,于第一孔中加入抗原25 μL,吹打混匀后,吸取25 μL加入第二孔中,吹打混匀后,吸取25 μL加入第三孔中,依次稀释至最后一孔,并弃掉最后25 μL。每孔加入稀释液25 μL,振荡15 s混匀。每孔加入25 μL配好的0.5%红细胞悬液,振荡30 s。室温静置1 h后,依据红细胞的凝集程度判定结果。红细胞均匀平铺于孔内为100%凝集,判为“++++”;红细胞均匀平铺于孔内,但边缘有下滑皱缩为75%凝集,判为“+++”;红细胞凝集于孔底,四周有小凝集块为50%凝集,判为“++”;红细胞凝集于孔底,边缘不整齐或有小凝集为25%凝集,判为“+”;红细胞聚集于孔底,边缘整齐光滑,稀释液清亮为无凝集,判为“-”。以能使孔内红细胞100%凝集的抗原的最高稀释度,作为该抗原的HA效价,代表1个血凝单位(HAU)。

(3)HI试验　取96孔“V”形板,每孔加稀释液25 μL,于第一孔中加入待检血清25 μL,吹打混匀后,吸取25 μL加入第二孔中,吹打混匀后,吸取25 μL加入第三孔中,依次稀释至最后一孔,并弃掉最后25 μL。阳性血清用同样方法稀释。每孔加入稀释至4HAU的抗原液25 μL,振荡15 s混匀。置4 ℃作用6 h或室温作用1 h。每孔加入25 μL配好的0.5%红细胞悬液,振荡30 s。室温静置1 h后,进行结果判定,以能完全抑制红细胞凝集的最高血清稀释度作为该血清的HI效价。

5.4.2.3 注意事项

①血凝抑制试验所用抗原要现用现配。试验过程中需设置已知阳性血清、阴性血清、抗原对照、红细胞对照,各对照和抗原回归均成立的情况下,才可判定试验结果。

②在进行血凝和血凝抑制试验前,要消除被检血清中的非特异性物质,避免造成假阳性或假阴性反应。

③根据病毒的血凝特性选择适宜的红细胞,供血动物有个体差异,一般采用3~4只动物的混合血液,每次试验所使用的红细胞浓度要尽可能保持一致,无菌采集的抗凝血保存在阿氏液中,在4 ℃贮存不能超过1周。

④加红细胞时要先将红细胞混匀,单板加样时,加样顺序为先加对照,再加高稀释倍数,最后加低稀释倍数;多板加样时,要进行悬空操作。

⑤每次试验应在一定的温度下进行,温度过高会加速反应的进行,可以将血凝板放在恒温箱里反应;反应时间与环境温度成反比,反应温度越高,所需反应时间越短,因此需摸索最适反应时间。

⑥判定结果要在规定的时间观察，作用时间过短会使反应不充分、效价低；过长会导致红细胞全部沉积，使结果无法判读。

5.4.2.4 特点与用途

血凝和血凝抑制试验具有操作简便、快速、成本低、特异性好、重复性好等优点，可用于病毒的检测和初步鉴定。血凝抑制试验多应用于测定血清的抗体效价、鉴定未知病毒、疾病的辅助诊断、评价疫苗免疫效果等方面。主要用于猪细小病毒、乙型脑炎病毒和副猪嗜血杆菌、链球菌等表面有血凝素病原的诊断。

5.4.3 中和试验

依据抗体能否中和病毒的感染性而建立的免疫学试验，称为中和试验。中和试验具有较强的特异性和敏感性。因其涉及抗体与相应病毒的直接反应，故常被作为抗病毒抗体的标准检测方法。

5.4.3.1 基本原理

病毒可刺激机体产生中和抗体，后者与病毒结合后使病毒失去吸附细胞的能力或抑制其侵入和脱壳而丧失感染力。根据中和作用后病毒感染力的不同，中和试验主要分为两种：(1)以 50%为终点，测定使病毒被血清中和后的中和效价，即终点法中和试验(Endpoint neutralization)，其中又包括固定病毒稀释血清(病毒中和试验 Virus neutralization test，VNT)和固定血清稀释病毒(血清中和试验)两种方法。(2)利用病毒对敏感细胞的致病作用，测定使空斑数减少 50%的血清中和效价，即空斑减少试验(Plaque reduction neutralization，PRN)。

5.4.3.2 主要操作步骤

中和试验以病毒对宿主或细胞的毒力为基础，根据病毒的特性选择合适的细胞或实验动物，测定病毒效价，然后将抗血清和病毒混合，经适当时间作用，接种于细胞或实验动物以检测混合液中的病毒感染力。用细胞进行中和试验时，需根据病毒接种后的病变特性选择不同的判定方法：若病毒接种细胞后可产生明显的特征性病变，可直接通过观察病变进行结果判定；若病毒接种细胞后无明显的特征性病变，则需利用病毒的特异性抗体进行荧光染色，通过观察荧光进行结果判定。

以国标中规定的猪瘟病毒荧光抗体中和试验为例，主要操作步骤如下。

(1)细胞准备　将浓度为每毫升含 2×10^5 个细胞的 PK15 细胞悬液接种于细胞培养板中，于 37 ℃二氧化碳培养箱中培养 1～2 d，至 70%～80%细胞形成单层。

(2)病毒中和　将被检血清于 56 ℃灭活 30 min，1∶25 稀释后(在国际贸易中，最好作 1∶5 稀释，国内做抗体普查时，作 1∶25 稀释)与含有 200$TCID_{50}$/0.1 mL 的病毒悬液等体积混合，置 37 ℃作用 1～2 h。

(3)中和后的病毒接种　将细胞培养板用无血清培养液洗涤 3 次，用血清-病毒中和后的混合物接种细胞培养板，置 37 ℃作用 1 h，弃去接种液，在细胞培养板中加入细胞维持液，置于 37 ℃培养 2 d 以上。

(4)荧光抗体染色及镜检　将细胞培养板洗涤后固定，加入猪瘟荧光抗体结合物，染色后进行镜检，根据有无荧光进行判定。

5.4.3.3 注意事项

常用的中和试验大多在细胞上进行，试验过程需严格无菌。待检血清需经除菌和灭活处理，通常采用 0.22 μm 滤膜过滤除菌，灭活一般需经 56 ℃水浴 30 min 处理。因试验需要的活病毒有感染性，有散播病毒的危险，所以试验过程需依据病毒的分类按照国家规定在对应生物安全级别的实验室进行，并在试验完毕后进行彻底消毒。

5.4.3.4 特点与用途

中和试验具有较高的特异性和敏感性，具有严格的种、型特异性，利用同一病毒不同型的毒株或不同型标准血清，即可测知相应血清或病毒的型。抗体中和病毒的活性与攻毒保护试验高度相关，中和抗体的水平可显示动物抵抗病毒的能力。其不足之处在于：重复性受细胞繁殖和病毒复制变化的影响；操作烦琐、检测通量小，不适用于大规模监测；细胞培养技术相对复杂，需要一定的设备和技术支持。

中和试验在病毒学研究中的用途主要包括以下 3 个方面。

（1）鉴定病毒　利用已知型别的免疫血清与未知病毒做中和试验，如被中和，可以对未知病毒定属、定型，此法还可用于病毒感染的血清学诊断。

（2）测定免疫血清的效价和疫苗免疫后的抗体反应　用于不同病毒株抗原关系研究、疫苗免疫原性及免疫应答评价、免疫血清质量评价等。

（3）测定血清中和抗体滴度，用于病毒病的诊断　世界动物卫生组织将病毒中和试验作为口蹄疫等动物疫病的指定诊断方法，以及蓝舌病等动物疫病的替代诊断方法。我国将病毒中和试验作为口蹄疫、伪狂犬病、猪瘟等动物疫病的检测方法，以及蓝舌病型鉴定的试验方法。

5.4.4 间接免疫荧光试验

间接免疫荧光实验（Indirect immunofluorescence assay，IFA）是将抗原抗体反应的特异性和敏感性与显微示踪的精确性相结合。以荧光素作为标记物，与已知的抗原或抗体结合，但不影响其免疫学特性。然后将荧光素标记的抗原或抗体作为标准试剂，用于检测和鉴定未知的抗原或抗体。在荧光显微镜下，可以直接观察呈现特异荧光的抗原抗体复合物及其存在部位。20 世纪 50 年代以来，Riggs 等合成性能较为优良的异硫氰酸荧光素（Fluorescein isothiocyanate，FITC），并由 Marshal 等对荧光抗体的标记方法进行了改进，从而使荧光免疫技术逐渐推广应用。由于间接免疫荧光试验应用广泛，在实际工作中，已成为猪病毒性传染病研究和临床快速诊断中不可或缺的重要手段。

5.4.4.1 基本原理

间接免疫荧光试验是将免疫学方法与荧光染色法有机结合的试验方法。利用抗原抗体反应的原理，预先将已知的抗原或抗体标记上荧光素制成荧光标记物，再用这种荧光抗体或抗原检查细胞或组织内的相应抗原或抗体，形成含有荧光素抗原抗体复合物，利用荧光显微镜观察标本，荧光素受激发光的照射而发出明亮的荧光（黄绿色或橘红色），从而对抗原或抗体进行定性以及定位。常用的荧光素为含有多环芳烃的有机分子，是目前普遍应用的荧光素，罗丹明等荧光素也作为 FITC 的配合染料使用。

5.4.4.2 主要操作步骤

(1)病毒吸附及固定　根据病毒特性选择合适的细胞接毒,待细胞发生一定程度的细胞病变后,2～3 d,弃掉培养基,加入 80%冷丙酮溶液,4 ℃固定 20～30 min,弃掉丙酮,自然晾干后置－20 ℃备用。

(2)抗原抗体反应　在已固定的抗原上滴加经适当稀释的一抗,置湿盒内,在一定温度下孵育适当时间,一般为 37 ℃ 1 h,应同时设立阴性、阳性对照。用磷酸盐缓冲液充分洗涤、干燥,然后加入相应的二抗孵育,孵育条件一般为 37 ℃ 30 min,用磷酸盐缓冲液洗涤后在荧光显微镜下观察。

(3)镜检　检测样本可见特异性荧光,即为阳性。观察时,应将病毒形态学特征和荧光强度相结合。针对不同特征的病毒,应观察荧光所在的部位,即有的病毒呈细胞质荧光,有的病毒呈细胞核荧光,有的在细胞质和细胞核均可见荧光。荧光强度在一定程度上可反映抗体或抗原的含量。在阳性对照成立的前提下,阴性对照物无荧光,待检样品出现特异性荧光,样品即可判定为阳性。

5.4.4.3 注意事项

①必须设置阳性对照与阴性对照,以避免出现非特异假阳性,只有在对照成立时,才可对检测样本进行判定。判定结果应将形态学特征和荧光强度相结合。

②一抗的孵育温度和时间需要根据不同的标本及抗原调整,不耐热的抗原(如流行性乙型脑炎病毒)可采用 0～2 ℃的低温孵育,延长时间,低温过夜染色效果相对高温较好。染色时间可以从 10 min 到数小时,一般以 30 min 为宜。染色温度多采用室温(25 ℃左右),37 ℃孵育可加速抗原抗体反应和染色效果。

③在操作的各个步骤中,固定抗原需始终保持湿润,避免干燥。

④荧光素标记抗体浓度要适宜,荧光抗体浓度过高容易产生非特异荧光;荧光抗体浓度过低产生荧光过弱,同样影响结果的观察。

⑤由于荧光素和抗体分子的稳定性都是相对的,因此,随着保存时间的延长,在各种因素的影响下,荧光素标记的抗体可能变性解离,失去其应有的亮度和特异性。因此,经荧光染色的标本最好当天观察,随时间延长,荧光强度会逐渐下降。

⑥一般标本在高压汞灯下照射时间超过 3 min 会有荧光减弱的现象,因此镜下观察时间应小于 3 min。在一些新型光源荧光显微镜下观察标本则影响不大。

5.4.4.4 特点与用途

间接免疫荧光试验具有可靠、快速、敏感性高(与放射免疫相当,高于酶标免疫方法)、特异性强、应用范围广的优点,对病原的快速诊断具有非常重要的意义。与一般的血清学方法相比,间接免疫荧光技术可在细胞水平上对特异性抗原或抗体进行定位。但是也存在需要使用较为昂贵的荧光显微镜,结果判定存在一定的主观性,对操作人员有较高要求,以及随着荧光淬灭结果无法长期保存等缺点。

间接免疫荧光技术在猪病诊断中的应用较为普遍,可供检查的标本种类很多,包括细胞、组织涂片、组织切片以及感染病毒的单层培养细胞等,在临床诊断中起着重要作用。由于间接免疫荧光技术的敏感性高于 ELISA,通常在 ELISA 试剂盒的研发和结果验证中将间接免疫荧光技术作为“金标准”对样品盘进行标定。在病毒鉴定方面,世界动物卫生组织规定该方法作为国际贸易中猪繁殖与呼吸综合征、非洲猪瘟等多种动物疫病的推荐诊断方法，我国猪繁殖与呼吸综合征诊断方法的国家标准中也将免疫荧光技术列入其中。在寄生虫学领域里，该技术作为一种血清学方法可用于寄生虫病的诊断、流行病学调查和治疗后的复查。

5.4.5 酶联免疫吸附试验

酶联免疫吸附试验（ELISA）是由 Engvall 和 Perlman 于 1971 年首次报道建立，由于 ELISA 具有快速、简便、敏感、易于标准化等优点，得到了迅速的发展和广泛应用。如今 ELISA 已经成为最常用的检测方法之一，被广泛应用于多种细菌、病毒乃至寄生虫病的检测诊断。

5.4.5.1 基本原理

将抗原或抗体结合到某种固相载体表面，并保持其免疫活性，将待检样本与酶标抗原或抗体按不同步骤反应，用洗涤的方法分离复合物与游离成分，加入底物显色，根据颜色进行定性或定量分析。

ELISA 依其测定抗原或抗体的不同而有不同的测定模式。在抗原的测定上，对蛋白大分子抗原多用双抗体夹心法，而对只有单个抗原决定簇的小分子则常用竞争抑制法；在抗体的测定上，通常使用间接法、双抗原夹心法、竞争抑制法和捕获法等。

5.4.5.2 主要操作步骤

不同的 ELISA 具有不同的操作步骤，均需严格按照商品化试剂盒的说明书进行实验。一般都要包含以下 5 个步骤。

（1）样品反应　按照说明书要求的样品稀释及处理方法进行加样、孵育，使样品中的抗原或抗体与固相载体上的抗体或抗原进行反应。

（2）酶标反应　按照说明书要求的加液量加入酶标试剂，孵育。

（3）洗涤　加入样品或酶标试剂反应结束后，需加入洗涤液，洗去未结合在固相载体上的游离抗原或抗体。

（4）显色反应　加入底物液，反应结束后加入终止液。

（5）测定　将酶标仪设定为试剂盒说明书中推荐的波长，对显色反应终止后的包被板进行读数、分析。

5.4.5.3 注意事项

ELISA 一般要求避免在有挥发性物质及次氯酸类消毒剂（如 84 消毒液）的环境下操作。各个反应步骤均要严格按照说明书要求的温度及反应时间进行。血清样品应无严重溶血、污染、含悬浮纤维蛋白或聚集物。加液时使用的微量移液器应量程精准，加入不同样品或不同试剂组分时，应更换微量移液器吸头和加样槽，以防出现交叉污染。

5.4.5.4 特点与用途

ELISA 具有灵敏度高、特异性强、准确性好的特点，操作简便，对环境无污染，且酶标试剂能够较长时间保持稳定，易于推广使用。

ELISA 目前已被广泛应用于猪病的检测诊断，并且已经形成了系列成熟的商品化试剂盒，进口试剂多为美国爱德士（IDEXX）、荷兰百测（Biocheck）、法国艾萨华（LSI）等公司产品，国产的有普泰生物技术有限公司研发的产品，如非洲猪瘟病毒 ELISA 抗体检测试剂盒、猪伪狂犬病病毒 gE 蛋白阻断 ELISA 抗体检测试剂盒等，对非洲猪瘟及猪伪狂犬病的监测和净化起到了重要作用。此外，ELISA 还可以用来监测疫苗免疫保护效果，为猪场优化免疫程序及制定合理的免疫方案提供帮助，普泰生物技术有限公司研发的口蹄疫 O 型固相竞争 ELISA 抗体检测试剂盒、口蹄疫 A 型固相竞争 ELISA 抗体检测试剂盒、猪瘟病毒 E2 蛋白阻断 ELISA 抗体检测试剂盒、猪伪狂犬 gD 蛋白抗体检测试剂盒等，均可用于疫苗免疫后保护性抗体的监测，指导猪场优化免疫程序。

5.4.6 蛋白芯片

蛋白芯片是生命科学和材料学等学科交叉的一门高新技术，是一种高通量、高灵敏度、高特异性且微型化的，基于蛋白质的，免疫学自动化分析技术。

5.4.6.1 基本原理

蛋白芯片是在固相基质上集成各种可以作为受体的生物信息源进行生物学检测，利用受体与连接物之间的反应来进行的试验，同时还兼容计算机技术、分子生物学技术、微电子技术、共聚焦激光扫描技术等领域。反应结果用化学发光法、荧光法、酶催化底物显色法、同位素法等方法显示，最后通过特定的仪器对信号的强度进行快速、并行、高效地检测分析，并进行数字化处理，提供定性和定量分析结果，判断样品中靶标物质的含量，从而达到分析检测的目的。

蛋白芯片的反应原理与 ELISA 类似，都是基于抗原、抗体的特异性反应。不同的是，蛋白芯片集成了多种抗原或抗体免疫学反应，同时结合了互联网技术，一次检测操作可获得多种抗原或抗体的结果，并自动生成检测报告。

5.4.6.2 主要操作步骤

不同蛋白芯片方法具有不同的操作步骤，目前中科芯片生物技术有限公司已经研发出针对动物疫病检测的商品化试剂盒，使用商品化试剂盒需严格按照说明书进行实验操作。现就蛋白芯片最常用的酶催化底物显色法的操作步骤做简单介绍，一般包含以下 6 个步骤。

(1)样品反应　按照说明书描写的样品稀释及处理方法进行加样、孵育，使样品中的抗原或抗体与固相载体上的抗体或抗原进行反应。

(2)酶标反应　按照说明书描写的加液量加入酶标试剂，孵育一定时间。

(3)洗涤　样品及酶标试剂反应结束后，加入洗涤液洗去未结合在固相载体上的游离抗原或抗体。

(4)显色反应　加入酶反应的底物液进行反应，根据靶标点显色反应颜色深浅判定待测样品中抗原或抗体的含量。

(5)测定　显色反应结束后需甩弃显色液，吸干芯片上的水迹，利用专用的微孔盘芯片影像仪对反应后的芯片进行测定。

(6)检测报告生成　测定过程中微孔盘芯片影像仪自动识别芯片类别，通过手机 App 自动生成检测报告。

5.4.6.3 注意事项

蛋白芯片与 ELISA 操作有相同点，因此 ELISA 操作的注意事项在蛋白芯片的操作过程中也应注意。除此以外，蛋白芯片与传统 ELISA 又有区别，最主要的区别是固相载体及显色方法不同，蛋白芯片使用高科技技术制备的“0＋X”纳米膜作为固相载体，包被的抗原、抗体以共价键结合在纳米膜上。由于纳米膜具有疏水性，因此不同的抗原、抗体检测靶标点可以在同一个检测孔内以独立检测点的形式存在。显色反应用的是沉淀法显色剂，每个检测靶标点都会被独立显色。使用专用的微孔盘芯片影像仪对反应后的芯片进行拍照分析前，需要注意用吸水纸将芯片上的水迹吸干，避免因水迹反光而影响成像，造成数据异常。

5.4.6.4 特点与用途

与传统 ELISA 方法相比，蛋白芯片可对一份样品同时进行多指标分析，一次实验可获得多个结果数据信息，能够更简捷、全面地获得样品的检测结果，且检测判界、敏感性、特异性等均可调整至与 ELISA 方法相当的水平，从而大大降低了检测成本，提高了检测效率。

蛋白芯片技术不仅适用于大分子化合物（如蛋白质、核酸、细菌）的检测，也适用于小分子化合物（如抗生素、激素等）的测定。动物源性食品种类和成分较为复杂，目标化合物的检测限较低，各目标化合物的性质差异大，且可能同时存在多种组分。因此，近年来蛋白芯片在食品安全检测等领域的应用也日渐增多。蛋白芯片分析方法在食品的农兽药残留、生物毒素残留、食源性致病微生物及转基因食品的检测等方面具有巨大的应用潜力。

在动物疫病检测领域，蛋白芯片技术可同时检测 1 份血清样品中的多种病毒抗体。石霖等利用可视化蛋白芯片法对禽流感、新城疫、鸡传染性支气管炎和传染性法氏囊病 4 种禽病血清抗体同时进行了检测。刘志玲等建立了牛地方流行性白血病的液相蛋白芯片检测方法，检测结果与 ELISA 试剂盒的符合率达 94.6%。纪方晓等建立了猪戊型肝炎病毒液相蛋白芯片检测方法，其检测结果与商品化 ELISA 试剂盒基本一致。中科芯片生物技术有限公司研发的猪伪狂犬病病毒 gD、gE 蛋白二联检抗体检测试剂盒（生物芯片法）可以同时检测猪伪狂犬病疫苗免疫保护相关抗体和猪伪狂犬病野毒感染抗体；猪伪狂犬病病毒、猪瘟病毒抗体三联检试剂盒（生物芯片法）在检测猪伪狂犬病抗体的基础上，又增加了猪瘟疫苗免疫保护相关抗体的检测；口蹄疫病毒 O 型、A 型抗体二联检试剂盒（生物芯片法）同时对口蹄疫 O 型、A 型疫苗免疫保护效果进行监测。此外，蛋白芯片技术还可以用于常见猪病抗原的高通量检测，如中科芯片生物技术有限公司研发的猪流行性腹泻病毒、猪传染性胃肠炎病毒、猪轮状病毒三联检试剂盒（生物芯片法），能够同时对 3 种引起猪腹泻的病毒进行检测，可以确定引起腹泻的病原是单独感染还是混合感染，从而更有针对性地指导临床治疗。

利用蛋白芯片可以构建高通量检测试剂盒，以及一份样本一次检测获得多个指标（多种疾病）的检测结果，有望实现体外诊断试剂的技术变革，有广阔的应用前景。

5.4.7 胶体金免疫层析试纸条

胶体金免疫层析试纸条是基于胶体金标记技术、免疫检测技术、层析分析技术和新材料技术等多种技术开发的一种快速检测产品，因其简便、快速的优点，在猪病的临床检测中迅速占据了一席之地。

5.4.7.1 基本原理

胶体金免疫层析试纸条是以胶体金作为示踪标志物，将抗原或抗体特异性反应和蛋白质层析技术相结合，以微孔滤膜（如硝酸纤维素膜）为固相载体，利用微孔滤膜的毛细作用，使滴加在膜一端（样品垫）的液体样品向另一端（吸水垫）渗移。在移动过程中，抗原与抗体相遇并发生特异性结合，通过胶体金标记物聚集显色来判定结果。胶体金免疫层析试纸条通常有双抗原或抗体夹心法和竞争法，前者用于检测单一抗原决定簇的小分子物质，后者用于检测有多个抗原表位的大分子物质。

5.4.7.2 主要操作步骤

胶体金免疫层析试纸条多为商品化的产品，操作应严格按照说明书进行，主要包括样品处理、加样及结果判定 3 个步骤。结果判定时，质控线应出现条带，否则实验无效。双抗原或抗体夹心法以检测线出现条带为阳性；竞争法刚好与之相反，以检测线未出现条带为阳性。

5.4.7.3 注意事项

胶体金免疫层析试纸条检测过程应在水平台面上进行，否则会影响层析效果；试纸条拆封后应尽快使用，避免试纸条暴露于外界环境中时间过长受潮，从而影响检测结果；加样过程应严格按照说明书要求进行，样品量过多或过少均会影响层析结果；样品中待测物滴度过高时可能会导致对照线不显色，此时应将样品稀释后重检；结果判定需在规定时间内进行，反应时间过长或过短均会造成结果判定不准确；结果判定时，需在光线充足的环境下进行，尽量减少人为观察的误差。

5.4.7.4 特点及用途

胶体金免疫层析试纸条操作简便、快速，无需特殊设备，且结果判断直观，数分钟即可用肉眼观察检测结果，特别适用于猪场、基层实验室的现场快速检测；检测样品类型广泛，可用于血清、全血、拭子等的检测。但也存在敏感性较差的问题，在临床应用中需根据检测需求选择性使用。在猪病诊断中，胶体金免疫层析试纸条多用于疫病发生阶段的抗原检测，如猪腹泻和非洲猪瘟，在疫病发生前期，猪排毒量大，其灵敏度即可满足要求，检测结果可为发病猪的快速诊断提供重要的判定依据。目前，商品化的产品主要依靠进口，国产的有普泰生物技术有限公司的猪流行性腹泻病毒胶体金检测试纸条、猪传染性胃肠炎病毒胶体金检测试纸条、猪轮状病毒胶体金检测试纸条、猪 δ 冠状病毒胶体金检测试纸条和非洲猪瘟病毒胶体金检测试纸条等。

（撰稿人：郝丽影　宁佳囡　李玉芳　赵少若　潘姣姣　张继颖　赵静黎　邓均华）

5.5 病理学诊断

常用的病理学方法有大体病理学（解剖）观察、组织病理学观察和免疫组织化学染色等。下文介绍猪常见疾病诊断和鉴别诊断的病理学观察方法。通过尸体解剖和大体病理学观察，根据病变特点对致病原因做出初步的判断，在此基础上采取病变的组织、细胞，经不同处理方式，制成涂片、触片、压片、组织切片等，直接或经染色后在显微镜下观察组织细胞的形态、病变特征，明确检测方向或根据示病性病变结合免疫组化结果进行诊断，必要时还要结合其他实验室检测结果进行确诊。

5.5.1 大体病理学观察

又称大体解剖观察，主要目的是印证临床表现、确定取材重点、进行临床初步诊断。猪体解剖后，可用肉眼或辅以放大镜、量尺等工具，观察测量各脏器组织形状、大小、质量、色泽、质地、表面及切面形态、与周围组织器官的关系等是否正常，并根据病变情况进行取材。

5.5.1.1 观察过程与注意事项

大体病理学观察的主要内容与注意事项具体如下。

（1）全身状态检查　观察猪的精神、运动、呼吸、被毛、表皮、可视黏膜、营养状态，如有发热需测量体温。

（2）处死、外观检查　因心脏放血会人为造成待检猪肺部气肿、出血；待检猪死亡后，尸体沉降性淤血和组织自溶会影响对病理变化的判断，所以剖检对象最好选择濒死猪，在其腋下大动脉快速放血处死。猪处死后要检查全身皮肤颜色，尤其是鼻、耳、下腹、股内侧、外阴和肛门部皮肤的颜色。皮肤颜色变蓝紫提示循环障碍；红色提示充血、发热或有感染；苍白提示贫血；黄染提示肝脏功能不全或溶血；灰色或出现结痂则提示寄生虫侵袭或营养失调。如发现皮肤有损伤，应观察其分布、颜色、形状、状态（凸凹、是否为溃疡）等。

（3）解剖、皮下组织检查　从下颌沿腹中线切开表皮，剥开皮肤，观察皮下组织（是否有出血、淤血、坏死、化脓、肉芽肿）、淋巴结（腹股沟淋巴结、下颌淋巴结）、胸腺。如腹股沟淋巴结明显肿大，提示可能与腹腔脏器炎性病变、猪瘟、圆环病毒病等相关，需重点关注其他脏器与病原相关的病变，并根据示病性病变特点加以鉴别；下颌淋巴结肿，提示可能与胸腔脏器病变相关，需重点观察肺脏及其与胸壁的关系（是否有纤维素渗出、粘连）、心包（绒毛心）及心脏等；

（4）颈部观察　沿两侧颌骨内侧切开皮肤和肌肉，观察淋巴结和腺体（颌下腺、唾液腺、甲状腺、甲状旁腺），拉起气管切断喉骨，向前拉并向下切至舌根（或从前向后暴露下颌部），观察扁桃体。

（5）胸腔脏器的观察　沿肋软骨切断肋骨、打开胸腔，观察心、肺与周边组织的关系（有无渗出、粘连等），原位观察肺并触压，剪断气管再观察肺及肺门淋巴结的质地（肺触感是否坚实有弹性、脆弱，按下易碎或如熟肉状等）、大小、颜色。再逐一取出心、肺、胸腺等组织对外观、质地、大小、颜色以及不同病变部位的切面等进行详细观察。

（6）腹腔脏器的观察　先观察腹腔各脏器的位置关系，有无渗出液（物）及各脏器之间有无粘连；再逐一取出肝、脾、肾、肠系膜淋巴结等观察其大小、外观和被膜，做切面看是否有肿大（有肿大则切面对合不良）；剪开胃、肠、膀胱观察黏膜有无坏死、溃疡等。

（7）脑部观察　观察硬膜下、蛛网膜下腔和软脑膜是否有淤血、出血、增厚、纤维素渗出；在大脑半球各 1/3 处做两个切面，看是否有出血、液化坏死灶（活体剖检时脑组织软化呈糊状）。

注意事项：临床疑似为炭疽、非洲猪瘟等人兽共患病或猪烈性传染病时禁止剖检；剖检时要做好个人防护，对所用物品及周围环境要严格消毒处理；剖检过程中要注意辨别死后猪体的正常生理性变化与疫病导致的病理变化之间的差异，观察到的大体病变最好拍照记录。

5.5.1.2 在猪常见病诊断和鉴别诊断中的应用

通常情况下，猪病都有其所特有的特征性病变，通过大体剖检，结合临床症状，对各脏器组织进行系统全面的观察，找出与某种疾病有关联的特征性、示病变化，对临床初步诊断具有重要意义。如临床高热、皮肤出血、淤血，剖检见扁桃体出血坏死，腹股沟淋巴结明显肿大、呈红白相间大理石样外观；肾表面见大小不一的出血点，呈麻雀蛋样外观；脾出血性梗死；喉头、会厌软骨、膀胱黏膜可见出血点等全身出血倾向,可初步诊断为急性猪瘟。但此病需与非洲猪瘟、高致病性猪繁殖与呼吸综合征(蓝耳病)、猪丹毒等引起的急性出血性败血症的疫病进行鉴别诊断。临床高热,仔猪有神经症状,死亡率高,起病急、恢复快,大体剖检早期濒死病猪见扁桃体黏膜灶性坏死,肺脏局灶性出血性实变、坏死,发病后期病例肝、脾、肾可见白色点状坏死灶时,提示可能是猪伪狂犬病。临床高热,有呼吸道症状,部分猪后躯麻痹等,发病早期病例扁桃体出血、坏死,肺呈非对称性片状肉样实变,脾梗死,淋巴结、肾、膀胱、脑出血,提示可能为高致病性蓝耳病,但需注意与非洲猪瘟、急性猪瘟、猪丹毒等鉴别诊断。肺以尖叶、心叶为主至膈叶对称性从边缘向中心的肉样或胰样实变,为猪肺炎支原体的特征性病变。多发性纤维素性浆膜炎(胸腹腔脏器上附着有大量黄白色的纤维蛋白渗出物、"绒毛心"、关节炎)是副猪嗜血杆菌病的特征性病变。

5.5.2 组织病理学观察

借助光学显微镜在组织细胞层面上对脏器组织的形态进行观察,判断是否发生了变化及变化的性质。

5.5.2.1 组织病理学观察的基本原理

组织病理学技术是将采取的病变组织或细胞,经过固定、脱水、透明、包埋等步骤制成病理组织切片或直接做成涂片、触片、压片等,利用组织中的不同细胞成分与特定的化学物质特异性结合而显现出不同颜色反应的特性,在显微镜下观察组织细胞形态结构、相互关系以及病理变化的方法。

石蜡切片最常用的是苏木素-伊红(HE)染色法,HE 染色是用苏木素染液使细胞中的酸性物质着蓝色,伊红染液使细胞中的碱性物质着红色的原理,让不同的组织细胞成分在光学显微镜下呈现出不同的颜色。诊断过程根据不同目的和观察对象,需制作不同类型的组织细胞片,采用不同的染色方法(表 5-5-1)。

表 5-5-1 细胞片的常用染色方法

观察对象	制片类型	常用染色方法
血细胞、附红细胞体	血涂片	吉姆萨或瑞氏-吉姆萨染色
病毒	培养细胞爬片、涂片,组织压片	免疫组织化学染色
病毒包涵体	脱落细胞涂片	亚甲蓝伊红染色
细菌	组织触片、血涂片	革兰氏染色、吉姆萨染色
真菌	组织触片或压片	PAS 染色
寄生虫虫滋养体或虫卵	肠内容物、粪便涂片或压片	直接镜检

备注:结果见附图 2。

5.5.2.2 染色方法与注意事项

(1)制片 按本章前文介绍的方法采样,制备血涂片、组织触片、压片、涂片的各种组织细胞片并完成固定。

(2)石蜡切片制备及 HE 染色 固定好的组织块经常规修块、脱水、透明、浸蜡后,用固体石蜡包埋成蜡块;蜡块经切片、漂/贴片、烤片等步骤制成石蜡切片;石蜡切片经二甲苯脱蜡、从高到低浓度的梯度酒精再到水进行脱水、苏木素染色、盐酸酒精分化、返蓝、伊红染色、从低至高浓度的梯度酒精脱水、二甲苯透明、中性树胶封片等步骤完成染色。

(3)其他染色　血涂片、组织触片、压片、涂片等各种细胞片的革兰氏染色、过碘酸雪夫染色(PAS)、亚甲蓝伊红染色等可自配试剂或选择商品化的染色试剂,按说明书操作。

(4)注意事项　染色前处理的过程如固定、切片、组织细胞片制备等均会对染色结果造成影响,特别是固定液的浓度(过低无法完成组织固定、过高表面固定后无法向深部渗透,均会造成组织自溶)、固定液与组织的比例、固定的组织块厚度、脏器包膜厚度等都会影响固定质量。固定不彻底造成的组织自溶会影响观察判断,造成误诊。因此,正确选择固定液浓度、剂量、组织块厚度是保证良好切片及染色质量的关键。

5.5.2.3　在猪常见病诊断和鉴别诊断中的应用

在猪病诊断中,石蜡切片 HE 染色法具有简单、快速、成本低和实用等优势,发挥着重要的作用。组织细胞形态学的改变是脏器大体病理变化的基础,可将临床症状、大体病变和组织病理学变化结合起来进行诊断。另外,当切片中可见病原形态时,也可通过特殊染色法,进一步证实后直接进行诊断,如 HE 染色中见到真菌的菌丝结构,可通过 PAS 染色确认后确诊。常见猪病理学特征性病变见表 5-5-2。

表 5-5-2　常见猪病理学特征性病变

疫　病	大体解剖	组织病理
猪伪狂犬病	肺、扁桃体、淋巴结、肝、脾、肾可见灰白色坏死灶,肺尖叶、心叶及膈前肉样或肝样实变,触压有灶性硬结;脑膜充血、淤血,脑脊液增多	肺:出血性坏死,早期渗出为主,后期灶性坏死、细胞崩解。 脑:非化脓性脑炎。血管呈“袖套”样样变,可见胶质细胞结节、神经元变性坏死、噬神经元现象和微卫星现象
猪繁殖与呼吸综合征	肺为主要靶组织,呈非对称性片状肝样或肉样实变,触压质地均匀	肺:间质性肺炎,肺泡间隔明显增宽,肺泡上皮细胞增生,单核巨噬细胞、淋巴细胞浸润
猪圆环病毒(PCV2)病	全身淋巴结,特别是腹股沟淋巴结、肠系膜淋巴结、肺门淋巴结肿大至正常的数倍,硬度增加,呈均一的黄白色;肺胰样变,质地坚硬,肺小叶间隙增宽;肾被膜下可见白色斑块,也称“白斑肾”	淋巴结:淋巴滤泡内淋巴细胞大量逸失、网状细胞增生,淋巴窦内巨噬细胞浸润,局部或可出现肉芽肿性炎症反应。 肺:肺小叶间有大量均质红染的水肿液渗出,其内见巨噬细胞、淋巴细胞浸润
猪瘟	急性型:全身多脏器出血性病变;脾梗死、淋巴结“理石样变”、肾呈“麻雀蛋样”外观	淋巴结:出血性坏死性淋巴结炎。 肾:急性肾小球肾炎,血管球体积增大、包曼囊(也称肾小囊)变窄,肾小管上皮细胞变性、坏死,间质出血
非洲猪瘟	急性型和亚急型性:广泛性的出血和淋巴组织坏死;脾极度肿大、梗死,质脆易碎呈黑红色;淋巴结出血、水肿,呈“大理石样”;肾表面及切面均可见斑点状出血;肝胆出血肿大;消化道黏膜水肿、出血等	淋巴结:呈出血性坏死性淋巴结炎,淋巴窦明显出血,出血灶内淋巴组织坏死、崩解。 肺:出血性间质性肺炎

续表 5-5-2

疫 病	大体解剖	组织病理
猪流感	鼻、咽、喉、气管、支气管内均可见大量无色泡沫状黏液，有时混有血液；肺以尖叶、心叶为主呈现界限明显、质地坚硬的紫红色病灶，肺小叶间隙水肿、增宽	肺：坏死性间质性肺炎，肺支气管、细支气管及肺泡上皮细胞坏死、脱落至腔内，肺泡间隔增宽，可见大量以中性粒细胞为主的炎性细胞浸润
猪乙型脑炎	死胎脑水肿，木乃伊胎大小不一；公猪睾丸水肿或萎缩	脑液化坏死，均质无结构；睾丸实质充血、出血和小坏死灶，萎缩者纤维化
猪流行性腹泻	1 周龄以内猪病死率高，水样腹泻；病变主要局限在小肠，小肠充满黄色水样内容物，小肠壁透明、菲薄	小肠：绒毛缩短、表层黏膜上皮细胞空泡化、坏死脱落，黏膜固有层淤血、出血
猪传染性胃肠炎	2～3 周龄死亡率高，病变常局限在胃肠道，胃内充满凝乳、黏膜充血，空肠内充满黄色泡沫性液体，且常含有未消化的乳凝块，肠壁菲薄透明	胃、肠：黏膜上皮细胞变性、坏死、脱落，固有层淤血、出血；肠绒毛萎缩
轮状病毒感染	1～3 周龄多发，病变较轻，以空肠、回肠为主，肠壁变薄，内容物为絮状、黄色或灰色凝乳块，3 周龄以上的猪很少观察到明显的大体病变	小肠：绒毛变钝及萎缩，黏膜上皮细胞变性、坏死脱落或扁平化，隐窝细胞增生，固有层淋巴细胞、单核细胞浸润
猪支原体肺炎	肺以心叶、尖叶、中间叶和膈前为主从边缘向心呈对称性肉样或胰样实变，质地坚硬，呈“橡皮”样手感，气管内可见透明无色的黏液样渗出物	肺：肺支气管周围淋巴细胞大量增生呈“袖套”样样变；局灶性间质性肺炎
猪传染性胸膜肺炎	最急性型：气管、支气管内充满红色泡沫样液体，肺见暗紫红色质地坚硬的弥散性或多病灶的出血、坏死区域。 急性型：纤维素性胸膜肺炎；心外膜、心包膜及肺表面见黄白色纤维素性渗出物；肺切面红、灰白交织。 慢性型：心、肺与胸膜壁粘连，肺上多见局限、分界明显的灰白色的结节样病灶，切面可见黄白色干酪样坏死物	肺：肺间隔毛细血管扩张、淤血、出血，肺泡上皮细胞坏死，肺泡腔内可见大量红细胞、纤维素性和浆液性渗出物，坏死灶周围有大量中性粒细胞浸润和成纤维细胞的增生
猪副嗜血杆菌病	最急性型：猝死，无肉眼可见病变，一些组织中可能出现点状出血。 急性型：纤维素性多发性浆膜炎、关节炎和脑膜炎；胸膜、腹膜、心包膜等可见大量纤维蛋白渗出物，呈“绒毛心”；临床最常见	肺：纤维素性化脓性肺炎，支气管炎；肺浆膜面见大量坏死无结构的纤维素样物质附着 脑：纤维素性化脓性脑膜炎；脑膜大量中性粒细胞浸润、坏死、崩解，并见纤维素性渗出物

续表 5-5-2

疫　病	大体解剖	组织病理
猪链球菌病	败血症型：皮下组织、全身淋巴结和脏器广泛淤血、出血；肺淤血，表面可见暗红色至紫红色的出血点至出血斑。 脑膜炎型：脑脊液增多，脑膜浑浊、增厚，脑实质变软。 亚急性型和慢性型：关节炎，关节腔内可见大量黄色或淡红色的黏稠液体和纤维素性渗出物；淋巴结肿大、坚硬、脓肿，切面见黄白色的脓液或干酪样物质	肺：以弥漫性或灶性的淤血、出血为主。 脑：脑膜脑炎；软脑膜血管淤血、出血，血管周围有大量的中性粒细胞浸润
猪巴氏杆菌病	最急性型：咽喉部及颈部皮下见大量淡黄色透明的渗出液，全身皮肤、皮下和浆膜、黏膜面见大量出血斑点。 急性型：肺尖叶、心叶、膈叶的腹侧面多见散布典型的灰红色坚实的结节，偶见脓肿及纤维素性胸膜肺炎	肺：支气管肺炎；细支气管上皮细胞变性、坏死，其管腔内见大量脱落的上皮细胞、中性粒细胞及坏死崩解的细胞碎片和浆液性、黏液性及纤维素性渗出物

5.5.3　免疫组织化学技术

当组织病变仅通过常规病理学方法无法进行明确诊断时，通常可以借助免疫学方法在组织细胞上进行染色，通过颜色反应判定结果，并进一步做出确诊。

5.5.3.1　基本原理

免疫组化技术是用酶标记抗体，通过显色反应检测细胞和组织内的抗原，从而达到诊断和研究疫病的目的。凡是能做抗原、半抗原的物质，如病原体、蛋白质、多肽、核酸、酶、激素、磷脂、多糖、受体等都可用相应的特异性抗体及免疫组化方法检出。根据酶标记的部位可分为直接法和间接法。直接法是将酶直接标记在第一抗体上，间接法是将酶标记在第二抗体上，标记酶通常选用辣根过氧化物酶，底物显色剂多用二氨基联苯胺（DAB，显黄褐色或棕黄色）或 3-氨基-9-乙基咔唑（AEC，显红色）。最常用的是间接法，一抗最好选用单克隆抗体，二抗最好选可以商品出售的。间接法的敏感性和特异性均高于直接法，过氧化酶-抗过氧化酶法（PAP 法）、链霉亲和素-过氧化物酶法（SP 法）、亲和素-生物素法（ABC 法）等均由其衍生而来。

5.5.3.2　免疫组化染色过程与注意事项

①抗原能否准确显示和定位与制备的细胞和组织标本质量有着密切的关系。免疫组化染色的样本可以是石蜡切片、冰冻切片或细胞爬片。为避免出现组织自溶造成的抗原消失、弥散现象，应取新鲜组织，尽快处理。如需制备冷冻切片要尽快制作；如需石蜡包埋，取材时要根据检测对象取适宜的位置，注意组织块大小、薄厚并尽快固定。染色前，需要评价一抗的特异性，确定其抗原修复方法及最佳工作浓度等。

②免疫组化染色过程中，载玻片的防脱片处理是做好免疫组化染色的重要步骤，尤其对一些需做酶消化、微波或高压处理、PCR 扩增的组织切片更为重要。目前，常用的防脱片剂有

3-氨丙基三乙氧基硅烷(APTES)、1%铬明矾-明胶、白胶、多聚左旋赖氨酸。切片厚度 3～5 μm,水温不要超过 45 ℃,展片要充分。37～45 ℃温箱 12～24 h 干片后防潮包装,冷冻保存。染色前恢复到室温或 37 ℃加热后脱蜡。染色步骤为常规脱蜡、3%过氧化氢封闭内源性过氧化氢酶、抗原修复、封闭杂蛋白、一抗孵育(4 ℃过夜或 37 ℃1 h)、酶标二抗 37 ℃孵育 1 h、显色、脱水至透明、封片等。

③注意事项:整个染色过程要保持切片的湿润,不能干片;避免因载玻片未做黏合剂处理、切片太厚、抗原修复后骤冷等造成脱片现象;每次染色都要做特异性阳性和阴性对照,在对照成立的基础上判定结果。

5.5.3.3 免疫组化的特点与应用

免疫组化染色的特点是定位明确,可以反映病原与病变的关系,能最大限度保存组织细胞内待检物质的抗原活性,可采用各种增敏方法,确保检出细胞内微量的抗原成分,在相应组织原位对病原做出特异、定位明确的诊断,染色结果稳定、易于观察、保存。每一种病原都有其侵袭、增殖的特定组织细胞类型,即病毒嗜性组织和抗原定位细胞,通过免疫组化方法可以确定病毒与组织病变的关系,如猪伪狂犬病毒主要定位于脑神经细胞,以及扁桃体、肺等组织细胞坏死的部位;猪圆环病毒 2 型主要定位于淋巴结、扁桃体的淋巴细胞、巨噬细胞中;猪繁殖与呼吸综合征病毒主要定位于肺、扁桃体的巨噬细胞系统中;猪瘟病毒在淋巴结、消化道、皮肤、呼吸道、泌尿、神经组织中均可检测到;非洲猪瘟病毒主要定位于肺、淋巴结、扁桃体等组织中的单核-巨噬细胞系统中;猪流感病毒主要定位于气管、支气管上皮细胞和肺泡巨噬细胞中;猪的腹泻类病毒抗原主要定位于小肠段的肠黏膜上皮细胞中。

国家兽用药品工程技术研究中心的病理学技术平台,基于疫苗研究中大量猪病感染试验样品、自主研发的特异性单克隆抗体,建立了一系列诊断猪病的免疫组化方法,完成了多种猪病应用病理学及免疫组化方法的实验研究,为猪病临床诊断及发病机理研究积累了示病性病变和病原在脏器组织中分布、定位的图片及资料。如猪伪狂犬病毒的免疫组化方法用于流行毒株 HN1201 与经典毒株感染猪后脏器组织抗原分布的差异性比较,得出流行毒株 HN1201 具有在多脏器组织中泛嗜性分布的特征。猪圆环病毒 2 型免疫组化方法用于区分感染或发病后在除淋巴结外其他组织中抗原量的差异性研究,为临床样品是否可用于猪圆环病毒 2 型强毒株的分离提供了理论的参考依据。使用猪繁殖与呼吸综合征病毒的免疫组化方法分析得出高致病性猪繁殖与呼吸综合征病毒与 NADC-30like 毒株在感染组织定位性及各组织中病毒抗原含量的差异性,很好地解释了两者不同临床表现的原因。对猪流行性腹泻病毒、轮状病毒或猪传染性胃肠炎病毒在感染细胞的不同时间段和感染猪后不同时间及不同肠段的免疫组化结果分析发现,病毒在小肠组织中的动态变化规律,对临床样品采集时间、部位具有指导意义,同时三种猪腹泻病毒的免疫组化方法也可作为三者的鉴别诊断方法。参见附图 1。

(撰稿人:孙哲　邓均华)

附图 1：

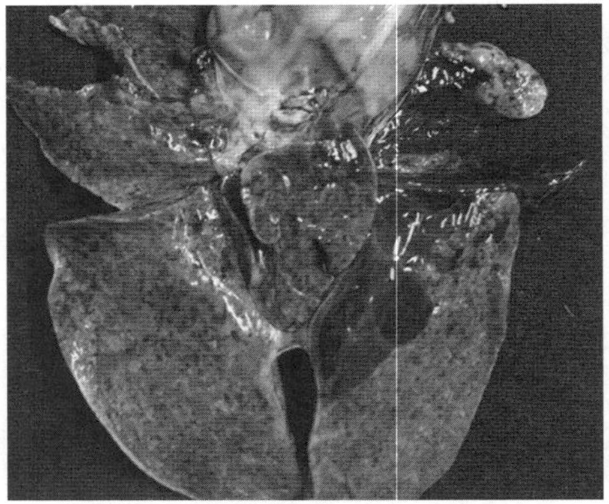

图 1-A　猪伪狂犬病　肺

肺出血性坏死灶，融合成质地坚硬的黑红色坏死区

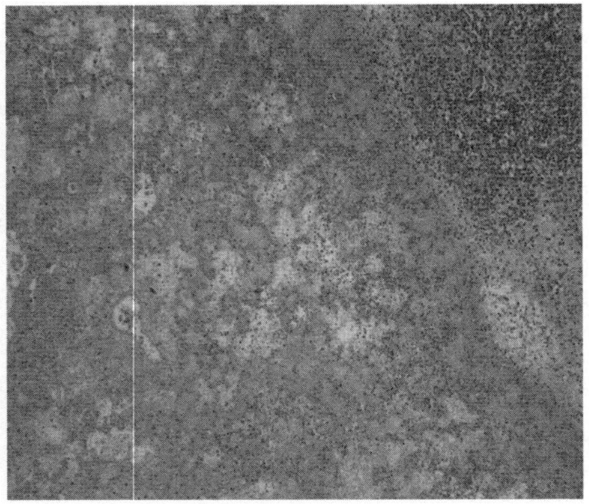

图 1-B　猪伪狂犬病　肺

肺组织中出血性坏死灶

HE 染色 100×

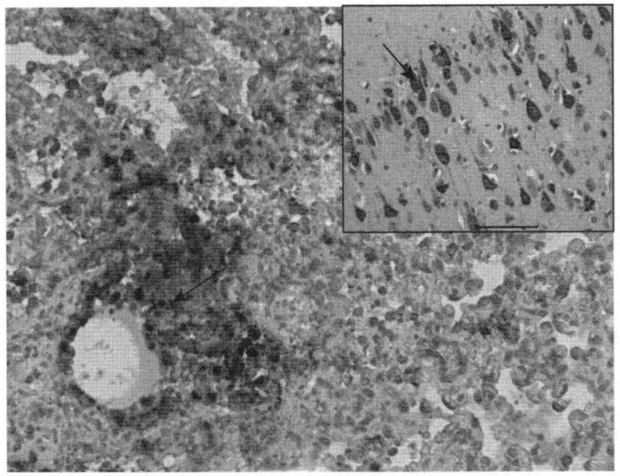

图 1-C　猪伪狂犬病毒　肺和脑

肺坏死灶和皮层神经元细胞(右上角插图)呈红色病毒阳性反应(箭头所示)

免疫组化染色 400×

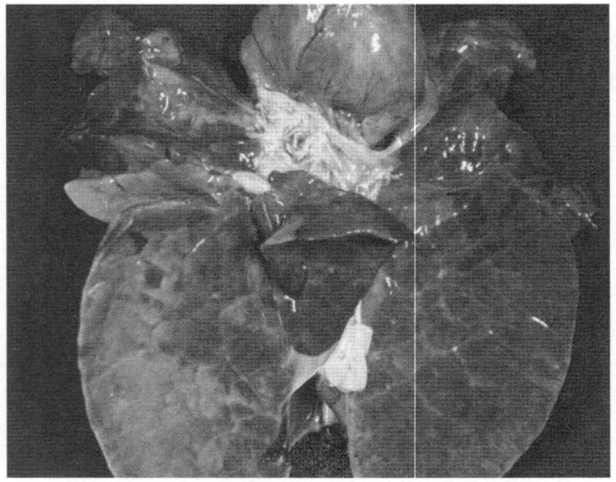

图 2-A　猪繁殖与呼吸综合征　肺

肺呈片状质地坚硬的实变病灶

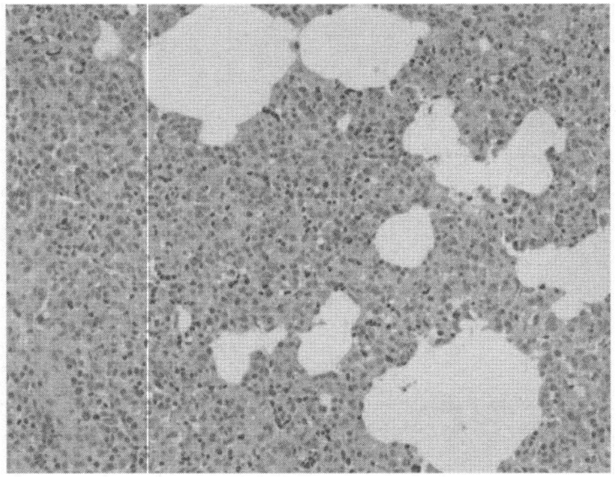

图 2-B　猪繁殖与呼吸综合征　肺

间质性肺炎，肺泡间隔增宽，肺泡上皮细胞增生，巨噬细胞、淋巴细胞浸润

HE 染色 100×

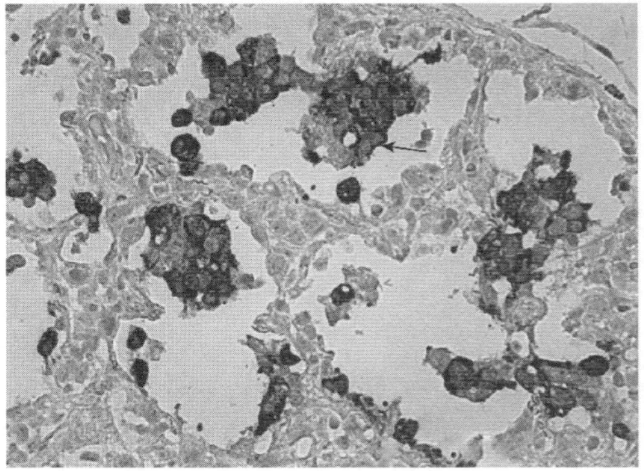

图 2-C　猪繁殖与呼吸综合征病毒　肺

肺泡腔内的脱落细胞呈红色病毒阳性反应(箭头所示)

免疫组化染色 400×

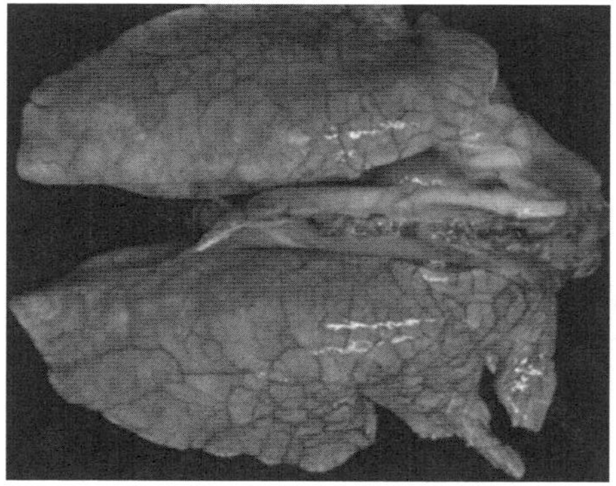

图 3-A 猪圆环病毒(PCV2) 肺

肺胰样变,小叶间隔明显增宽、水肿,质地坚实,呈“橡皮”样手感

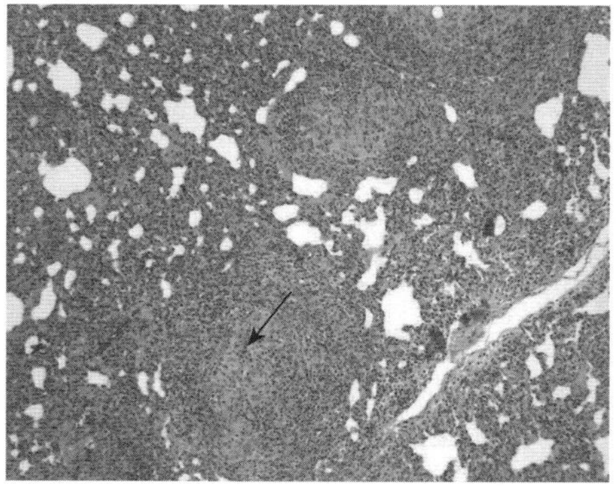

图 3-B 猪圆环病毒(PCV2)病 肺

肺组织中巨噬细胞、多核巨细胞形成肉芽肿样结节,周围淋巴细胞浸润(箭头所示)

HE 染色 100×

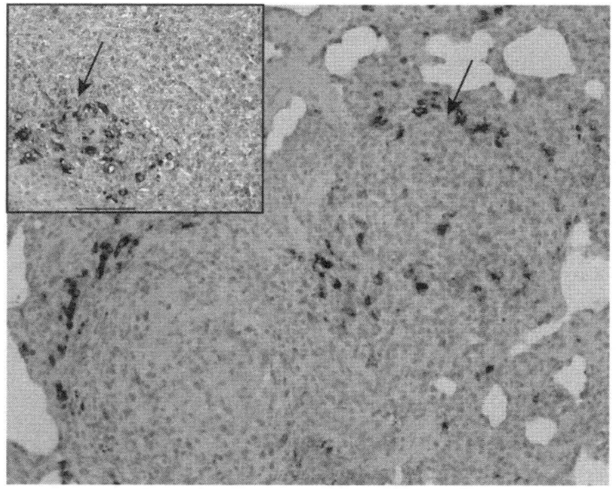

图 3-C 猪圆环病毒 2 型 肺和淋巴结

肺和淋巴结淋巴滤泡巨噬细胞(左上角插图)呈紫红色病毒阳性反应(箭头所示)

免疫组化染色 200×

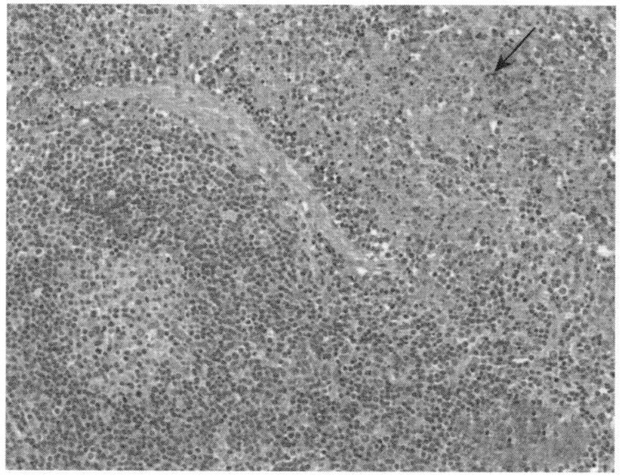

图 4-A 非洲猪瘟 淋巴结

淋巴窦出血,淋巴细胞坏死、崩解(箭头所示)

HE 染色 200×

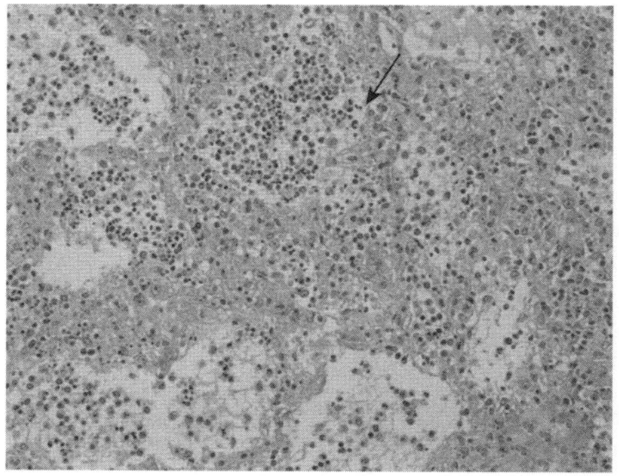

图 4-B 非洲猪瘟 肺

肺泡腔中见大量脱落的上皮细胞、巨噬细胞,淋巴细胞浸润,可见坏死细胞(箭头所示)

HE 染色 200×

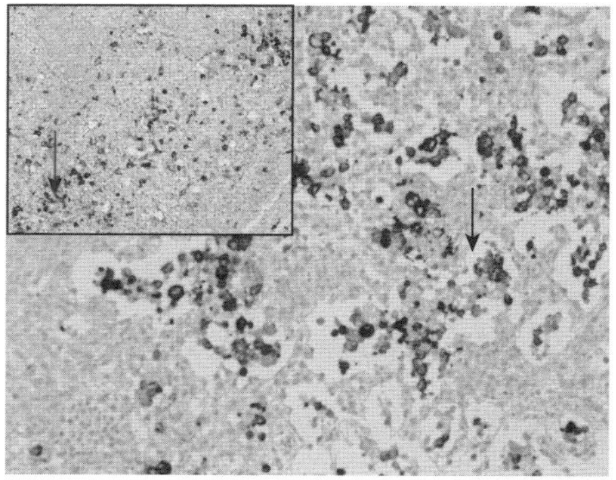

图 4-C 非洲猪瘟病毒 肺和淋巴结

肺泡腔和淋巴结(左上角插图)的巨噬细胞呈红色病毒阳性反应(箭头所示)

免疫组化染色 200×

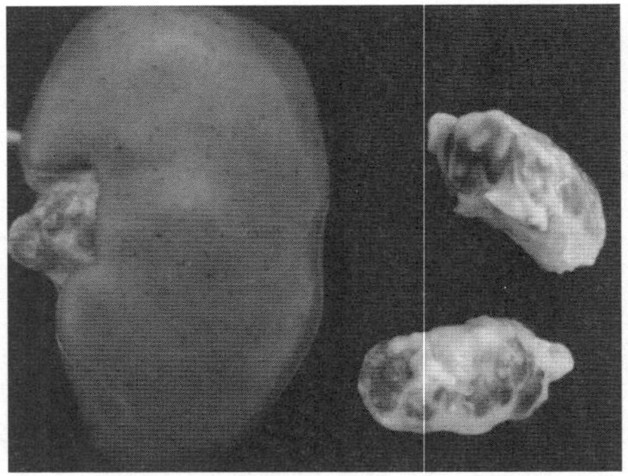

图 5-A　猪瘟　肾和淋巴结

肾出血斑、点；淋巴结肿大、出血

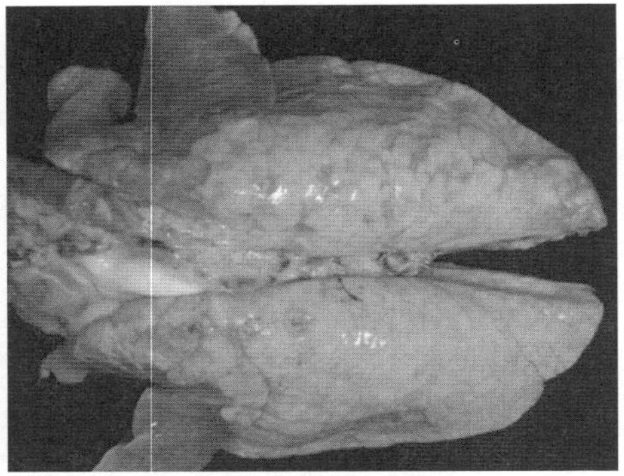

图 6-A　猪支原体肺炎　肺

肺心叶、尖叶呈对称性肉样实变

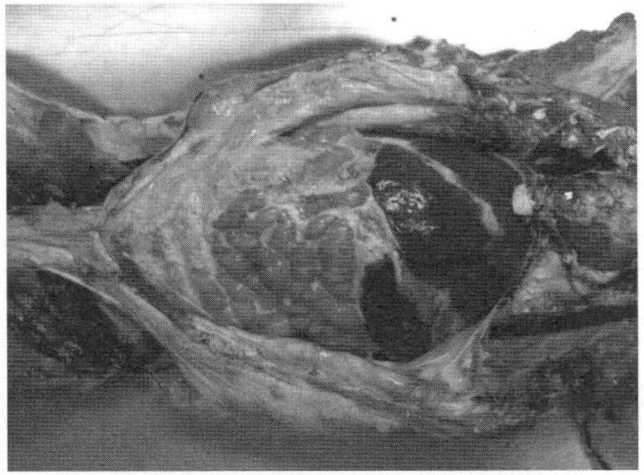

图 7-A　副猪嗜血杆菌病　肺

胸腔、腹腔多发性纤维素性浆膜炎；浆膜面出现大量黄白色纤维蛋白渗出物

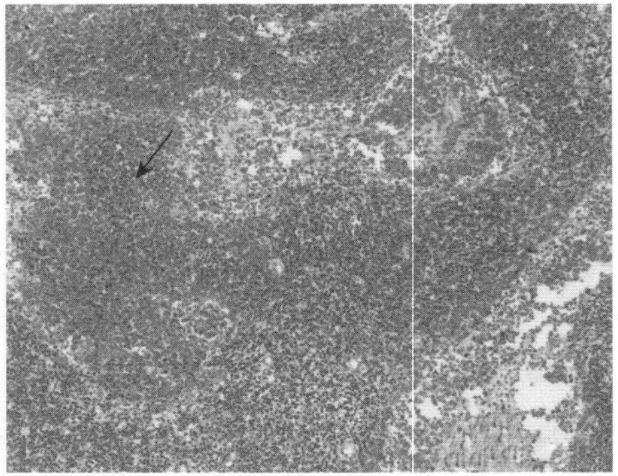

图 5-B　猪瘟　淋巴结

淋巴窦出血灶（箭头所示）

HE 染色 100×

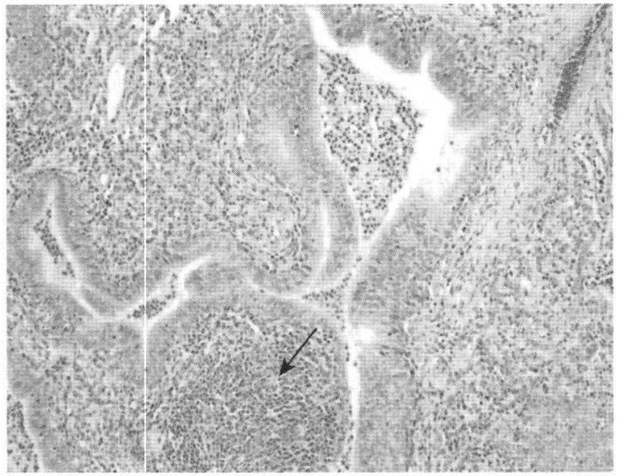

图 6-B　猪支原体肺炎　肺

细支气管周围大量淋巴细胞增生（箭头所示），细支气管腔及肺泡腔巨噬细胞、中性粒细胞浸润

HE 染色 100×

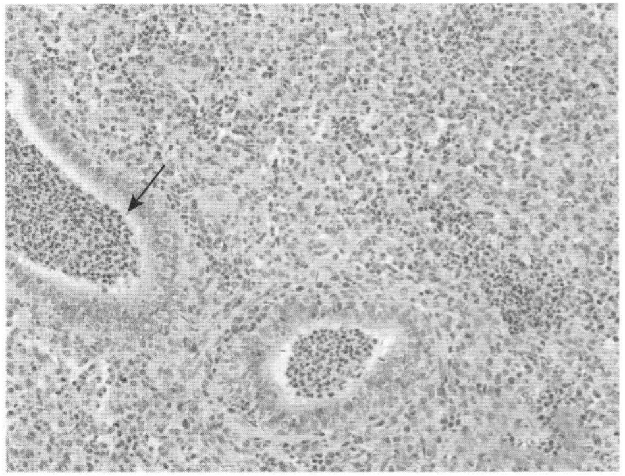

图 7-B　副猪嗜血杆菌病　肺

肺细支气管腔及肺泡腔内有大量中性粒细胞浸润，以及细胞坏死、崩解（箭头所示）

HE 染色 200×

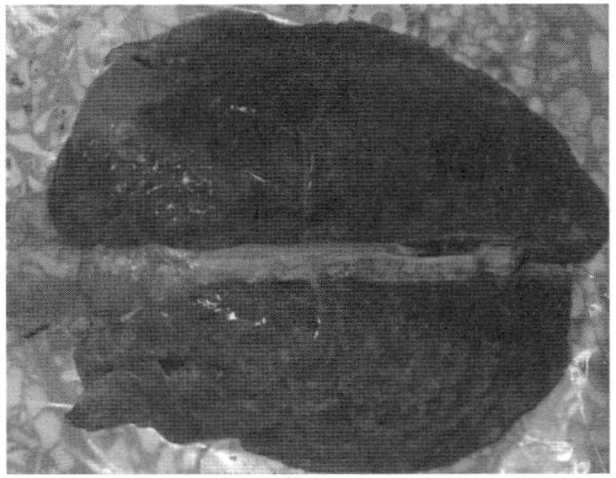

图 8-A　猪链球菌病(败血症型)　肺
肺弥漫性淤血、暗红色出血斑

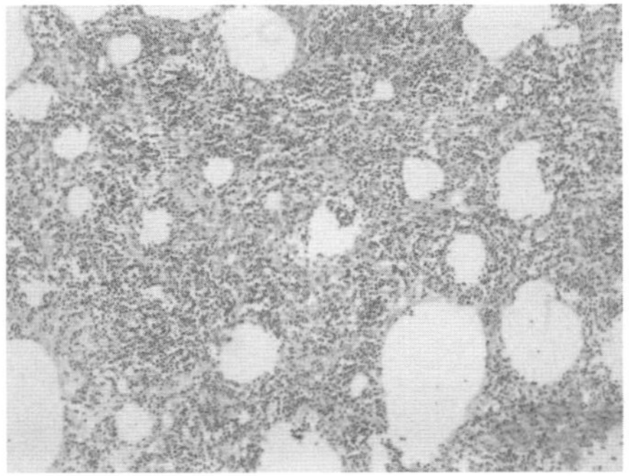

图 8-B　猪链球菌病　肺
肺泡壁血管弥漫性淤血、出血
HE 染色 100×

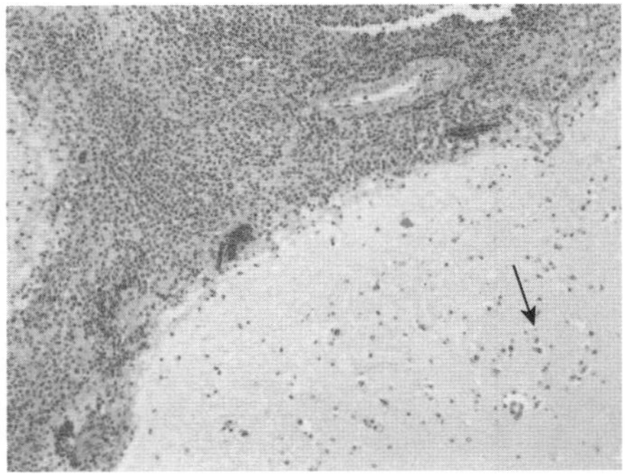

图 8-C　猪链球菌病　脑
脑膜血管淤血、出血,大量中性粒细胞浸润
HE 染色 100×

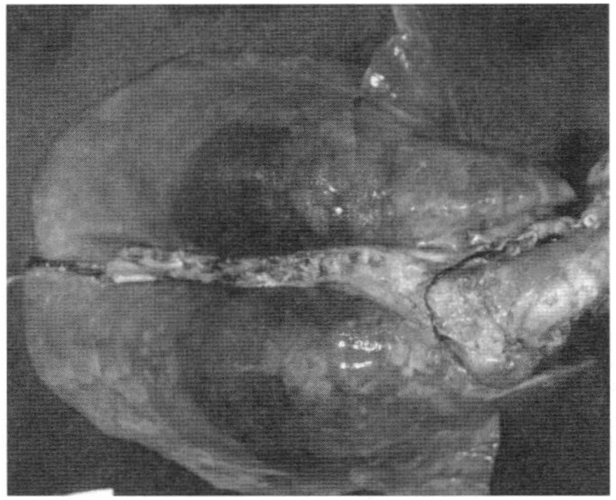

图 9-A　猪传染性胸膜肺炎(急性型)　肺
肺表面见白色纤维素性渗出物、黑红色出血坏死灶

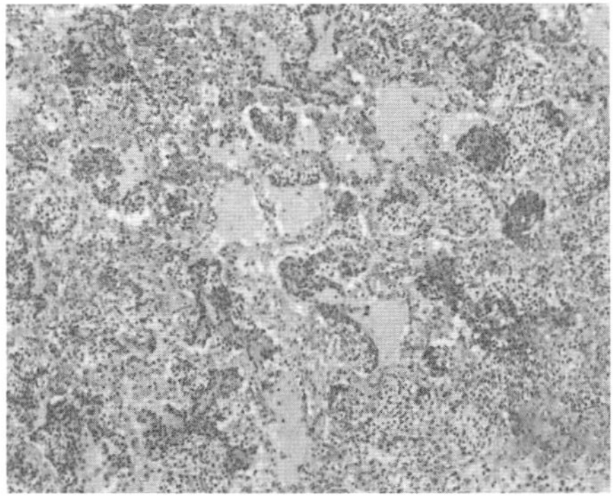

图 9-B　猪传染性胸膜肺炎　肺
肺泡上皮细胞坏死,肺泡腔内大量红细胞、白细胞,纤维素性和浆液性渗出物
HE 染色 100×

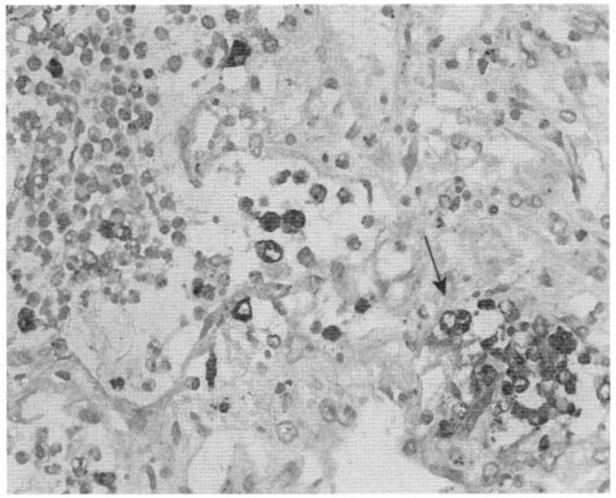

图 9-C　猪传染性胸膜肺炎放线杆菌　肺
肺泡腔内脱落细胞呈红色放线杆菌阳性(箭头所示)
免疫组化染色 200×

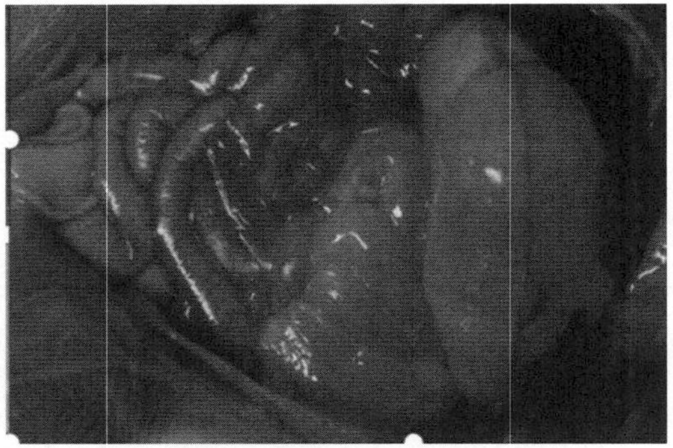

图 10-A　3 日龄仔猪猪流行性腹泻　肠

小肠壁透明、菲薄，见黄白色、白色透明的水样内容

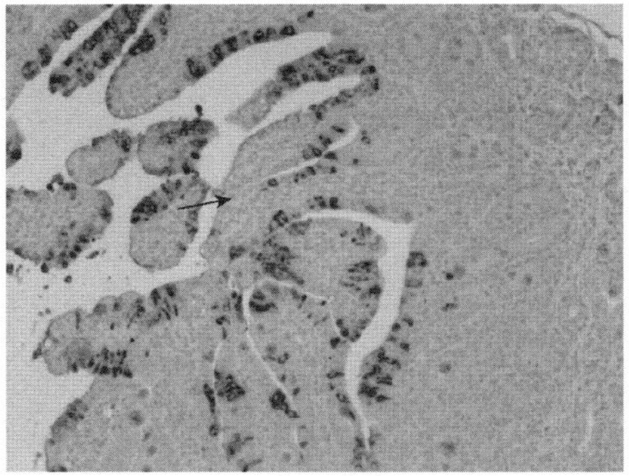

图 10-B　猪流行性腹泻病毒　空肠

空肠段黏膜上皮细胞呈棕黄色病毒阳性反应

（箭头所示）

免疫组化染色 200×

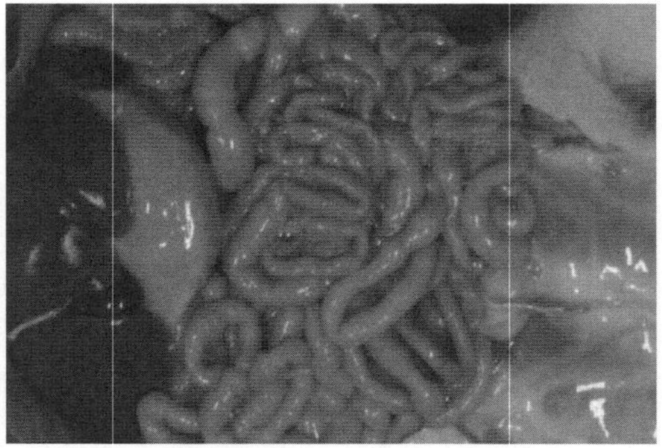

图 11-A　2 周龄仔猪猪轮状病毒感染　肠

小肠壁变薄、小肠臌气，可见黄色凝乳样内容物

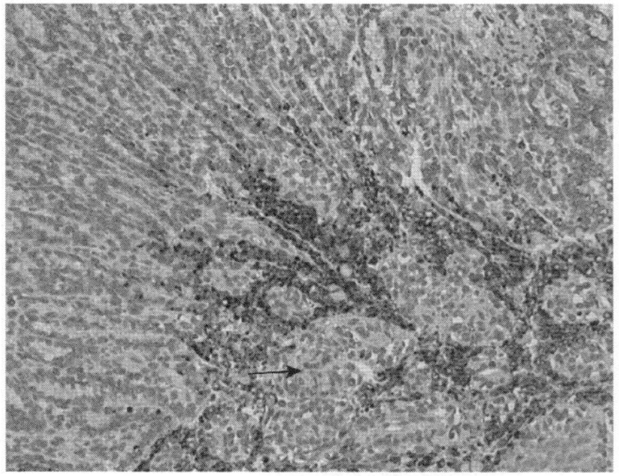

图 11-B　猪轮状病毒　空肠

空肠段黏膜上皮细胞呈红色病毒阳性反应

（箭头所示）

免疫组化染色 200×

附图 2：

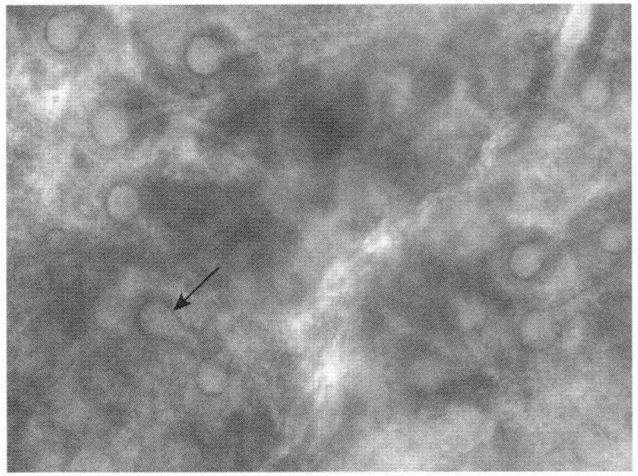

图 12 肺 压片

曲霉菌的菌丝、孢子(箭头所示)

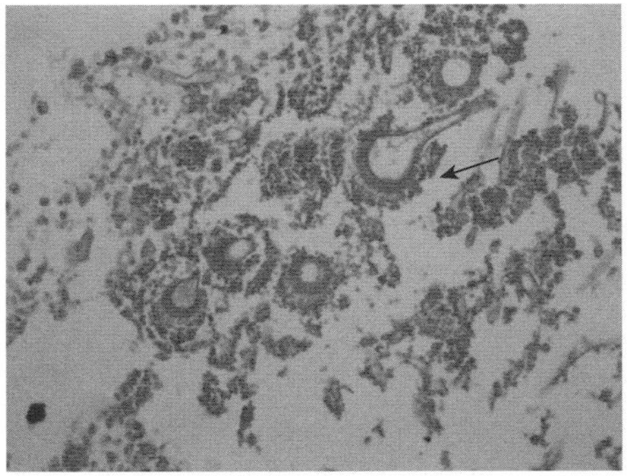

图 13 肺 触片

紫红色的曲霉菌的菌丝、孢子(箭头所示)

PAS 染色 200×

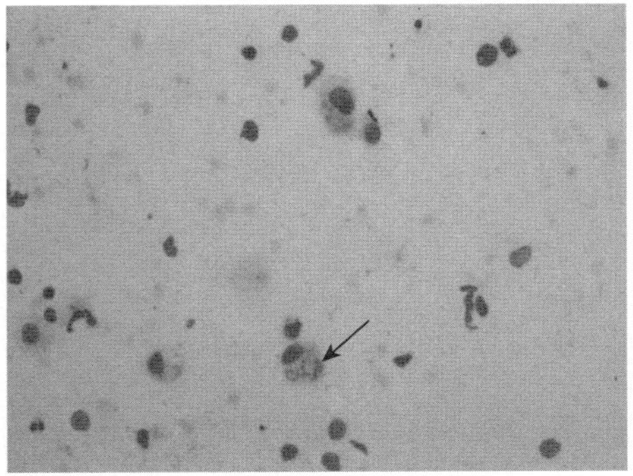

图 14 肺 触片

巨噬细胞胞质中的弓形虫滋养体(箭头所示)

吉姆萨染色 100×

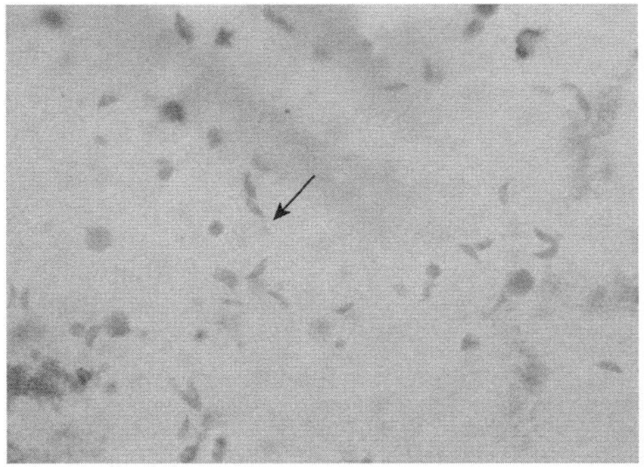

图 15 腹水 涂片

弓形虫滋养体(箭头所示)

吉姆萨染色 200×

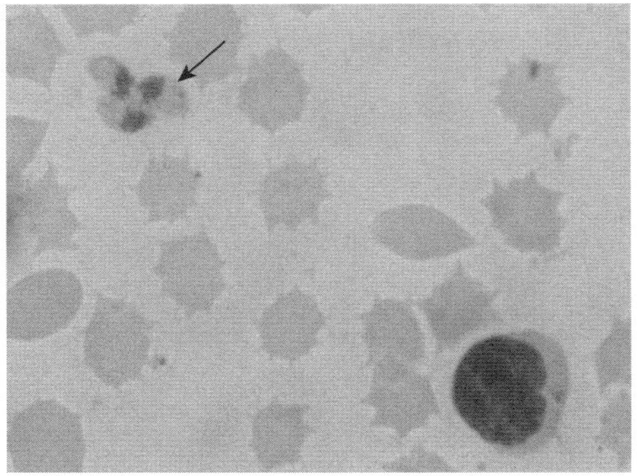

图 16 心血 涂片

弓形虫滋养体(箭头所示)

吉姆萨染色 1 000×

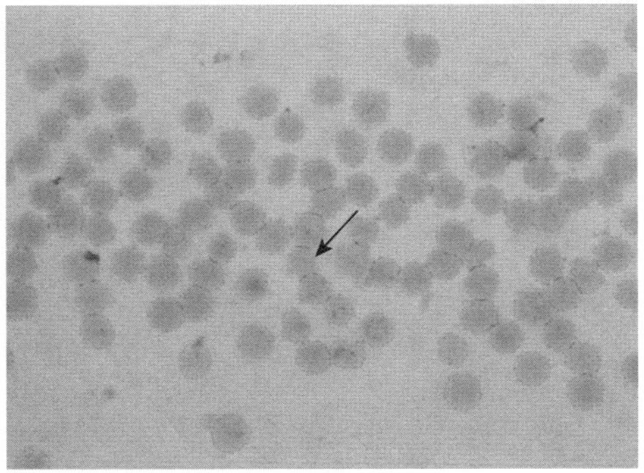

图 17 耳血 涂片

红细胞表面附着大量紫红色的附红细胞体

吉姆萨染色 200×

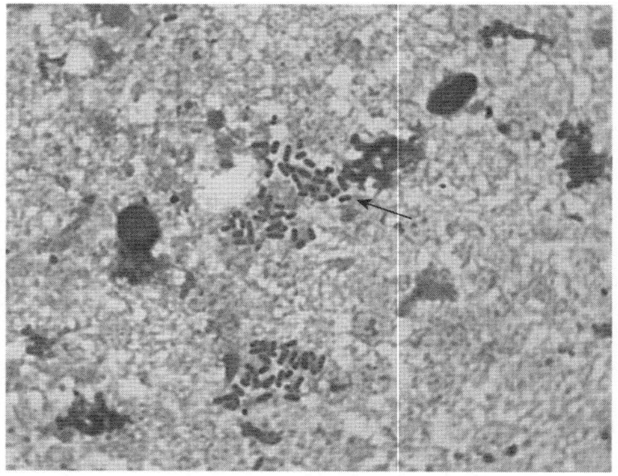

图 18　肺　触片

革兰氏阴性两极浓染的短杆菌(箭头所示)

革兰氏染色 1 000×

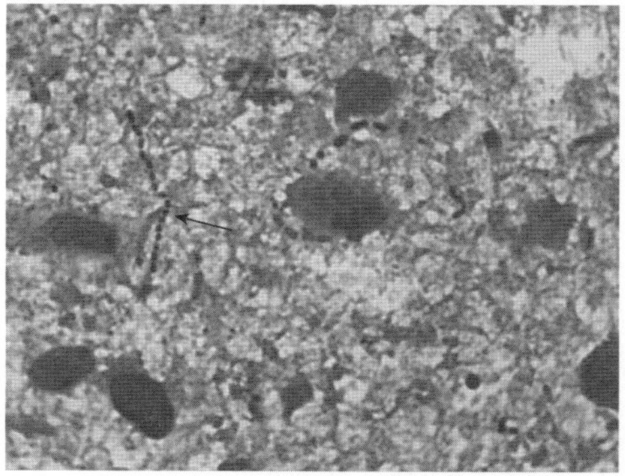

图 19　肺　触片

革兰氏阳性链状球菌（箭头所示）

革兰氏染色 1 000×

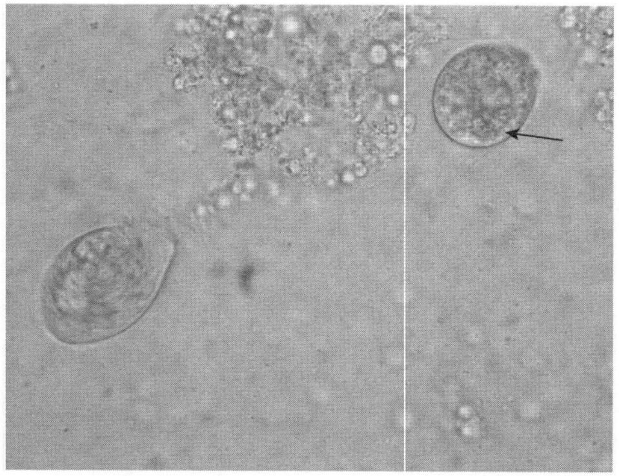

图 20　肠内容物　压片

结肠小袋纤毛虫(箭头所示)

200×

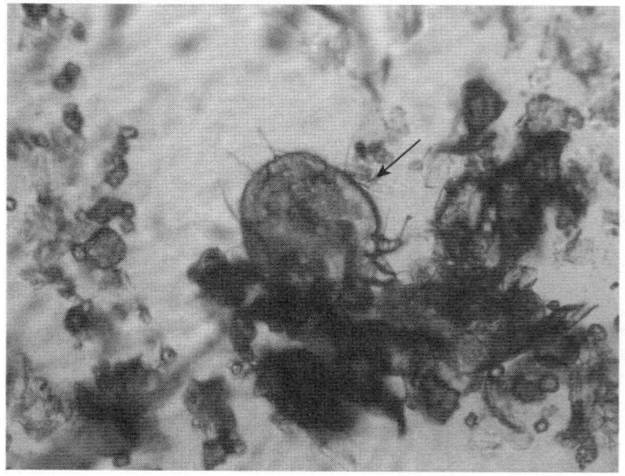

图 21　猪皮肤　刮片

螨虫(箭头所示)

200×

参考文献

何萍. 2020. 猪旋毛虫病的流行病学与诊断[J]. 兽医导刊,(3):11-11.

纪方晓,陈济铛,梁焕斌,等. 2017. 猪戊型肝炎病毒液相蛋白芯片检测方法的建立[J]. 中国兽医学报,37(1):60-65.

李文娴,王丽荣,王三虎. 2018. 河南省部分猪场猪链球菌的分离鉴定及耐药性分析[J]. 浙江农业科学,59(12):175-177.

刘志玲,陈茹,舒鼎铭,等. 2012. 牛地方流行性白血病液相蛋白芯片检测方法的建立[J]. 中国兽医科学,42(1):26-30.

马景霞,杨灵芝,郭显坡. 2015. 猪胞内劳森菌定量 PCR 检测方法的建立与初步应用[J]. 畜牧与兽医,47(2):74-77.

邱实,刘芳,袁晓红,等. 2014. 蛋白芯片应用研究进展[J]食品科学,35(17):332-337.

石霖,王秀荣,杨忠苹,等. 2009. 4 种禽病毒抗体可视化蛋白芯片的制备及应用[J]. 中国农业科学,42(4):1413-1420.

石霖,王秀荣,杨忠苹,等. 2009. 禽流感、新城疫可目视化诊断蛋白芯片的制备及初步应用[J]. 中国预防兽医学报,31(1):60-64.

孙树东. 2019. 猪囊尾蚴病的诊断与防控[J]. 饲料博览,(10):59.

田克恭,李明. 2014. 动物疫病诊断技术-理论与应用[M]. 北京:中国农业出版社.

田克恭,倪建强,顾小雪,等. 2010. 动物疫病实验室诊断技术研究现状及发展趋势[C]. 北京:中国兽医发展论坛.

田克恭. 2010. 猪繁殖与呼吸综合征[M]. 北京:中国农业出版社.

王功民,田克恭. 2010. 非洲猪瘟. [M]. 北京:中国农业出版社.

王杨. 2020. 猪肺丝虫病的病原学、实验室检查和防治措施[J]. 现代畜牧科技,(3):74-75.

夏宁邵,郑铁生. 2018. 体外诊断产业技术[M].

遇秀玲,胡冬梅,张硕,等. 2005. 猪圆环病毒 2 型免疫组化检测方法的建立及其在临床上的初步应用[C]//中国畜牧兽医学会学术年会论文集,530-534.

翟绪昭,王广彬,赵亮涛,等. 2016. 高通量生物分析技术及应用研究进展[J]生物技术通报,32(6):38-46.

张仙,常晓霞,赵松,等. 2015. 可视化芯片技术研究进展[J]. 动物医学进展,36(4):100-103.

赵晓明. 2019. 改进胶体金免疫层析检测灵敏度的方法[J]. 创新与实践,26(10):18-21.

Bolea R, Monleon E, Schiller I, et al. 2005. Comparison of immunohisto-chemistry and two rapid tests for detection of abnormal prion protein in different brain regions of sheep with typical scrapie[J]. *J Vet Diagn Invest*, 17(5):467-469.

Howell K J, Peters S E, Wang J, et a1. 2015. Devel opment of a multiplex PCR assay for rapid molecular serotyping of Haemophilus parasuis[J]. *J Clin Microbio*, 53(12):3812-3821.

Juana Martín de las Mulas, Eduardo Ruiz-Villamor, Sergio Donoso, et al. 1997. Immunohistochemical detection of hog cholera viral glycoprotein 55 in paraffin embedded tissues[J]. *J Vet Diagn Invest*, 9:10-16.

Tian K G, Yu X L, Zhao T Z, et al. 2007. Emergence of fatal PRRSV variants: unparalleled outbreaks of atypical PRRS in China and molecular dissection of the unique hallmark[J]. *PLoS One*, 2(6):526.

Krishnan M, Ugaz V M, Burns M A. 2002. PCR in a rayleigh-benard convection cell[J]. *Scinece*, 298(5594):793.

Lani L, Vincent, Bruce H. Janke Prem S, et al. 1997. A monoclonal-antibody-based immunohistochemical method for the detection of swine influenza virus in formalin-fixed, paraffin-embedded tissues[J]. *J Vet Diagn Invest*, 9(2):191-195.

Huppert M. 1970. Serology of coccidioidomycosis[J]. *Mycopathol Mycol Appl*, 41(1):107-113.

Miao G J, Zhang L L, Zhang J, et al. 2020. Free convective PCR: From principle study to Commercial applications-A critical review [J]. *Anal Chim Acta*, 1108:177-197.

Odell I D, Cook D. 2013. Immunofluorescence techniques[J]. *J Inves Dermatol*, 133(1):e4.

ozbor D, Fouque F, Guiso N. 1999. Detection of Bordetena bronchiseptica by the polymerase chain reaction[J]. *Res in Microbiol*, 150(5):333-341.

Qiu X, Ge S, Gao P, et al. 2017. A low-cost and fast real-time PCR system based on capillary convection [J]. *SLAS Technol*, 22(1)13-17.

Renu S, Feliciano-Ruiz N, Ghimire S, et al. 2020. Poly(I:C) augments inactivated influenza virus-chitosan nanovaccine induced cell mediated immune response in pigs vaccinated intranasally[J]. *Vet Microbiol*, 242:108611.

Scott K A, Rathogwa N M, Capozzo A V, et al. 2017. Evaluation of immune responses of stabilised SAT2 antigens of foot-and-mouth disease in cattle[J]. *Vaccine*, 35(40): 5426-5433.

Shiba N, Maeda K, Kato H, et al. 2007. Differentiation of feline coronavirus type I and II infections by virus neutralization test. *Vet Microbiol*, 124(3):348-352.

Wang Y, Gao X, Yao Y, et al. 2015. The dynamics of Chinese variant porcine epidemic diarrhea virus production in Vero cells and intestines of 2-day old piglets[J]. *Virus Res*, 208: 82-88.

Yoo I Y, Kim J Y, Yoon Y K, et al. 2020. Comparison Between the SFTS-QS Kit and the PowerChek SFTSV Real-time PCR Kit for the Detection of Severe Fever With Thrombocytopenia Syndrome Virus[J]. *Ann lab med*, 40(4):317-320.

Yu Z Y, Zhou J M, Ni Y X, et al., 2015. Isolation and idenification of Actinobacillus pleuropneumoniae serotypes 5 in large scale pig farms[J]. *Ani Hus Vet Med*, 47(7):91-93.

Sun Z, Wang J, Bai X, et al. 2016. Pathogenicity comparison between highly pathogenic and NADC30-like porcine reproductive and respiratory syndrome virus[J]. *Arch Virol*, 161(8):2257-2261.

Zhu W F, Wu C, Kang C, et al. 2017. Development of a duplex PCR for rapid detection and differentiation of *Erysipelothrix rhusiopathiae* vaccine strains and wild type strains[J]. *Vet Microbiol*, 199:108-110.

第二篇
各　论

第 6 章 猪病毒性传染病疫苗

养猪的集约化可显著提高养殖生产力，也可增强以量化方式准确评估疾病影响养猪经济效益的能力；另外，全球化贸易可以扩大优良生猪品种的饲养范围，从而创造更好的食品品质和更高的经济效益。但同时，养猪业的集约化（高密度）和全球化（例如生猪、饲料和猪肉产品在地区、国家和大洲之间的规模运输等）也促进了猪病的全球传播，加大了防控难度。

在我国养猪生产中，猪病毒性传染病是影响最大的疫病，如近期发生的非洲猪瘟，已流行多年的口蹄疫、猪瘟、猪繁殖与呼吸综合征、猪伪狂犬病及腹泻类病毒病等，不时给养猪生产造成巨大损失。由于病毒性疾病无法在猪发病后进行有效治疗，对于集约化背景下的养猪业而言，在无法彻底消灭传染源和切断传播途径的现状下，用于保护易感动物的疫苗的免疫预防就显得尤为重要。

传统灭活疫苗和活疫苗在前期对猪病毒性疾病起到了有效的防控作用，但随着我国生猪养殖集约化水平的进一步提高，猪病毒性疫病的防控需要疫苗同时具有良好的免疫效力和高安全性，因此，未来的猪疫苗研发中，亚单位疫苗等新型疫苗将会是主要的发展方向之一。在目前应用的亚单位疫苗、多肽疫苗和核酸疫苗中，该发展趋势已经初露端倪。

生物安全措施的到位是疫苗能够发挥作用的基础，疫苗的合理使用是最大限度保护猪免受病毒感染和避免免疫失败的关键，需结合有针对性的抗原和抗体的检测方法来评估疫苗效力，指导建立免疫程序，以及开展疫病净化。

除此之外，猪流感和乙型脑炎等猪病毒性疾病还涉及公共卫生安全问题，给猪使用疫苗对于保护公共卫生安全也具有重要作用。

6.1 口蹄疫

6.1.1 概述

口蹄疫（Foot and mouth disease，FMD）是由口蹄疫病毒（Foot and mouth disease virus，FMDV）引起的一种急性、热性、高度接触传染性和可快速远距离传播的动物疫病，主要感染牛、猪、羊等偶蹄动物。该病为世界动物卫生组织（OIE）法定报告疫病，我国将口蹄疫列为一类动物疫病，FMDV 被列为一类动物病原微生物。

关于口蹄疫的最早记载是 1546 年发生在意大利的一次牛感染暴发疫情。20 世纪欧洲出现了 4 次口蹄疫大流行，经过漫长的防控和净化，直到 20 世纪末才基本得以控制和消灭。历史上美洲地区的口蹄疫流行情况和欧洲基本一致。非洲正式报告口蹄疫疫情是在 1892 年，随后该病于南非再次暴发。据记载，1893 年我国云南省流行过类似口蹄疫的疫情。目前，国内流行形势较为复杂，流行毒株呈多元化特点，以 O 型和 A 型为主。东南亚地区的流行情况与我国基本类似。

口蹄疫发病猪的主要临床表现为精神沉郁、跛行等，口、鼻、蹄和母畜乳头部位发生水疱、溃疡或斑痂。病猪的病灶主要位于蹄部和鼻部，口腔病变常见于舌，但很快自愈；仔猪感染后导致的心肌炎可引起急性死亡，心脏质地柔软，具有白色或者灰色条纹（虎斑心）。由于口蹄疫临床症状与猪水疱病、水疱性口炎、猪水疱性疹、猪塞内卡病毒病等病毒性传染病的临床症状相似，在进行初步的类症鉴别后，进一步确诊需借助实验室技术。

6.1.2 病原

6.1.2.1 病毒分类及其感染特征

FMDV 属于微 RNA 病毒科（Picornaviridae）、口疮病毒属（*Aphthovirus*），是人类确认的第一个动物病原。目前鉴定出的 7 种 FMDV 血清型分别为 O 型、A 型、C 型、SAT1 型、SAT2 型、SAT3 型和 Asia 1 型，血清型之间没有交叉保护，甚至在同一血清型内，由于衣壳蛋白序列的差异，不同毒株之间仅存在有限的交叉保护。根据变异度最大的 *VP1* 基因序列特点，可将处在同一血清型中的不同毒株按照亲密关系分为不同的拓扑型，拓扑型反映了毒株的地域性分布特性。

FMDV 可以感染多种家养或野生的偶蹄动物，主要以感染牛、猪、羊为主，传播和感染途径多样。不同动物在感染后临床表现各有不同。在家畜中，牛和猪感染后临床症状较为严重，羊则较轻。猪对口蹄疫病毒的易感性相对较弱，主要通过污染的饲料、直接接触发病动物而感染，发病后排毒量大，鼻黏膜是病毒主要的复制区域。

6.1.2.2 毒力进化

易感动物感染后造成的临床症状越严重，毒株的致病性也就越强，而非易感动物的感染则会引起病毒的变异，导致病毒毒力的下降。FMDV 的开放阅读区和非编码区均可发生序列变异，特别是作为主要抗原蛋白的 *VP1* 基因，它是 FMDV 遗传变异和分子流行病学研究的主要基因。非编码区基因 *5′UTR*、*Poly(C)*和 *3A* 基因均被证实与病毒的毒力有关。

FMDV A 型是最大的一个血清型，不同毒株间的交叉保护力最差，其中亚洲区的拓扑型变异最大且最为活跃，临床防控压力大。中东地区主要流行 A/Iran-05 和基因型 26 谱系毒株，东南亚主要以亚洲拓扑型中的 Sea-97 谱系毒株为主。国内将 2013 年广东等地区发生口蹄疫疫情之后的流行毒株统称为 Sea-97 谱系的 G2 分支，代表毒株为 A/MM/2013 株。

FMDV O 型是世界上流行面积最广的一个血清型，引起的疫情给全世界多个地区造成了严重的损失。该血清型遗传变异较大，但抗原变异较小，抗原性较弱，防控难度较大。国内主要流行 Cathay 拓扑型（代表毒株为 O/GX/09-7 株）和 Sea 拓扑型（代表毒株为 O/MYA-98/BY/2010 株）。其中，属于 Sea 拓扑型的 MYA-98 谱系毒株在我国流行已数十年，早期仅感染牛和羊，但 2010 年开始引起猪大规模发病，现已成为猪口蹄疫的主要流行毒株。细胞水平研究表明，FMDV O 型的宿主转换可能由病毒 *3A* 基因的缺失造成。现有的基于 O/MYA-98/BY/2010 毒株生产的疫苗对 PanAsia 毒株具有较好的匹配性，因此该毒株未在国内流行。

FMDV Asia 1 型主要在亚洲地区流行，在我国得到了有效控制。SAT1-3 血清型主要在非洲地区流行。不同血清型间的遗传变异和抗原变异均较大。全世界各地的监测数据显示，自 2004 年以来，FMDV C 型已未见疫情报道。

6.1.3 疫苗

作为世界上主要的动物病毒性疾病，口蹄疫严重影响了畜牧业和动物产品的国内和国际贸易，导致了巨大经济损失。口蹄疫疫苗是最早开发的动物疫苗之一，19 世纪末即在欧洲部分地区通过接触病毒来免疫动物。20 世纪 50 年代研究的口蹄疫弱毒疫苗，由于存在动物体内返强(RNA 病毒极易突变)的风险，未取得有效防疫成果，因此我国禁止研究和生产此类口蹄疫弱毒疫苗。现阶段，国内的口蹄疫主要通过灭活疫苗和多肽疫苗的免疫进行预防。其他正在研究的疫苗类型主要涉及合成肽疫苗、基因工程疫苗、标记疫苗、病毒样颗粒(Virus-like particles，VLPs)疫苗等。标记疫苗在从疫苗接种动物中区分感染动物和疫苗接种动物(Differentiating infected from vaccinated animals，DIVAs)方面非常重要，而基因工程亚单位疫苗和 VLPs 疫苗因其高安全性成为疫病净化的最佳选择。

6.1.3.1 灭活疫苗及临床应用

灭活疫苗具有较好的免疫效果和成熟的生产工艺等优点。

第一种灭活疫苗出现于 1925 年，法国的 Vallee 等从感染牛的舌头中获得囊泡液，用甲醛灭活制备所得。到 20 世纪 60 年代，研究人员在抗原培养的细胞系[猪肾细胞(IBRS-2)、BHK-21 细胞系等]、灭活剂(甲醛、AEI、BEI 等)、佐剂(氢氧化铝佐剂、皂苷、矿物油佐剂等)等方面不断进行探索，实现了用 BHK 细胞悬浮培养 FMDV 和二乙烯亚胺(BEI)灭活病毒，再配合油佐剂使用，使口蹄疫疫苗研究取得了重要突破，生产质量得到较大提升。大量安全有效的灭活疫苗被用于口蹄疫的控制和根除，在临床上取得了较好的防控效果。但是由于病毒毒力的不可预测性以及多种病毒血清型和亚型的存在，口蹄疫疫苗的临床使用效果仍需不断加强。

欧盟国家口蹄疫灭活疫苗的主要毒株为 O1 Manisa、O1 BFS、O Taiwan 3/97、A22 Iraq、A24 Cruzeiro、A Turkey 14/98、Asia 1 Shamir 和 SAT2 Saudi Arabia，产品中的毒株根据当前的流行病学情况进行配制。我国主要的常规灭活疫苗有猪口蹄疫 O 型灭活疫苗(O/MYA-98/BY/2010 株和 O/MYA-98/XJ/2010 株+O/GX09-7 株)，猪口蹄疫 O 型、A 型二价灭活疫苗(OHM/02 株+AKT-Ⅲ株和 O/HB/HK/99 株+AF/72 株)等，生产厂家为甘肃省中农威特生物科技股份有限公司、北京市中牧实业股份有限公司、内蒙古自治区金宇保灵生物药品有限公司、云南省中普生物制药有限公司等。

口蹄疫灭活疫苗的质量提升主要包括抗原培养工艺的提升，其中大规模的悬浮培养是主要提升方向。抗原灭活后通过超滤纯化或层析纯化可以提高有效抗原量和产品质量；各生物制品企业也都通过优选佐剂和免疫增强剂来提升疫苗的免疫效力。

灭活疫苗的不足之处在于，生产和检验需要高等级生物安全防护设施和高级别生物安全动物实验室。

6.1.3.2 多肽疫苗及临床应用

多肽疫苗较灭活疫苗优势多，如相对较低的成本、可大规模生产和生产稳定性高，且制造过程中无须使用 FMDV 活病毒，因而具有高安全性。大多数肽亚基疫苗依赖于与该多肽结合的载体蛋白，如卵清蛋白或细菌类毒素，但这些载体必须满足效力和安全性标准，并且必须易于生产。

口蹄疫多肽疫苗由对应于 FMDV 衣壳蛋白或含有 T 细胞或 B 细胞表位的单一线性肽组

成。单一的肽段在攻毒实验中未显示出足够的保护作用,并只能诱导有限的 T 细胞反应。通过人工添加 T 辅助位点和广泛的侧翼序列来优化 B 和 T 位点可对猪产生一定的保护作用。多种抗原变体多肽的混合物比单个多肽具有更高的免疫原性,多表位重组疫苗能够提供更好的保护性。由于体液免疫通常需要具有适当 3D 结构的构象表位,因此采用 3D 构象肽可实现完全保护。此外,添加多聚(I:C)复合物、诱导干扰素 γ 和 T 细胞毒性细胞因子以及其他的大分子物质生成对于诱导高水平的免疫反应也至关重要。

口蹄疫合成肽疫苗已在中国获得使用许可。国内主要的多肽疫苗有猪口蹄疫 O 型、A 型二价合成肽疫苗(多肽 2700+2800+MM13),牛口蹄疫 O 型、Asia 1 型二价合成肽疫苗(多肽 7101+7301)等。

6.1.3.3 基因工程疫苗及临床应用

通过反向遗传技术定向设计和优化构建细胞适应性好、产量高的疫苗种毒,可提高灭活疫苗中的有效抗原含量,基于拓扑型代表毒株开发的疫苗产品具有较好的临床使用效果。代表产品为猪口蹄疫 O 型、A 型二价灭活疫苗(Re-O/MYA-98/JSCZ/2013 株+Re-A/WH/09 株和 O/MYA-98/BY/2010 株+O/PanAsia/TZ/2011 株+Re-A/WH/09 株)。

标记疫苗可以通过抗体检测区分感染动物与疫苗免疫动物,排除潜在的携带者,有利于净化和控制疫情。目前,很多疫苗都有配套的鉴别诊断方法,例如,嵌合口蹄疫病毒疫苗、VP1 G-H loop 环疫苗、口蹄疫阴性标记疫苗、RGD-4 中具有外源 FLAG 表位肽的疫苗、双标记疫苗(A24LL3DYR 和 A24LL3BPVKV3DYR)、r3AB1 口蹄疫病毒 NSP 疫苗等。目前国内上市的标记疫苗为猪口蹄疫 O 型 3A3B 表位缺失灭活疫苗(O/rV-1 株),以及猪口蹄疫 O 型、A 型二价 3B 蛋白表位缺失灭活疫苗(O/rV-1 株+A/rV-2 株)。

包括真核表达系统和原核系统在内的多种表达系统已经用于表达 VLPs。表达组装后的 VLPs 仅包含 FMDV 衣壳蛋白,不携带传染性的基因组。利用大肠杆菌表达系统表达 VP0、VP1、VP3 蛋白组装成的 VLPs,被证实在动物体内具有较好的免疫效果。

DNA 疫苗通常为含有靶标序列的质粒,可以模拟 T 细胞和 B 细胞,无感染因子,使用安全,易于生产,不需要冷链运输,具备 DIVA 功能,可以包含多个抗原位点。已开发出的双功能口蹄疫病毒 DNA 疫苗既可产生针对 FMDV *5′UTR* 的反义 RNA,也可表达 VP1 蛋白,从而诱导小鼠对 FMDV 感染起到快速抑制作用和免疫反应。

6.1.4 防控

口蹄疫防治中,我国一直实施预防为主、免疫和扑杀相结合的综合防控措施,包括强制免疫、监测预警、检疫监管、疫情处置、外疫防范、生物安全管理和无疫评估认证。

6.1.4.1 疫苗的合理规范使用

灭活疫苗被认为是预防和控制口蹄疫疫情蔓延的有效手段,在疫情得到有效控制甚至净化的国家和地区均有成功的案例。在强制免疫的背景下,建立完善科学的免疫程序、规范操作、选择与流行地区匹配的疫苗毒株进行免疫,可提高群体免疫力。

疫情流行地区口蹄疫的防控可通过血清型特异性诊断方法、监测及选择特定灭活疫苗免疫来实现,而在无口蹄疫的国家和地区,控制政策主要为减少动物之间的接触和限制动物及其产品流通。随着牛、羊、猪的养殖范围越来越广,养殖密度越来越大,跨区域的运输越来越方便,病毒的传播流行也变得更容易,防控难度越来越大。这种情况下,对不同感染背景和母源抗体水平的猪群,建立适合的免疫程序至关重要。口蹄疫疫苗免疫效果受母源抗体影响大,通常需在母源抗体降至临近阳性判界(与免疫保护相关检测试剂检测)时进行首次免疫。

仔猪通常在70～90日龄进行一免,免疫前需要测定口蹄疫抗体本底水平以确认抗体水平处于临界值附近,避免母源抗体干扰。一免后进行抗体监测,评估免疫效果;一免后一个月左右进行二免,保证免疫后抗体水平的平稳整齐。

种猪每年免疫3～4次,每年2次或者临床不稳定时抽样检测抗体,以评价免疫效果和感染风险。

6.1.4.2 净化策略

在《国家中长期动物疫病防治规划(2012—2020年)》中,口蹄疫被列为种猪场需要"净化"的疫病名录(优先防治的国内动物疫病,一类动物疫病),到2020年基本实现:①A型需要在全国达到免疫无疫标准;②Asua 1型需要在全国达到非免疫无疫标准;③O型需要在海南岛、辽东半岛、胶东半岛达到非免疫无疫标准;北京、天津、辽宁(不含辽东半岛)、吉林、黑龙江、上海达到免疫无疫标准;其他区域维持控制标准。

根据《动物疫病净化示范区评估标准(试行)(2019版)》要求,口蹄疫的评估标准中,满足以下条件可视为达到免疫无疫标准:

①对净化示范区内种猪场生产母猪和后备种猪抽检,口蹄疫病毒免疫抗体合格率90%以上;净化示范区内其他生猪养殖场和散养户抽检,口蹄疫病毒免疫抗体合格率70%以上。

②对净化示范区内种猪场种公猪、生产母猪、后备种猪抽检,口蹄疫病原学检测阴性;净化示范区内其他生猪养殖场(户)口蹄疫病毒非结构蛋白抗体阳性率小于10%。

③净化示范区内连续2年以上无疫情。

④现场综合审查通过。

按照免疫无疫评估标准,口蹄疫的净化需要在强制免疫政策下,一是建立科学的疫苗免疫程序,减少发病率,免疫后通过免疫抗体监测评估免疫效果;二是在免疫的基础上,开展病原学监测,以清除阳性猪,逐步达到免疫无疫标准。

6.1.4.3 生物安全措施

FMDV可通过多种途径传播,如发病动物的乳汁和排泄物、污染的运输工具和饲料,及与发病动物直接接触等,病毒在肉制品、泔水、动物内脏中均可长时间保持活力。因此,养殖场需要建立规范化的养殖模式和常规的卫生、清洁与消毒制度,销售环节需要加强监管,对发病动物做到无害化处理。口蹄疫发生后应按照相关规定逐级上报,并按要求封锁、扑杀、隔离、销毁、消毒等,避免疫情扩散。

养殖场在未发生疫情的情况下应做好生物安全防范,选址时要关注本场周边养殖情况,杜绝外界传染源。做好场区日常消毒(碱性消毒剂如氢氧化钠可有效杀灭FMDV)、运输车辆等的消毒,饲料、饮水及常规FMDV抗原抽样监测。做好圈舍的通风,保证动物群体的健康,也是预防和控制口蹄疫的重要措施。尤其要保障引猪运输安全,除保证车辆消杀无毒外,必要时可在引猪前对全场加强免疫一次口蹄疫疫苗。

6.1.5 展望

6.1.5.1 反向遗传技术的应用

为了更好地挖掘开发符合临床需要的口蹄疫疫苗，需要对口蹄疫病毒免疫学和发病机理进一步研究，其中反向遗传学技术可为新型疫苗设计和开发提供技术基础，再结合生物信息学工具，将有助于开发出衣壳结构稳定、抗原匹配性好、具有 DIVA 功能和高生物安全性的新型口蹄疫疫苗。

6.1.5.2 新型抗原递送系统与佐剂

通过将抗原表位与单克隆抗体或配体特异性结合，再递呈至抗原递呈细胞表面的独特受体，有利于更早产生免疫应答和发挥免疫效果。亚单位疫苗或多肽疫苗不涉及感染性病毒，在室温下稳定好，易于保存，可以用作 DIVA 疫苗，无生物安全风险。但多数情况下，它们的免疫原性很差，尤其是对 T 细胞免疫，需要依赖抗体和效应 T 细胞的额外佐剂来诱导保护性免疫应答。因此，对新型佐剂、免疫增强剂的研究和应用，可进一步提高口蹄疫疫苗的免疫原性，延长保护期。

6.1.5.3 病毒样颗粒疫苗

口蹄疫 VLPs 可以通过不同的表达系统在体外产生并用作亚单位疫苗，也可以在用口蹄疫 DNA 疫苗或带有衣壳所需遗传物质的病毒载体疫苗免疫机体后，在体内产生空衣壳颗粒。

许多异源表达系统已用于生产重组口蹄疫 VLPs。杆状病毒表达载体系统也被广泛研究以生产重组口蹄疫 VLPs，免疫后，动物可产生高滴度的 FMDV 特异性抗体，并且可起到针对同源强毒攻毒的保护作用，但杆状病毒表达载体中 FMDV 蛋白的表达水平和衣壳装配效率有待提高。已经报道了多位学者用 VP0、VP3 和 VP1 在大肠杆菌表达系统中依赖 SUMO 融合系统进行了成功表达，由于重组蛋白与 SUMO 蛋白融合(SUMO 通常会促进融合蛋白的正确折叠和结构稳定性)，大肠杆菌中难以表达的蛋白的产量得到了极大提升。SUMO 修饰的大肠杆菌表达系统相对简单且经济，但需要进一步纯化和水解，以确保结构蛋白在体外组装成了颗粒结构。

（撰稿人：张云静　黄柏成　肖燕）

6.2 非洲猪瘟

6.2.1 概述

非洲猪瘟(African swine fever，ASF)是由非洲猪瘟病毒(African swine fever virus，ASFV)引起的猪的一种急性、高度传染性疾病。该病病程短，死亡率高，一旦暴发将会给养猪业带来巨大经济损失。OIE 将其列为必须报告的动物疫病之一，我国将其列为一类动物疫病。

非洲猪瘟最早于 1921 年在非洲肯尼亚发生。1957 年首次从非洲传入葡萄牙等欧洲地区。之后在欧洲、拉美洲和亚洲 60 多个国家及地区发生。20 世纪 70 年代传入古巴、西班牙、意大利、马耳他岛、巴西和多美尼亚等国家及地区，给世界养猪业带来了毁灭性的打击。21 世纪前后，该病传播范围再次扩大，在西非和东非地区不断暴发和流行，之后传入东欧，不到一年时间就在捷克、亚美尼亚、俄罗斯等国家密集出现。2009 年，非洲猪瘟发生远距离传播，暴发于俄罗斯的圣彼得堡地区，并于 2017 年传播至俄罗斯远东地区伊尔库茨克。2018 年，全球非洲猪瘟新增疫情的国家及地区数量、疫情发生数量不断攀升，甚至呈现大暴发、大流行态势。2018 年 8 月，非洲猪瘟传入我国，首先于辽宁沈阳暴发，基因型测定结果为基因 2 型，与 2017 年传入俄罗斯远东地区的基因型一致，之后的几个月该病席卷了大半个中国，给我国养猪业带来了沉重打击。

ASFV 从毒力上分可以分为强毒力毒株、中毒力毒株和低毒力毒株。家猪感染受毒株毒力影响巨大，引起的临床表现可分为最急性型、急性型、亚急性型、慢性型和亚临床感染，不同型之间在死亡率、全身出血、呼吸障碍和神经症状等临床表现方面均有不同程度的差异。

6.2.2 病原

6.2.2.1 病毒基因组特征

ASFV 是非洲猪瘟病毒科（Asfarviridae）、非洲猪瘟病毒属（*Asfivirus*）的唯一成员，为有囊膜的双股 DNA 病毒，病毒粒子呈二十面体对称，直径约 200 nm。基因组长度 170～190 kb，包含 150～167 个开放阅读框，由约 125 kb 的保守中心区域和 2 个包含 5 个多基因家族（Multigene families，MGF）的可变末端组成，可编码 150～200 种蛋白质。在 *MGF* 基因中，常有长达 20 kb 核酸序列的缺失或插入，这些区域可能和抗原变异性有关，有利于 ASFV 逃避宿主免疫系统。

病毒粒子主要由 50 多种蛋白质组成，多为结构蛋白，主要参与病毒的复制和病毒粒子的形成过程。其中主要的结构蛋白为 P220、P62 多肽，以及 P30、P54、P72、PE248R、P49、PEP402R 等。P220、P62 多肽占病毒粒子蛋白总量的 30%，在病毒核衣壳的装配过程中发挥重要作用。P54 蛋白位于病毒颗粒类脂外膜，在病毒感染过程中发挥重要作用，免疫原性好。P72 蛋白是主要结构蛋白，对病毒衣壳的形成至关重要，具有较好的免疫原性，参与病毒的吸附，P72 蛋白的编码基因常用于 ASFV 基因的分型。PE248R 蛋白为 ASFV 的晚期结构蛋白，在病毒侵入后期基因表达过程中发挥重要作用。P49 蛋白只在感染晚期表达，目前功能尚不明确。糖蛋白 PEP402R 与 ASFV 在家猪之间的传播有关。

目前，ASFV 没有明确的血清型，根据病毒对家猪的致病性的不同可以分为强毒力毒株、中等毒力毒株和低毒力毒株。基于 *P72* 基因序列差异，ASFV 可被分为 24 种基因型。

ASFV 主要感染猪单核巨噬细胞系统的细胞，如单核细胞、巨噬细胞及网状内皮细胞等，也可以在内皮细胞、肝细胞、肾小管上皮细胞和中性白细胞中复制。体外研究中，ASFV 能够在猪骨髓细胞、猪肺泡巨噬细胞（PAM）和单核细胞等原代细胞上增值，PAM 是最常用的细胞。

6.2.2.2 毒力特征

非洲猪瘟的潜伏期常为 3～15 d，也可长达 28 d。强毒力毒株可引起最急性型和急性型临床表现，可导致感染猪在无症状情况下突然死亡，死亡率达 90%～100%，临床上以高热、食欲废绝、皮肤和多器官的出血和淤血（如皮肤大面积发绀、结膜严重充血、肠道出血引起血便等）为特征。中毒力毒株感染后症状较最急性型和急性型温和，死亡率达 20%～40%，易与急性猪瘟、高致病性猪繁殖与呼吸综合征、猪丹毒等传染病的症状相混淆，需进行鉴别诊断。低毒力毒株引起慢性型和亚临床感染，死亡率低，偶尔发热，不会产生出血症状，但自愈后会成为病毒携带者，增加了疫病控制和净化的难度。

6.2.3 疫苗

目前，全球范围内普遍采取根除和扑杀的措施控制非洲猪瘟，世界上仅有 13 个国家实现了对该病的根除。ASFV 的高度复杂性及遗传变异性、具有免疫逃逸机制、缺乏可完全中和病毒的抗体及病毒分离株之间的巨大差异等原因，是阻碍疫苗研发的主要障碍。1960 年以来，非洲猪瘟疫苗的研发取得了一定进展，包括尝试使用灭活病毒疫苗、重组蛋白/肽亚单位疫苗、抗原递送的病毒载体疫苗、基因缺失疫苗和 DNA 疫苗等。但到目前为止，还没有一种疫苗可用于商业生产，即无商品化疫苗获得批准应用。

6.2.3.1 灭活疫苗

灭活疫苗接种后可以刺激机体产生抗体，免疫猪血清中的抗体可以在体外与病毒发生免疫反应，但只能降低病毒滴度而并不能完全中和病毒，有效的免疫保护极为有限。

实验室研究中，由 ASFV 脾细胞毒和 BHK-21 细胞培养毒制备灭活疫苗接种猪后，可产生较高抗体水平，但攻毒保护效果差。有研究表明，MAL 株和 KWH 株灭活疫苗免疫猪在攻毒后可出现病毒血症(约 2 d)，并在 4～6 d 死亡，出现急性型或者亚急性型等不同程度的临床症状。将 Armenia08 株用 BEI 灭活后，分别与 Polygen™佐剂和 Emulsigen®-D 佐剂混合制备灭活疫苗，在免疫 8 周龄断奶仔猪后，用亲本毒 Armenia08 株攻毒，结果显示，灭活疫苗免疫后血清中存在 ASFV 特异性抗体，但攻毒后无保护作用。

实验猪在灭活疫苗免疫后可产生高效价的抗体，但保护效果较差，这可能是由 ASFV 的 DNA 病毒颗粒的复杂性造成(病毒颗粒表面结构蛋白复杂多样)的，高效价的抗体难以有效中和病毒，从而导致免疫保护失败。

6.2.3.2 活疫苗

实验室研究中，免疫活疫苗的猪在攻毒后可获得一定的免疫保护；在免疫无红细胞吸附特征的 OURT88/3 和 OURT88/4 株后，均未出现临床症状，仅在免疫后 4～27 d 出现短暂的病毒血症；用强毒 OURT88/1 攻击后，无病毒血症和其他临床症状。依次免疫 OURT88/3(基因型 1)株和 OURT88/1(基因型 1)株之后，用 Benin 97/1 株(基因型 1)和 Uganda 1965(基因型 10)进行攻毒，保护率分别为 85.7%和 100%。

活疫苗能针对同源强毒株产生保护，但对异源毒株不能产生足够的保护。免疫猪感染后会成为病毒的携带者，可能造成病毒的扩散，存在安全隐患。20 世纪 60 年代，葡萄牙和西班牙使用了非洲猪瘟活疫苗进行免疫，但免疫猪发病死亡率较高，病死猪出现明显的临床症状。如何保证候选疫苗株保有在实验室研究中的有效性，同时在临床使用中安全性高，是非洲猪瘟活疫苗研发和应用中面临的巨大挑战。

基因缺失疫苗在一定程度上解决了非洲猪瘟田间弱毒活疫苗免疫后存在的安全性问题，如剔除 *9GL* 或 *DP71L* 基因后制备的重组疫苗接种猪可以降低病毒毒力，并可针对亲本强毒的攻毒提供免疫保护。OURT88/3 弱毒株可诱导良好的抗体水平，删除其 *DP71L* 和 *DP96R* 基因(均被 *GUS* 基因取代)制备的 DNA 重组疫苗 OURT88/3Δ*DP2* 在免疫猪 3 周之后，用强毒株 OURT88/1 攻毒，其保护率(66%)较弱毒株 OURT88/3 免疫组低(100%)，说明 *DP71L*

和 *DP96R* 基因可能对于提供攻毒保护具有一定的作用。

基因缺失对 ASFV 毒力减弱的影响可能取决于毒株，例如，删除 *NL* 基因会使欧洲强毒株 E70 的毒力减弱，但强毒株 Malawi Lil-20/1 和 Pr4 毒力的减弱不是由 *NL* 基因的缺失所致，而可能是由 *MGF 360* 和 *MGF 530* 基因的缺失和突变所致。

删除合适的毒力基因是制备非洲猪瘟基因工程减毒活疫苗的关键，如删除 CD2v/EP402R（HA）基因的 BA71 毒株（基因型 1）能够对亲本强毒 E75 毒株（基因型 1）和异源强毒 Georgia07（基因型 11）提供保护。基于高加索地区和东欧地区广泛传播的强毒 Georgia 株（G 株）制备的基因缺失减毒株 ASFV-G-Δ*9GL* 在免疫猪后，无任何临床症状；用 G 株攻毒后，低免疫剂量组可得到部分保护，而高免疫剂量组可得到部分和完全保护。另外，以 G 株为模板，制备的 6 种基因缺失减毒疫苗株（MGF505-1R、MGF360-12L、MGF360-13L、MGF-14L、MGF505-2R 和 MGF505-3R）免疫猪后，能为接种猪针对 G 株提供有效保护。同单独删除 *9GL* 相比，删除 *9GL* 和 *DP96R*/*UK* 毒力因子的 G 株能够表现出更高的安全性和保护性，这些结果说明多种毒力因子缺失可能产生更安全的重组活疫苗。

最新针对中国流行毒株的研究中，以中国 HLJ/18 分离株为骨架构建了具有 7 个基因缺失的活疫苗株 HLJ/18-7GD（缺失的基因为 *MGF505-1R*、*MGF505-2R*、*MGF505-3R*、*MGF360-12L*、*MGF360-13L*、*MGF360-14L*、*CD2v*），其免疫猪后不具有毒力，不会发生毒力返强，可对其亲本强毒的攻毒提供完全保护，有望在控制非洲猪瘟在育肥猪群中的传播方面发挥重要作用。

6.2.3.3 亚单位疫苗

ASFV 最多可编码 167 种蛋白质，目前对这些蛋白的作用机制及其诱导免疫保护效果的研究有限，如何选择能够诱导良好保护效果的候选蛋白是非洲猪瘟亚单位疫苗研究中面临的主要问题。

研究发现，ASFV 血凝素重组昆虫杆状病毒与 T 细胞表面抗原 CD2v 同源，在使用血凝素重组昆虫杆状病毒免疫猪后，可以获得血凝抑制抗体和短暂性的保护抗体，这些抗体可以识别 ASFV 结构蛋白，并可提供攻毒保护。利用杆状病毒系统表达的 P30、P54、P72、P22 蛋白（来自 Pr4 株）配以弗氏佐剂制成的疫苗，每 4 周免疫 1 次，第 4 次免疫后第 14 天使用 Pr4 株进行攻毒，结果显示免疫组均未能得到保护，免疫组除了发病时间较对照组推迟 2 d 外，其存活率和死亡时间与对照组相同。

ASFV 病毒粒子的复杂性造成病毒免疫原蛋白难以准确确认，这对有效的亚单位疫苗的设计和开发带来了挑战，但亚单位疫苗优良的免疫特性和安全性将是未来非洲猪瘟疫苗的主要研究方向之一。

6.2.3.4 DNA 疫苗

基于质粒 pCMV-PQ 可以表达可溶性的 P54 和 P30 蛋白。3 种不同类型的质粒编码不同的蛋白：pCMV-PQ 可编码表达可溶性蛋白 P54 和 P30，pCMV-sHAPQ 可编码表达可溶性蛋白 P54、P30 及 ASFV 血凝素，pCMV-UbsHAPQ 可编码表达含有 *PQ* 基因的泛素并将抗原递呈给蛋白酶体，加强组织相容性复合物 Ⅰ 的表达。这些 DNA 疫苗免疫猪之后，检测免疫反应并进行攻毒，结果显示：质粒 pCMV-PQ 免疫猪未见特异性抗体和细胞免疫；质粒 pCMV-sHAPQ 免疫后，能够极显著诱导体液和细胞免疫反应，但未能提高攻毒保护；质粒 pCMV-

UbsHAPQ 免疫后，能够诱导特异性 T 细胞应答，攻毒后保护率为 33%，另外，存活动物在感染后第 3 天，$CD8^+$ T 细胞达到峰值，这与此时没有病毒血症的结果相吻合。因此，尽管只提供了部分保护，但说明其与存活猪体内疫苗诱导的 $CD8^+$ T 细胞反应相关，并且 $CD8^+$ T 细胞反应主要是针对位于血凝素抗原内的两个特定的 9-mer 肽。为研究是否存在其他具有保护潜力的 $CD8^+$ T 细胞决定簇，研究人员将构建的一个包含 4 000 多个质粒克隆的表达文库（每个克隆随机包含病毒基因组的 Sau3AI 限制性片段并与泛素基因融合，但不包括编码蛋白 P54、P30 和血凝素 ORF）直接免疫猪，并在 14 d 后用 E75 株攻毒，结果显示 60%免疫猪可受到保护，这证明 ASFV 基因组中还存在蛋白 P54、P30 和血凝素 ORF 之外的保护性决定簇。

非洲猪瘟 DNA 疫苗的主要缺陷是在猪群中使用时仅产生低水平的免疫反应，应用前景不足。

6.2.3.5 影响疫苗研发的主要因素

由于 ASFV 基因组较大，有超过一半的蛋白质功能未知，基因组编码的大量蛋白质使病毒颗粒极为复杂，这些病毒蛋白中的许多种能够抑制宿主的免疫系统，从而促进病毒的复制。另外，ASFV 不同基因型之间有较大差异。一般通过体外连续培养获得的减毒株针对亲本毒株有良好保护效果，但对异源毒株（即使在地理、时间上相近）保护效果较差，针对病毒感染与免疫机制的研究十分有限。对 ASFV 病毒生物学和病毒-宿主相互作用机制仍有待深入研究，包括转录组分析，如复制周期不同阶段特定基因的转录模式；病毒结构蛋白（尤其是病毒表面蛋白）的结构和功能；病毒侵入和感染机制，如宿主细胞受体结构和功能及病毒的免疫保护机制等。

6.2.4 防控

6.2.4.1 生物安全措施

ASFV 易于通过污染的圈舍、猪肉及其制品（腊肉、腊肠）、运输车辆、屠宰场、泔水和人员传播。对非洲猪瘟的防控，目前无可用的疫苗，主要依赖于生物安全措施、检测阳性猪扑杀、监测净化。

现阶段，为保证养殖生产的安全，需要从生猪养殖全产业链层面（包括引猪、进料、人员、物品进场前；养殖过程中；售猪、无害化处理离场三个阶段）整体把控生物安全风险点，才能在疫情严峻的态势下取得较好的防控效果。

1. 进猪场前的消毒

（1）引种、引精和引猪　引进前和到场后对猪用高灵敏度的荧光定量 PCR（qPCR）方法检测非洲猪瘟抗原，用 ELISA 方法检测抗体，保证双阴。除此之外，对猪繁殖与呼吸综合征、伪狂犬病、口蹄疫、猪瘟等的感染及病原携带从风险评估变为准入方案，特别是种猪场。

运输过程中，用灵敏度较高且能快速出结果的方法检测非洲猪瘟抗原，如荧光热对流 PCR、恒温扩增 PCR 等方法。

（2）饲料　调查原粮产地是否是疫区（有可能的水源和土地污染）、是否有露天晾晒污染（运输车辆、周围环境、鸟类粪便污染）及仓库鼠猫等媒介的风险。对饲料厂以养殖场标准来要求，生产各环节均要保证饲料安全，运输过程中，要对运输车辆的清洗、消毒及烘干进行检测，合格后再使用。

（3）疫苗、药品及其他场内所需物资　进场前均需彻底消毒。

(4)人员　外来人员原则上不允许进场,返厂人员要按照“场外隔离、检测、入场淋浴消毒、再检测”的流程进行,确认安全再进入养殖核心区。

2. 养殖过程中的消毒

①外面引猪进场后至少隔离观察 1 个月,检测后再入群或单独成群饲养。

②饲料和物资运输车不能进养殖核心区,在养殖核心区外建料塔或仓库,由场内二次转运或机械直接输入养殖核心区,并对饲料进行抽样检测。

③加强对场内生活区、办公区和人员隔离点和生活物资的检测。

④养殖核心区需保障水源清洁,水线和水嘴要定期消毒,检测确认消毒效果。

⑤圈舍保持适宜温湿度,勤通风消毒,适当减小饲养密度;注重常规疫苗的免疫和监测,不能只关注非洲猪瘟而忽视了对其他疫病的防控。

⑥病死猪和废弃物需专职人员、专用车辆和工具处理,病死猪要送无害处理厂,废弃物要严格消毒,不能一埋了之,留存隐患。

3. 售猪及病死猪无害化处理

(1)售猪　场内建专用出猪通道,场外选择专用运输车辆,严格消毒检测后再接转装运。

(2)病死猪　场内和场外均需专用运输车辆,交接后人员和车辆必须严格消毒,检测确认无风险。

总之,基于生物安全的综合防控体系才是猪场的立身之本。

6.2.4.2 检测诊断

对非洲猪瘟的早期检测诊断已被证明极为重要。在高风险地区,需要针对性地使用检测技术辅助临床诊断。

周边场有疫情时,PCR 检测是本场对返场人员和进场物品检测的首选方法,其适用性广泛,甚至适用于保存不良的临床样品,最新研发的基于热对流 PCR 技术的 ASFV 核酸检测方法具有高特异性和高敏感性,可用于流通环节和有轻微临床症状猪的快速检测诊断,当猪出现厌食、发热,甚至死亡等明显临床症状时,可用胶体金试纸条检测,快速判断的同时送实验室再用荧光定量 PCR 确诊。非洲猪瘟已在我国流行近 5 年,引猪必须在检测抗原的同时检测抗体,以判定引猪场是否有过感染,尽量避免风险。

6.2.5 展望

非洲猪瘟一直是世界各地区重点防范的疫病,由于其病原结构及流行病学的复杂性,疫苗研究的进展缓慢。目前来看,基因缺失弱毒疫苗的开发极具潜力,因此,适宜于基因缺失弱毒疫苗生产细胞系的筛选、疫苗保护性抗原蛋白的挖掘、体外发病机理和诱导保护能力的相关性、对不同基因型的基因缺失病毒的研究均是此类疫苗开发不可缺少的因素,获得安全和有效的疫苗将是未来非洲猪瘟防控的重要组成部分。

疫苗的应用只是非洲猪瘟净化过程中的过渡手段,由于病原传播的高风险性,一旦发生,带来的损失无法估量。因此,结合养殖生产的实际情况,将来在高安全性疫苗免疫的基础上,同时依靠稳定可靠的诊断方法建立监测体系,通过不断淘汰阳性猪来开展非洲猪瘟净化工作,最终实现无疫状态,是保证养猪生产平稳开展的必经之路。

（撰稿人:王治平　黄柏成　肖燕）

6.3 猪瘟

6.3.1 概述

猪瘟早期被称为猪霍乱，为了与非洲猪瘟区别，又称“古典猪瘟”(Classical swine fever, CSF)，是由猪瘟病毒(Classical swine fever virus, CSFV)引起的一种猪的急性或慢性、热性、高度接触性传染病，被 OIE 列为法定报告的 A 类疫病，我国将其列为 A 类动物传染病。猪是 CSFV 唯一的自然宿主，不同品种、年龄和性别的猪均可感染。发病猪、带毒猪或后备猪、先天感染带毒仔猪和无临床症状的持续感染猪均为该病的传染源。

猪瘟最早在美国发生，1903 年，美国兽医学家德希尼兹和多赛特鉴定了猪瘟病原，匈牙利的 Hutyra Koves 于 1908 年制成猪瘟高免血清，说明那时欧洲已经存在猪瘟。1935 年，猪瘟已在我国绝大部分地区发生。近几十年来，通过使用疫苗和采取综合防控措施，很多国家根除了猪瘟，我国猪瘟的流行也由大规模暴发转为地方性散发，发病率和死亡率均处于下降状态，对猪瘟的强制免疫也变为各地根据实际情况自行购买疫苗。

猪瘟以高热稽留和小血管壁变性引起的各器官、组织的广泛出血、梗死和坏死等病变为主要病征，临床上可分为急性型、慢性型和迟发型 3 种病型。急性型发病猪体温升高明显，大体解剖特征性病变为淋巴结肿胀，切面呈大理石样；肾脏表面见出血点和出血斑，呈现“麻雀蛋”样外观；脾脏边缘出现出血性梗死灶。慢性型主要表现被毛粗乱、消瘦、贫血、嗜睡、体温时高时低；特征性病变为回肠、盲肠、结肠口附近的淋巴组织坏死和坏死性肠炎，并形成纽扣状溃疡。迟发性猪瘟由猪瘟病毒先天性感染仔猪引起(母猪带毒)，母猪临床症状不明显，但长期带毒和排毒；有些病例可造成母猪繁殖障碍，产死胎和木乃伊胎，这也是目前造成猪瘟流行的主要原因之一。此外，猪瘟常与猪繁殖与呼吸综合征、猪伪狂犬病、猪细小病毒病等混合感染，给养猪业造成了极大危害和经济损失。

6.3.2 病原

6.3.2.1 病毒分类及其感染特征

CSFV 为正链 RNA 病毒，属于黄病毒科(Flaviviridae)、瘟病毒属(*Pestivirus*)，只有 1 个血清型，但有 3 个基因型，包括基因 1 型、基因 2 型和基因 3 型，每个基因型包含 3～4 个基因亚型。在全球范围内，流行最广的是基因 2 型。我国流行的基因亚型有 1.1、2.1、2.2 和 2.3，目前主要流行的基因亚型是 2.1。

CSFV 基因组大小约 12.3 kb，只含 1 个开放阅读框(Open reading frame, ORF)，所编码的一个多聚蛋白在宿主细胞内蛋白酶和病毒特异蛋白酶作用下可裂解为 4 个成熟的结构蛋白(核心蛋白 C、E1、E2 和 E^{rns})和 8 个非结构蛋白(N^{pro}、p7、NS2、NS3、NS4A、NS4B、NS5A 和 NS5B)。核心蛋白 C 经 N^{pro} 和宿主信号肽酶切割产生，在病毒粒子组装的最后过程起重要作用。E1 蛋白羧基末端区域影响病毒毒力。E2 蛋白和 E^{rns} 蛋白为病毒吸附所必需。N^{pro} 蛋白在病毒毒力和复制方面起重要作用。非结构蛋白主要在病毒复制过程中起作用。其中，E2 蛋白是 CSFV 抗原表位最集中的部位，具有高度的免疫原性，可诱导中和性抗体；E^{rns} 蛋白和 NS3 蛋白也可诱导机体产生相应的抗体，起到免疫保护作用。

猪是 CSFV 唯一的自然宿主，不同品种、年龄和性别的猪均可被感染。CSFV 靶器官为扁桃体，在其中增殖后随血液传播到脾、骨髓、内脏淋巴结等脏器组织。CSFV 主要在小血管内皮细胞增殖，病猪的全身组织和体液内均可检出病毒，以淋巴结、脾和血液中含量最高。CSFV 能在猪源的原代和传代细胞如猪肾细胞（PK-15、SK-6）、猪睾丸细胞（ST）上增殖，但不产生细胞病变。

6.3.2.2 遗传变异

CSFV 不同亚型毒株在毒力和生物学特征等方面存在差异，但这种基因型多样性并不会产生新的血清型。

世界许多地区分离出的毒株主要属于基因 1 型，包括在用的所有减毒活疫苗毒株。基因 2 型包含目前流行的大多数毒株，自 20 世纪 80 年代以来，这些毒株的发病率增加，并导致了流行性感染。基因 3 型包含了分布在我国台湾及韩国、日本、泰国和英国等不同地理区域的大部分毒株。系统进化分析表明，在欧洲和亚洲，流行毒株从传统的基因 1 型或基因 3 型转变到现在以基因 2 型为主。疫苗的使用对 CSFV 的进化产生影响，出现了一些免疫逃避突变株，但是主要的流行基因亚型 2.1 的抗原性并没有太大改变，只是中和能力要低于基因亚型 2.2 和 2.3。虽然目前国内流行毒株与 C 株兔化弱毒疫苗毒核苷酸和氨基酸有不同程度的差异，但攻毒试验显示，C 株疫苗对基因亚型 1.1、1.2 和 2.1 均有良好的保护作用。

6.3.3 疫苗

6.3.3.1 活疫苗及临床使用

活疫苗主要用于猪瘟流行区，以我国的 C 株兔化弱毒疫苗、日本的 GPE 株疫苗、法国的 Thiverval 株疫苗和墨西哥的 PAV-250 疫苗为代表。

猪瘟 C 株兔化弱毒疫苗是 20 世纪 50 年代，由我国的科研工作者将 CSFV 强毒株在兔体内连续传 480 余代后驯化而成，并于 20 世纪 60 年代传至国外，应用效果良好，为猪瘟净化工作做出了巨大贡献。同时疫苗生产工艺也经历了由动物组织苗、动物原代细胞苗到目前以生物反应器生产的传代细胞苗三个阶段。传代细胞疫苗对各年龄段猪的安全性均良好，免疫猪仅出现轻度发热和短暂的病毒血症；妊娠 1～3 个月母猪接种疫苗，无死产或流产；未吃初乳新生仔猪经滴鼻免疫后无不良反应；10～14 日龄仔猪接种后对生长无影响；接种猪不会发生毒力返强及向环境中散毒现象。

CSFV 活疫苗可以同时诱导体液免疫和细胞免疫反应，接种疫苗后 6～9 d 可检测到 CSFV 特异性干扰素 γ(IFN-γ)，12 d 可检测到抗 CSFV 中和抗体，且在 4～12 周达到峰值，可为免疫猪提供较为广谱的保护。免疫母猪所产生的母源抗体能使仔猪获得坚实保护，免疫产生的抗体能够保护不同年龄的猪抵抗猪瘟强毒的攻毒。其不足是免疫后难以区分疫苗株抗体和野毒株抗体，不利于净化。

6.3.3.2 亚单位疫苗及临床使用

CSFV 的 E2 蛋白是最有效的免疫原，基于 E2 蛋白的亚单位疫苗已经商品化，并应用于临床。该类疫苗免疫后仅产生针对 CSFV 主要保护性抗原 E2 蛋白的抗体，通过检测免疫后针对 E^{rns} 蛋白或 NS3 蛋白特异性抗体，可以有效区分感染动物和免疫动物。

E2 蛋白亚单位疫苗仅能诱导体液免疫反应，首次免疫后 21 d 可检测到中和抗体；单次免疫不能对猪提供完全保护，二次免疫则可以在临床上保护猪不受感染。疫苗免疫后可以减少仔猪感染但不能完全阻止垂直传播，同时，存在因基因型与疫苗株同源或异源导致免疫效力不同的情况。我国针对 CSFV 的 E2 亚单位疫苗(TWJ-E2)是基于杆状病毒表达的 CSFV 基因型 1.1 疫苗株的 E2 糖蛋白制备而成，与 C 株相比，其免疫可使猪产生的 E2 中和抗体水平更高，对异源基因型 CSFV(2.1b，2.1c，2.1h 和 2.2)攻毒也能完全保护。在德国，E2 蛋白标记疫苗 Pesti 被认为可提供临床保护，并可限制猪瘟的扩散，但在早期保护和防止经胎盘传播方面具有一定的不足。

6.3.4 防控

6.3.4.1 疫苗的合理规范使用

各种商品化猪瘟活疫苗在控制猪瘟疫情方面起到了巨大的作用，许多国家因此控制和根除了猪瘟。我国的猪瘟兔化弱毒疫苗(C 株活疫苗)对现有的流行毒株能够提供有效保护，但猪瘟疫情仍时有发生，免疫程序不合理是原因之一。以往实行的春秋两季免疫曾有效控制了猪瘟的传播，但随着规模化、集约化猪场的出现，不同生长阶段和免疫状态的猪群会同时存在，因此需要根据各个猪群的免疫本底情况，制定适宜本场的免疫程序。

C 株活疫苗免疫易受到母源抗体、自身免疫抑制(控制 PRRSV 的感染很重要)等因素的影响，因此每个养殖场最好制定各自的免疫程序。

①仔猪。一般来说，仔猪免疫最好在免前 1～2 d 抽样测定母源抗体水平，根据母源抗体水平制定首次免疫时间。目前，大多数猪场是在 21～35 日龄，母源抗体降至判界上下时进行一免，一免后 14～35 d 进行二免。

②种猪。每年免疫 3～4 次或跟胎免，每年抽样检测抗体水平 2 次以上，评估抗体水平及变异系数(Cv 值)。

③后备猪。配种前加强免疫 1 次，免疫后 14 d 检测抗体水平，偏低者再加免 1 次，仍然为阴性者淘汰。

6.3.4.2 生物安全措施

保证生物安全是疫病防控的基础，对于猪瘟防控而言，是最大限度发挥疫苗免疫效果和做好净化工作的保障。

目前，隐性感染带毒猪是造成猪瘟亚临床感染和免疫失败的主要原因，因此要加强监测，及时淘汰隐性感染带毒猪。CSFV 可通过接触传播和垂直传播方式进行传播。目前垂直传播是最重要的传播途径，故需从种源开始进行净化，包括母猪和公猪。临床感染发病猪排泄物和分泌物，病死猪的血、肉、内脏，废水、废料污染的饲料、饮水都可散播病毒，因此需要加强饲养管理，坚持全进全出的饲养模式；做好猪场、猪舍消毒工作，加强猪、人、物和车辆的管理；做好粪便、污水及病死猪的无害化处理。

6.3.4.3 净化策略

在《国家中长期动物疫病防治规划(2012—2020 年)》中，猪瘟被列入需要“净化”的疫病名录(优先防治的国内动物疫病，二类动物疫病)，在 2015 年部分区域达到净化标准的基础上，到 2020 年底，需要进一步扩大猪瘟净化区域范围。2021 年 10 月，《农业农村部关于推进动物疫病净化工作的意见》指出，力争通过 5 年时间，在全国建成一批高水平动物疫病净化场，80%的国家畜禽核心育种场(站、基地)通过省级或国家动物疫病净化场评估,规定猪瘟净化工作需取得明显成效。《动物疫病净化示范区评估标准(试行)(2019版)》规定了猪瘟净化示范区标准,同时满足以下要求,可视为达到免疫无疫标准:

①净化示范区内种猪场的种公猪、生产母猪和后备种猪抽检,猪瘟病原学检测均为阴性。

②净化示范区内连续2年以上无疫情。

③现场综合审查通过。

同时满足以下条件,视为达到净化标准:

①净化示范区内生猪养殖场和散养户抽检,猪瘟病毒抗体检测均为阴性。

②净化示范区内停止免疫2年以上,无疫情。

③现场综合审查通过。

猪瘟的防控和净化要基于合理的疫苗免疫策略和抗原、抗体检测方法,淘汰猪瘟野毒感染猪,建立净化群。种公猪和精液定期抽检,淘汰阳性公猪,避免通过授精造成母猪感染。

实施净化可参考以下技术路线:

①疫苗免疫:制定合理的免疫程序,提高群体免疫力,定期检测评估猪群抗体水平,对于抗体不合格猪群进行扁桃体采样检测抗原,坚决淘汰阳性猪,保证种猪群抗体水平合格率在90%以上,育肥猪群抗体水平合格率在70%以上。

②净化:抗体水平合格群封闭饲养,抽样检测猪瘟抗原水平,阳性率在10%以下时逐头检测,淘汰阳性猪;之后停止免疫,2年内定期监测猪瘟病毒抗体水平,至全部阴性,建立阴性猪群,逐步达到净化考核标准。

6.3.5 展望

活疫苗的免疫难以区分疫苗抗体和野毒抗体,仔猪首次免疫容易受母源抗体干扰,因此,开发新型、安全、有效且具有DIVA功能的标记疫苗以及配套的抗体检测试剂对猪瘟的净化十分重要。同时,研发免疫程序匹配性好的联苗(如猪瘟、猪伪狂犬病二联疫苗),可减少疫苗免疫次数,起到一针多防的作用,是未来疫苗联合应用的发展方向。

(撰稿人:白小飞　燕贺　黄柏成　肖燕)

6.4 猪伪狂犬病

6.4.1 概述

伪狂犬病(Pseudorabies,PR)又称奥耶兹氏病(Aujeszky's disease,AD),由伪狂犬病病毒(Pseudorabies virus,PRV)感染引起,是多种家畜及野生动物感染的一种急性传染病。猪是本病主要的原发感染宿主和长期贮存宿主,在PRV的传播上起着重要作用。

猪伪狂犬病最早在美国发生,匈牙利学者于1902年从出现有别于狂犬病神经症状的发病犬、猫中首次分离到病毒,我国最早于1947年报道此病,目前世界上已有50多个国家和地区报道发生了猪伪狂犬病,我国绝大部分省、自治区、直辖市均有发生。通过PRV *gE*基因缺失疫苗免疫和针对性诊断试剂的监测来指导淘汰阳性猪,很多国家完成了猪伪狂犬病的净化。2011年年底前,我国大部分种猪场的PRV gE抗体阳性率控制在了10%以下,极有利于净化。

但从 2011 年年底开始，我国自北向南暴发了由 PRV 流行毒株感染引起的猪伪狂犬病，给我国养猪业带来了巨大损失。

猪伪狂犬病在临床上以发热、呼吸道症状、神经症状以及繁殖障碍为主要特征，各年龄段的猪均可被感染。经典毒株感染可造成仔猪体温升高，出现神经症状（流涎、后肢麻痹、泳样划水）和呼吸道症状（咳嗽和呼吸困难），母猪妊娠后期流产及仔猪死亡。2011 年底出现的流行毒株感染可造成各年龄段的猪高热，母猪严重繁殖障碍（妊娠期各阶段流产），仔猪出现神经症状和近 100％的死亡率，育肥猪出现呼吸道症状、神经症状，死亡率可达 10％～20％；剖检可见扁桃体灶性坏死、肺实变和坏死及脑出血。组织病理学以中枢神经系统的非化脓性脑炎为特征。

6.4.2 病原

6.4.2.1 病毒分类及其感染特征

PRV 属于疱疹病毒科（Herpesviridae）、阿尔法疱疹病毒亚科（Alphaherpesvirinae）、水痘病毒属（*Varicellovirus*），为 DNA 病毒，具有神经嗜性，只有一个血清型，但不同毒株在毒力和生物学特征等方面存在差异。

PRV 基因组包含至少 70 个基因，有 *gE*、*gI*、*gM*、*TK*、*UL13*、*UL21* 等多个毒力相关基因，其中 *TK* 和 *gE* 基因是 PRV 的主要毒力基因。PRV 缺失 *TK* 基因可有效降低毒力，但不影响病毒在细胞上增殖，*gE* 基因在病毒毒力和病毒传播中起重要作用，但对病毒的复制是非必需的。编码 gB、gC 和 gD 糖蛋白的基因是主要免疫保护基因，gD 和 gB 糖蛋白是诱导产生针对 PRV 感染的中和抗体的有效免疫原。

PRV 宿主范围广，致细胞病变效应强，且常在三叉神经节中潜伏感染，使感染动物成为病毒携带者，感染耐过猪终身带毒，在遇应激和其他病原感染造成免疫力低下时，潜伏状态的病毒可再次活化排毒，这是猪场难以根除 PRV 的重要因素之一。

常用 PRV 感染猪的脑和肺组织进行病毒分离。多种传代细胞系可用于 PRV 分离和增殖，如猪肾细胞（PK-15）、仓鼠肾细胞（BHK-21）、猪睾丸细胞（ST）、鸡胚成纤维细胞（CEF）和非洲绿猴肾细胞（Vero）等，其中以 PK-15 细胞最为敏感。

6.4.2.2 毒力进化

20 世纪 60 年代之前，猪感染 PRV 后临床症状比较温和，对养猪生产影响有限。随着集约化养殖模式在西方国家的兴起和扩大，动物及其产品的全球性流动增强，PRV 成了影响世界养猪业的重要病原。匈牙利学者 Bartha 于 1961 年从有神经症状的死亡猪的脑组织分离到 Bartha 株；20 世纪 90 年代初，我国学者从发病猪分离到的鄂 A 株（Ea 株）和闽 A 株（Fa 株）（以上毒株也称为“经典株”），毒力较 1960 年之前的毒株毒力有所增强，但仅致死仔猪。

2011 年底，在我国免疫过经典株猪伪狂犬疫苗的猪场中，暴发了猪伪狂犬病，经病毒分离鉴定，该疫情由变异的 PRV 流行株的感染引起，自患病猪脑组织分离的 HN1201 株的鉴定结果表明，其与经典株的遗传差异主要体现在其糖蛋白 gB、gC、gD 和 gI 中的氨基酸插入和缺失，HN1201 株的致病性显著高于闽 A 株，35～127 日龄的猪均易感，致死率高。目前，中国分离到的 PRV 流行株在进化分析中属于相对独立的区域，在抗原性上不同于经典 PRV 毒株，流行株和经典株之间的 gE 和 gI 蛋白氧基酸序列存在明显差异，主要保护性抗原 *gB*、*gC*、*gD*

基因内部也发生了氨基酸的缺失、插入和突变。因基于经典毒株研发的疫苗在临床上不能对流行株感染提供完全保护，且我国 PRV 流行毒株较经典毒株致病性更强，所以猪伪狂犬病的控制和净化遇到极大阻力，亟须根据 PRV 流行毒株进行疫苗研发，有针对性地对我国现阶段猪伪狂犬病进行防控和净化。

6.4.3 疫苗

猪伪狂犬病活疫苗和灭活疫苗已在临床上取得了一定效果，成为防控猪伪狂犬病的主要手段。但自 2011 年底以来，随着国内 PRV 流行株的出现，用于防控流行毒株引起的猪伪狂犬病的疫苗成为研究重点。

6.4.3.1 灭活疫苗及临床使用

猪伪狂犬病灭活疫苗的免疫效果不如活疫苗，但其安全性优于活疫苗，适用于猪伪狂犬病的控制和净化。

目前，国内外用于防控经典猪伪狂犬病的灭活疫苗主要有 Bartha-K61 株和鄂 A 株。鄂 A 株为全病毒灭活疫苗，*gE* 基因未缺失，无法通过 PRV gE 抗体检测鉴别是野毒感染还是疫苗毒感染。基于流行株 HN1201、采用基因工程手段研发的 *gE* 缺失灭活疫苗 HN1201-Δ*gE*（普伪净），使用安全性高且无免疫副反应双相复乳佐剂，是目前国内唯一获批的针对 PRV 流行株的灭活疫苗，免疫后能保护流行毒株和经典毒株的攻击，产生免疫保护相关抗体时间较经典株活疫苗更早，且抗体水平更高（特别是中和抗体），持续时间至少 4 个月，抵御病毒攻击能力更强，可有效阻止野毒感染及 gE 抗体转阳。其对 PRV 流行毒株和经典毒株均可产生完全的保护，结合活疫苗的使用，在临床试验和生产实践中均取得了良好的免疫效果，为实现《国家中长期动物疫病防治规划（2012—2020 年）》中要求的至 2020 年在全国所有种猪场净化猪伪狂犬病毒这一目标提供了物质基础，猪伪狂犬病毒净化有望早日实现。

6.4.3.2 活疫苗及临床使用

国内用于防控猪伪狂犬病的活疫苗包括 Bartha-K61 株、HB98 株、SA215 株、HB2000 株及 C 株。经典株流行时期，为更好地防控猪伪狂犬病，*gE* 基因缺失株 Bartha-K61 疫苗被广泛应用于临床。至 2011 年，大部分应用 Bartha 株疫苗的种猪场已实现无野毒感染（PRV gE 抗体阴性）。

Bartha-K61 株活疫苗由 Bartha 株自然传代致弱获得，其毒力降低主要由 UL21 的点突变，*gC* 基因突变，以及包含 *gE*、*US9*、*gI* 和 *US2* 基因的缺失引起。在活疫苗的应用上，*gE* 和 *TK* 基因的缺失极为重要。*gE* 基因缺失是毒力降低和鉴别疫苗免疫与野毒感染的重要基础，*gE* 基因缺失疫苗结合 PRV gE 抗体检测鉴别诊断方法是国外推行猪伪狂犬病净化和根除计划的理论基础。2000 年，由鄂 A 株研发的 HB98 株疫苗在临床上的应用（以上这些活疫苗与布加勒斯特株疫苗统称为“经典株疫苗”）取得了较好的免疫防控效果，HB98 株缺失了 *TK* 和 *gG* 基因，但未缺失 *gE* 基因，猪群免疫后无法通过 PRV gE 抗体检测鉴别野毒和疫苗毒。SA215 株和来源于鄂 A 株的 HB2000 株均具有 *gE*、*gI* 和 *TK* 基因缺失，可通过 PRV gE 抗体检测鉴别野毒和疫苗毒。

我国在 PRV 流行毒株出现之前，经典株活疫苗对疾病起到了很好的控制作用，但自 2011 年底以来，以上基于经典株研发的活疫苗均无法针对流行毒株感染提供完全保护，造成了新一轮PRV野毒感染和疫情暴发。目前还没有针对PRV流行毒株的活疫苗产品被批准注册上市，基于PRV流行毒株开发的*gE*自然缺失活疫苗HN1201-R1株可完全保护流行毒株的攻击，目前已完成临床试验，临床反馈良好；另外，PRV HN1201人工五基因缺失活疫苗具有更高的安全性，同时免疫效果更优，目前处于转基因评价阶段。

6.4.3.3 亚单位疫苗

研究表明，由gC或gD蛋白组成的亚单位疫苗以及抗独特型抗gD抗体在小鼠中可引起一定程度的保护性免疫应答。由编码gC或gD蛋白的质粒组成的DNA疫苗可诱导猪对野毒感染的保护性应答。

用于亚单位疫苗开发的病毒蛋白，其免疫原性需精准且高效，这样可最大限度减少对猪体的免疫刺激，安全性高。多项研究表明：PRV gD产生的中和抗体与保护力相关性更高，因此针对gD设计的亚单位疫苗可得到更好的免疫保护效果，配合针对gD抗体的鉴别诊断方法，可更好地反映免疫保护抗体水平。

6.4.4 防控

6.4.4.1 疫苗的合理规范使用

防控猪伪狂犬病最经济实用的措施是在采取生物安全措施下的同时做好疫苗免疫。各种商品化的经典株疫苗曾经对猪伪狂犬病的防控起到了很重要的作用，但随着2011年底PRV流行株的出现，免疫过疫苗的猪场仍然出现野毒感染甚至发病，我们不得不考虑采取更有效的防控净化措施以实现猪伪狂犬病毒净化。

在2011年底新的流行株出现以前，多数猪场猪伪狂病疫苗的免疫程序是母猪跟胎免疫、仔猪70～90日龄首免或不免疫。随着新的流行毒株出现以及人工费用的大幅度增加，目前大部分猪场实施的是种猪每年免疫3～4次，仔猪35～60日龄首次免疫、间隔1个月左右二免的免疫程序。虽然免疫次数增加了、首免日龄提前了，但有的猪场在猪育肥期仍出现野毒感染甚至发病，无法留出gE抗体阴性后备猪。通过灭活疫苗（普伪净）的临床应用和针对临床不同感染状态下不同免疫程序免疫猪攻毒试验发现，必须针对各猪群的感染状态，制定适用的免疫程序，才能控制并逐步净化猪伪狂犬病。

免疫方案可参考以下技术路线：

①本底调查。在原有免疫程序首次免疫日前1～2 d，用与免疫保护相关抗体检测试剂检测母源抗体水平，如整体仍较高，根据抗体水平推后10～20 d再检测。

②仔猪免疫程序制定。当母源抗体降至一半样品阳性、一半样品阴性，或虽全阳性但已接近阴性判界时，用活疫苗进行首次免疫（以保证尽量缩小临床无保护的免疫窗口期）；间隔1个月左右用灭活疫苗进行二免，保证毒株的针对性及免疫持续期；如果母抗水平参差不齐，二免后抗体水平仍差异较大，可考虑在二免后1个月左右再用灭活疫苗进行一次免疫（使抗体水平相对整齐）。

③种猪群免疫程序。按目前猪场的实际情况，常规程序可选择每年免疫3次普伪净，有条件的场也可以跟胎免疫。免疫后持续监测抗体水平，达到免疫无疫标准。

6.4.4.2 生物安全措施

做好生物安全措施是疫病防控的基础，疫苗免疫效果也需要在此基础上才可最大限度地体现。PRV 是感染动物种类多和致病性强的一种病毒。除各种年龄的猪、牛都易感外，在自然条件下可致羊、犬、猫、兔、鼠、水貂、狐等动物感染发病。

PRV 可通过空气传播和接触传播传入猪场，主要随着工作人员和鼠、犬、猫等感染动物进出传入猪群，因此猪场需要定期做好灭鼠工作，场内禁止饲养犬、猫，以减少猪群的感染风险。另外，携带 PRV 的工作人员和器具在传播中起着重要的作用，所以要加强猪场人员的生物安全意识，减少串舍，进出猪场的动物、车辆要严格管理和消毒。已感染 PRV 的猪可终身带毒，并且会不定期排毒，从而传染健康猪，所以要做好隔离、清洁及消毒工作，防止猪场内的病毒传播。

6.4.4.3 净化策略

在《国家中长期动物疫病防治规划（2012—2020 年）》中，猪伪狂犬病被列入种猪场需要"净化"的疫病名录（优先防治的国内动物疫病，二类动物疫病）。根据《动物疫病净化示范区评估标准（试行）（2019 版）》要求，猪伪狂犬病的评估标准中，首先需要达到免疫无疫标准，再达到净化标准，满足以下条件可视为达到净化标准：

①净化示范区内生猪养殖场（户）抽检，PRV gE 抗体检测均为阴性。

②净化示范区内停止免疫 2 年，无疫情。

③现场综合审查通过。

猪伪狂犬病的预防和净化主要依赖于 *gE* 基因缺失疫苗免疫控制，淘汰 gE 抗体阳性猪，建立 gE 抗体阴性猪群。

猪伪狂犬病商品化疫苗在疾病预防中起到了重要作用。gE 靶向 ELISA 在疫苗接种和野毒感染动物的分化方面具有优势，结合 gB 或 gD 的 ELISA 抗体检测方法，极大地促进了世界范围内猪伪狂犬病的净化。合理的免疫策略和抗体鉴别检测方法，特别是在以 HN1201 流行毒株为代表的疫苗的使用下，基于流行毒株开发的 PRV gE 抗体鉴别诊断方法可为当前形势下的猪伪狂犬病净化提供强有力的支撑，淘汰 gE 抗体阳性猪，达到净化目的。

实施猪伪狂犬病的净化可参考以下技术路线：

①在良好的免疫程序下，选留出 gE 抗体阴性后备猪群。对选出的后备猪群，逐头采血，用最灵敏的 gE 抗体检测试剂检测，留阴弃阳，建立新的阴性后备猪群，并与阳性种猪群分开饲养以保持后备猪群阴性状态。

②开展净化。监测阳性种猪群 gE 抗体阳性率，当自然淘汰至阳性率为 10%左右时就可以开始人为淘汰净化。用最灵敏的 gE 抗体检测试剂检测，淘汰所有阳性猪，建立阴性种猪群，并按农业农村部对猪伪狂犬病创建场的要求，定期监测，达到净化考核标准。

6.4.5 展望

为尽快控制 PRV 流行毒株引起的猪伪狂犬病疫情，现在已有针对流行毒株的灭活疫苗用于临床防控，将来针对流行毒株的商品化活疫苗、亚单位疫苗的上市，加之配套的抗体鉴别检测试剂的应用，将会为猪伪狂犬病的防控提供强有力的支持。基于科学合理的免疫程序和有针对性疫苗的使用，猪伪狂犬病在我国一定能够得到控制乃至净化。

基于临床免疫程序，结合非洲猪瘟疫情下的免疫需求（减少人与动物的接触、减少动物应激），设计以毒力基因缺失的 PRV 作为载体，合理组合 CSFV *E2* 基因及 FMDV 的免疫原性基因，或将这几种疫病的亚单位疫苗进行合理组合，研发相应多联疫苗，减少疫苗使用次数、降低人工成本，可能会成为未来疫苗联合应用的发展方向。

（撰稿人：白小飞　黄柏成　肖燕）

6.5 猪繁殖与呼吸综合征

6.5.1 概述

猪繁殖与呼吸综合征（Porcine reproductive and respiratory syndrome，PRRS）又称猪蓝耳病，由猪繁殖与呼吸综合征病毒（Porcine reproductive and respiratory syndrome virus，PRRSV）引起，是一种对养猪业造成巨大经济损失的高度接触性传染病，临床上主要以母猪繁殖障碍、早产、流产、产死胎和木乃伊胎，以及仔猪出现呼吸系统症状为特征。该病被 OIE 列为法定报告的 B 类动物疫病，在我国属于一类动物疫病。

PRRS 最早于 1987 年在美国发生，1990 年在欧洲出现，随后在世界范围内扩散。Wensvoort 于 1994 年分离获得欧洲型代表株（Lelystad virus）；Benfield 于 1992 年分离得到美洲型代表株（VR-2332）；我国 1996 年最早报道了 CH-1a 株（属于美洲型 PRRSV），以上分离到的美洲型毒株均属于 PRRSV 经典毒株。田克恭在 2006 年分离鉴定的 JXA1 株是变异的、毒力显著增强的高致病性 PRRSV 毒株（HP-PRRSV），在我国广泛流行，HP-PRRSV 所引起的高致病性 PRRS（HP-PRRS）给我国养猪业带来了沉重打击。

经典 PRRS 以母猪繁殖障碍（流产、产木乃伊胎等）和仔猪出现呼吸道症状为特征；大体剖解可见肺实变，发病后期易出现继发感染；组织病理学变化可见间质性肺炎，大量肺泡巨噬细胞浸润。高致病性 PRRSV 除引起母猪繁殖障碍和仔猪的呼吸道症状外，还表现出高发病率、持续高热和高死亡率特征，仔猪、育肥猪和成年猪均可发病和死亡；大体剖解可见以肝样肉变为特点的肺实变（肺的尖叶、心叶和膈叶的近心端），内脏器官不同程度出血；组织病理学变化较经典 PRRSV 更为严重，侵犯的脏器组织更为广泛。

6.5.2 病原

6.5.2.1 病毒分类及其感染特征

PRRSV 属于动脉炎病毒科（Arteriviridae）、动脉炎病毒属（*Arterivirus*），为不分节段的单股正链 RNA 病毒。研究表明，PRRSV 可分为 1 型 PRRSV（欧洲型）和 2 型 PRRSV（北美型）2 种基因型，两者基因组核苷酸序列相似度约 60%，而每一种基因型内部的毒株也具有最多可达 20%的序列差异，这可能是由 PRRSV 基因组固有的进化特点决定的。

PRRSV 具有单核巨噬细胞系统细胞嗜性，主要感染猪肺泡巨噬细胞（PAM），脾脏、扁桃体、淋巴结、肝脏、肠集合淋巴结、胸腺、血液巨噬细胞和骨髓细胞。但通常认为 PAM 是体内 PRRSV 的主要靶细胞。

6.5.2.2 毒力进化

对 2 型 PRRS 暴发之前样品的回顾性研究表明，早在 1979 年，加拿大采集的猪血清中即可检测出 PRRSV 抗体，说明病毒早已在猪群中传播，但 1992 年才从患病猪群中分离到 VR-2332 毒株。1996 年报道的 VR-2385 株、2001 年报道的 MN-184 株具有毒力不断加强的特点，特别是2006年在我国暴发的HP-PRRS疫情，以JXA1株为代表，具有极强的致病性，病毒基因组非结构蛋白2(NSP2)中有30个氨基酸的不连续缺失分子标志，可用作鉴别诊断。2008年在美国分离的NADC30毒株以及类似毒株(NADC30-like)在我国造成了较高死亡率(30%～50%)的PRRS的流行。

在1型PRRSV的研究中，病毒进化的遗传多样性与2型相似，也可导致高毒力毒株的出现。2010年在东欧分离的Lean株和1型PRRSV的代表毒株Lelystad的基因组相似性为87%，具有高致病性，1型PRRSV疫苗不能对其完全保护。

6.5.3 疫苗

根据长期的临床使用效果评估和分析，一般认为理想的PRRS疫苗应具有以下特点：可快速诱导免疫反应；可提供针对大多数流行性毒株的保护；对生猪的生长性能无影响；能够区分疫苗毒与野毒。现有的商品化疫苗均难以完全达到以上要求，灭活疫苗只有有限的免疫保护效果，而弱毒活疫苗在与野毒的鉴别和生物安全性上需进一步提升。

6.5.3.1 灭活疫苗及临床使用

安全有效的PRRS灭活疫苗可用于PRRS的控制。灭活疫苗可以在PRRSV阳性猪群中增强PRRSV特异性抗体和细胞介导的免疫反应(Cell-mediated immune，CMI)，缺点是阴性猪免疫后，PRRSV特异性抗体难以检测到，且缺乏CMI。PRRSV灭活疫苗的加强免疫可增强猪的抗PRRSV免疫力和CMI，但不能达到令人满意的免疫保护效果。由于效果有限，自2005年之后，美国不再使用PRRS灭活疫苗。国内在售的CH-1a株灭活疫苗是2005年农业部公告488号批准注册的猪繁殖与呼吸综合征灭活疫苗，对HP-PRRSV无保护作用，HP-PRRS的NADC-JXA1株灭活疫苗为临时审批产品，因到期未注册，现已不再审批使用。灭活疫苗的研究需要在抗原与佐剂的选择中进行更多的尝试，以提升疫苗的免疫效力。

6.5.3.2 活疫苗及临床使用

PRRS活疫苗的免疫可在猪体内产生特异性中和抗体(Neutralizing Antibodies，NA)，但中和抗体产生时间较晚，且滴度相对较低，而T细胞反应直至第32周才到达峰值，这对于抵御病毒感染而言时间太长。另外，经典毒株的疫苗通常仅对同源毒株的感染具有保护效果，对异源毒株的感染保护有限；高致病毒株疫苗则可保护经典毒株引起的感染。免疫后猪体产生的抗体依赖性增强效应和长达4周的病毒血症可能会引起病毒的扩散，因此，如何平衡活疫苗的安全性和有效性是疫苗研发中要解决的关键点。

1994年在美国上市的2型PRRS疫苗(Ingelvac PRRS© MLV)是最早的商品化活疫苗，目前已在包括我国在内的PRRS流行国家和地区广泛应用。高致病PRRS暴发之前，此疫苗在我国也有应用，但自HP-PRRS暴发之后，动物试验结果证明，经典毒株疫苗不能保护高致病毒株的攻击。2011年农业部公告第1548号批准注册的高致病性猪繁殖与呼吸综合征活疫苗(JXA1-R株等)的应用使该病的蔓延和暴发得到了有效控制。目前HP-PRRS以猪群移动过程中的散发为主。

6.5.3.3 其他类型的疫苗

其他类型的疫苗包括DNA疫苗、亚单位疫苗、载体疫苗和植物源疫苗。DNA疫苗研究中，在免疫GP5 Mosaic T细胞DNA疫苗(基于密码子优化的*GP5*序列)后，猪体内能够产生较高水平的 PRRSV GP5 抗体和 IFN-γ mRNA 的表达，但不能提供完全保护。亚单位疫苗的研究中，杆状病毒表达或植物表达的 PRRSV 结构蛋白可以在猪体内诱导 PRRSV 结构蛋白抗体，但是免疫持续时间和抗体水平有限，且无法诱导针对异源毒株的保护。病毒载体疫苗研究中，基于腺病毒载体和痘病毒载体的疫苗可以提供诱导细胞免疫和体液免疫应答，但依然无法提供完全保护。

基于新方法研发的疫苗实际应用效力有限，在无重大技术突破的情况下，替代传统疫苗的可能性不大。

6.5.3.4 影响 PRRS 疫苗免疫效果的因素

1. 快速的遗传进化与抗原变异

PRRSV 不同病毒分离株之间的遗传变异较大，无法预判毒株间的交叉保护效果。有报道称 PRRSV 基因组碱基突变速率[10^{-2}/(位点·年)]明显高于其他常见 RNA 病毒[10^{-3}～10^{-5}/(位点·年)]，这为病毒广泛的抗原变异及毒力的快速进化提供了基础，也给理想疫苗的开发带来了巨大挑战。

2. 中和抗体产生机制

PRRSV 分离株的免疫应答具有毒株特异性，特异性中和抗体(NA)主要由糖基化包膜蛋白 GP5 诱导产生，且 GP5 N 端胞外域的突变极大地影响了突变病毒对 NA 的敏感性，这些研究支持将 GP5 作为 NA 的主要靶标。也有研究表明，M 蛋白的单抗在体外细胞上也能中和 PRRSV 感染，用牛分枝杆菌表达的 PRRSV-GP5 和 M 蛋白免疫猪有部分保护效果，且与 NA 的出现有关，M 蛋白中单个氨基酸(Tyr-10)的缺失可赋予病毒拮抗 NA 中和活性，这表明 M 蛋白在 GP5 之外也发挥了一定的中和作用。有研究报道表明，来自 PRRSV 中和血清的 M-GP5 胞外域特异性抗体可与病毒结合，但不能中和病毒，说明抗体仅与胞外域结合不足以完全中和 PRRSV。因此还需要进一步研究与中和抗体产生相关的 PRRSV 靶蛋白，PRRSV 中和抗体生成模式有可能是由多种病毒蛋白组合形成的。

3. 抗体依赖性增强作用

ADE 的产生及其作用机制可能存在两种情况：一种是疫苗免疫后的 NA 产生较迟，免疫后先产生一些可能针对 N 蛋白和 GP5 蛋白的非 NA，这意味着在疫苗免疫后 4 周内产生的大多数抗体都不是 NA，可能存在一定的“窗口期”导致 ADE 的产生。另一种是 PRRSV 的 ADE 可能由亚 NA(sub-NA)介导，即活疫苗免疫产生的 NA 可作为免疫后猪体感染异种野毒株所产生的 NA 的前期抗体，在这种情况下，即使在免疫后 4 周(与免疫后出现 NA 的时间一致)，猪体内由于疫苗株免疫产生的 NA 可能具有诱导 ADE 的机会。这类 ADE 可能与自身抗独特型抗体的存在有关，该类抗体直接与 GP5 或 M 蛋白特异 NA 结合，可能会加剧 PRRSV 感染。

6.5.4 防控

6.5.4.1 疫苗的合理规范使用

疫苗是控制 PRRS 最为经济和重要的手段。我国 PRRSV 流行情况复杂，2 型经典毒株、高致病毒株和 NADC30-Like 样毒株在全国均有分布，因此猪场需从实际出发，充分掌握各生长阶段的猪群的 PRRS 抗体水平，建立合理免疫程序，有条件的则可以根据抗原检测结果，选择匹配度高的疫苗进行免疫，并在免疫后监测相应抗体水平。

对于 PRRSV 不稳定的种猪群，根据抗原检测结果选择免疫用疫苗毒株，免疫后需做到糖蛋白抗体阳性率高、抗体离散度小，以应对变异株和强毒株的感染。根据糖蛋白抗体检测结果判断猪场中猪群的免疫状态，调整免疫方案，可最大限度保证免疫效果。目前，常规免疫程序如下。

①仔猪。7～14 日龄免疫，但存在强毒株时，较难保证免疫效果，可通过分区饲养，保证安全。

②种猪。每年免疫 2～3 次，尽量避免在同一场内频繁更换疫苗毒株，定期监测田间 PRRS 毒株状况。

在临床中，需要防止不规范使用活疫苗（如同一养殖场内使用不同毒株来源的疫苗），这样会造成病原快速变异，极不利于疫病的防控。另外，PRRS 感染后期，易继发猪瘟、猪伪狂犬病、猪圆环病毒病、副猪嗜血杆菌病和猪传染性胸膜肺炎等疫病，做好这些疫病的基础免疫，对减少 PRRS 的危害具有重大意义。

6.5.4.2 生物安全措施

生物安全措施是疫病防控的基础。PRRS 最易在猪群移动环节、处于应激状态或自身免疫状态低下时出现感染发病，因此在引猪、转群过程中需采取保健措施，尽量减小猪应激反应，必要时可短期使用抗生素防止继发感染。同时要关注转出地与转入地猪群 PRRSV 的本底情况，尽量防止将不同毒株感染的猪群混群饲养。猪体感染 PRRSV 后可经多种途径排毒（粪便、尿液、唾液等直接传播或经污染器械、饲料、饮水等间接传播），养殖场内要做好日常消毒，减少病毒载量，做好防蚊灭鼠工作，防止媒介动物带毒传播。运输车辆、人员交叉污染等因素也是 PRRSV 防控的重要组成部分。此外，保证猪群的健康状况（如保证猪舍通风、干燥、适宜的温度和湿度）是预防 PRRS 的重要措施，对于 PRRS 的防控也具有重要意义。

6.5.4.3 净化策略

PRRSV 的高变异特点使当前养殖场通过活疫苗防控疫病具有高风险性，净化策略被认为是根本的解决之道。

在《国家中长期动物疫病防治规划（2012—2020 年）》中，经典 PRRS 和 HP-PRRS 均被列为种猪场需要“净化”的疫病名录（优先防治的国内动物疫病），高致病性猪繁殖与呼吸综合征需要在 2020 年在全国达到控制标准。根据《动物疫病净化示范区评估标准（试行）（2019 版）》要求，在净化示范区评估标准中，满足以下条件可视为达到免疫无疫标准：

①净化示范区内种猪场种公猪、生产母猪和后备种猪抽检，病原学检测均为阴性。

②净化示范区内连续 2 年以上无疫情。

③现场综合审查通过。

根据要求，在实现 PRRS 控制的过程中，主要参考指标即病毒抗原的检测，主要通过阶段性的 PCR 抽检以获取阳性猪信息来指导免疫无疫条件的达标。当前形势下，对 PRRSV 阳性猪群完全淘汰不太现实，因此，可通过闭群管理避免猪群移动和引种，逐步实现阳性猪的淘汰，从而建立阴性群，以符合种猪场需要满足的无疫标准。

6.5.5 展望

6.5.5.1 反向遗传技术的应用

嵌合不同来源 PRRSV 毒株的主要抗原位点是扩大疫苗交叉保护的方法之一，这可通过使用反向遗传技术构建 PRRSV 感染性 cDNA 克隆，从而对 PRRSV 疫苗株进行异源 PRRSV 毒株的基因片段的交换来实现。最近的研究表明，改造 2 个或多个结构基因构建而成的嵌合 PRRSV 可表现出对多种异源毒株的交叉保护作用。另外，基于计算机设计手段合成感染性克隆，以实现异源 PRRSV 毒株中包含共同的抗原编码序列，可能是未来开发针对 PRRSV 的通用疫苗的方向。

6.5.5.2 新型抗原递送系统与佐剂

基于纳米粒子的抗原递送技术有助于新型候选疫苗的开发，其较灭活病毒或可溶性抗原具有多种优势。纳米粒子可保护抗原免受蛋白酶的降解，提高抗原的生物利用度，并维持缓慢而持续的抗原释放模式，这些特性有助于诱导更好的免疫反应。在免疫机理方面，纳米粒子可促进抗原递呈细胞（APC）对抗原的吸附、吸收和加工；可诱导树突状细胞（DC）的成熟，通过主要组织相容性复合体（MHC）Ⅰ类来促进 $CD8^+$ T 细胞的抗原交叉呈递；诱导调节体液和细胞免疫反应的不同先天性细胞因子的产生。另外，嵌有纳米粒子的抗原较可溶性抗原更易被 APC 吞噬，这能够促进病毒特异性免疫反应的发生。

优良的疫苗佐剂既可以促进 APC 对抗原的吸收和递呈，又可以激活先天性免疫受体产生细胞因子，以及 DC 的成熟和迁移，从而提高免疫应答。聚乳酸－羟基乙酸共聚物（Poly lactic-co-glycolic acid，PLGA）是疫苗研究中使用最广泛的合成聚合物，安全无毒，其水解产物易被吸收到机体正常代谢途径中。PLGA 纳米颗粒可促进抗原摄取并诱导 APC 成熟。免疫 PLGA 纳米颗粒装载的灭活疫苗（NPs-KAg）可诱导先天性自然杀伤（NK）细胞和 γδ T 细胞的活化，以及先天性细胞因子 IFNα 的分泌。当将结核分枝杆菌的全细胞裂解物作为佐剂与 NPs-KAg 一并使用时（猪鼻内接种），可观察到均衡的 Th1/Th2 免疫应答及增强的黏膜 IgA 抗体应答，在异源 PRRSV 攻毒后，免疫了 NPs-KAg 疫苗的猪未表现出临床症状，且肺脏病毒载量也显著降低，产生了较高的针对 PRRSV 的交叉保护免疫力。另外，基于壳聚糖的纳米颗粒佐剂制备的疫苗（CH/AL-BV）在免疫猪之后，可更好地诱导 PRRSV 特异性免疫应答。

这些特殊制剂或抗原递送系统与新型佐剂结合可以增强 PRRS 灭活疫苗的免疫反应，快速准确的递送特征（抗原或抗体）也使这些策略具有作为类似治疗方案的潜力。

6.5.5.3 区分感染和免疫动物(DIVA)的疫苗

PRRS DIVA 疫苗对于 PRRS 的监测、控制和根除非常重要。亚单位疫苗是 DIVA 疫苗的理想选择，然而具有临床保护效果的 PRRSV 保护性抗原还有待进一步确认，并且亚单位疫苗的功效还有待提高。另一种研究 DIVA 疫苗的策略是使用 *NSP2* 基因中的缺失特性作为区分标志，可通过 ELISA 血清学检测或 RT-PCR 分子检测来区分疫苗和野毒感染。猪群在弱毒株 A2MC2-P90 株攻毒后可诱导产生很强的 IFN 反应和高水平 NA，A2MC2-P90 的低毒力及其 *NSP2* 基因的缺失（181 个氨基酸）特性使其可能具有作为 PRRS DIVA 疫苗的潜力。

（撰稿人：黄柏成　肖燕）

6.6 猪流感

6.6.1 概述

猪流感(Swine influenza,SI)又称猪流行性感冒,现已更名为"甲型 H1N1"或"A(H1N1)",是由 A 型猪流感病毒(Swine influenza virus,SIV)引起的猪的急性、热性、高度接触性呼吸道传染病。

早在 1918 年,美国、匈牙利和中国就有与猪流感相关的报道,这与 1918 年西班牙人类大流感的时间一致。Shope 在 1931 年的报道中,将发病猪体内分离到的流感病毒称为"猪流感"病毒。研究发现,患过流感的病人的血清可以中和从猪体分离的流感病毒(现称为 H1N1),表明猪流感病毒很可能源自 1918 年流行的西班牙流感病毒。猪流感病毒不仅对猪体健康和养猪业危害大,在整个流感病毒的遗传进化和生态分布中都占有重要地位,特别是对人类健康具有潜在的威胁。猪作为人流感病毒和禽流感病毒共同的易感宿主,被认为是流感病毒发生基因重排的"混合器",在流感病毒的适应性进化中具有重要的地位,因此,猪流感病毒对养猪业造成严重危害的同时,还有深远的公共卫生意义。

猪流感在临床上以突发、高热、喷嚏、咳嗽、呼吸困难等呼吸道症状为特征,目前全世界分布,但主要以地方性流行为主。单纯的猪流感病毒感染表现为发病率高(100%)、死亡率低(低于 5%),临床症状的严重程度与流行毒株、猪品种和日龄、环境条件及继发感染情况相关。流感病毒感染常导致猪体抵抗力下降,并发或继发其他病毒和细菌感染,如猪繁殖与呼吸综合征和猪传染性胸膜肺炎等。

6.6.2 病原

6.6.2.1 病毒分类及其培养特性

猪流感病毒是属于正黏病毒科(Orthomyxoviridae)的分节段单股负链 RNA 病毒,根据血凝素(Hemagglutinin,HA)和神经氨酸酶(Neuraminidase,NA)抗原性不同被分为 16 种 HA 亚型和 9 种 NA 亚型。1930 年首次分离到猪流感病毒 H1N1 亚型的代表株,命名为 A/Swine/lowa/15/31(H1N1)。目前来源于猪的流感病毒共有 14 种血清亚型,猪群中广泛流行的主要是 A 型流感病毒的 H1N1 亚型、H1N2 亚型及 H3N2 亚型,虽然我国也从猪体内分离到了 C 型流感病毒,但感染猪的主要还是 A 型流感病毒。

鸡胚最常用于猪流感病毒的分离和增殖,传代细胞系中最常用的是犬肾细胞(MDCK)。

6.6.2.2 遗传进化

流感病毒的一个重要特征是通过抗原漂移、宿主适应及基因重排方式不断变异和进化,以逃避宿主产生的免疫保护,引起新的流感暴发或流行。猪与人、禽的种间屏障相对较低,易被人流感和禽流感感染,不同宿主来源的流感病毒传播到猪,并随着时间的推移在猪群中逐渐适应,最终会形成稳定的谱系储存于猪群中。猪被认为是人、禽、猪的流感病毒通过基因重排产生新的亚型流感病毒的"混合器",在流感病毒的种间传播和遗传进化中起着重要作用。

自 1918 年以来,世界范围内猪群中流行的所有的猪流感病毒亚型中,除了 H1N1 亚型外,多数亚型是重排病毒。20 世纪 70 年代之前，H1N1 猪流感病毒主要在北美洲存在；70 年代之后才传入亚洲和欧洲，传播的途径可能是国家间的猪贸易。H3N2 猪流感病毒分别在 1969 年我国台湾和 1970 年我国香港的猪群中分离得到，并在之后几十年中进一步与其他亚型病毒重排。目前，我国及其他国家及地区流行的猪流感病毒主要是 H1N1 亚型和 H3N2 亚型，且常具有人流感病毒和禽流感病毒的重组。

6.6.3 疫苗

6.6.3.1 灭活疫苗及临床应用

猪流感全病毒灭活疫苗是鸡胚增殖的全病毒油佐剂灭活疫苗。毒株多为 H1N1 亚型和 H3N2 亚型，虽不能完全阻止病毒的感染，但可显著降低病毒感染后的复制和散播。

20 世纪 80 年代中期，用人 A/Port Chalmers/1/73 (H3N2) 毒株制备的疫苗可对菲律宾猪流感毒株（H3N2 株）产生较高的血凝抑制（Hemagglutination inhibition，HI）滴度，但攻毒仅部分保护，因此，猪用疫苗中使用的 H3N2 株，应选择当地普遍流行且遗传关系最近的毒株。美国于 1993 年首次批准使用由 H1N1 亚型株生产的单价全病毒灭活疫苗，1998 年 H3N2 亚型流感病毒在美国猪群出现后，开始使用可同时预防 2 种亚型流感病毒的二价疫苗。我国商品化的猪流感灭活疫苗包括猪流感病毒 H1N1 亚型灭活疫苗（TJ 株）和猪流感二价灭活疫苗（H1N1 LN 株＋H3N2 HLJ 株）。

全病毒灭活疫苗安全性好、免疫原性强、免疫持续期长，但也存在产生抗体较慢、诱导细胞免疫的能力弱、应激反应强、病毒变异速度较快等不足，造成疫苗免疫保护适配性降低和交叉保护能力非常有限。疫苗免疫后不仅产生针对表面蛋白 HA 和 NA 的抗体，也可产生针对内部蛋白 M1 和 NP 的抗体，使常规的血清学方法难以鉴别自然感染和疫苗免疫，给免疫后的疫情监测造成干扰。另外，疫苗种毒大多来自流行毒株，一旦疫苗制备过程中发生病毒泄漏，容易造成环境污染，具有诱发新的疫情的风险。

6.6.3.2 基因重组活载体疫苗

基因重组活载体疫苗是被人们寄予较大希望，并有可能实现商品化的疫苗，其作用原理是将病毒的保护性抗原基因重组到载体病毒中，动物在免疫后随着载体病毒在其体内的复制而增殖，将外源抗原不断表达，进而诱导机体产生特异性免疫应答反应。重组活载体疫苗具有免疫用量小、接种方法简便、生产工艺简单、生产条件易于控制及免疫持续时间长等优点。另外，基于体内表达系统合成免疫原，活载体疫苗所表达的蛋白质更加接近天然性质，有利于精准刺激有效的体液免疫和细胞免疫反应。

据 2002 年的报道，基于重组腺病毒系统和猪流感病毒（H3N2）*HA* 基因研发出的复制缺陷型重组腺病毒疫苗 rAd-HA 免疫小鼠后，可诱导产生特异性的免疫反应，对攻毒产生部分保护作用。用 H3N2 亚型 *HA* 基因构建的重组伪狂犬病毒疫苗免疫仔猪后，可对同型亚型猪流感病毒的攻毒提供很好的保护作用。人们在不断开发新的活载体基因工程疫苗的同时，也在努力解决抗原浓缩、二次免疫受初次免疫抗体干扰、部分猪只对细胞疫苗过敏等问题，希望不久的将来这类疫苗能够得到广泛应用，作为传统全病毒灭活疫苗的补充，具有良好的应用前景。

6.6.4 防控

6.6.4.1 疫苗的合理规范使用

疫苗免疫是防控猪流感的最佳措施。猪流感疫苗在养猪业发达国家的使用量大，我国目前用量有限。临床上主要用于母猪免疫，可使仔猪获得母源抗体的保护。母猪免疫前（特别是在临床表现疑似猪流感时），需要先测定猪流感 H1N1、H3N2 血清型抗体本底水平，以评估疫苗使用的可行性。

通过抗体水平分析，包括不同亚型毒株特异性的抗体阳性率，针对性地选择灭活疫苗免疫母猪，并在母猪免疫后监测抗体水平，保证免疫合格率达到 70%以上。哺乳期仔猪通过母源抗体获得保护，基于母源抗体消长情况来确定是否对仔猪进行免疫，以延长仔猪的保护期。

6.6.4.2 生物安全措施

猪流感在猪场内难以根除，其防控需要疫苗免疫，更需要加强日常管理、做好生物安全防护等措施。

在现有集约化猪场为主的养殖模式下，对猪流感这种呼吸道感染的传染病，降低饲养密度、加强通风换气、控制温湿度、改善饲养环境是最重要的防控措施，不仅可以控制猪流感，也可以减少其他病毒性和细菌性疾病的并发和继发感染。

批次化管理也是防控猪流感的重要方法，坚持母猪同步发情、同步配种，保证同一批次断奶仔猪之间日龄差距不超过 2 周，采用全进全出的饲养方式，可阻断猪只间疫病的横向传播。不同日龄混养的或每个阶段隔离不彻底的猪场，病毒会不断地从老龄猪传递给幼龄猪，造成病毒在整个猪场中的长期存在，一旦猪群受各种因素影响造成免疫力低下，极易引起发病。

做好人流物流的控制。猪流感病毒除了感染猪和人外，还可感染犬、鼠等其他动物，病原主要是随着被病毒污染的人员和媒介传入猪群，因此，需要加强猪场人员的生物安全意识教育，避免串舍和饲养工具互借；做好灭鼠、环境消毒、加强对其他易感动物的防范，进出猪场的人员、物品和车辆严格管理和消毒。

6.6.5 展望

疫苗免疫可降低猪流感发病率、减轻临床症状。但由于目前流感病毒血清型众多，且在不断变异和进化，不同毒株交叉保护效果不佳，难以完全保护动物不发病，因此期待能设计出诱导猪体产生对不同变异毒株或不同亚型病毒有交叉保护的疫苗，提高对猪流感的防控水平。

HA 是流感病毒囊膜纤突的主要成分之一，可诱导机体产生中和抗体，还可刺激机体产生细胞毒性 T 淋巴细胞（Cytotoxic T lymphocyte，CTL）反应，这是流感病毒中最重要的保护性抗原，也是基因工程疫苗研究的主要靶点。核衣壳（Nucleocapsid，N）蛋白是流感病毒主要的 CTL 抗原，也是基因工程亚单位疫苗开发的靶点之一。亚单位疫苗是通过物理化学方法或基因工程手段获取病原体主要免疫原蛋白而制成的一种疫苗，它可以有效避免全病毒生产中病毒泄漏带来的生物安全风险，有利于提高疫苗中有效成分的浓度、纯度以及开发多价、多联疫苗。迄今为止，人用流感疫苗的发展已经历了 3 个时期，第 1 代疫苗是全病毒灭活疫苗，第 2 代是半裂解疫苗，第 3 代是全裂解病毒亚单位疫苗。与前 2 代疫苗相比，第 3 代疫苗进一步去除了病毒成分中与免疫功能关系不大，且对机体有应激作用的大分子蛋白及热源质，浓缩提高了主要免疫抗原 HA 和 NA 含量，因此免疫效果好，副反应小，免疫抗体水平上升快，免疫持续期长，生物安全性高，在许多国家的人群中已开始全面使用。但对于猪流感来说，这种亚单位疫苗的生产成本过高，很难成为主流产品。

核酸疫苗是一种新兴的基因工程疫苗。含有流感病毒 *HA* 基因等多种抗原基因的核酸疫苗可直接接种免疫动物，诱导机体产生特异性体液免疫和细胞免疫反应。此类疫苗的免疫应答只针对 HA 抗原而不针对质粒载体。编码 *HA* 基因的 DNA 载体经由颗粒递呈至猪表皮黏膜后，可诱导体液免疫反应并加速清除同型猪流感病毒，这为推进基于 DNA 的疫苗的开发提供了基础。

反向遗传操作技术具有实现构建流感病毒毒力致弱疫苗株的潜力，在降低疫苗株致病性的同时保留感染性和抗原性，可同时诱导猪体产生黏膜免疫、细胞免疫和体液免疫反应，也可诱导对不同抗原变异毒株或者不同亚型毒株的交叉保护作用。同时，编码非结构蛋白 1(NS1)的基因(毒力基因)的缺失可使免疫猪血清 NS1 抗体阴性，为疫苗接种和野毒感染的鉴别诊断提供了可能。

使用各种感染性载体构建的活载体疫苗可在体内直接表达流感病毒的免疫原性相关基因，其在诱导产生高水平中和抗体和 HI 抗体的同时，也可诱导产生细胞免疫反应，从而起到抵抗异源病毒攻击的保护效果。随着对猪流感病毒致病和免疫机制的深入研究，表达病毒主要免疫原蛋白的重组活载体疫苗也具有良好应用前景。

(撰稿人：白小飞　黄柏成　肖燕)

6.7 猪乙型脑炎

6.7.1 概述

猪乙型脑炎又名流行性乙型脑炎，是由日本乙型脑炎病毒(Japanese encephalitis virus，JEV)引起的一种猪中枢神经系统疾病，为人兽共患病。该病主要通过蚊虫传播，猪是该病的主要宿主。OIE 将其列为法定报告的疫病，我国将其列为二类动物疫病。

该病最早暴发于日本，在 1935 年分离到第一株人源 JEV，1938 年从三带喙库蚊中分离到蚊源 JEV。我国于 1949 年首次分离到该病毒。该病在猪群中的流行与地理环境及气候有着直接的关系，我国大部分地区于 7～9 月蚊虫活跃期暴发猪乙型脑炎。仔猪免疫力低，蚊虫叮咬后可持续携带病毒。该病能够通过“猪—蚊—人”途径传播，进而危害人类健康。

临床上，猪群感染 JEV 后主要特征为高热，体温升至 40～41 ℃、稽留热，精神沉郁，食欲减少或废绝，粪干呈球状，表面附着灰白色黏液；有的病猪后肢呈轻度麻痹，步态不稳，关节肿大，跛行；有的病猪出现视力障碍，最后麻痹死亡。母猪出现繁殖障碍，妊娠母猪突然发生流产，产死胎、木乃伊胎和弱胎，但母猪自身无明显异常表现，同胎也会有正常产胎儿。公猪除有一般症状外，常发生单侧性睾丸肿大(也有两侧性情况)，患病猪的睾丸发亮，有热痛感，经 3～5 d 后肿胀消退，有的睾丸变小变硬，失去配种繁殖能力，如仅一侧发炎，仍有配种能力。

6.7.2 病原

6.7.2.1 病毒分类及其感染特征

JEV 属虫媒病毒，是黄病毒科(Flaviviridae)、黄病毒属(*Flavivirus*)的成员，与其同一种属的病毒包括寨卡病毒(Zika virus，ZIKV)、蜱传脑炎病毒(Tick-borne encephalitis virus，TBEV)、登革病毒(Dengue virus，DENV)、黄热病病毒(Yellow fever virus，YFV)及西尼罗河热病毒(West Nile fever virus，WNV)等多种病毒。JEV 有血凝性，但不同毒株的血凝能力不同，血凝反应的最适 pH 也不相同。在低温和干燥环境下能长时间保存，5%苯酚溶液对病毒有较强的灭活作用。

JEV 是自然疫源性疫病，许多动物感染后可成为本病的传染源，猪的感染最为普遍。本病主要通过蚊虫叮咬进行传播，病毒能在蚊体内繁殖，并可越冬，翌年经虫卵传递，成为新感染源。因为经蚊虫传播，所以 JEV 流行与蚊虫的滋生及活动有密切关系。

JEV 能在仓鼠肾细胞(BHK-21)、非洲绿猴肾细胞(Vero)和幼蚊细胞 C6/36 中繁殖，使其产生细胞病变。其中，最易感细胞是幼蚊细胞 C6/36，被广泛应用于 JEV 的分离研究中。

6.7.2.2 病毒分型及毒力影响因素

JEV 是有囊膜的单股正链 RNA 病毒，大小约 11 kb，编码 3 种结构蛋白，分别为衣壳蛋白(C)、前体膜(prM)蛋白和包膜(E)蛋白，及 7 种非结构蛋白(NS1、NS2A、NS2B、NS3、NS4A、NS4B 和 NS5)。E 蛋白能与细胞受体结合，在病毒粒子附着和膜融合的过程中发挥关键作用。

JEV 主要分为 5 种基因型，根据这 5 种基因型的流行和进化规律分析，JEV 被认为起源于印度尼西亚及马来西亚地区，5 个基因型中的 2 个差异较大的基因型(G4 和 G5)仍在该地区流行，而其他 3 个基因型(G1、G2 和 G3)已经传播到世界各地。

JEV 的 5 种基因型同属一个血清型，但各种基因型抗原之间存在一定程度的变异，导致 JEV 毒力和致病性发生变化，NS1 和 E 蛋白在 JEV 毒力的变化中起着关键作用。NS1 蛋白能显著抑制 IFN 的产生，从而产生免疫逃避，使病毒在机体内大量复制，NS1 蛋白 C 端的 52 个氨基酸序列延伸结构(即 NS'核糖体移码产物)与病毒入侵神经有关，缺失这段序列后 JEV 毒力降低，但是表达 NS 的毒株与不表达 NS 的毒株相比，能够诱导更强的免疫应答反应。E 蛋白上多个氨基酸位点的变化均会影响 JEV 的神经毒力，如 JEV *5'UTR* 的 *T39A* 突变和 C 端 *L66S* 突变会引起病毒毒力减弱，E123 的丝氨酸突变为组氨酸后 JEV 毒力增加，致病性也增加。

6.7.3 疫苗

6.7.3.1 灭活疫苗及临床应用

我国最早的猪用 JEV 疫苗是 1988 年由湖北省农业科学院研发的猪乙型脑炎鼠脑灭活疫苗(HW1 株)，HW1 株是从猪流产胎儿的脑组织中分离获得的。猪乙型脑炎灭活疫苗是用 JEV HW1 株脑内接种小鼠，收获感染的小鼠脑组织制成悬浮液，经甲醛溶液灭活后，加油佐剂混合乳化制成。目前，用细胞培养毒生产的猪乙型脑炎灭活疫苗 A6-C 株、GD 株和 P3 株正在临床试验阶段。2018 年有研究报道称，猪乙型脑炎灭活疫苗 GD 株免疫后的小鼠能够产生良好的免疫应答，抵抗病毒的攻击。

6.7.3.2 活疫苗及临床应用

1954 年，中国从尖音库蚊体内分离到 JEV-SA14 株（基因型 G3），基于该毒株开发的细胞源活疫苗（SA14-14-2 株）在临床试验和免疫计划中安全有效。2013 年，SA14-14-2 株获 WHO 批准，成为第一个允许用于儿童免疫的减毒乙型脑炎疫苗。

目前，我国使用的猪用乙型脑炎疫苗和人用乙型脑炎疫苗是同一个毒株（SA14-14-2 株），该疫苗已被证实具有免疫原性好、效力强等特点，在蚊虫出没季节具有较大的使用量。2013 年研究者发现免疫过乙型脑炎 G3 活疫苗的猪能够抵抗 G1 型毒株的攻击，说明乙型脑炎 G3 减毒活疫苗对其他毒株存在一定的交叉保护。

6.7.3.3 其他类型的疫苗

目前市场上还没有 JEV 兽用基因工程疫苗的应用。

亚单位疫苗的研发中，只表达 NS1 蛋白的疫苗免疫小鼠后，虽然能够产生 NS1 抗体，但在攻毒后未能增加小鼠的存活率。基于杆状病毒或大肠杆菌表达单一的 JEV E 蛋白或与 JEV prM 蛋白和 NS1 蛋白共同表达，免疫猪后能够诱导中和抗体的产生，且在 JEV 攻毒后对猪有一定的保护作用。

基于痘苗病毒、伪狂犬病毒和腺病毒载体表达 JEV 的 prM、E 和 NS1 蛋白的活载体重组疫苗，可诱导机体产生高水平的中和抗体和血凝抑制抗体，延缓小鼠死亡，提高其存活率。

基于反向遗传操作技术研发的新型基因疫苗，其安全性与灭活疫苗相似，也可激发与活疫苗相同的先天性和特异性免疫反应，具有一定的应用前景。有研究表明，将 JEV E 蛋白的潜在 N 联糖基化位点进行定点突变，免疫小鼠后能够产生高滴度的 JEV 抗体，增强机体的体液免疫，并且在攻毒后提供完全保护。将 PRRSV GP5/M 蛋白插入 JEV DNA 复制子的缺失位置，所开发出的 PRRSV 嵌合复制子候选疫苗，在免疫小鼠后能够诱导细胞免疫，且比传统的核酸疫苗效果好。

近年来，核酸疫苗由于能够产生较好的免疫反应而受到了广泛的关注，这类疫苗成本低、安全性好、易于生产，且不会干扰其他黄病毒或疫苗载体已经存在的抗体。核酸疫苗免疫可引起 $CD8^+$ CTL 反应和 APC 对可溶性抗原的摄取，还可引发由 MHC Ⅱ 类分子呈递产生的 $CD4^+$ Th1 免疫应答反应。近年来，以结构和非结构蛋白为目标的 JEV DNA 疫苗取得了进展。研究发现，经电穿孔方式免疫，表达 JEV prM-E 蛋白的 DNA 疫苗 pCAG-JME 可诱导机体增强体液免疫，电穿孔介导的 DNA 免疫可能是抗 JEV 的有效策略，在 DNA 疫苗接种中具有潜在的应用前景。

6.7.3.4 影响疫苗免疫效果的因素

研究表明，JEV E 蛋白中，8 个与毒力相关的氨基酸位点的变化会影响免疫效果。在 JEV 活疫苗和灭活疫苗的研究中发现，活疫苗诱导 Th1 免疫应答，灭活疫苗诱导 Th2 免疫应答。细胞免疫中，$CD8^+$ T 细胞可能在 JEV 清除中发挥作用，$CD4^+$ 和 $CD8^+$ T 细胞对于保护成年小鼠免受 JEV 致死性脑内攻击都是不可或缺的。

6.7.4 防控

6.7.4.1 疫苗的合理规范使用

在临床上合理规范地使用疫苗是控制乙型脑炎暴发的重要措施，种猪和后备种猪是免疫接种的主要对象。种猪一般于每年3月(蚊虫开始活动前1～2个月)首免，在9月进行加强免疫1次，使用合格的疫苗一般就可取得较好的免疫保护。

猪是乙型脑炎的重要宿主和传染源，使用疫苗可以保证妊娠母猪免于繁殖障碍疾病的发生。研究表明，猪接种疫苗后可阻断病毒的“猪—人—猪”自然传播循环，有效降低人群的发病率，从而减少JEV对公共卫生的影响。

6.7.4.2 生物安全措施

乙型脑炎主要通过蚊虫传播，尤其是三带喙库蚊，所以本病的主要防治措施是防蚊和灭蚊。各地区应因地制宜，采取有效措施，对可能产生蚊蝇的地方进行定期驱蚊灭虫、消毒处理。同时，加强猪场管理，人员进出必须消毒，以防交叉感染；加强对乙型脑炎的监控，了解主要传播媒介的类型、带毒率以及疫苗接种方式；发生疫情的地区应及时上报，合理处置、科学防控乙型脑炎的暴发。

6.7.5 展望

反向疫苗学是基于病原体的基因组学，筛选具有保护性免疫反应的候选抗原制备疫苗的方法。其使用计算机方法筛选病原体的全基因组，以确定用作肽疫苗配制和开发潜在分子的蛋白质的表位。与费时且昂贵的传统疫苗设计技术相比，反向疫苗学主要依赖于基因组信息，且所花费的时间和成本要少得多。

反向疫苗学技术在设计针对烈性传染性病原体的肽疫苗方面具有巨大优势，如可以避免高风险而无法在普通实验室中培养的病原体的靶标设计。抗原决定簇或表位是与T细胞上的受体或B细胞产生的抗体相互作用，并在宿主中产生明显免疫反应的蛋白质区域。已有多种生物信息学工具用于鉴定肽疫苗制剂的潜在表位。与传统疫苗不同，肽疫苗不会引起猪自身免疫性疾病或局部刺激，安全性更好。

JEV cDNA技术对于了解病毒的复制、致病机制和疫苗的研究具有重要意义。2003年，有研究者首次利用反向遗传学平台构建了高毒力的CNU/LP2毒株。近年来的研究表明，利用cDNA技术构建的毒株与亲本毒株具有相似的体外生长特性和体内减毒表型。JEV的基因型具有多样性，即使具有地域性，也仍然存在交叉感染。cDNA技术可能是未来设计JEV广谱性疫苗的重要手段。

(撰稿人：赵文影　黄柏成　肖燕)

6.8 猪流行性腹泻

6.8.1 概述

猪流行性腹泻(Porcine Epidemic Diarrhea，PED)是由猪流行性腹泻病毒(Porcine Epidemic Diarrhea Virus，PEDV）引起的猪的一种接触性肠道传染病。PEDV 可感染不同生长阶段的猪，1 周龄以内仔猪感染尤为严重，致病率达到 100%，死亡率可达 80%～100%。该病于 1971 年由英国首次报道，1978 年在比利时首次分离，并命名为冠状病毒 CV777 株，随后在日本、德国等许多国家均有报道。我国于 1983 年首次发现该病，至今所有省、自治区、直辖市均有报道。

自 2000 年以来，PED 在欧洲的传播已受到控制，但该疾病在包括我国、韩国和日本等亚洲国家仍处于流行状态。2006 年底在我国和 2013 年在美国暴发的 PED 给养猪业带来了重大损失。

PED 可导致仔猪急性肠炎，表现呕吐、水样腹泻、脱水死亡等临床症状，1 周龄以内仔猪死亡率高达 100%；解剖可见小肠充满絮状水样内容物或膨胀臌气，小肠壁透明、菲薄；组织病理学以肠绒毛缩短，黏膜上皮细胞变性、坏死脱落，上皮细胞内形成空泡为特征。临床上与猪传染性胃肠炎及猪轮状病毒病症状相似，三者也常混合感染，需进行鉴别诊断。

6.8.2 病原

6.8.2.1 病毒分类及其感染特征

PEDV 属于冠状病毒科（Coronaviridae），α 冠状病毒属（*Alphacoronavirus*），是有包膜的单股正链 RNA 病毒。PEDV 的基因组长度约 28 kb，由 7 个开放阅读框（ORF）组成。5′端三分之二的基因组包含的 ORF1a 和 ORF1b 编码非结构蛋白，剩余的 5 个开放阅读框按照顺序依次编码刺突（S）蛋白、非结构蛋白 ORF3、包膜（E）蛋白、膜（M）蛋白、衣壳（N）蛋白。病毒中和试验、免疫荧光方法均证明 PEDV 在抗原上与猪的其他冠状病毒（如 TGEV）无相同抗原，且只有一种血清型，没有血凝性。

S 蛋白对于介导病毒感染和诱导机体产生特异性中和抗体至关重要，包括 SS2、SS6、2C10、COE 中和表位，还与适应体外生长及体外培养过程中的毒力减弱有关。S 蛋白可分为 S1 和 S2 区域，其中 S1 区域包含与易感细胞特异性受体结合的受体结合域。M 蛋白在病毒结构蛋白中含量最高，在病毒装配中发挥重要作用。N 蛋白高度保守，能将病毒基因组包装到病毒颗粒核衣壳中，猪在感染 PEDV 早期产生的抗 N 蛋白抗体可用于 PEDV 感染的早期诊断。E 蛋白在 PEDV 病毒粒子的自我组装和出芽过程有重要作用。ORF3 蛋白与毒力相关，*ORF3* 基因沉默后可以增加 PEDV 在体外的感染滴度，具有鉴定疫苗毒株和流行毒株的潜力。

PEDV 可在 Vero 细胞、Marc-145 细胞、猪肺泡巨噬细胞（PAM）、鸭肠上皮细胞上分离和增殖，其中 Vero 细胞最为常用。

6.8.2.2 遗传变异

PEDV 分为 G1 型（G1a 和 G1b 亚型）和 G2 型（G2a 和 G2b 亚型）两个基因型。自 2010 年以来，在我国流行的 PEDV 变异株大多数为 G2 基因型，流行的 G2 变异株基因组较 GⅠ经典株基因组序列，变异最大的是 *S* 基因，特别是在 S1 区中和表位（248～280aa，442～499aa，697～742aa）的变异，这些可能是导致 PEDV 毒株（G2 型）毒力增加以及疫苗（GⅠ组）不能保护 PEDV 野毒攻击的主要因素。目前在临床上常见 G1a、G1b、G2a 和 G2b 毒株的混合感染。

冠状病毒的 *S* 基因易发生重组和突变。2004—2015 年在我国分离到的 65 个 PEDV 毒株中，*S* 基因的 S1 区域之间发生了 4 种重组情况，1 个发生在 G1 型和 G2 型毒株之间，另外 3 个重组发生在 G1 型毒株之间。在我国出现的 PEDV 毒株表现出高变异性和 S 基因的潜在重组的现象。

6.8.3 疫苗

免疫母猪乳汁中含有足量 PEDV 特异性 IgA 和 IgG 抗体，尤其是乳汁样品中分泌型 IgA (SIgA)，在保护仔猪免受 PEDV 感染中起重要作用，母源特异性 SIgA 抗体可直接中和病毒粒子，阻止病毒在仔猪肠道的繁殖，从而保护仔猪。因此，能够刺激母猪产生高水平 IgA 的 PEDV 疫苗是研发的目标。猪血清和乳汁样品中 IgA 的快速检测有助于评价 PED 疫苗的母猪免疫和仔猪被动免疫效果。

6.8.3.1 灭活疫苗及临床应用

PEDV 灭活疫苗安全性高(如猪传染性胃肠炎、猪流行性腹泻二联灭活疫苗)，能够诱导较高的母猪初乳和乳汁样品中 IgG 抗体水平，但不能激发有效的黏膜免疫保护。灭活疫苗对有 PEDV 感染背景的母猪，仅能够略微提高初乳和乳汁样品中的 IgA 抗体水平，对无 PEDV 感染背景的母猪仅能诱导初乳和乳汁样品中较低水平 IgA 抗体，难以降低患病仔猪的死亡率。我国已有猪传染性胃肠炎、猪流行性腹泻二联灭活疫苗的临床应用，临床保护效果有限。

6.8.3.2 活疫苗及临床应用

活疫苗免疫原性好，能够诱导母猪初乳和乳汁样品中较高的 IgG 抗体水平，但 IgA 抗体水平不高。妊娠母猪免疫基于 DR13 株的细胞苗，母猪口服免疫组和母猪肌内注射免疫组所产仔猪在攻毒后的致死率分别为 13%和 60%，显示保护作用主要与口服免疫诱导的乳汁中高浓度 IgA 抗体有关。实验结果表明，给发病仔猪口服筛选到的有中和活性的 IgA 抗体，可明显缓解临床症状。

为应对临床中多种腹泻类病毒的感染，我国已有猪传染性胃肠炎、猪流行性腹泻二联活疫苗，猪传染性胃肠炎、猪流行性腹泻和猪轮状病毒三联活疫苗在临床使用，但因免疫途径导致 IgA 抗体较低，不能完全保护变异毒株的攻击。

6.8.3.3 亚单位疫苗

PEDV 的 S 蛋白是位于病毒颗粒表面的糖蛋白，可介导中和抗体的产生，是亚单位疫苗的主要研究对象，其中以 S1 蛋白或中和位点 COE 为主要靶标。与黏膜免疫佐剂共表达的 PED 亚单位疫苗也是研发的方向之一。

用哺乳动物细胞表达系统表达的 S1 蛋白免疫猪群，可检测到母猪乳汁和血清、仔猪血清中 S1 蛋白特异性 IgG 和 IgA 抗体，以及较高水平的中和抗体，但攻毒后对仔猪的保护力有限。母猪免疫 S1 蛋白中多肽与人 Fc 融合表达生成的重组蛋白，免疫效果较好，但不能保护仔猪抵抗 PEDV 感染。使用重组沙门氏菌鞭毛蛋白(rSF)作为黏膜分子佐剂，融合表达 PEDV 的 COE 中和位点制备的亚单位疫苗 rSF-COE-3D(将 rSF 中 D3 结构域替换为 COE 域)免疫小鼠后，能够产生高水平的 COE 特异性抗体，包括血清 IgG 和 IgA 抗体，黏膜 IgA 抗体和 PEDV 中和抗体，同时能够诱导小鼠脾脏较高水平的 $CD3^+$、$CD8^+$ T 细胞及 IL-4 的细胞因子。用干酪乳杆菌为载体、枯草芽孢杆菌的多聚谷氨酸合成酶 A 蛋白(pgsA)融合 PEDV N 蛋白制备的亚单位疫苗饲喂妊娠母猪后，可在母猪、仔猪血清及母猪乳汁中检测到较高水平的 IgA 和 IgG 抗体，但是中和抗体水平相对较低。综上所述，PED 亚单位疫苗的免疫效果有限，距临床应用还有待重大突破。

6.8.4 防控

PEDV 感染后，1 周龄以内仔猪死亡率高达 100%，疫苗免疫后至少 14 d 才能产生保护性抗体，所以疫苗用于母猪免疫时，对仔猪的保护作用主要来自乳汁中的母源抗体。

6.8.4.1 疫苗的合理规范使用

PED 疫苗的常规免疫程序如下：

①后备猪 24 周左右免疫 1 次猪传染性胃肠炎、猪流行性腹泻二联疫苗。

②妊娠母猪的产前免疫(产前 2～1 月)，免疫 1～2 次猪传染性胃肠炎、猪流行性腹泻二联疫苗。

免疫后对母猪乳汁和血清进行 IgA 抗体监测，通常采集乳汁样品，一是可间接反映病毒中和效果，二是可以减少对母猪的应激。

目前临床使用结果表明，疫苗免疫对 PEDV 的感染保护效果不太理想。大多数在用的商品疫苗难以对当前的流行毒株提供完全的免疫保护。临床上，仔猪腹泻的诱发因素复杂，对病毒感染所引起的腹泻，不能仅依靠疫苗免疫来防控，还需要设计整体解决方案。

6.8.4.2 生物安全措施

PEDV 主要经粪口等直接接触途径感染，病猪通过粪便污染环境，带毒的妊娠母猪可将病毒带到分娩舍；同舍亚临床感染的母猪再将 PEDV 传播给哺乳仔猪，造成仔猪之间的流行发病。因此，需进行定期检测(如胶体金试纸条、常规 PCR 等方法)，检测到 PEDV 时，须及时做好环境消毒，尽可能隔离被感染猪，切断传播途径。另外，不同日龄仔猪对温度需求不同，饲料更换等日常管理不当问题也会引起仔猪腹泻，因此根据仔猪日龄调节到适宜的环境温度，尽量减少温度变化导致的消化道刺激，可在一定程度上减少腹泻问题的复杂性，易于诊断和客观评价免疫效果。

6.8.4.3 整体解决方案

鉴于 PED 疫苗(灭活疫苗和活疫苗)的免疫保护效果不尽如人意，生物安全措施很难不出纰漏，难以从根本上解决问题，需要设计一个整体解决方案。以下方案可供参考。

①疫苗免疫。初生仔猪要尽可能从母猪初乳和乳汁中获取 PEDV 抗体来中和病毒(需要研发出可提高黏膜免疫效果的疫苗，即可产生高水平 IgA 的疫苗)，通过检测 PEDV IgA 抗体来评价免疫效果。

②IgA 抗体。PEDV 感染后，1 周龄以内仔猪死亡率高达 100%，疫苗免疫后至少 14 d 才能产生保护性抗体，不足以在腹泻症状高发期提供保护，因此，预防性或发病后口服给予 IgA 抗体可帮助仔猪度过易感期。

③检测诊断。在实际应用中，最好先对场内腹泻病原进行鉴别诊断(简便快速的 PEDV 胶体金试纸条、TGEV 胶体金试纸条和 PRoV 胶体金试纸条，或可用于鉴别的硅胶膜芯片法、PCR 法等)，以在确诊为 PEDV 感染的情况下应用治疗性抗体并评价其使用效果。

④添加剂。通过给母猪饲喂针对腹泻类疫病的特异性免疫刺激物(如基于益生菌载体表达的病毒蛋白特异性微生态制剂)，可提高母猪分泌针对腹泻类病毒的抗体能力和自身免疫力，具有低成本的优势。

综上所述，仔猪PED整体解决方案可从母猪疫苗免疫、仔猪治疗性抗体应用及母猪日粮改善等多方面采取措施，配合相关诊断试剂的监测和评价，更好地提升仔猪腹泻的防治效果。

6.8.5 展望

PEDV易变异，常与其他引起腹泻的病毒共感染，因此增加了PEDV防控的难度。母猪免疫PEDV疫苗后，其乳汁中特异性IgA和IgG抗体在保护仔猪免受PEDV感染中起重要作用。同时，血清中IgA抗体能够指示母猪和仔猪机体肠道黏膜免疫效果。今后的PEDV疫苗研究中，如何提高母源IgA抗体水平及建立高匹配度的IgA检测方法，是值得关注的方向，同时由于以黏膜上皮感染为主的病毒性疾病的复杂性，制备出能通过口服诱导良好黏膜免疫效果的PEDV疫苗也是考虑的重点，其中也包括佐剂的开发和利用。

基于引起腹泻的病毒接触性、小日龄高致病性特点，对仔猪腹泻问题的解决需要考虑从母猪到仔猪的整体防控方案，包括通过疫苗或免疫刺激物使母猪乳汁中具有高水平的IgA抗体，通过给予高效价的IgA抗体使仔猪肠道内病毒被快速中和，这些措施实用性较大，是将来解决PEDV引起的仔猪腹泻问题的关键点。

（撰稿人：王治平　黄柏成　肖燕）

6.9 猪传染性胃肠炎

6.9.1 概述

猪传染性胃肠炎（Transmissible gastroenteritis of swine，TGE）是由猪传染性胃肠炎病毒（Transmissible gastroenteritis virus，TGEV）引起的一种接触性肠道传染病，所有年龄猪均可被感染，主要引起2周龄以内哺乳仔猪呕吐和严重腹泻，死亡率可达100%，呈地方性和季节性流行。临床上TGEV常与猪流行性腹泻病毒（PEDV）、猪δ冠状病毒（PDCoV）和猪轮状病毒（PRoV）混合感染，临床症状不易区分，需鉴别诊断。

TGEV最早于1946年在美国发生，之后在英国、日本、中国、比利时、澳大利亚和非洲等养猪国家及地区暴发。1956年我国广东地区首次报道了TGEV，之后该病扩散到我国大部分地区，给养猪业造成了巨大的经济损失。在20世纪80年代，欧洲出现了TGEV的缺失突变体毒株，即猪呼吸道冠状病毒（PRCV），并发生广泛传播，二者有交叉保护性。因此，现在临床上TGEV的检出率明显降低。

TGEV感染后传播迅速，数日内可蔓延全群，仔猪出现呕吐和水样腹泻，粪便黄色、绿色或灰白色，常夹有未消化的凝乳块。随着病程的发展，病猪脱水、体重迅速减轻，日龄越小，病程越短、病死率越高。保育猪、育肥猪和母猪的临床症状轻重不一，通常只有一至数天食欲不振或废绝，个别有呕吐现象，出现灰色、褐色水样腹泻，呈喷射状，5～8 d腹泻停止并康复，极少死亡。病理变化在胃和小肠，胃常胀满，有未消化的凝乳块。小肠内充满白色或黄绿色液体，肠壁变薄而无弹性，肠管扩张呈半透明状。另外可见肠系膜充血，肠系膜淋巴结轻度或严重充血肿大。空肠绒毛显著缩短，肠上皮细胞变性、脱落。

6.9.2 病原

6.9.2.1 病毒分类及其感染特征

TGEV 属于冠状病毒科(Coronaviridae)、α-冠状病毒属(*Alphacoronavirus*),是有囊膜的单股正链 RNA 病毒,基因组大小约 28.5 kb,共有 9 个开放阅读框(ORF),包括 4 个结构蛋白(S、E、M、N)和 5 个非结构蛋白复制酶(1a 和 1b、3a、3b、ORF7),顺序是 5′-rep(复制酶多聚蛋白 pp1a 和 pp1ab)-S-3a-3b-E-M-N-7-3′。S 基因全长 4.3 kb,包含 N 末端的 S1 结构域和 C 末端的 S2 结构域,S1 区域含有 4 个抗原位点 A、B、C、D。S 蛋白在毒力、生长适应性、受体结合、病毒细胞膜融合方面发挥重要作用,可以诱导机体产生中和抗体,其突变会引起 TGEV 毒力和组织嗜性的变化。

TGEV 感染仔猪的小肠上皮细胞,引起肠绒毛萎缩脱落和隐窝增生。1984 年比利时专家分离出的 PRCV 是 TGEV 的缺失突变体毒株,感染仔猪的呼吸道后,仔猪出现短暂的咳嗽和呼吸性窘迫,由于 S 蛋白缺失了唾液酸结合位点,所以组织嗜性不同。ST 细胞和 PK-15 细胞常用于病毒的分离。

6.9.2.2 毒力进化

TGEV 只有一个血清型,基因组的保守性很高,但在适应环境变化的过程中,病毒基因组的重组会造成病毒功能和细胞嗜性上的改变。TGEV 可以分为两个基因型集群,Miller 株群和 Purdue 株群,感染仔猪后均可导致腹泻、厌食和脱水。TGEV 毒株毒力的差异表现在临床症状和病理变化方面:高毒力株可引起病毒在小肠各段广泛感染,在近端的小肠优先定殖且对肠绒毛损伤明显;而低毒力株只引起小肠中有限感染,优先定殖在小肠中段和远端小肠,损伤肠上皮细胞,但对肠绒毛损伤不明显。

国内猪传染性胃肠炎的经典疫苗毒株是华毒株(H16 株),于 20 世纪 70 年代从上海某发病猪场采集、分离的毒株先在猪体内连续传代 16 次,在此基础上,再将其在 PK-15 传代细胞系连续传代 165 次,期间经过 5 次噬斑克隆纯化、驯化致弱。目前在我国大陆广泛使用的经典弱毒疫苗株,命名为 H165 株,属于 Miller 株群。

近几年国内也分离到一些 TGEV,2014 年在上海分离到的 SHXB 株序列与 Purdue 株相似性最高。2015 年在黑龙江地区分离到的 HX 株,以及 2016 年分离到的 HE-1 株和 HE-4 株,均与 Purdue 株属于同一基因群。2017 年在安徽合肥分离到的 AHHF 株基因序列介于 Purdue 株和 Miller 株之间,是一个天然重组的 TGEV 毒株。2020 年在江苏地区分离到的 JS2012 株是一株介于 Miller M6 和 Purdue115 之间的天然重组株。

Purdue 株群包含毒株 Purdue、Purdue P115、AYU、WH-1、SHXB、SC-Y、HX 和 AHHF。毒株 JS2012、TS、H16、Miller 60、Miller M6 和 CN12 属于 Miller 株群。有研究报道,毒株 HX、SC-Y 和 WH-1 在 S 蛋白 1 123～1 128 bp 位置有 6 个碱基的缺失,而在毒株 Purdue、Miller 6、TS、H16 和 H165 中没有发现,这个缺失在弱毒株 PUR46-C8 和 PUR46-MAD 克隆毒株中也有发现,推测其在毒力弱化方面发挥作用。S 蛋白中的 A 和 B 位点(aa 506～706)是主要的抗原位点,包含病毒宿主受体猪氨基肽酶 N(APN)结合位点。S 蛋白单个氨基酸的变化可显著影响其抗原性。Miller M60 减毒活疫苗株由强毒株 Miller M6 的 S 基因 1 753 nt 发生突变(第 1 753 核苷酸位点 T 到 G 的突变导致了第 585 位氨基酸从丝氨酸突变为丙氨酸)得到，此突变可能对受体结合、中和抗体相互作用及抗原性有重大影响，是毒株致弱的一个标志。

6.9.3 疫苗

20 世纪 90 年代之前，TGEV 对全球养猪业造成了巨大经济损失，母猪通过接种疫苗诱导产生乳汁免疫的重要性被确认。近年来，世界范围内 TGE 病例较少，对 TGE 疫苗的研究也不多。我国目前有猪传染性胃肠炎、猪流行性腹泻、猪轮状病毒三联弱毒疫苗，猪传染性胃肠炎、猪流行性腹泻二联活疫苗和灭活疫苗，以及猪传染性胃肠炎、大肠杆菌二联多价疫苗在临床使用。实验室研究方面主要为新型 DNA 疫苗、载体疫苗和重组疫苗。

6.9.3.1 灭活疫苗及临床使用

1995 年，我国学者研制的猪传染性胃肠炎、猪流行性腹泻二联灭活疫苗中 TGEV 是华毒株，其中猪传染性胃肠炎灭活疫苗的主动免疫、母源获得性免疫试验的保防率分别为 93.55% 和 76.34%，猪流行性腹泻灭活疫苗的主动免疫、母源获得性免疫试验的保护率分别为 88.89%和 90.7%。疫苗的主动免疫保护率猪传染性胃肠炎为 100%、猪流行性腹泻为 92%，母源获得性免疫保护率猪传染性胃肠炎为 87.9%、猪流行性腹泻为 82.4%，田间试验为 92%～96.35%，免疫效果良好。2007 年，基于传代细胞增殖的 TGEV TB 强毒株制备的铝胶佐剂灭活疫苗和矿物油佐剂灭活疫苗的保护率均可以达到 80%以上，具有良好的免疫效果。虽然灭活疫苗安全性良好，但是无法诱导机体产生黏膜免疫。佐剂研究中，将 CpG DNA 作为增强剂添加到灭活疫苗中，通过 Toll 样受体提呈刺激性抗原到细胞，能够诱导 Th1 型细胞因子应答，CpG DNA 作为黏膜佐剂经鼻免疫小鼠后能够引发强烈的免疫应答。口服免疫 TGEV 灭活疫苗与 CpG DNA 能够引发局部显著的免疫应答。

6.9.3.2 活疫苗及临床使用

猪传染性胃肠炎活疫苗所用毒株包括美国的 TGE-Vac 毒株、日本的 T0163 毒株、德国的 BI-30 毒株、法国的 Nouzilly 毒株、匈牙利的 CKP 毒株和我国的华毒株。TGEV 突变株 188-SG 作为母猪免疫的疫苗株（命名为 Nouzilly 毒株），通过口服、肌内注射、黏膜免疫等途径多次免疫母猪能够诱导产生保护性免疫应答（乳汁）。TGEV 的缺失突变体毒株 PRCV，感染母猪后可以通过乳汁给予仔猪较高的抗 TGEV 保护水平（交叉保护）。但也有研究发现，PRCV 疫苗不能完全有效地预防 TGEV 感染，并不是理想的 TGEV 疫苗。国内的华毒株是经 PK-15 细胞 165 次传代致弱和 5 次克隆化后获得，有研究报道猪传染性胃肠炎、猪流行性腹泻二联弱毒活疫苗免疫妊娠母猪和哺乳仔猪后安全性好，能有效地保护初生仔猪、断奶猪和肥育猪抵抗两种病毒强毒的攻击，诱导明显的黏膜免疫。

目前，国内已有多个毒株的猪传染性胃肠炎、猪流行性腹泻二联活疫苗获批应用，包括 SD/L 株＋LW/L 株、WH-1R 株＋AJ1102-R 株、HB08 株＋ZJ08 株。活疫苗免疫原性较灭活疫苗好，母猪免疫后可产生较高水平的血清特异性抗体，同时刺激机体产生一定的黏膜免疫反应（特异性 IgA 抗体）。

6.9.3.3 其他类型的疫苗

其他类型的猪传染性胃肠炎疫苗包括 DNA 疫苗、亚单位疫苗、植物源疫苗和载体疫苗。TGEV 的 S 蛋白是主要的免疫原蛋白，能够诱导机体产生中和抗体。其他类型的疫苗设计多针对 S 蛋白。

猪腺病毒 5 型(PAdV-5)重组 TGEV S 蛋白、猪痘病毒重组 TGEV S 蛋白等制备成的疫苗能够产生抗 TGEV 特异性抗体,抵抗 TGEV 的感染。先后有研究者构建了重组枯草芽孢杆菌表达 TGEV S 蛋白,制备了携带 TGEV S 基因的减毒鼠伤寒沙门氏菌疫苗,用减毒沙门氏菌作为载体构建了 TGEV S 蛋白 C 和 A 抗原表位的口服疫苗,用植物乳杆菌表达 TGEV S 蛋白,这些疫苗免疫后,能诱导良好的体液免疫反应。也有学者构建了 pIRES-(TGEV-S1-PEDV-S1)和 pIRES-(TGEV-S1-PEDV-S)重组质粒,免疫小鼠后能够产生高水平的特异性抗体和中和抗体,并能诱导高水平的 γ 干扰素(IFN-γ)和良好的细胞毒性 T 淋巴细胞(CTL)活性。国内学者使用 pcDNA3.1 真核载体表达了不同毒株 TGEV *N* 基因,如任晓峰等构建 PCI-S 和 PCI-Sa 重组质粒,均能诱导机体产生良好的体液免疫反应和细胞免疫反应。

虽然对新型疫苗的研究较多,但其实际应用效果需要进一步研究,在传统疫苗可以防控猪传染性胃肠炎的情况下,新型疫苗替代传统疫苗的潜力很小。

6.9.4 防控

6.9.4.1 疫苗的合理规范使用

TGEV 主要通过粪口传播,具有地方性和季节性流行的特点。鉴于临床上常与 PEDV 混合感染,发病日龄也相似,因此,以单一腹泻病毒为基础的灭活疫苗和弱毒疫苗在临床上的适用度不足,国内获批应用的猪传染性胃肠炎相关疫苗均为联苗,包括灭活疫苗和活疫苗。

临床上,仔猪腹泻的防控多以猪流行性腹泻为主,在联苗使用上可参照猪流行性腹泻的免疫及整体解决方案。

6.9.4.2 生物安全措施

引起腹泻的传染病作为一大类经粪口途径传播的接触性传染病,及时清理粪便,保持环境卫生,有效地消毒杀灭病原,切断传播途径,尽可能地减少猪群的感染概率,是此类疾病防控重点。

在病原控制上,通过检测确认病原和有针对性地选择消毒剂(如碳酸钠类、脂质溶剂类)可以起到事半功倍的作用。另外,加强日常管理(具体参见“6.8 猪流行性腹泻”相关内容),建立健全的生物安全防控体系,对仔猪饲养的各个环节严格把控,防止仔猪的继发感染也是需要考虑的问题。

6.9.5 展望

大多数用于预防肠道冠状病毒感染的疫苗旨在通过给母猪接种疫苗来保护哺乳仔猪,今后的研究中,增强黏膜免疫效果或者筛选优良佐剂,提高乳汁中的特异性抗体水平是关键。新型猪传染性胃肠炎嗜酸乳杆菌口服疫苗可以诱导高水平的黏膜和体液免疫反应,具有潜在的应用前景。

随着猪传染性胃肠炎流行率的降低,近几年对于猪传染性胃肠炎疫苗的需求也在下降,北美洲和欧洲可供选择的猪传染性胃肠炎疫苗极少。相比之下,包括我国和韩国在内的亚洲国家及地区仍然有猪传染性胃肠炎流行的可能性。由于 TGEV、PEDV 及 PDCoV 同属冠状病毒,引起仔猪腹泻的临床症状不易区分,对养殖业的危害很大,因此研制安全有效的猪传染性胃肠炎、猪流行性腹泻、猪德尔塔冠状病毒病三联疫苗,或者猪传染性胃肠炎、猪流行性腹泻、猪德尔塔冠状病毒病、猪轮状病毒病四联疫苗将会具有较好的应用前景，配合相应抗体评价试剂（可针对不同病毒进行保护性 IgA 抗体水平的评价）和治疗性抗体的应用，解决仔猪腹泻问题的效果将会有较大的提升。

（撰稿人：汪志艳　黄柏成　肖燕）

6.10 猪轮状病毒病

6.10.1 概述

轮状病毒（Rotavirus，RV）是全世界公认的引起 5 岁以下婴幼儿及幼龄动物急性胃肠炎的主要病因。轮状病毒宿主范围很广，仔猪、犊牛、绵羊、山羊、幼驹、犬、鸡、火鸡及其他禽类均可感染。猪轮状病毒（Porcine rotavirus，PRoV）是引起哺乳仔猪和断奶仔猪以厌食、呕吐、腹泻和脱水为主要临床症状的重要病原。

国际上最早于 1950—1960 年通过电子显微镜观察到猴直肠拭子和小鼠肠道中的轮状病毒。1974 年，英国首次报道了猪轮状病毒引起的疾病，随后多个国家和地区相继报道了该病。我国台湾学者于 1982 年在电子显微镜下首次观察到猪轮状病毒。随后的研究表明，A 群轮状病毒感染引起的腹泻，在小于 1 月龄动物（包括犊牛和仔猪）中普遍流行。

不同品种、不同年龄段的猪对 PRoV 均易感，以 7 日龄内哺乳仔猪临床症状最为严重。成年猪多为隐性感染，患病猪一般表现为发育停滞、体重减轻、饲料转化率降低、免疫功能受损等。具有地方性和季节性流行的特点，多发生于秋冬季节。大体病变较轻，以空肠和回肠为主，肠壁变薄，内容物为絮状、黄色或灰色凝乳块，3 周龄以上的猪很少观察到明显的大体病变。病理组织学变化为肠绒毛变钝及萎缩，黏膜上皮细胞变性、坏死脱落或扁平化，隐窝细胞增生，固有层淋巴细胞、单核细胞浸润。临床上与猪流行性腹泻、猪传染性胃肠炎、猪德尔塔冠状病毒病难以区分，且常与这些病毒病或大肠杆菌病等混合感染，需进行鉴别诊断。

6.10.2 病原

6.10.2.1 病毒分类及其感染特征

轮状病毒属于呼肠孤病毒科（Reoviridae），轮状病毒属（*Rotavirus*），是由三层衣壳组成的非囊膜双链 RNA（dsRNA）病毒。病毒粒子呈车轮状，基因组全长约 18.5 kb，由 11 个分节段的双股 RNA 片段组成，分别编码 6 个结构蛋白（VP1～VP4，VP6 和 VP7）和 5 个非结构蛋白（NSP1～NSP5/6）。

猪轮状病毒主要通过粪口途径传播，病毒随粪便排出体外后污染环境、饲料、饮水等，再经消化道途径感染其他猪。病毒感染损伤肠上皮细胞，致肠绒毛萎缩、稀疏、不规则，固有层有单核细胞浸润。导致腹泻的机制包含两个方面：一方面病毒感染后破坏肠上皮细胞，导致营养吸收不良，绒毛缺血，被感染的细胞释放神经调节性血管活性剂；另一方面，猪轮状病毒非结构蛋白 4（NSP4）充当肠毒素并分泌激动剂，诱导具有年龄和剂量依赖性的猪腹泻，其作用机制是刺激 Ca^{2+} 依赖的细胞通透性改变及肠道上皮细胞屏障功能受损。

6.10.2.2 病毒分型和流行情况

根据 VP6 蛋白的抗原性，轮状病毒可分为 10 个群（RV A～RV J）。感染人和动物的通常是 A、B、C 群，D、F 和 G 群主要见于家禽，如鸡和火鸡。A、B、C、E 和 H 群可以感染猪，E 群只感染猪。

人类和动物 RVA 毒株的流行率最高，是引起急性腹泻、脱水的最重要原因之一，公共卫生意义最大。猪 A 群轮状病毒在世界范围内普遍存在，流行率在 3.3%～67.3%，无季节性，猪场的感染率达 61%～74%。目前，A 群轮状病毒中有 12 种 G 基因型（G1～G6，G8～G12，G26）和 16 种 P 基因型（P[1]～P[8]、P[11]、P[13]、P[19]、P[23]、P[26]、P[27]、P[32]、P[34]）与猪轮状病毒感染相关。历史上 G3、G4、G5、G9 和 G11 型是猪群中普遍流行的 G 基因型，通常以与 P[23]、P[6]、P[7]和 P[13]组合的形式流行。早期，G5P[7]型（OSU 株）是全球流行最广泛的基因型组合，是目前疫苗中常见毒株基因型，ProSystem RCE 活疫苗，韩国四联疫苗，我国猪传染性胃肠炎、猪流行性腹泻、猪轮状病毒病三联活疫苗中均包含 G5P[7]型的毒株。但近些年 G9 型在亚洲多个国家和地区的检出率很高，是我国乃至亚洲最新流行的毒株。

外衣壳蛋白 VP7（糖蛋白）和 VP4（蛋白酶敏感蛋白）含有中和表位，可诱导机体产生保护性免疫，通常用于疫苗开发，也是定义 G 基因型和 P 基因型的双重分类系统的基础。迄今为止，全世界已有 42 个 G 基因型和 58 个 P 基因型的报道。2008 年，有研究者提出了新的基于序列的分类和命名系统，涉及 RV 所有 11 个基因片段，分别基于计算的核苷酸序列一致性临界值，包含基因型（G、P、I、R、C、M、A、N、T、E、H）分别对应的每个基因片段（VP7、VP4、VP6、VP1、VP2、VP3、NSP1、NSP2、NSP3、NSP4、NSP5/6）。全基因组分类系统使研究人员能够探索完整的不同轮状病毒毒株之间的遗传多样性。

分离猪轮状病毒最常用的细胞是 MA104 细胞，分离培养时需要添加一定量的胰酶。OSU 株作为猪 A 群轮状病毒的标准毒株，在 MA104 细胞上的病变是细胞变圆，随后变性聚集萎缩，直到最终崩解脱落。

OSU 株感染 3 日龄仔猪约 10 h 后开始出现水样腹泻，随后仔猪脱水死亡，大体解剖和病理组织学变化明显。G9P[7]型 JS-01-2014 株、G9P[23]型 NMTL 株、HN03 株和 G9P[13]型 SWU-1C 株是国内近几年分离的毒株，其中 HN03 株在 MA104 细胞中增殖的病毒含量可达 $10^{8.1}$ $TCID_{50}$/mL，感染 3 日龄仔猪后 15～24 h 出现严重的水样腹泻，对仔猪有较强的致病性。

6.10.3 疫苗

6.10.3.1 灭活疫苗

灭活疫苗安全性好，但免疫效果通常不尽如人意，不能有效地刺激机体产生黏膜免疫。目前，我国尚无注册上市的猪轮状病毒灭活疫苗产品。有研究表明，用猪轮状病毒 JL94 株（G5 型）制备的矿物油佐剂灭活疫苗，免疫家兔能产生高效价的抗体。

6.10.3.2 活疫苗及临床使用

猪轮状病毒活疫苗有美国轮状病毒弱毒疫苗，猪轮状病毒病、猪传染性胃肠炎二联弱毒疫苗，俄罗斯的三联弱毒疫苗和韩国四联弱毒疫苗在售，国内有猪传染性胃肠炎、猪流行性腹泻、猪轮状病毒病三联弱毒疫苗（华毒株＋CV777 株＋NX 株），其中的 PRoV NX 株为 G5 型。美国的 ProSystem RCE 活疫苗包含 G5P[7] OSU 株、G4P[6] Gottfried 株和 G9P[7] A2 株。韩国四联疫苗中猪轮状病毒毒株为 G5P[7] A1 株和 G9P[7] 10 株。

尽管韩国许多养猪场都使用进口的或其国内开发的猪 A 群轮状病毒疫苗，但是猪 A 群轮状病毒感染和相关疾病仍很普遍，流行率高达 38.3%。韩国已检测到的 G 基因型和 P 基因型猪 A 群轮状病毒毒株主要有 G5P[7]、G8P[7]、G9P[7]、G9P[23]、G8P[1]，可能与 ProSystem RCE 疫苗基因型与临床流行基因型匹配性不佳有关。猪 A 群轮状病毒减毒三价疫苗中有在韩国流行的 3 个毒株 G8P[7]型 174-1 株、G9P[23]型 PRG942 株、G5P[7]型 K71 株，用此三价疫苗或各个组分疫苗免疫小鼠、豚鼠、仔猪均未见腹泻，表明该疫苗安全性良好；用三价疫苗或其单个组分口服免疫仔猪后 7 d 可诱导高水平血清中和抗体，14 d 能够从粪便中检测到分泌型 IgA 抗体，且 IgA 水平逐渐升高至第 28 d，此疫苗可能有助于控制 G 基因型和 P 基因型的轮状病毒感染。

6.10.3.3 亚单位疫苗

轮状病毒的 VP7 和 VP4 蛋白是主要的免疫保护性蛋白，VP4 蛋白在胰蛋白酶作用下可以裂解为 VP5 和 VP8 两种蛋白，轮状病毒亚单位疫苗的设计多针对这些蛋白。

多项研究表明，VP8 蛋白可在小鼠模型中诱发中和抗体。外源表达的重组截短人轮状病毒 VP8(特异性 P[8]、P[4]和 P[6])在豚鼠中可诱导高滴度的同型和异型中和抗体。将破伤风毒素 CD4T 细胞表位引入截短的 VP8(P[8]特异性)可增强重组截短蛋白的免疫原性，重组 VP8 蛋白疫苗免疫仔猪，用高毒力人轮状病毒 Wa(G1P[8])毒株攻击后能显著减轻仔猪的腹泻症状。重组表达的 P[6]和 P[7]截短的特异性 VP8 重组蛋白在引入破伤风毒素通用 T 细胞表位 P2 后，制备成亚单位疫苗，免疫小鼠后不同程度上提高了 P[6]ΔVP8 和 P[7]ΔVP8 的免疫原性，且 P2-P[7]ΔVP8 能够诱导产生高水平的抗不同 G 型结合的异型 P[7]特异性轮状病毒毒株的中和抗体。用枯草芽孢杆菌孢子作为抗原传递载体，所构建的猪轮状病毒(基因型 G5P[7])VP8 穿梭载体可表达 CotB-VP8 融合蛋白，在小鼠中可以引起强烈的特异性黏膜和体液免疫反应。因此，枯草芽孢杆菌有可能成为猪轮状病毒亚单位疫苗开发的新路径。

6.10.4 防控

6.10.4.1 疫苗的合理规范使用

由于猪轮状病毒的基因群、基因型的多样化，不同国家和地区流行的毒株类别不同，不同基因型之间无交叉保护或者交叉性保护性有限，且临床上常与其他引起腹泻的病毒和细菌混合感染，增加了诊断和防控的难度。因此，猪轮状病毒疫苗通常以联苗的形式实现。

目前在临床上有 TGE、PED 和 PRoV 三联弱毒活疫苗(华毒株+CV777 株+NX 株)应用，经后海穴注射。免疫程序为母猪产前 40 d 免疫 1 次，20 d 后追加免疫 1 次；仔猪 7 日龄首次免疫，注射 0.5 头份，断奶后二次免疫 1 头份。

整体解决方案可参考 PED 相关部分内容。

6.10.4.2 生物安全措施

猪腹泻相关病毒主要通过动物间的直接接触感染，因此，在疫苗免疫的同时，必须要加强生物安全措施。

猪轮状病毒通过粪便排出后，可污染地面、墙壁、饲料、饮水、用具和饲养环境，再经猪口感染，形成粪口传播。病毒抵抗力较强，在粪便中 7 个月仍然能保持感染力，较耐酸碱，可选择 0.5%过氧化氢和 0.1%次氯酸钠溶液进行消毒。猪场要严格控制猪、人、物的流通，以减少交叉污染的概率。

由于猪轮状病毒的基因群、基因型多样且极易变异，因此引种时必须通过检测尽量避免不同基因型毒株的引入，猪场不具备检测条件时，可送有能力的第三方实验室检测。

6.10.5 展望

最近，全球范围内出现了猪 A 群轮状病毒新的 G 基因型和 P 基因型毒株，在不同区域发现了新的猪轮状病毒基因型组合，猪轮状病毒流行状况越来越复杂且多变，为不漏检新型的病毒变异株，需要经常更新和扩展分子诊断靶标，确保流行病学监测数据准确。通过评估我国常见猪轮状病毒 G 基因型和 P 基因型，有针对性地研发新的疫苗辅助基因工程 VLPs 疫苗来更好地防控猪轮状病毒，是未来疫苗研发的目标。

大规模使用或治疗应用益生菌，或许可针对轮状病毒益生菌复制周期，增强先天或记忆性的免疫反应，从而减少排毒和环境污染，减轻猪轮状病毒感染介导的肠损伤。

（撰稿人：汪志艳　黄柏成　肖燕）

6.11 猪德尔塔冠状病毒病

6.11.1 概述

猪德尔塔(δ)冠状病毒(Porcine deltacoronavirus，PDCoV)是近年来新发现的一种引起猪腹泻的重要病原体，临床上可感染各个年龄段猪。

该病毒于 2012 年首次在我国香港被报道，检测的猪粪便样品中约 10%呈 PDCoV 阳性，美国于 2014 年 2 月在腹泻仔猪和母猪的粪便中首次检测到 PDCoV。虽然此病感染仔猪的死亡率(30%～40%)比猪流行性腹泻低，但感染猪的临床症状与猪流行性腹泻相似，均表现为仔猪、母猪水样腹泻和仔猪死亡。随后韩国、加拿大、老挝、泰国和日本陆续有报道发病，我国内地最早从黑龙江某猪场腹泻病料中分离到该病毒 NH 株。

该病具有明显的季节性特征，冬春季发病率较高，主要引起母猪和哺乳仔猪呕吐、水样腹泻、脱水及死亡。大体解剖可见肠壁薄而透明(从空肠到结肠)、肠腔内有大量黄色液体，胃内充满了未消化的凝乳块；组织病理学变化为多灶性肠绒毛萎缩，肠上皮细胞肿胀和空泡化。总体评价其大体剖检和组织病理学病变不如猪流行性腹泻严重。由于该病的临床症状与猪流行性腹泻、猪传染性胃肠炎、猪轮状病毒病之间没有明显区别，因此需要进行鉴别诊断。

6.11.2 病原

6.11.2.1 病毒分类及其感染特征

PDCoV 是冠状病毒科(Coronaviridae)中冠状病毒亚科(Coronavirinae)δ-冠状病毒属成员，为不分节段的单股正链 RNA 病毒。病毒粒子有囊膜，呈球形或椭圆形，表面有典型刺突的冠状病毒。基因组全长约 25 kb，包含 5′非编码区、ORF1a/1b、S、E、M、NS6、N、NS7、3′UTR。

PDCoV 的组织嗜性与 PEDV 和 TGEV 相似，感染肠绒毛上皮细胞后迅速致使细胞变性和坏死，肠绒毛萎缩和脱落。Zhang 用分离到的 NH 株 P10 代病毒液感染 5 日龄仔猪后，28 h

出现轻度至中度的腹泻，未观察到呕吐和死亡；感染 48 h 后观察到仔猪小肠肠壁菲薄，空肠和回肠绒毛严重萎缩。Jung 等用免疫学方法证实空肠和回肠是主要靶组织。胃、肺脏、心脏、扁桃体、脾脏、肝脏及肾脏中均未检测到病毒抗原，但用荧光定量 PCR 法可在多种组织中检测到不同含量的 RNA，推测可能是由于病毒血症被检出，具体机制尚未明晰。纤突(S)蛋白在病毒与细胞受体结合、介导病毒入侵和感染中发挥了重要作用，也决定了病毒的组织嗜性，是病毒诱导机体产生中和抗体的主要抗原，毒株间的遗传进化关系也是基于 *S* 基因构建。现有研究表明，在病毒入侵细胞过程中，S 蛋白的酶切对于病毒的感染至关重要，当 S 蛋白被细胞内的蛋白酶或外源添加的胰蛋白酶切割后，才能暴露出 S 蛋白的融合肽，促进病毒的囊膜和细胞膜融合，病毒基因组才能释放到细胞中，从而转录复制产生新一代的病毒粒子。

目前，主要用猪肾细胞(LLC-PK 或 PK-15)、猪睾丸细胞(ST)进行 PDCoV 病毒的分离和培养，如用 ST 细胞分离的 USA/IL/2014 株、Michigan/8977/2014 株和 HB-BD 株，用 LLC-PK 细胞和 ST 细胞分离的 OH-FD22 株、NH 株、CHN-HN-2014 株，以及用 PK-15 细胞分离的 Tj1 株。

6.11.2.2 遗传进化

δ冠状病毒最早于 2007 年从中国白鼬獾和亚洲豹猫中被检出。2009 年，Woo 等从鸟群中检测出 3 种禽源新型冠状病毒，随后将其命名为 δ 冠状病毒，这种新型冠状病毒也有可能存在于其他鸟类和哺乳动物中。Woo 等在 2007～2011 年中国大陆及香港的猪群中采集的猪粪便拭子中首次检测到 PDCoV，阳性率为 10.1%。2014 年，美国部分农场暴发仔猪严重腹泻，后检测为 PDCoV 感染所致，随后 PDCoV 席卷美国的 20 个州，回溯性检测表明最早在 2013 年 8 月即有样品表现 PDCoV 核酸阳性。2014 年 3 月，加拿大多个农场检测到 PDCoV 感染。2014 年 4 月，韩国报道在猪腹泻的粪便拭子中检测到 PDCoV。

2012—2015 年从我国江西收集的临床样品中，用 RT-PCR 检测到 PDCoV 的单一阳性率为 33.71%，PDCoV 和 PEDV 混合阳性率为 19.66%，表明我国部分猪场已经发生 PDCoV 感染，并且存在与 PEDV 混合感染现象。回溯性研究表明，我国猪群中可能早在 2004 年就有该病毒的存在。

PDCoV 不同毒株间全基因组核酸序列相似性较高，与最初测得序列 *HKU15* 高度同源，说明在全基因组层面，PDCoV 的进化相对保守。相对基因组其他基因而言，病毒核酸的主要变异集中在 *S* 基因上。大多数 PDCoV 毒株依据 *S* 基因可以分为 3 个分支，即中国分支，美国、日本、韩国分支，越南、老挝、泰国分支。由于病毒核酸变异主要集中在 *S* 基因上，因此，针对 *S* 基因进行研究和疫苗设计对该病的防控具有重要意义。

6.11.3 疫苗

临床上暂无商品化的 PDCoV 疫苗，但已有相关研究及产品申报。

6.11.3.1 灭活疫苗

妊娠母猪在产前 40 d 和产前 20 d 用临床分离毒 NH 株制备的灭活疫苗经后海穴注射接种，免疫猪分娩后让新生仔猪采食初乳，并在 5 日龄进行攻毒，结果发现，母猪免疫灭活疫苗后在血清及乳汁中可诱导产生针对 S 蛋白的 IgG 抗体和中和抗体，在免疫母猪的初乳和乳汁中能够检测到针对 *S* 基因的特异性 sIgA 抗体。仔猪通过吸食母乳可获得被动免疫保护。攻毒试验表明，灭活疫苗可为 5 日龄仔猪提供 87.1%的保护率。此外，采用灭活疫苗间隔 2 周免疫 2 次的免疫策略可以较好地诱导体液免疫，为猪体提供保护。

有学者用 PEDV HB-HS 株和 PDCoV HB-BD 株研制的油包水(W/O)剂型二联灭活疫苗免疫小鼠后，能够刺激小鼠产生高水平特异性抗体。

6.11.3.2 活疫苗

基于 PDCoV 的全长感染性 cDNA 克隆，研究人员用绿色荧光蛋白(Green fluorescent protein，GFP)替换 *NS6* 基因构建了重组病毒 rPDCoV-Δ*NS6*-GFP。同时，通过去除 *NS7* 基因的 ATG 起始密码子构建了另一种重组病毒 rPDCoV-Δ*NS7*。生长动力学研究表明，重组病毒 rPDCoV-Δ*NS7* 与野生型 PDCoV 复制相似，而重组病毒 rPDCoV-ΔNS6-GFP 的病毒效价在体外和体内均大幅度降低。接种 rPDCoV-Δ*NS7* 或野生型 PDCoV 的仔猪表现出相似的腹泻症状和病理损伤，而 rPDCoV-Δ*NS6*-GFP 感染的仔猪没有任何临床体征，这表明 NS6 蛋白可能是 PDCoV 的重要毒力因子，*NS6* 缺陷型病毒可能是有希望的活疫苗候选毒株，有望通过反向遗传平台，开发针对 PDCoV 感染的新型疫苗。

此外，有效的黏膜佐剂和递呈系统可能是成功设计 PDCoV 疫苗的关键点，以诱导黏膜免疫、母猪泌乳原性免疫及新生仔猪可能的主动免疫。PDCoV 同 PEDV、TGEV 均属于冠状病毒，在 PEDV、TGEV 研究的基础上，研制 PDCoV 灭活疫苗、弱毒活疫苗，或多联疫苗，及针对 *S* 基因的亚单位疫苗等在将来有助于腹泻类疫病的整体防控。

6.11.3.3 先天性免疫

PDCoV 已进化出逃避宿主细胞先天免疫应答的策略。PDCoV 通过阻止转录因子 IRF3 和 NF-κB 的激活来对抗先天性免疫应答，这两个因子均参与破坏 IFN-β 产生的 RIG-I 信号通路。PDCoV 编码的非结构蛋白 5(NSP5)通过裂解 STAT2 调节 Jak/STAT 信号通路来拮抗Ⅰ型 IFN 信号，从而干扰 ISG 的产生；NF-κB 必需调节剂(NEMO)是参与 RIG-I 和 MDA5 信号传导下游的 IκB 激酶(IKK)复杂分子(IKK-α、IKK-β 和 IKK-γ)的关键组成部分，这是Ⅰ型 IFN 产生所必需的，NSP5 引起的 NEMO 裂解阻碍了Ⅰ型 IFN 的合成。除非结构蛋白外，PDCoV 编码的辅助蛋白(如 NS6)还通过干扰 RIG-I/MDA5 与 PDCoV 的结合在抑制 IFN-β 产生中起重要作用。PDCoV 感染广泛影响基因功能和信号传导途径，包括固有的免疫相关功能和途径。主要受 PDCoV 影响的 5 条先天免疫信号通路中的 4 条在Ⅰ型 IFN 的先天免疫应答抗病毒功能中发挥了重要作用。PDCoV 感染可以改变 PK-15 细胞中的先天免疫相关基因和信号通路。以上免疫机制的研究可为疫苗的设计及应用效果的分析提供一定的参考。

6.11.4 防控

6.11.4.1 多种腹泻病毒的联合防控

临床上，PEDV、TGEV、PRoV 和 PDCoV 均可引起仔猪腹泻，它们临床症状和病理变化难以区分。目前 PDCoV 尚无商品化疫苗，已有猪传染性胃肠炎、猪流行性腹泻、猪轮状病毒病三联活疫苗，猪传染性胃肠炎、猪流行性腹泻的二联活疫苗、灭活疫苗等用于免疫母猪和仔猪腹泻。引起仔猪腹泻类病毒病的整体解决方案可参考“6.8 猪流行性腹泻”相关内容。

6.11.4.2 生物安全措施

PDCoV 作为引起腹泻的病原之一，针对 PEDV 和 TGEV 感染所采取的生物安全措施对防控 PDCoV 感染也是适用的，可参照实施。

6.11.5 展望

IgA 抗体能反映母猪/仔猪肠道黏膜免疫效果。今后的疫苗研究中，可将研究方向向如何提高母猪乳汁中 IgA 抗体水平、开发适配的特异性 IgA 检测方法（用以评价抗体水平）及制备能够诱导良好黏膜免疫效果上倾斜，这其中也包括如何提高黏膜免疫效果的佐剂开发和利用。

（撰稿人：汪志艳　黄柏成　肖燕）

6.12 猪圆环病毒病

6.12.1 概述

猪圆环病毒病（Porcine circovirus disease，PCVD）是由猪圆环病毒 2 型（Porcine circovirus virus type 2，PCV2）引起的断奶仔猪多系统衰竭综合征（Postweaning multisystemic wasting syndrome，PMWS）、猪皮炎和肾病综合征（Porcine dermatitis and nephropathy syndrome，PDNS）及母猪繁殖障碍和间质性肺炎的免疫抑制性疾病。该病在我国属于二类动物疫病。

猪圆环病毒（Porcine circovirus virus，PCV）最早于 1974 年从 PK-15 细胞中发现，被命名为猪圆环病毒 1 型（Porcine circovirus 1，PCV1）。之后 1997 年，从患有 PMWS 的猪中分离到了新型 PCV，被命名为 PCV2。PCV2 是造成猪圆环病毒病的重要病原，我国于 2001 年首次发现。PCV2 常在 PRRSV 引起的呼吸道感染猪中检出。PCV2 感染可导致生猪生产性能下降，对养猪业造成较大危害和经济损失。2016 年 10 月，美国堪萨斯州立大学和加州大学几乎在同一时间报道了一种新型圆环病毒，即猪圆环病毒 3 型（Porcine circovirus 3，PCV3）。PCV3 从患有 PDNS 的母猪和仔猪中检出，感染母猪的死亡率升高，产木乃伊胎比例增加，感染母猪临床上出现厌食现象，皮肤多处出现丘疹性皮炎。感染母猪组织样本包括肾脏、淋巴结、肺脏以及皮肤组织样本和所产木乃伊胎，经免疫组化检测和荧光定量 PCR 检测，PCV2、PRRSV、猪流感等病毒均为阴性，之后对样本进行深度基因组测序后，发现了一种新型圆环病毒，即 PCV3。

猪感染 PCV2 后，临床主要表现呼吸道症状，以及逐渐消瘦、贫血、黄疸、母猪繁殖障碍。剖检可见淋巴结肿大，肺胰样变，质地坚硬似橡皮，肺小叶间隙增宽；肾出血、坏死，典型病例为肾被膜下可见白色斑块，也称“白斑肾”。母猪感染后无明显的临床症状，很容易造成病毒广泛传播。

6.12.2 病原

6.12.2.1 病毒分类及其感染特征

PCV2 属于圆环病毒科（Circoviridae），圆环病毒属（*Circovirus*），是迄今为止在哺乳动物中发现的最小的 DNA 病毒。同属病毒包括 PCV1 和 PCV3。PCV1 对猪不具有致病性，PCV2 和 PCV3 均对猪具有致病性。PCV1 和 PCV2 核苷酸序列相似性低于 80%，PCV3 两个主要蛋白 Cap、Rep 与 PCV2 的相似性较低，仅为 37%和 55%。目前，在世界范围内广泛流行的基因型是 PCV2，根据目前已报道的 PCV2 基因组序列和 *Cap* 基因，可将 PCV2 分为 5 个亚型，即 a 型、b 型、c 型、d 型、e 型、f 型和 h 型，其中 a 型、b 型、d 型在流行上占主导地位，其他基因型较少见且致病力弱。国内 PCV2 流行的主要是 2b 型和 2d 型。

PCV 基因组含有 11 个开放阅读框（*ORF*），其中 PCV1 和 PCV2 的 *ORF1* 编码可复制酶活性蛋白（Rep）和起始相关蛋白，PCV3 的 *ORF1* 编码 Rep 蛋白。PCV1 和 PCV2 的 *ORF2* 被认为是变异最大的区域，所编码的结构蛋白（Cap）是影响 PCV 致病性和毒力的重要因素，其表面含有的中和表位可诱导机体产生中和抗体，是临床诊断和疫苗研究的主要靶蛋白。ORF3 所编码的非结构蛋白具有引发感染细胞凋亡的作用，且有利于病毒的传播。

PCV2 可感染树突状细胞和巨噬细胞等抗原递呈细胞，抑制其抗原递呈功能，还可影响 T 细胞和 B 细胞分化甚至造成细胞凋亡，从而降低机体的免疫反应。其可由患病猪的呼吸道、口腔分泌物、尿液和粪便排毒。

6.12.2.2 抗原变异

在 2004 年以前，PCV2 主要流行毒株属于 2a 基因型，2004—2008 年，主要流行毒株转变为 2b 基因型，与 2a 基因型相比，其发病更快，总体发病率和死亡率更高。

基因进化分析发现，PCV2 在同类 DNA 病毒中进化速率最高，且存在基因型循环流行趋势。*ORF2* 的进化速率高于 PCV2 的全基因组，这可能是由于 *ORF1* 基因及其可变剪接变体中的有害突变所造成的限制。PCV2 Cap 蛋白（233 个氨基酸）的免疫优势抗原决定簇可被分为 A、B、C 和 D 区，大致分别对应氨基酸区域 65～87、113～139、169～183 和 C 端较短的一段氨基酸，同时证实 169～183 位氨基酸之间存在的免疫优势区域起诱饵表位的作用，可诱导产生 PCV2 抗体。早期研究表明，位于 PCV 病毒表面的 C 末端表位 D 是中和抗体的靶标。

在使用疫苗后，PCV2 种群的遗传多样性正在缩小，这反映了其流行率的下降，基于 2a 和 2b 的疫苗在被 2a、2b 和 2d 基因型病毒攻毒后，可提供足够的交叉保护，改善猪的日增重。

6.12.3 疫苗

6.12.3.1 灭活疫苗及临床应用

最早的猪圆环病毒病全病毒灭活疫苗（1010 株）由欧盟认证，主要针对 PCV2a 型，断奶仔猪和妊娠母猪免疫后，能够显著降低体内病毒血症含量减少及排毒。由非致病性 PCV1 的衣壳基因替换为 PCV2 的衣壳基因构建的 PCV1-PCV2 嵌合病毒灭活疫苗也有产品应用，具有较好的免疫保护效果。

目前国内商品化猪圆环病毒灭活疫苗主要针对 a 型和 b 型，LG 株为 2a 型灭活疫苗，SH 株、WH 株、ZJ/C 株及 DBH-SX07 株为 2b 型灭活疫苗。普莱柯生物工程股份有限公司在国内独家采用美国 SBC 公司专利技术的克隆 PKK 细胞，生产了针对国内主要流行株（SH 株 2b 型）的灭活疫苗，其病毒含量高于国内同类产品，可达 $10^{7.0}$ $TCID_{50}$/mL，已被广泛使用。

6.12.3.2 亚单位疫苗及临床应用

由于 PCV 基因组较小，且主要免疫原蛋白明确（即 Cap 蛋白），极有利于基因工程疫苗的研发。研究表明，接种 PCV2 亚单位疫苗后，可诱导体内针对 Cap 蛋白的 IFN-γ 分泌细胞的增殖和对 Rep 蛋白的细胞应答，降低 PCV2 感染。在对 PCV2 诱导抗原特异性 T 细胞反应的研究中发现，所有接种的仔猪中均可检测到疫苗抗原特异性 $CD4^+$ T 细胞，该 $CD4^+$ T 细胞同时产生 IFN-γ 和 TNF-α。攻毒后，免疫猪较未免疫猪更早检出血清转化，得到了较好的保护，这说明 PCV2 亚单位疫苗可刺激 T 细胞的活化,同时可诱导分泌 IFN-γ 和 TNF-α,这可能与疫苗的保护作用潜在相关。单纯 PCV Cap 免疫原性一般,通过体外组装工艺,组装而成的病毒样颗粒(VLPs)具有比单纯 Cap 蛋白更优良的免疫原性,通过高分辨率的冷冻电镜解析 VLPs 结果,可以看到组装的 VLPs 和病毒衣壳表面结构高度吻合,形成与天然 PCV2 相同的形态,也具有良好的免疫原性,同时不具有感染性,可成为低风险、高效价的疫苗产品。

目前,市场上已有多种亚单位疫苗在应用,如用昆虫杆状病毒表达系统生产的亚单位疫苗和大肠杆菌源亚单位疫苗等。其中,圆柯欣是普莱柯生物工程股份有限公司 2017 年上市的国内首个真正的纯病毒样颗粒 PCV2 基因工程亚单位疫苗,其采用独特的 VLPs 组装工艺,将 5 个 Cap 蛋白组装成 1 个五聚体,12 个五聚体组装成 1 个 VLPs,具有比单纯 Cap 蛋白更优良的免疫原性。该产品先通过生物信息学分析,之后结合基因改造和基因重组克隆技术,构建的最优菌株和最优发酵和蛋白层析纯化工艺而实现上市,每头份疫苗中 PCV2 Cap 蛋白含量在 100 微克以上,1.0 mL/头,可保护猪到出栏;其采用胶体高分子交联共聚物为材料制备的佐剂,内部为空间网状结构,可高效吸附、长效缓释抗原,并可高效募集免疫细胞,疫苗免疫后易吸收,副反应小。临床统计 28 个省份、483 个农场,超过 60 万头份的应用反馈,猪免疫副反应不到万分之一,安全性好,免疫猪在日增重、料肉比、均匀度、死淘率等方面均表现出良好的效果。与其他圆环疫苗相比,免疫猪日增重提升 20～30 g/d,性价比高,可提高各阶段猪生长速度,整体上提高生产成绩。

6.12.3.3 联苗及临床应用

猪圆环病毒病属于免疫抑制疫病。PCV2 与其他病原如猪繁殖与呼吸综合征病毒、猪肺炎支原体、副猪嗜血杆菌等病原协同感染,严重影响料肉比、日增重、仔猪均匀度,死淘率明显增加,造成较大经济损失。目前市场销售的猪圆环病毒联苗产品,主要是针对猪圆环病毒、副猪嗜血杆菌,以及猪圆环病毒、支原体的二联疫苗,临床上效果良好。如普莱柯生物工程股份有限公司研发的猪圆环病毒 2 型、副猪嗜血杆菌二联灭活疫苗(SH 株＋4 型 JS 株＋5 型 ZJ 株)和猪圆环病毒 2 型、猪肺炎支原体二联灭活疫苗(SH 株＋HN0613 株),其生产菌毒株均分离自国内猪场。

猪圆环病毒 2 型、副猪嗜血杆菌二联灭活疫苗(SH 株＋4 型 JS 株＋5 型 ZJ 株)采用国内流行的 2b 基因型猪圆环病毒,可全面保护猪圆环病毒病 2 型的感染。同时,副猪嗜血杆菌的培养采用高密度发酵、超滤等纯化技术,内毒素含量极低,抗原纯度更高,猪群应用更安全,配合高分子聚合物纳米颗粒水性佐剂,产品更为安全高效,临床使用时通针性好、副反应小、免疫力产生早且持续时间长。

猪圆环病毒 2 型、猪肺炎支原体二联灭活疫苗(SH 株＋HN0613 株)采用独特培养基配方和高密度培养工艺,解决了猪肺炎支原体高密度规模化培养难题;两种抗原经纯化后相容性好;采用专用水性佐剂,适合病毒抗原和支原体抗原,保证免疫效果的同时具有通针性好、副反应小、免疫力产生早且持续时间长等优点。

6.12.4 防控

猪群感染 PCV2 后,可引起免疫抑制性疾病,继发或混合感染其他病原体后,会使生长状态受到严重影响。PCV2 对外界环境抵抗力强,一旦发现应立即采取有效防控措施。PCV2 疫苗对不同基因型病毒有一定的交叉保护作用,能够产生细胞和体液免疫应答,这对于控制免疫后猪群发生的 PCV2 野毒感染具有关键作用。

6.12.4.1 疫苗的合理规范使用

当前，对猪圆环病毒病的控制主要基于疫苗的使用，在售的疫苗包括全病毒灭活疫苗（包括单一 PCV2 毒株和 PCV1-PCV2 嵌合重组毒株）、亚单位疫苗和联苗。猪场的常规免疫程序为：

①仔猪及商品猪：对于母抗较高的正常状态猪场，14～21 d 免疫 1 次（圆柯欣）；母抗不高、感染压力大的猪场推荐 7～14 日龄首次免疫，首免后 14～21 d 再加强免疫 1 次（圆柯欣），以上两种方式如果用其他疫苗，建议再加免 1 次。

②后备母猪：在前期免疫的基础上，产前 4～5 周再加强免疫 1 次。

③母猪及种猪：常规情况下每年免疫 2 次。感染严重的猪场，每年免疫 2～3 次；或产前 15～45 d 再跟胎免疫 1 次，或普免和跟胎免疫相结合。

6.12.4.2 生物安全措施

PCV2 引起的疾病常以混合感染形式发生，所以在 PCV2 疫苗问世之前，有效的控制措施是控制或消除应激触发混合感染的因素。例如，在引猪、转猪前采取保健措施控制病毒（尤其是 PRRSV）感染、用抗生素控制 PCV2 感染继发的细菌性感染；改善仔猪猪舍温湿度条件，保证适宜养殖密度，改善猪舍通风状态，加强环境消毒，消毒后要对相应病原进行检测，减少由其他病原感染带来的免疫抑制和应激发病。

PCV2 对环境抵抗力强，即使在 72 ℃下也能存活一定的时间，但对碱性消毒剂具有一定的敏感性，因此猪场可选用有针对性的消毒剂进行环境消毒。

6.12.5 展望

与灭活疫苗和亚单位疫苗相比，PCV2 的 DNA 疫苗具有更好的成本效益；基于纳米颗粒的佐剂在疫苗免疫后能更好地诱导产生细胞因子，从而调节体液和细胞免疫应答。据报道，纳米粒子能够保护抗原以避免水解，延长其生物利用度的同时，还可缓慢且持续地释放抗原，同时纳米粒子可诱导树突状细胞成熟，促进抗原递呈功能。直接免疫 DNA 疫苗所能诱导的免疫保护力相对较差，而使用脂质体纳米粒子作为 PCV2 DNA 疫苗（含 *Cap* 基因的质粒）的佐剂时，能够有效增强体液免疫和细胞免疫应答，降低感染后的病毒含量，这可能是新型 PCV2 疫苗的发展方向。

（撰稿人：赵文影　黄柏成　肖燕）

6.13 猪细小病毒病

6.13.1 概述

猪细小病毒病（Porcine parvovirus disease，PPD）是由猪细小病毒（Porcine parvovirus，PPV）引起的母猪繁殖障碍病。病猪和带毒猪是主要传染源，病猪可长期带毒，一旦感染很难净化，主要危害初产母猪和血清学阴性的经产母猪。该病在我国属于二类动物疫病。

PPV 最早于 1965 年在德国分离鉴定，英国于 1967 年首次报道，目前在世界范围内广泛分布。1983 年国内学者首次分离到该病毒，命名为 S-1 株，之后于 1985 年分离到 S-2 株。

各年龄段的猪均可感染 PPV，但主要影响的是非免疫头胎或二胎母猪的生产性能。临床上以引起母猪繁殖障碍，产死胎、木乃伊胎及不育症为特点。感染母猪不能正常发情、屡配不孕，妊娠母猪孕期不同阶段感染 PPV 的症状不同，前期（30 d 内）主要产木乃伊胎、死胎，中期（30～70 d）流产，后期（70 d 以上）无明显临床症状和产弱仔。同窝猪中既有正常猪，也有在不同发育阶段死亡的木乃伊胎是 PPV 感染的明显标志。公猪感染后精液中带毒，但不影响母猪受精率。剖检可见母猪子宫内膜轻微炎症、胎盘部分钙化，胎儿溶解、吸收，感染胎儿可见充血、水肿、出血、体腔积液、脱水及坏死等病理变化。

6.13.2 病原

6.13.2.1 病毒分类及其感染特征

PPV 属于细小病毒科（Parvoviridae）、细小病毒亚科（Parvovirinae）、细小病毒属（*Parvovirus*），是一种无囊膜的单股负链 DNA 病毒。基因组全长约 5 kb，主要包含 2 个开放阅读框（ORF），3′端 *ORF* 编码结构蛋白 VP1、VP2 和 VP3，其中 VP2 是最重要的衣壳蛋白，保守性相对较低，与病毒的毒力和组织嗜性有关。VP2 蛋白表面有多个线性抗原决定簇，可诱导机体产生中和抗体。5′端 *ORF* 编码非结构蛋白 NS1、NS2 和 NS3。PPV 只有 1 个血清型，不同毒株间的交叉保护力存在差异。

PPV 可在多种细胞上增殖培养，如原代猪睾丸细胞和猪肾细胞、传代 PK-15 和 ST 等细胞，接种细胞出现拉网、继而变圆脱落等细胞病变。妊娠母猪可通过口咽部感染病毒，主要在淋巴组织中复制增殖，通过病毒血症扩散至全身，还能通过血液和淋巴系统感染胎儿，胎儿细胞的高分裂指数有利于病毒迅速增殖，导致胎儿生长发育受损直至死亡。巨噬细胞感染 PPV 后不增殖，但具有传染性，可穿过胎盘感染胎儿。

6.13.2.2 毒力特征

按照毒力可将 PPV 分为强毒株和弱毒株。PPV 强毒感染妊娠母猪后，可通过胎盘造成胎儿感染死亡；弱毒株感染母猪后，不能通过胎盘感染胎儿，常被用作弱毒疫苗株。研究表明，PPV 的毒力与它导致的繁殖障碍严重程度相关。目前已鉴定出 6 种 PPV 亚型，各亚型分离株抗原性存在差异，按照 PPV 的致病性与组织嗜性将其代表毒株进行了分类：非致病性毒株（KBSH 株、NADL-2 株）、可致胎儿死亡的毒株（如 NADL-8 株、IFA-76 株）、可使胎儿致病并引起皮炎的高致病性毒株（Kresse 株、IAFA54）、肠炎型毒株（IFA-83 株）和呼吸道型毒株。使用致病性毒株（Kresse 株）和非致病性毒株（NADL-2 株）的重组病毒进行的体外研究表明，衣壳蛋白中的单个氨基酸会影响毒株在某些细胞系中复制的能力。高致病性 Kresse 株和非致病性 NADL-2 株 VP2 编码区中有 3 个氨基酸位点的突变（D378G，H383Q 和 S436P），被认为是造成组织嗜性及毒力差异的原因。

6.13.3 疫苗

PPV 免疫原性好，免疫保护效果明确，初乳中的母源抗体是血清中的 10 倍，仔猪吃初乳后可获得较长时间的保护。因此，对该病的防控除生物安全措施外，疫苗免疫是最重要的手段。目前市场上已有多种类型的商品化疫苗在应用。

6.13.3.1 灭活疫苗及临床应用

20 世纪 70 年代首个使用的 PPV 疫苗是全病毒灭活疫苗。目前我国普遍使用灭活疫苗，如 YBF01 株灭活疫苗、S-1 株灭活疫苗等，这些疫苗在多次免疫后可诱导机体产生较强的免疫力，避免病毒血症的发生。与未免疫母猪相比，免疫母猪的拭子中检测到的 PPV 核酸拷贝数降低，不具有感染性。除单苗外，猪细小病毒、猪伪狂犬病毒，猪细小病毒、乙脑病毒等二联疫苗，以及多联疫苗也有应用。

6.13.3.2 活疫苗及临床应用

20 世纪 80 年代，日本研制出商品化的弱毒疫苗，免疫后中和抗体维持时间长，试验猪未发生带毒和排毒现象。我国最早应用于临床上的是国外的 NADL-2 弱毒株，之后我国研发的 PPV N 株弱毒疫苗也具有良好的免疫保护力。在临床应用上，一是灭活疫苗免疫效果好，二是活疫苗毒均是田间分离的弱毒株，存在病毒重组及弱毒返强等风险，所以尽管活疫苗具有生产成本低、免疫效果好、产生抗体速度快等优点，但在我国并未广泛应用。

6.13.3.3 其他类型疫苗及临床应用

VP2 蛋白是 PPV 主要的抗原保护性蛋白，可自行组装成病毒样颗粒(VLPs)，具有良好的免疫原性。该蛋白是研究基因工程疫苗的重要靶蛋白，免疫效果良好。

亚单位疫苗研究中，基于杆状病毒系统和昆虫细胞表达系统表达的 PPV 结构蛋白能够自组装成 VLPs，用其免疫可诱导机体产生高水平的特异性抗体，且能抵抗 PPV 强毒的攻毒。与灭活疫苗相比，VLPs 能够诱导母猪细胞免疫，使母猪体内 $CD4^+$ T 细胞数量增加，细胞因子 IFN-γ 和 IL-4 显著升高，既可提高抗病毒能力，又能避免田间弱毒活疫苗重组返强的风险，有很好的应用前景。国外已有商品化的水佐剂亚单位疫苗应用，对妊娠母猪和胎儿、后备母猪和公猪均安全可靠，可产生高水平的体液和细胞免疫反应。

改良活病毒或载体疫苗的研究中，基于 PPV VP2 蛋白的转基因乳酸杆菌和伪狂犬病病毒已证明该蛋白可诱导抗 PPV 的中和抗体，但疫苗保护力有待猪体攻毒保护试验验证。

6.13.4 防控

6.13.4.1 疫苗的合理规范使用

PPV 疫苗的免疫对象主要是后备猪和头胎母猪。常规免疫程序如下：

①后备猪：22 周左右接种 1 次。

②头胎母猪：配种前 1～2 个月接种 2 次，每次间隔 2～3 周，即可取得良好的效果。为保险起见，很多猪场在二胎母猪配种前进行 1 次加强免疫。

6.13.4.2 生物安全措施

病猪和带毒猪是主要的传染源，带毒猪所产的仔猪可能终身带毒和排毒，公猪感染后极易在配种时传播给母猪。从猫、小鼠和大鼠的血清中均可检测到 PPV 特异性抗体，因此养殖场要做好灭鼠工作，不要让猫进入养殖区，严格控制猪、人、物的流动和消毒管理。一旦发现病猪应立即采取有效措施，及时遏制疫情的扩散。引进猪环节要关注来源场免疫程序并进行检疫，避免带毒猪进入猪场，同时对引入的后备猪和种猪及时接种疫苗，提高猪群的免疫力，降低感染风险。

PPV 对环境抵抗力极强，热稳定性高(40 ℃极为稳定)，耐酸碱能力强，能抵抗乙醚和氯仿等脂溶剂，但对漂白粉、氢氧化钠和戊二醛的抵抗力弱，需选择有针对性的消毒剂。

6.13.4.3 实验室诊断

造成母猪繁殖障碍的因素很多，建立系统化的诊断方法对于确认 PPV 在母猪繁殖障碍中的影响及指导防控非常必要。实验室常用的检测方法包括病毒分离、免疫荧光抗体试验、血凝抑制试验、ELISA 等。其中血凝抑制试验在 PPV 感染 5 d 后即可检测出相应抗体，常被用于流行病学调查及猪群免疫水平的检测。由于当前使用的灭活疫苗仅诱导针对 VP 蛋白而非 NS 蛋白的抗体，因此可以用区分这两种蛋白的 ELISA 鉴定机体是由自然感染还是疫苗免疫产生的抗体。

6.13.5 展望

基因标记疫苗的最大优点在于免疫接种能够和净化同时进行，减少病毒的扩散，最终消灭感染源。基于反向遗传学构建的带遗传标记的 PPV 感染性克隆，表现出与亲本株相似的复制能力和致病性，标记基因可有效指示病毒蛋白的表达和定位，是开发标记疫苗的有效工具。野毒株感染机体后能够刺激机体产生 NS1 抗体，疫苗株感染后不产生 NS1 抗体，因此，NS1 蛋白被认为是区分野毒株和疫苗株的关键因素。以上研究可以为区分感染和免疫动物的标记疫苗（DIVA）的研究提供了基础。

（撰稿人：赵文影　黄柏成　肖燕）

6.14 猪脑心肌炎

6.14.1 概述

猪脑心肌炎是猪感染脑心肌炎病毒（Encephalomyocarditis virus，EMCV）后引起的一种以脑炎、心肌炎或心肌周围炎为主要临床特征的急性传染病。EMCV 属于人兽共患病，最早于 1945 年在美国分离到，猪是最可能受该疾病影响的哺乳动物，鼠类多被视为病毒传播源头或中间宿主。

我国于 2005 年首次从病死仔猪和流产胎儿中发现 EMCV 并分离到毒株。猪感染 EMCV 较为常见。在 2006—2007 年的流行病学调查中，我国 97.3%的猪群（37/38）呈 EMCV 抗体阳性，血清样品 52.45%呈中和抗体阳性，以母猪血清阳性率最高（64.3%），这意味着高血清阳性率的母猪可能在 EMCV 的流行病学中起重要作用，而仔猪血清阳性可能与母源抗体有关。

猪脑心肌炎可导致母猪繁殖障碍、仔猪心肌炎、脑炎和急性死亡等，仔猪死亡率最高可达 100%，死亡率随着年龄的增长而降低。EMCV 根据其引发的临床症状将其分为两种：脑心肌炎型毒株和繁殖障碍型毒株，前者导致猪致死性心肌炎和心肌周围炎，后者主要引起猪流产及产弱胎、木乃伊胎和死胎。

6.14.2 病原

6.14.2.1 病毒分类及分子特征

EMCV 属于小核糖核酸病毒科（Avihepatovirus）、心病毒属（*Cardiovirus*），为无囊膜的单股正链小 RNA 病毒，病毒粒子直径约 30 nm，正二十面体。病毒基因组全长约 7.8 kb，所编码的一个多聚蛋白被切割产生 14 个成熟蛋白(5′-UTR、L-pro、VP1、VP2、VP3、VP4、2A、2B、2C、3A、3B、3C、3D 和 3′-UTR)。

病毒 VP1 蛋白对于病毒的吸附和进入细胞至关重要，可影响病毒的毒力，能刺激机体产生中和抗体。2B 蛋白在病毒粒子的释放过程中起重要作用。2C 蛋白可能与新合成的病毒 RNA 包膜的特异性有关。3A 蛋白在病毒逃避宿主免疫反应中起着重要作用，可能引起毒力的改变。3B 蛋白(VPg)在病毒的 RNA 合成过程具有引物蛋白的作用，参与病毒的装配过程。

EMCV 分离株基于 VP3/VP1 连接的核苷酸序列和 *3D* 基因，可分为基因型 1、2、3、4 和 5。EMCV 目前分离得到的毒株中有 60%毒株是从猪群中分离得到的。

6.14.2.2 病毒传播及感染特征

在猪群中，EMCV 常见的传播途径是猪摄入被感染的啮齿动物及其排泄物污染的水源、尸体等，其次是猪之间的接触传播或垂直传播。口鼻是猪最有可能的自然感染途径。

EMCV 如果诱发急性心肌炎，可致猪急性死亡。心肌炎的主要病理特征为心肌细胞变性坏死和炎性细胞浸润。有些临床可观察到厌食、麻痹、瘫痪或呼吸困难。剖检可观察到心肌损伤和心包积液。

6.14.3 疫苗

6.14.3.1 灭活疫苗

实验表明，猪接种 EMC 灭活疫苗后可产生血凝抑制(HI)抗体，免疫后 25 d 可产生高中和抗体。另外，在 EMC 灭活疫苗接种多种动物的免疫评价试验中，单次免疫后，中和抗体水平显著提高，可持续 6 个月，二次免疫后中和抗体水平至少可持续 12 个月。但因其对猪的临床效果有限，尚无灭活疫苗产品注册上市。

6.14.3.2 其他类型疫苗

杆状病毒系统表达的 EMCV P1 蛋白、非结构蛋白 2A 和蛋白酶 3C 组装成病毒样颗粒(VLPs)免疫小鼠后，保护率可达 90%；仔猪免疫 2 次后，中和抗体水平显著提升(64～512 倍)。另外，该疫苗也可诱导母猪体内产生高水平的中和抗体，这为 EMCV VLPs 疫苗的研发提供了可能。

基于 EMCV *VP1* 基因所制备的 DNA 疫苗免疫小鼠后，能够刺激 VP1 蛋白抗体水平的提高，与粒细胞-巨噬细胞集落刺激因子(Granulocyte-macrophage colony stimulating factor，GM-CSF)DNA 质粒配合使用时，保护率能达到 80%，免疫效果良好。

在以复制缺陷人腺病毒血清 5 型为载体构建的含有 EMCV 衣壳前体多肽 P1 的重组腺病毒(Ad-P1)，以及含有非结构蛋白 2A 和 3C 蛋白的重组腺病毒(Ad-P12A3C)疫苗免疫小鼠评估中，无论是一次还两次免疫，免疫 Ad-P1 和 Ad-P12A3C 的小鼠均能够产生 VP1 蛋白的特异性抗体，且以 Ad-P1 诱导产生的更高，但是 Ad-P1 诱导产生的中和抗体水平显著低于 Ad-P12A3C，且表现出较差保护效果，说明 P1、2A 和 3C 具有作为疫苗的潜力，为重组疫苗的研发提供了思路和研发基础。

6.14.4 防控

我国目前暂无针对猪脑心肌炎的商品化疫苗，对猪脑心肌炎的预防以生物安全措施为主，包括控制传染源、传播途径和易感动物，以综合防控为主。

由于 EMCV 在啮齿类动物中普遍存在，因此，猪场应严格执行防鼠灭鼠工作，如避免老鼠污染饲料和水源等，尽可能减少野生动物的干扰。猪粪便是病毒的传播媒介之一，因此需要保证圈舍的清洁，以减少猪与病毒的直接接触，及时清理粪便并对其无害化处理。

6.14.5 展望

猪脑心肌炎在临床中的影响较小，在做好生物安全措施的前提下，对养殖生产的不利影响较为有限。但在疾病防控中，需要跟进、应对 EMCV 在环境中不断变异的情况，如其变异造成了较大的临床问题，需要应对可能由新型毒株感染引起的疾病，使用安全性高的疫苗是可选择的方向之一，如上述基于 VLPs 策略开发的疫苗，配合病毒抗原抗体检测方法的应用，可将其对养猪生产的影响降到最低。

（撰稿人：王治平　黄柏成　肖燕）

6.15 猪塞内卡病毒病

6.15.1 概述

猪塞内卡病毒病是由塞内卡病毒（Seneca valley virus，SVV）感染引起的猪原发性水疱病，导致猪的鼻吻部和蹄部冠状带水疱样病变，同时伴有跛行、厌食和嗜睡等临床表现，与口蹄疫、猪水疱病和水疱性口炎等引起的临床症状难以区分。

SVV 之前主要在美国和加拿大零星散发感染，但从 2015 年开始，SVV 先后在多个国家大范围流行，美国、加拿大、巴西、哥伦比亚、中国和泰国的猪群中均有疫情发生。英国和意大利分别在 2007 年和 2010 年发生过类口蹄疫、水疱病，据推测也极有可能是由 SVV 引起的。美国、巴西和中国作为世界养猪业大国，SVV 感染疫情越来越多。在巴西和美国报道的病例中，SVV 感染可引起母猪、保育、育肥等各个阶段的猪发生水疱性疫病，而且也存在突发新生仔猪大量死亡的情况。

我国从 2015 年以来，至少 12 个省份发生了 SVV 感染导致的疫情，严重影响我国的养猪生产。国内流行的 SVV 毒株多感染育肥猪和母猪，发病猪鼻部和蹄冠部出现明显的水疱，新生仔猪和保育猪病例较为少见。实验室感染母猪发病后可引起新生仔猪发病，伴有仔猪急性死亡病例。其传播特点与口蹄疫类似，且与 FMDV 存在混合感染现象，加重了我国口蹄疫的防控难度。

6.15.2 病原

6.15.2.1 病毒基因组特征

塞内卡病毒也称为 A 型塞内卡病毒（Senecavirus A，SVA），是一种无囊膜的单股正链 RNA 病毒，病毒基因组全长约 7.3 kb，是目前为止发现的小核糖核酸病毒科（Picornaviridae）、塞尼卡病毒属（*Senecavirus*）的唯一成员。病毒粒子直径 25～30 nm，无囊膜衣壳，呈二十面体对称。SVV 编码 1 个多聚蛋白（约 2 181 个氨基酸），然后在蛋白酶的作用下被切割成前导蛋白和 3 个主要的多聚蛋白（P1、P2、P3）。*P1* 基因组区域编码构成病毒衣壳的结构蛋白

(VP4、VP2、VP3、VP1),*P2* 和 *P3* 基因组区域编码参与病毒复制的 7 个非结构蛋白(2A、2B、2C、3A、3B、3C、3D)。病毒基因组两侧为 5′非翻译区(约 668 个核苷酸)和 3′非翻译区(约 68 个核苷酸),其中 3′非翻译区后面是 *Poly*(A)序列。

6.15.2.2 病毒进化

首个 SVV 毒株(SVV-001 株)于 2002 年由美国科研人员从细胞培养基污染物中分离鉴定。随后的回溯研究中,从在此之前有临床症状的猪体分离的 RNA 病毒的测序结果证实,20 世纪 80 年代后期,美国猪群中便存在 SVV 感染。所有的美国流行毒株为一个大的分支(US-like 毒株);其他流行毒株为另一分支;SVV-001 株单独为一个分支。不同国家的毒株高度同源。我国 2017 年之前的毒株与巴西毒株亲缘关系较近;2017 年后所有毒株均与 US-like 毒株关系较近,属于一个遗传分支,这表明 2017 年我国流行的 SVV 毒株均为 US-like 毒株,较为可能来源于美国。

我国 2017 年鉴定的流行毒株与 US-like 毒株序列相似性最高(98.2%~98.5%),与我国 2015 年分离的第一个毒株 SVA/CH/01/2015 相比存在 28 个氨基酸差异,这表明 SVV 在我国发生着快速的变异和进化。2015 年以后,病毒的快速变异和进化是在我国快速传播造成大面积流行的一个重要原因。因此,我国对 SVV 的防控形势非常严峻,需要研发针对性的疫苗对其加以防控。

6.15.3 疫苗

6.15.3.1 灭活疫苗

国内基于 CH-FJ-2017 株研发的 SVV 灭活疫苗可诱导较高的中和抗体(NA)水平,对同源病毒的攻毒具有良好的保护作用。反向遗传操作系统的建立为疫苗的研究提供了重要基础。基于反向遗传操作系统,一种由流行毒株改造而来的重组减毒 SVV 毒株(rSVAm SacⅡ)毒力低且仍可保持免疫原性,免疫 4 周龄的仔猪后,可在体内诱导产生高水平的 NA,并能有效刺激细胞免疫。另外,针对异源 SVV 攻毒,疫苗也可以提供保护。

中国农业科学院兰州兽医研究所与普莱柯生物工程股份有限公司合作研发的 SVV 灭活疫苗(SVV/FJ/001 株)已进入新兽药注册阶段,该产品安全性良好,能较早的产生全效免疫力,持续期可达 6 个月,可针对国内流行毒株产生交叉保护。目前经审批进入临床试验阶段的有 SVV 灭活疫苗 A/ZJ/2015 株和 SVV 灭活疫苗 CH/ZZ/2016 株。

6.15.3.2 免疫机理

SVV 只有一种血清型,不同毒株呈现出交叉中和反应和 T 细胞反应,这为疫苗的研发提供了基础。

SVV 免疫反应以在早期产生高水平的 NA 为特征,这与感染第一周内 VP2 和 VP3 特异性 IgM 反应密切相关,且 NA 水平与病毒血症的减少和疾病的消除同时发生。在 SVV 感染后 14 d 以内,主要 T 细胞亚群中 αβ T 细胞的生成比例增加;在感染 10 d 后,表达 IFN-γ 或响应 SVV 刺激而增殖的 $CD8^+$ 和双阳性 $CD4^+$ $CD8^+$ T 细胞(效应细胞/记忆性 T 细胞)的生成比例也在增加,这表明感染 SVV 会引起 B 细胞和 T 细胞活化,IgM 抗体水平、针对病毒的早期中和活性以及高水平的 B 细胞和 T 细胞反应与患病猪的临床恢复相关。有研究报道,视黄酸诱导基因Ⅰ(*RIG-Ⅰ*)对 SVV 具有抗病毒作用,并且对于 SVV 感染期间激活Ⅰ型 IFN 信号至关重要。同时,CRISPR/Cas9 系统也可用作 SVV 疫苗开发过程中对细胞系进行修饰从而增加病毒产量的有效工具。

6.15.4 防控

已有报道表明,发病猪场的老鼠体内、猪和老鼠的粪便、饲喂工具等多种环境样本都能检测分离到 SVV,甚至猪场的苍蝇体内也可以检测到病毒 RNA,这表明该病具有大面积传播和扩散的风险。因此,做好常规的消毒工作极为重要,也是疫苗免疫能最大限度发挥作用的基础。

近年来,我国动物疫病发生的一个显著特点是动物调运等引起的跨区域、多地区流行,且流行病学背景不清,这也可能是国内 SVV 大范围感染和流行的诱因之一,其防控也需要从这方面着手,如加强调运动物过程中 SVV 病原和抗体的检测,从源头严防病毒的扩散。

6.15.5 展望

SVV 疫苗的开发需要基于对病毒致病机制和毒力因子更为深入的研究,例如借助病毒反向遗传操作系统,构建相应突变体以确认病毒毒力蛋白关键氨基酸等。

为提高疫苗安全性,今后在应用灭活疫苗的基础上,针对基因工程亚单位疫苗进行研发也是 SVV 疫苗主要的发展方向之一。

(撰稿人:张云静　黄柏成　肖燕)

参考文献

白云云,葛旭影,高睿泽,等. 2016. 猪传染性胃肠炎病毒的分离鉴定及其 S 基因分子生物学特征的分析[J]. 中国兽医科学,46(3):296-302.

苗艳,朱庆贺,陈亮,等. 2020. 猪轮状病毒的分子流行病学研究进展[J]. 动物医学进展,41(1):93-97.

Abrams C C, Goatley L, Fishbourne E, et al. 2013. Deletion of virulence associated genes from attenuated African swine fever virus isolate OUR T88/3 decreases its ability to protect against challenge with virulent virus[J]. *Virology*, 443(1): 99-105.

Achenbach J E, Gallardo C, Nieto-Pelegrin E, et al. 2017. Identification of a new genotype of african swine fever virus in domestic pigs from ethiopia[J]. *Transbound Emerg Dis*, 64(5): 1393-1404.

Chen S, Miao B, Chen N, et al. 2020. A novel porcine parvovirus DNA-launched infectious clone carrying stable double labels as an effective genetic platform[J]. *Vet Microbiol*, 240:108502.

Chen W, Zhao D, He X, et al. 2020. A seven-gene-deleted African swine fever virus is safe and effective as a live attenuated vaccine in pigs[J]. *Sci China Life Sci*, 63(5): 623-634.

Chen Z, Guo X, Ge X, et al. 2008. Protective immune response in mice vaccinated with a recombinant adenovirus containing capsid precursor polypeptide P1, nonstructural protein 2A and 3C protease genes(P12A3C) of encephalomyocarditis virus[J]. *Vaccine*, 26(4): 573-580.

Chen Z, Yuan F, Li Y, et al. 2016. Construction and characterization of a full-length cDNA infectious clone of emerging porcine Senecavirus A[J]. *Virology*, 497: 111-124.

Chi JN W C M S. 2014. The preparation of porcine circovirus type 2(PCV2) virus-like particles using a recombinant pseudorabies virus and its application to vaccine development[J]. *J Biotechnol*, 181:12-19.

Cui J, O'Connell C M, Smith J D, et al. 2016. A GP5 Mosaic T-cell vaccine for porcine reproductive and respiratory syndrome virus is immunogenic and confers partial protection to pigs[J]. *Vaccine Rep*, 6:77-85.

Dhikusooka M T, Ayebazibwe C, Namatovu A, et al. 2016. Unrecognized circulation of SAT 1 foot-and-mouth disease virus in cattle herds around Queen Elizabeth National Park in Uganda[J]. *BMC Vet Res*, 12(1): 5.

Estes M K, Kang G, Zeng C Q, et al. 2001. Pathogenesis of rotavirus gastroenteritis[J]. *Novartis Found Symp*, 238: 82-96; discussion 96-100.

Fang P, Fang L, Ren J, et al. 2018. Porcine Deltacoronavirus Accessory Protein NS6 Antagonizes Interferon Beta Production by Interfering with the Binding of RIG-I/MDA5 to Double-Stranded RNA[J]. *J Virol*, 92(15): 712-718.

Fernandes M H V, Maggioli M F, Joshi L R, et al. 2018. Pathogenicity and cross-reactive immune responses of a historical and a contemporary Senecavirus A strains in pigs[J]. *Virology*, 522: 147-157.

Foerster T, Streck A F, Speck S, et al. 2016. An inactivated whole-virus porcine parvovirus vaccine protects pigs against disease but does not prevent virus shedding even after homologous virus challenge[J]. *J Gen Virol*, 97(6): 1-6.

Fontanella E, Ma Z, Zhang Y, et al. 2017. An interferon inducing porcine reproductive and respiratory syndrome virus vaccine candidate elicits protection against challenge with the heterologous virulent type 2 strain VR-2385 in pigs[J]. *Vaccine*, 35(1): 125-131.

Ge X, Zhao D, Liu C, et al. 2010. Seroprevalence of encephalomyocarditis virus in intensive pig farms in China[J]. *Vet Rec*, 166(5): 145-146.

Gong W, Li J, Wang Z, et al. 2019. Commercial E2 subunit vaccine provides full protection to pigs against lethal challenge with 4 strains of classical swine fever virus genotype 2[J]. *Vet Microbiol*, 237: 108403.

Gromowski G D, Firestone C-Y, Whitehead S S, et al. 2015. Genetic determinants of japanese encephalitis virus vaccine strain SA14-14-2 that govern attenuation of virulence in mice[J]. *J Virol*, 89(12): 6328-6337.

Guo R, Fan B, Chang X, et al. 2020. Characterization and evaluation of the pathogenicity of a natural recombinant transmissible gastroenteritis virus in China[J]. *Virology*, 545: 24-32.

Hales L M, Knowles N J, Reddy P S, et al. 2008. Complete genome sequence analysis of Seneca Valley virus-001, a novel oncolytic picornavirus[J]. *J Gen Virol*, 89(5): 1265-1275.

Hsu S M, Yen A M, Chen T H. 2008. The impact of climate on Japanese encephalitis[J]. *Epidemiol Infect*, 136(7): 980-987.

Hu P, Chen X, Huang L, et al. 2017. A highly pathogenic porcine reproductive and respiratory syndrome virus candidate vaccine based on Japanese encephalitis virus replicon system[J]. *PeerJ*, 5(1): 3514.

HuanC, Fan M, Cheng Q, et al. 2018. Evaluation of the efficacy and cross-Protective immunity of live-attenuated chimeric PCV1-2b vaccine against PCV2b and PCV2d subtype challenge in Pigs[J]. *Front Microbiol*, 9: 455.

Jiang H, Wang D, Wang J, et al. 2019. Induction of porcine dermatitis and nephropathy syndrome in piglets by infection with porcine circovirus type 3[J]. *J Virol*, 93(4): 2045-2018.

Jiang S, Li F, Li X, et al. 2019. Transcriptome analysis of PK-15 cells in innate immune response to porcine deltacoronavirus infection[J]. *PLOS ONE*, 14(10): 223177.

Jung K, Saif L J. 2015. Porcine epidemic diarrhea virus infection: Etiology, epidemiology, pathogenesis and immunoprophylaxis[J]. *Vet J*, 204(2): 134-143.

Jung K, Hu H, Eyerly B, et al. 2015. Pathogenicity of 2 porcine deltacoronavirus strains in gnotobiotic pigs[J]. *Emerg Infect Dis*, 21(4): 650-654.

Kang K, Guo K, Tang Q, et al. 2012. Interactive cellular proteins related to classical swine fever virus non-structure protein 2 by yeast two-hybrid analysis[J]. *Mol Biol Rep*, 39(12): 10515-10524.

Karuppannan A K, Opriessnig T. 2017. Porcine circovirus type 2(PCV2) vaccines in the context of current molecular epidemiology[J]. *Viruses*, 9(5): 99.

Kollaritsch H, Paulke-Korinek M, Dubischar-Kastner K, 2009. IC51 Japanese Encephalitis vaccine[J]. *Expert Opin Biol Ther*, 9(7): 921-931.

Koonpaew S, Teeravechyan S, Frantz P N, et al. 2019. PEDV and PDCoV Pathogenesis: The Interplay Between Host Innate Immune Responses and Porcine Enteric Coronaviruses[J]. *Front Vet Sci*, 6: 34.

Lacasta A, Ballester M, Monteagudo P L, et al. 2014. Expression library immunization can confer protection against lethal challenge with African swine fever virus[J]. *J Virol*, 88(22): 13322-13332.

Lee J, Kim Y M, Kim J H, et al. 2018. Nasal delivery of chitosan/alginate nanoparticle encapsulated bee (Apis mellifera) venom promotes antibody production and viral clearance during porcine reproductive and respiratory syndrome virus infection by modulating T cell related responses[J]. *Vet Immunol Immunopathol*, 200: 40-51.

Lee S, Lee C, 2014. Complete Genome Characterization of Korean Porcine Deltacoronavirus Strain KOR/KNU14-04/2014[J]. *Genome Announc*, 2(6):1191-14.

Li P, Zhang X, Cao W, et al. 2018. RIG-I is responsible for activation of type I interferon pathway in Seneca Valley virus-infected porcine cells to suppress viral replication[J]. *Virol J*, 15(1): 162.

Li Q, Peng O, Wu T, et al. 2018. PED subunit vaccine based on COE domain replacement of flagellin domain D3 improved specific humoral and mucosal immunity in mice[J]. *Vaccine*, 36(11): 1381-1388.

Li W, Feng J, Li J, et al. 2019. Surface Display of Antigen Protein VP8 * of Porcine Rotavirus on Bacillus Subtilis Spores Using CotB as a Fusion Partner[J]. *Molecules*, 24(20): 3793.

Li Y, Shen L, Sun Y, et al. 2014. Effects of the nuclear localization of the N(pro) protein of classical swine fever virus on its virulence in pigs[J]. *Vet Microbiol*, 174(3-4): 391-398.

Liu C, Kokuho T, Kubota T, et al. 2001. DNA mediated immunization with encoding the nucleoprotein gene of porcine transmissible gastroenteritis virus[J]. *Virus Res*, 80(1-2): 75-82.

Liu H, Li Y, Zhang G, et al. 2017. Complete genome sequences and phylogenetic analysis of encephalomyocarditis virus strains isolated from pigs and rats origin[J]. *Infect Genet Evol*, 55: 277-280.

Liu J, Ren X, Li Z, et al. 2018. Genetic and phylogenetic analysis of reemerged novel Seneca Valley virus strains in Guangdong province, 2017[J]. *Transbound Emerg Dis*: 65(3): 614-617.

Luo J, Fang L, Dong N, et al. 2016. Porcine deltacoronavirus(PDCoV) infection suppresses RIG-I-mediated interferon-beta production[J]. *Virology*, 495: 10-17.

Ma Y, Zhang Y, Liang X, et al. 2015. Origin, evolution, and virulence of porcine deltacoronaviruses in the United States[J]. *mBio*, 6(2): 64.

Maggioli M F, Lawson S, de Lima M, ct al. 2018. Adaptive Immune Responses following Senecavirus A Infection in Pigs[J]. *J Virol*, 92(3): 1717-17.

McLelland D J, Kirkland P D, Rose K A, et al. 2005. Serologic responses of Barbary sheep(Ammotragus lervia), Indian antelope (Antilope cervicapra), wallaroos (Macropus robustus), and chimpanzees (Pan troglodytes) to an inactivated encephalomyocarditis virus vaccine[J]. *J Zoo Wildl Med*, 36(1): 69-73.

O'Donnell V, Holinka L G, Gladue D P, et al. 2015. African Swine Fever Virus Georgia Isolate Harboring Deletions of MGF360 and MGF505 Genes Is Attenuated in Swine and Confers Protection against Challenge with Virulent Parental Virus[J]. *J Virol*, 89(11): 6048-6056.

O'Donnell V, Holinka L G, Krug P W, et al. 2015. African Swine Fever Virus Georgia 2007 with a Deletion of Virulence-Associated Gene 9GL(B119L), when Administered at Low Doses, Leads to Virus Attenuation in Swine and Induces an Effective Protection against Homologous Challenge[J]. *J Virol*, 89(16):

8556-8566.

O'Donnell V, Risatti G R, Holinka L G, et al. 2017. Simultaneous Deletion of the 9GL and UK Genes from the African Swine Fever Virus Georgia 2007 Isolate Offers Increased Safety and Protection against Homologous Challenge[J]. *J Virol*, 91(1): 1760-16.

Okitsu S, Khamrin P, Thongprachum A, et al. 2011. Predominance of porcine P[23] genotype rotaviruses in piglets with diarrhea in northern Thailand[J]. *J Clin Microbiol*, 49(1): 442-445.

Park C, Jeong J, Choi K, et al. 2017. Development of porcine circovirus 2(PCV2) open reading frame 2 DNA vaccine with different adjuvants and comparison with commercial PCV2 subunit vaccine in an experimental challenge[J]. *Can J Vet Res*, 81(3): 171-177.

Park J G, Alfajaro M M, Cho E H, et al. 2019. Development of a live attenuated trivalent porcine rotavirus A vaccine against disease caused by recent strains most prevalent in South Korea[J]. *Vet Res*, 50(1): 2.

Paton D J, Reeve R, Capozzo A V, et al. 2019. Estimating the protection afforded by foot-and-mouth disease vaccines in the laboratory[J]. *Vaccine*, 37(37): 5515-5524.

Phan T G, Giannitti F, Rossow S, et al. 2016. Detection of a novel circovirus PCV3 in pigs with cardiac and multi-systemic inflammation[J]. *Virol J*, 13(1): 184.

Qing L, Lv J, Li H, et al. 2006. The Recombinant Nonstructural Polyprotein NS1 of Porcine Parvovirus (PPV) as Diagnostic Antigen in ELISA to Differentiate Infected from Vaccinated Pigs[J]. *Vet Res Commun*, 30(2): 175-190.

Ren X, Tao Y, Cui J, et al. 2013. Phylogeny and evolution of porcine parvovirus[J]. *Virus Res*, 178(2): 392-397.

Renukaradhya G J, Meng X J, Calvert J G, et al. 2015. Inactivated and subunit vaccines against porcine reproductive and respiratory syndrome: Current status and future direction[J]. *Vaccine*, 33(27): 3065-3072.

Sadiq A, Bostan N, Yinda K C, et al. 2018. Rotavirus: Genetics, pathogenesis and vaccine advances[J]. *Rev Med Virol*, 28(6): 2003.

Saurabh S, Sircar S, Kattoor J J, et al. 2018. Analysis of structure-function relationship in porcine rotavirus A enterotoxin gene[J]. *J Vet Sci*, 19(1):35-43.

Segalés J, Domingo M, Chianini F, et al. 2004. Immunosuppression in postweaning multisystemic wasting syndrome affected pigs[J]. *Vet Microbiol*, 98(2): 151-158.

Seo H W, Park C, Kang I, et al. 2014. Genetic and antigenic characterization of a newly emerging porcine circovirus type 2b mutant first isolated in cases of vaccine failure in Korea[J]. *Arch Virol*, 159(11): 3107-3111.

Sharma B, Fernandes M H V, de Lima M, et al. 2019. A Novel Live Attenuated Vaccine Candidate Protects Against Heterologous Senecavirus A Challenge[J]. *Front Immunol*, 10: 2660.

Shen H, Liu X, Zhang P, et al. 2018. Genome characterization of a porcine circovirus type 3 in South China[J]. *Transbound Emerg Dis*, 65(1): 264-266.

Shetty S A, Mathur M, Deshpande J M, 2014. Complete genome analysis of a rare group A rotavirus, G11P[25], isolated from a child in Mumbai, India, reveals interspecies transmission and reassortment with human rotavirus strains[J]. *J Med Microbiol*, 63(9): 1220-1227.

Shi W, Jia S, Zhao H, et al. 2017. Novel Approach for Isolation and Identification of Porcine Epidemic Diarrhea Virus(PEDV) Strain NJ Using Porcine Intestinal Epithelial Cells[J]. *Viruses*, 9(1): 19.

Singh R K, Sharma G K, Mahajan S, et al. 2019. Foot-and-Mouth Disease Virus: Immunobiology, Advances in Vaccines and Vaccination Strategies Addressing Vaccine Failures-An Indian Perspective[J]. *Vaccines (Basel)*, 7(3): 90.

Song D, Zhou X, Peng Q, et al. 2015. Newly Emerged Porcine Deltacoronavirus Associated With Diarrhoea in Swine in China: Identification, Prevalence and Full-Length Genome Sequence Analysis[J]. *Transbound Emerg Dis*, 62(6): 575-580.

Sun M, Ma J, Wang Y, et al. 2015. Genomic and epidemiological characteristics provide new insights into the phylogeographical and spatiotemporal spread of porcine epidemic diarrhea virus in Asia[J]. *J Clin Microbiol*, 53(5): 1484-1492.

Tajima S, Shibasaki K-I, Taniguchi S, et al. 2019. E and prM proteins of genotype V Japanese encephalitis virus are required for its increased virulence in mice[J]. *Heliyon*, 5(11): 2882.

Tang M, Harp J A, Wesley R D, 2002. Recombinant adenovirus encoding the HA gene from swine H3N2 influenza virus partially protects mice from challenge with heterologous virus: A/HK/1/68(H3N2)[J]. *Arch Virol*, 147(11): 2125-2141.

Tian K, Yu X, Zhao T, et al. 2007. Emergence of fatal PRRSV variants: unparalleled outbreaks of atypical PRRS in China and molecular dissection of the unique hallmark[J]. *PLOS ONE*, 2(6): e526.

Tian W, Qiu Z, Cui Y, et al. 2019. Comparison of immune responses induced by porcine parvovirus virus-like particles and inactivated vaccine[J]. *Pak J Pharm Sci*, 32(1): 377-382.

Wang C H, Yuan J, Qin H Y, et al. 2014. A novel gE-deleted pseudorabies virus(PRV) provides rapid and complete protection from lethal challenge with the PRV variant emerging in Bartha-K61-vaccinated swine population in China[J]. *Vaccine*, 32(27): 3379-3385.

Wang J, Li X, Gu J, et al. 2015. The A66G back mutation in NS2A of JEV SA14-14-2 strain contributes to production of NS1' protein and the secreted NS1' can be used for diagnostic biomarker for virulent virus infection[J]. *Infect Genet Evol*, (36): 116-125.

Wang Z, Lv C, Xu X, et al. 2018. The dynamics of a Chinese porcine G9P[23] rotavirus production in MA-104 cells and intestines of 3-day-old piglets[J]. *J Vet Med Sci*, 80(5): 790-797.

Wen X, Wen K, Cao D, et al. 2014. Inclusion of a universal tetanus toxoid CD4(+) T cell epitope P2 significantly enhanced the immunogenicity of recombinant rotavirus DeltaVP8 * subunit parenteral vaccines[J]. *Vaccine*, 32(35): 4420-4427.

Wen X, Wei X, Ran X, et al. 2015. Immunogenicity of porcine P[6], P[7]-specific big up tri, openVP8 * rotavirus subunit vaccines with a tetanus toxoid universal T cell epitope[J]. *Vaccine*, 33(36): 4533-4539.

Wen Z, Li J, Zhang Y, et al. 2018. Genetic epidemiology of porcine epidemic diarrhoea virus circulating in China in 2012-2017 based on spike gene[J]. *Transbound Emerg Dis*, 65(3): 883-889.

Woo P C, Lau S K, Lam C S, et al. 2009. Comparative analysis of complete genome sequences of three avian coronaviruses reveals a novel group 3c coronavirus[J]. *J Virol*, 83(2): 908-917.

Xiang S, Zhou Z, Hu X, et al. 2016. Complete Genome Sequence of a Variant Pseudorabies Virus Strain Isolated in Central China[J]. *Genome Announc*, 4(2): 149-16.

Xiao Y, Chen H Y, Wang Y, et al. 2016. Large-scale production of foot-and-mouth disease virus(serotype Asia1) VLP vaccine in Escherichia coli and protection potency evaluation in cattle[J]. *BMC Biotechnol*, 16(1): 56.

Xing C, Lu Z, Jiang J, et al. 2019. Sub-subgenotype 2.1c isolates of classical swine fever virus are dominant in Guangdong province of China, 2018[J]. *Infect Genet Evol*, 68: 212-217.

Xu Y, Cui L, Tian C, et al. 2011. Immunogenicity of Recombinant Classic Swine Fever Virus $CD8^+$ T Lymphocyte Epitope and Porcine Parvovirus VP2 Antigen Coexpressed by Lactobacillus casei in Swine via Oral Vaccination[J]. *Clin Vaccine Immunol*, 18(11): 1979-1986.

Yang F, Zhu Z, Cao W, et al. 2018. Immunogenicity and protective efficacy of an inactivated cell culturederived Seneca Valley virus vaccine in pigs[J]. *Vaccine*, 36(6): 841-846.

Yang F, Zhu Z, Cao W, et al. 2020. Genetic Determinants of Altered Virulence of Type O Foot-and-Mouth Disease Virus[J]. *J Virol*, 94(7): 1657-19.

Yang Q Y, Sun Z, Tan F F, et al. 2016. Pathogenicity of a currently circulating Chinese variant pseudorabies virus in pigs[J]. *World J Virol*, 5(1): 23-30.

Zhang C, Guo L, Jia X, et al. 2015. Construction of a triple gene-deleted Chinese Pseudorabies virus variant and its efficacy study as a vaccine candidate on suckling piglets[J]. *Vaccine*, 33(21): 2432-2437.

Zhang J, Chen J, Liu Y, et al. 2020. Pathogenicity of porcine deltacoronavirus(PDCoV) strain NH and immunization of pregnant sows with an inactivated PDCoV vaccine protects 5-day-old neonatal piglets from virulent challenge[J]. *Transbound Emerg Dis*, 67(2): 572-583.

Zhang M, Li W, Zhou P, et al. 2020. Genetic manipulation of porcine deltacoronavirus reveals insights into NS6 and NS7 functions: a novel strategy for vaccine design[J]. *Emerg Microbes Infect*, 9(1): 20-31.

Zhang X, Xiao J, Ba L, et al. 2017. Identification and genomic characterization of the emerging Senecavirus A in southeast China, 2017[J]. *Transbound Emerg Dis*, 65(2): 297-302.

Zhang X, Zhu Y, Zhu X, et al. 2017. Identification of a natural recombinant transmissible gastroenteritis virus between Purdue and Miller clusters in China[J]. *Emerg Microbes Infect*, 6(8): 74.

Zhang Y, Cheng Y, Xing G, et al. 2019. Detection and spike gene characterization in porcine deltacoronavirus in China during 2016-2018[J]. *Infect Genet Evol*, 73: 151-158.

Zhao X, Wu Q, Bai Y, et al. 2017. Phylogenetic and genome analysis of seven senecavirus A isolates in China[J]. *Transbound Emerg Dis*, 64(6): 2075-2082.

Zhou B, 2019. Classical Swine Fever in China-An Update Minireview[J]. *Front Vet Sci*, 6: 187.

Zhou D, Jia F, Li Q, et al. 2018. Japanese Encephalitis Virus NS1' Protein Antagonizes Interferon Beta Production[J]. *Virol Sin*, 33(6): 515-523.

Zhu S, Ge X, Gong X, et al. 2011. Alteration of encephalomyocarditis virus pathogenicity due to a mutation at position 100 of VP1[J]. *Sci China Life Sci*, 54(6): 535-543.

Zhu X, Fang L, Wang D, et al. 2017. Porcine deltacoronavirus nsp5 inhibits interferon-beta production through the cleavage of NEMO[J]. *Virology*, 502: 33-38.

Zhu X, Wang D, Zhou J, et al. 2017. Porcine Deltacoronavirus nsp5 Antagonizes Type I Interferon Signaling by Cleaving STAT2[J]. *J Virol*, 91(10): 3-17.

第 7 章 猪细菌性传染病疫苗

虽然病毒性传染病如非洲猪瘟、口蹄疫、猪繁殖与呼吸综合征、猪圆环病毒病、猪伪狂犬病等对我国养猪生产造成了巨大的经济损失，但细菌病对我国养猪业造成的持续性影响也不容忽视。

猪繁殖与呼吸综合征、猪圆环病毒病引起的免疫抑制，再加上细菌（如猪支气管败血波氏杆菌、猪肺炎支原体、副猪嗜血杆菌、猪链球菌等）的混合或继发感染，会加重猪病情和延长病程，造成更大的经济损失。猪的呼吸道和消化道感染是养猪业最常见和造成经济损失较严重的两大类疾病。引起呼吸道感染的细菌类病原有猪肺炎支原体、巴氏杆菌、猪支气管败血波氏杆菌、猪胸膜肺炎放线杆菌等。消化道感染中，大肠杆菌是引起新生和断奶仔猪腹泻的最主要细菌病原，劳森氏菌主要引起种猪和育肥猪的腹泻。

农业农村部 194 号公告要求，自 2020 年 1 月 1 日起，我国饲料中全面禁止添加抗生素。在当前饲料限制、减少抗生素使用，食品安全提到空前高度的情况下，猪场细菌性传染病的疫苗防控更是首先需要认真思考的问题。我国猪场正面临非洲猪瘟、口蹄疫、猪繁殖呼吸综合征、猪伪狂犬病等多种病毒性传染病的危害。因此，对于细菌病的有效防控的前提是先防控好重要病毒性传染病的发生和流行，在防控好病毒性传染病的基础上，结合各猪场细菌性传染病流行情况，合理使用疫苗来进行防控；当发生细菌性传染病时在药敏试验的基础上合理使用敏感药物进行治疗。

疫苗免疫是防控猪细菌性传染病最经济有效的手段。目前国内猪细菌性传染病疫苗以传统灭活疫苗为主，但灭活疫苗或多或少都存在一些缺点，例如支原体灭活疫苗不能完全阻止感染，仅能减少肺炎病变；大多细菌性传染病病原都有多个血清型，且各型之间交叉保护性差，如国内猪链球菌病以猪链球菌 2 型为主，但临床上猪链球菌 9 型逐渐增多，针对猪链球菌 9 型目前仍无疫苗可用。随着生物技术的不断发展和后基因组时代大数据的应用，全基因组的反向遗传、免疫蛋白质组、体内诱导抗原、生物信息分析抗原蛋白预测、大肠杆菌蛋白表达、无细胞蛋白表达等技术逐渐成熟，开发具有完全和广谱保护的细菌性传染病多联多价疫苗、亚单位疫苗、活疫苗将是未来细菌性传染病疫苗的发展趋势和方向。应用新技术进行新型疫苗的研究，将对保障我国养猪业持续健康发展提供不可或缺的技术和产品支撑。

7.1 猪巴氏杆菌病

7.1.1 概述

猪巴氏杆菌病（Swine pasteurellosis）俗称“猪肺疫”，是由多杀性巴氏杆菌（*Pasteurella multocida*，Pm）引起的猪急性、散发性的热性传染病。临床特征为急性败血症，咽喉部位出现明显的肿胀，导致病猪呼吸困难，因此又被称为“锁喉风”。我国将其列为二类动物疫病。

临床上主要有三种类型,最急性型、急性型和慢性型。最急性型病猪未见任何症状突然死亡,病程稍长的体温升高至 41～42 ℃,食欲废绝,可视黏膜发绀,咽喉部和颈部有明显的红肿,呼吸困难,呈犬坐状,口鼻流出白色泡沫,一旦出现呼吸困难,病情会迅速恶化,很快死亡,死亡率高达 100%;病猪剖检可见全身黏膜、浆膜和皮下组织明显的出血点,喉头及周围组织出血性水肿最为明显,切开颈部皮肤,有液体呈明显胶冻样淡黄色纤维素性渗出,全身淋巴结肿大、出血,心外膜和心包膜上有明显的出血点,肺水肿。急性型是常见的类型,病初病猪出现痉挛性干咳,呼吸困难,口鼻流出白沫,有时混有血液,随着病程发展,呼吸困难加剧,皮肤有红斑出现,后期衰弱无力,卧地不起,多因窒息死亡;剖检病变为纤维素性肺炎,气管、支气管内有大量泡沫黏液,肺部出现不同程度的肝样变,呈明显气肿和水肿,肺小叶间有液体呈浆液性渗出,肺切面呈大理石样外观,胸膜附有明显的纤维素性附着物,胸膜和肺脏粘连,胸腔和心包积液。慢性型较少见,病猪表现慢性肺炎或慢性肠胃炎,发育停止,极度消瘦,多因衰竭而死,死亡率 60%～70%;剖检病变为肺脏外包裹有纤维结缔组织,内含干酪样物质,甚至形成空洞与支气管相通,关节炎、皮下组织有坏死灶。

20 世纪 80 年代前后,我国大部分地区的养猪模式以小规模和散养为主,饲养方式落后,猪巴氏杆菌病是当时三大猪病之一。随着规模化养殖业的发展,养殖条件和管理水平有了很大的改善,该病逐渐得到了有效控制,仅在个别地区散发。但健康猪带菌现象普遍,当抵抗力下降时易发病,呈地方性散发流行。该病一年四季都可发生,其中气候多变、冷热交替的季节容易发生。常与猪瘟病毒、猪肺炎支原体等病混合感染。

7.1.2 病原

7.1.2.1 病原特征

多杀性巴氏杆菌是一种革兰氏阴性不动球杆菌,属于巴氏杆菌科、巴氏杆菌属。菌体形态为两端钝圆、中央微突的球杆菌或短杆菌,不形成芽孢。不同来源的多杀性巴氏杆菌因荚膜所含物质的差异,于血琼脂平板上生长的菌落在 45°折光下呈现不同的荧光反应,据此可分为蓝色荧光型(Fg)、橘红色荧光型(Fo)和无荧光型(Nf)三种菌落型。其中 Fg 型对猪等家畜毒力强,可引起地方流行性猪肺疫,在急性猪肺疫病例中常分离到该菌型。该菌在液体或固体介质中 4 ℃下可以存活约 1 周; 15 ℃下在猪粪中可存活 6 d;在仔猪的鼻腔冲洗液中存活长达 49 d。该菌形成的气溶胶在 23 ℃、空气相对湿度 75%的环境下,活菌存活半衰期为 21 min。60 ℃加热 10 min 可被灭活,对常见的消毒剂碘、季铵盐、戊二醛加季铵盐、季铵盐加过氧化氢、过氧乙酸加过氧化氢敏感。

7.1.2.2 血清型

该菌可根据荚膜抗原(血清群)和菌体抗原(血清型)分型,按荚膜抗原可分为 5 个血清群(A,B,D,E 和 F);按菌体抗原可分为 16 个血清型。与猪巴氏杆菌病相关的荚膜血清型为 A 群、B 群和 D 群。在我国,过去流行的巴氏杆菌以 B 群为主,因长期用 B 群菌苗免疫,现在 B 群菌株引起的巴氏杆菌病已较少发生。目前,我国猪群中流行的优势巴氏杆菌血清群为 A 群和 D 群。

7.1.3 疫苗

猪巴氏杆菌病对养猪业危害严重。疫苗免疫具有较好的防治效果,现有灭活菌体疫苗和活疫苗。

7.1.3.1 灭活疫苗及临床应用

猪多杀性巴氏杆菌全菌灭活疫苗是通过加热或用甲醛处理灭活菌体后加入佐剂制成，具有安全、不散毒、便于储存和运输等优点。灭活疫苗对同源血清型保护效果好，免疫持续期可达7个月。

国内现有猪多杀性巴氏杆菌病灭活疫苗(B群)、二价灭活疫苗(A群+B群)和猪瘟、猪丹毒、猪多杀性巴氏杆菌病三联疫苗。根据不同地区存在的流行毒株，选择含有优势血清型菌株的疫苗，可达到很好的免疫保护作用。

7.1.3.2 活疫苗及临床应用

猪多杀性巴氏杆菌减毒活疫苗与灭活疫苗相比，其主要优势为免疫效果好、免疫持续期较长，能更好地诱导不同血清型间的交叉保护。国内有猪多杀性巴氏杆菌病A群、B群减毒活疫苗和猪瘟、猪丹毒、猪多杀性巴氏杆菌病(B群)三联活疫苗。研究表明，A群和B群单价活疫苗混合接种也具有很好的免疫效果。减毒活疫苗使用中应该注意的是，一定要按照说明书上的免疫途径进行接种，勿将口服疫苗注射接种，否则可能导致猪群发病。

7.1.3.3 亚单位疫苗

猪多杀性巴氏杆菌亚单位疫苗还处于研究阶段。有研究表明，荚膜多糖抗原在兔、牛和鸡中具有良好的同源保护作用。将脂多糖(LPS)作为抗原免疫鼠和鸡，可对多杀巴氏杆菌的攻毒具有保护作用。外膜蛋白(OMP)于1991年开始作为疫苗使用，免疫兔和牛对同源菌株的攻击具有保护作用，疫苗接种可明显降低肺炎的严重程度。外膜蛋白OmpH作为疫苗可保护猪和小鼠抵抗巴氏杆菌病，PlpE外膜蛋白分别免疫小鼠和鸡，可使小鼠和鸡产生对异源血清型多杀性巴氏杆菌的交叉保护。VacJ是广泛分布于巴氏杆菌属菌株外膜的高度保守的脂蛋白，有文献表明其对巴氏杆菌的感染具有较好的免疫保护效果。目前为止国内没有猪巴氏杆菌病亚单位疫苗走向应用。

7.1.4 防控

目前健康猪带菌现象比较普遍，通常抵抗力下降时常会发病。随着国家减抗无抗政策的实施，依赖使用抗生素减少猪群发病的方式逐渐成为历史。防止猪巴氏杆菌病发生的最有效的措施为疫苗接种。对于猪巴氏杆菌病的防控，主要是对有风险猪群做好疫苗免疫接种，加强养殖场生物安全措施管理；对感染发病猪进行细菌分离和药敏试验，及时用敏感药物治疗，加强消毒灭菌，减少环境带菌量。

7.1.4.1 疫苗的合理规范使用

一般情况下，在春秋两季对猪群有计划的接种疫苗，国内有灭活疫苗、减毒活疫苗及联苗可供使用。猪巴氏杆菌病灭活疫苗，主要用于刚断奶的仔猪，皮下注射14 d后获得免疫力，可持续6个月。为达到更好的免疫保护效果，尽量选用含有A群+B群血清型的二价灭活疫苗。猪巴氏杆菌病活疫苗分为注射弱毒疫苗和口服弱毒疫苗，适用于各生长期的健康猪，注射弱毒疫苗免疫保护期为6个月；口服弱毒疫苗通过饮水接种，省时省力，喂苗7 d后即可产生很强的免疫力，免疫持续期可达10个月。使用活疫苗前后要禁止使用抗生素。另外，接种操作一定要严格按照说明书进行，不要将口服疫苗用于注射接种，否则会对猪产生类似强毒株攻毒的作用，会导致免疫猪发生急性猪肺疫。

7.1.4.2 药物治疗

多杀性巴氏杆菌敏感抗生素主要包括多西环素、庆大霉素、甲氧苄啶或磺胺甲噁唑、头孢噻呋、金霉素、加米霉素、新霉素、林可霉素、氟苯尼考、恩诺沙星，但不同地区的分离菌株对药物敏感谱不同。药物治疗最好根据药敏试验结果选择用药，避免盲目用药。

7.1.4.3 生物安全措施

做好生猪引进时的检疫工作。出现发病猪时，要及时隔离饲养或淘汰，将病死猪进行无害化处理，控制病菌的扩散。鼠、犬、猫等动物可感染或携带多杀性巴氏杆菌，因此要加强养殖场的管控，限制犬和猫进入养殖场所，扑杀鼠类，安装挡鼠板等设施。猪巴氏杆菌病在秋末到春初期间易发，要保持好猪舍的温度，防止忽冷忽热，减少猪群应激反应。严控饲料质量，杜绝使用霉变饲料，以免引起猪免疫力下降。定期对猪舍进行全面消毒，常用的消毒剂有含碘、季铵盐、戊二醛加季铵盐、季铵盐加过氧化氢、过氧乙酸加过氧化氢等，注意定期更换，以免产生耐药菌株。

7.1.5 展望

猪巴氏杆菌病现有的灭活疫苗和活疫苗各有其优点和局限性。理想的候选疫苗应是对同源和异源菌株感染均有良好的保护作用，能产生长期有效的细胞免疫和体液免疫，达到长期交叉保护作用，使用安全，价格便宜，有利于对动物给药，便于制备和保存。

亚单位疫苗具有安全性好、易于生产的优点，研究方向为筛选可对不同血清型提供交叉保护的蛋白作为抗原，或通过生物信息学等技术筛选不同血清型间的保守蛋白作为抗原，进行亚单位疫苗的开发。例如，用铁元素限制培养基培养的细菌外膜组分制备的疫苗具有较好的交叉保护作用，这些细菌外膜（OM）组分含有 75 kDa、85 kDa 和 94 kDa 分子量的新型蛋白。

DNA 疫苗生产成本较低，适于大批量生产，且具有内在的佐剂特性，不需要冷链存储和运输。有关 OmpA、OmpH 和 PlpE 的 DNA 疫苗已进行了部分研究，实验证明这些疫苗可引起体液免疫和细胞反应，表明 DNA 疫苗具有很好的应用前景。

（撰稿人：谷世江　王晓英）

7.2 猪丹毒

7.2.1 概述

猪丹毒（Swine erysipelas，SE），又称红热病（Red fever）或钻石皮肤病（Diamond skin disease），是由红斑丹毒丝菌（*Erysipelothrix rhusiopathiae*）引起的一种急性、热性人兽共患病。临床症状主要表现为急性、亚急性败血症以及慢性心内膜炎和关节炎三种类型。该病在世界范围内流行，给养猪业带来很大的经济损失，为我国二类动物疫病。早在我国 20 世纪 80 年代，该病就与猪瘟、猪肺疫并称“三大猪传染病”，后来随着养殖模式逐渐规模化，再加上疫苗和抗生素药物的使用，该病逐渐被控制，一度销声匿迹。近年来，随着猪场疾病防控重点转移，对猪丹毒的防控有所忽视，浙江、湖南、江西、安徽、四川、云南等多地又有发病报道，有老病新发的趋势。

7.2.2 病原

7.2.2.1 病原特征

猪丹毒杆菌早在1882年就由Pasteur从病猪体内分离到，但直到1966年才被正式命名为猪丹毒丝菌或红斑丹毒丝菌。该菌是乳酸杆菌科、丹毒丝菌属的兼性厌氧型小革兰氏阳性菌，菌体细长，常呈单个或链状存在。菌体形态会因培养环境和临床病例来源不同而表现不同。在pH7.2～7.6，温度30～37 ℃条件下生长良好，对营养要求苛刻，需要复合的培养基。对外界环境有一定抵抗力，耐干燥。动物组织中能够存活几个月，在腐尸、冻肉、干燥血液中可长期存活。在粪便中12 ℃以下可存活1～6个月。普通消毒剂、60 ℃ 15 min可杀死该菌。

7.2.2.2 血清型

猪丹毒丝菌是丹毒丝菌属的一个亚属，另一个亚属是扁桃体丹毒丝菌，在国际上通用的是由Kucsera等提出的阿拉伯数字血清型分型系统，其中猪丹毒丝菌包括血清型1a、1b、2、4、5、6、8、9、11、12、15、16、17、19、21、N型16个血清型，而扁桃体丹毒丝菌包括血清型3、7、10、14、20、22、23型7个血清型，还有血清型13和18型未被分类。血清型不同菌株的致病力也不同，以血清型1a、1b和2型菌株毒力强，在急性症状的猪体内多分离到血清型1a型菌株，在慢性症状猪体内多分离到血清型2型菌株，在我国流行的血清型主要以1a、1b和2型为主。

7.2.2.3 流行病学

猪丹毒丝菌广泛分布于自然界，能够感染人及多种畜禽、野生哺乳动物、鸟类和鱼类等，其中以猪感染最为普遍，造成的危害最大，是最重要的细菌携带者。有报道称30%～50%的健康猪在扁桃体或其他淋巴组织中存在猪丹毒丝菌，健康带菌猪可通过鼻腔分泌物、唾液、尿液和粪便排出病原菌，成为猪丹毒丝菌感染的重要来源。另外污染的水、食物、草垫或土壤可能导致猪感染，也可通过伤口感染。

7.2.3 疫苗

疫苗接种是目前临床上控制猪丹毒常用且有效的方法。商品化的猪丹毒疫苗主要包括弱毒疫苗和灭活疫苗，同时新型疫苗，如亚单位疫苗、活疫苗、核酸疫苗的研究工作也取得一些进展。

7.2.3.1 灭活疫苗及临床应用

目前国内市场上使用的灭活疫苗主要是猪丹毒灭活疫苗和猪丹毒、猪巴氏杆菌病二联灭活疫苗及进口的猪细小病毒病、猪丹毒二联灭活疫苗。我国最早的猪丹毒灭活疫苗是1953年用源于德国的猪丹毒血清型2型、编号为47的菌株制备的氢氧化铝胶菌苗。该疫苗安全有效，可为不同血清型，包括流行血清型1a型和1b型提供交叉保护。后来该菌株被中国兽药监察所命名为C43-5株，也是目前国内市场猪丹毒灭活疫苗的疫苗菌株，至今该灭活疫苗仍在使用。有报道称，不同批次培养基培养的猪丹毒丝菌的菌落形态、免疫原性会有明显差异，培养基新鲜程度、pH、微量元素等都会影响该菌的生长。用改良后的培养基进行培养，不仅提高了菌体含量，而且全菌体蛋白表达效率也有所提升。

7.2.3.2 弱毒疫苗及临床应用

目前国内市场上主要是猪丹毒活疫苗和猪瘟、猪丹毒、猪巴氏杆菌病三联活疫苗。疫苗所用的菌株为 GC42 和 G4T10，均来源于猪丹毒灭活疫苗株 C43-5。有国内学者用毒株 C43-5 经豚鼠传 370 代后得到弱毒株 G370，之后中国农业科学院哈尔滨兽医研究所和江苏省农业科学院同时对 G370 株进一步致弱，分别获得灭活疫苗株 GC42 和 G4T10，一直沿用至今。2 株疫苗株免疫原性较好，但稳定性还有待提高。国外也培育出了一系列弱毒株，如日本的 Koganei、德国的 ERY VAC100 以及英国的 Suvaxyn E-oral，都表现出较好的保护效果。

猪丹毒弱毒疫苗非常有效，可迅速使猪产生免疫力。通常单剂量免疫即可诱导长期甚至是终身的保护；口服弱毒疫苗，可在口腔诱导对病原体的黏膜免疫反应，具有一定优势，成为防控猪丹毒最有效的手段。但弱毒疫苗也存在缺点，免疫效果常受母源抗体和抗生素等药物的干扰，并且存在毒力返强的风险。有报道称从免疫猪丹毒弱毒疫苗的患病猪体内分离出类似 Koganei 疫苗株的菌株。日本最近报道称，该疫苗株可引起猪的慢性疾病，在使用该弱毒疫苗的猪场中，超过 65%的慢性病猪体内分离到 Koganei 疫苗株。美国也有报道称，免疫猪场和非免疫猪场所发生的猪丹毒病例均以相同频率增加，推测导致部分猪场发病的菌株是疫苗株。在我国使用的猪丹毒弱毒疫苗株 G4T10 株以吖啶黄抗性为特征，但是近几年的部分临床分离株也表现出对吖啶黄的抗性；有的临床分离株脉冲场电泳分型(PFGE)结果与疫苗株相同或几乎完全相同，这有可能是疫苗株本身引发的疾病流行。此外，国内另一个猪丹毒弱毒疫苗 GC42 株作为口服疫苗，也会增加其在自然环境中散播菌株引起疾病发生的概率。

7.2.3.3 亚单位疫苗

利用物理或化学等方法提取的具有免疫活性的表面蛋白片段所制备的疫苗，被称为亚单位疫苗。已发现一些对猪丹毒具有免疫保护作用的表面抗原，如表面保护性蛋白 SpaA、胆碱结合蛋白、64～66 kDa 抗原和表面黏附蛋白(RspA 和 RspB)等。其中 SpaA 蛋白由猪丹毒丝菌血清型 1a 型、1b 型、2 型、5 型、8 型、9 型、12 型、15 型、16 型、17 型、N 型产生，是最早被鉴定且研究最多的蛋白。研究表明，SpaA 的 N 端，即非锚定区，是该蛋白的保护性抗原。该蛋白在小鼠或猪上接种都具有很好的保护效果，且对猪丹毒丝菌血清型 1 型和 2 型均有保护作用，因此被认为是最佳的亚单位疫苗候选蛋白。后来的研究新发现了 Spa 家族两个蛋白 SpaB 和 SpaC，其中 SpaB 蛋白由猪丹毒丝菌血清型 4 型、6 型、11 型、19 型、21 型产生；SpaC 则仅由血清型 18 型产生，以 SpaC 的交叉保护能力最佳。已有研究证明，SpaC 蛋白位于氨基端的 α-螺旋区域且具有免疫原性，证实可抵抗猪丹毒丝菌血清型 1a 型的感染。Borrathybay 等构建 *SpaA* 基因敲除菌株，对小鼠具有一定的保护力，可见 Spa 蛋白作为亚单位疫苗候选蛋白具有较大的潜力。

7.2.3.4 活疫苗

常规弱毒疫苗可能会毒力返强，引起猪的慢性疾病，因此安全性更高的新型活疫苗的研发显得尤为重要。有研究利用转座子突变技术，构建编码 CDP-甘油磷酸转移酶 *tagF* 基因缺失突变 Δ432 株，接种仔猪后可以免受猪丹毒丝菌强菌株的攻击。利用基因工程手段构建的重组猪丹毒丝菌，具备黏膜疫苗载体的能力，如表达猪肺炎支原体 P97 C 端的减毒猪丹毒丝菌株 YS-19，免疫小鼠后可完全抵抗猪丹毒丝菌同源强菌株攻击，鼻内接种可使猪肺炎支原体引起的肺部病变明显变少。用表达猪肺炎支原体 P97R1 蛋白的猪丹毒丝菌株 Koganei 分别对种猪进行皮下接种，可使肺病变损伤程度降低。

7.2.3.5 其他类型疫苗

DNA 疫苗方面，国内多位学者先后评价了真核表达载体 pcDNA3.1 表达猪丹毒丝菌 SpaA 的 DNA 疫苗，通过改良手段能显著提升 SpaA 核酸疫苗免疫应答水平。

7.2.4 防控

在猪丹毒防控工作中，常规消毒、疫苗接种、药物治疗、科学饲养管理和生物安全措施等是不可或缺的。

7.2.4.1 疫苗的合理规范使用

疫苗接种对猪丹毒的防控是不可取代的。不同猪场会根据猪场类型、生产安排、疾病情况等采取不同的疫苗接种策略。国内外都使用猪丹毒疫苗，其中灭活疫苗抗原为血清型 2 型全菌体灭活抗原，对常见的血清型 1a 和 1b 型猪丹毒菌株提供交叉保护力。猪丹毒弱毒活疫苗免疫持续期长达 6～12 个月不等，免疫效果也不同，具体需要根据猪场情况和疫苗类型选择不同的免疫途径。

7.2.4.2 药物治疗

在早期抗生素未广泛使用前，注射抗血清是治疗猪丹毒的唯一方式。有报道称，免疫抗血清可使强毒株对巨噬细胞吞噬的抵抗力降低。现在治疗猪丹毒多用抗生素，首选药物是青霉素类，治愈率高。青霉素按每千克体重 2 万～4 万 U，静脉或肌内注射给药，每天给药 2～3 次。在治疗过程中给药剂量应充足，达到有效血药浓度才能起到治疗效果；待猪群体温、精神食欲恢复正常后，继续给药 2～3 d 进行巩固。不过很多研究发现了猪丹毒丝菌的耐药基因，甚至耐药菌株，影响治疗效果。因此在使用抗生素治疗时一定要注意使用方式、剂量和次数。

伊朗的研究人员从桃金娘的植物叶子中提取的芳香油类，可以有效抑制猪丹毒丝菌。我国有几千年的中草药文化积淀，也有许多通过中草药治疗猪丹毒的案例，如三黄石膏汤和清疹汤等。以上说明天然的植物提取物和中草药具有较好的猪丹毒治疗应用前景。

7.2.4.3 生物安全措施

有专家推测携带猪丹毒丝菌的健康猪占比为 30%～50%，饲养环境的突然改变（如饲料、噪声以及气温等）会造成猪群发生应激，可能诱发猪丹毒。为猪群提供适宜的生长环境，减少各类应激刺激，在一定程度上会减少猪丹毒的发生。

早发现、早隔离、早治疗是控制猪丹毒的关键，因此应建立猪场生物安全体系，包括清洁、消毒等。清除污染源并常规消毒能够限制环境中病原菌的扩散。猪丹毒丝菌虽然对外界环境有一定抵抗力，但常规的消毒剂即可将其杀灭，如 1%～2%氢氧化钠、1%漂白粉、3%煤酚皂液、5%石灰乳等。因为该菌可以在有机物表面存活，一些结构复杂的仪器很难消毒彻底，不可能完全清除环境中的丹毒丝菌，因此应将消毒与疫苗接种、药物治疗等各种措施相结合，才能达到控制猪丹毒的较好效果。

7.2.5 展望

目前市场上的传统灭活疫苗和弱毒疫苗，曾对猪场起到过较好的保护作用。但随着猪丹毒丝菌抗原性的变异，猪丹毒发病率逐渐升高，新疫苗有待开发。

7.2.5.1 新的灭活疫苗和活疫苗的研发

猪丹毒丝菌临床分离株日益增多，有利于筛选免疫原性更好的疫苗菌株，提高猪丹毒灭活疫苗效果，同时为猪丹毒丝菌与其他病原的联合疫苗开发提供帮助。

由于现有弱毒疫苗存在毒力返强、引起猪的慢性疾病等缺点，开发安全性更高的新型活疫苗就成了今后的疫苗研究方向，如之前提到猪丹毒基因缺失 Δ432 株就是一个例子。

基因工程多价疫苗也是未来发展的一个方向。利用基因工程手段，将其他病原的免疫原蛋白插入重组猪丹毒丝菌中，可构建新的减毒猪丹毒丝菌，如表达猪肺炎支原体 P97 C 端的减毒猪丹毒丝菌 YS-19 株和猪肺炎支原体 P97R1 蛋白的猪丹毒丝菌 Koganei 株，因其具有较好的黏膜免疫能力而表现出较好的免疫保护作用。

7.2.5.2 重组亚单位疫苗的研发

重组亚单位疫苗也是未来猪丹毒新型疫苗开发的方向。基于前期的研究基础，猪丹毒丝菌亚单位疫苗候选蛋白主要集中在 Spa 蛋白、CbpB、RspA 和 RspB 蛋白。其中 Spa 家族蛋白(SpaA 和 SpaC)可能是猪丹毒亚单位疫苗研发的主要方向，希望能为未来猪丹毒的防控起到一定作用。

（撰稿人：朱巧艳　王晓英）

7.3 猪链球菌病

7.3.1 概述

猪链球菌病是由链球菌属中多种致病性链球菌引起的猪的疫病的总称，其中猪链球菌(*Streptococcus suis*，SS)是世界范围内引起猪链球菌病最主要的病原。该病是一种人兽共患病，OIE 将其列为 B 类疫病，我国将其列为二类动物疫病。自 1951 年荷兰首次报道该病以来，世界上大多数养猪国家均有报道，我国于 1958 年首次发现并报道本病。该病的流行无明显季节性，但在每年的 7～10 月易出现大规模的传播，常呈地方性流行，发病率和死亡率高，给养猪业造成严重的经济损失。主要临床表现为高热(41～43 ℃)、败血症、神经症状、关节肿等，如不及时治疗，病死率极高。本病症状和病变较为复杂，易与急性猪瘟、猪丹毒、副猪嗜血杆菌病等混淆，须进行实验室确诊。

7.3.2 病原

7.3.2.1 病原特征

猪链球菌属链球菌科、链球菌属，为圆形或卵圆形球菌，有荚膜，无鞭毛，菌体直径 1～2 μm，常呈链状或成对排列，在固体培养基上培养常为单个或成对存在，在液体培养基中呈短链状。革兰氏染色阳性，但老龄培养物呈现革兰氏阴性。对营养的要求较高，在普通培养基中生长不良，需添加血清或血液。在血琼脂平板上培养呈 α 或 β 溶血，部分菌株不溶血，通常为非致病菌。对消毒剂的抵抗力较弱，常用的消毒剂都可以将其杀灭。

7.3.2.2 血清型

根据荚膜抗原的差异，猪链球菌被分为 35 个血清型(1/2 型，1～34 型)。血清型 1/2 型、1

型、2 型、3 型、7 型、9 型和 14 型是猪的主要致病血清型。有研究表明，血清型 32 型和 34 型应归属于鼠口腔链球菌（*Streptococcus orisratti*）。血清型 20 型、22 型和 26 型在遗传特性上不同于猪链球菌的其他血清型，有人提出将这三种血清型划归为一个新种，称为副猪链球菌（*Streptococcus parasuis*）。在世界范围内，从临床病例中最常分离的猪链球菌有 3 种血清型，分别是 2 型、9 型和 3 型。不同国家和地区流行的主要血清型有所不同，我国的主要流行血清型为 2 型，其次是 9 型和 7 型。

7.3.3 疫苗

猪链球菌对我国养猪业造成了严重的危害，而且在公共卫生方面意义重大。疫苗免疫是预防猪链球菌病最有效的途径，现有的猪链球菌疫苗主要以灭活疫苗为主，也有部分弱毒疫苗和亚单位疫苗，但因猪链球菌血清型众多、遗传多样性，市场上现有疫苗均存在不同血清型间交叉保护性不足的问题。因此，开发针对所有流行血清型的通用疫苗是猪链球菌疫苗研发的最大挑战。

7.3.3.1 灭活疫苗及临床应用

目前临床上主要用灭活疫苗预防猪链球菌病。国内商品化灭活疫苗主要有猪链球菌病蜂胶灭活疫苗（马链球菌兽疫亚种＋猪链球菌 2 型）、猪链球菌病灭活疫苗（马链球菌兽疫亚种＋猪链球菌 2 型＋猪链球菌 7 型）、猪链球菌病灭活疫苗（马链球菌兽疫亚种＋猪链球菌 2 型），国外猪链球菌病疫苗也主要是以猪链球菌 2 型灭活疫苗为主。灭活疫苗对相同血清型菌株感染具有良好的保护效果，但对于不同血清型缺乏交叉保护作用。近年来，在我国血清型 9 型猪链球菌引起的病例日益增多，1 型和 14 型等血清型也有一定程度的流行，目前市场上还没有能覆盖所有或大部分血清型的疫苗。因此，各地应根据地方流行的优势血清型选择相应的疫苗，以获得较好的免疫效果。

7.3.3.2 活疫苗及临床应用

目前，国内外仅有一种猪链球菌病活疫苗上市，其应用效果还有待进一步验证，有关猪链球菌活疫苗的研究仍处在探索阶段。疫苗株的筛选主要有 3 种途径：①筛选免疫原性好的天然无毒或弱毒株。Yao 等分离了一株猪链球菌 2 型天然无毒株 05HAS68 株，另外构建了猪链球菌 *Sal R* 基因缺失株 ZYH33-Δ*Sal* KR 株来制备疫苗进行免疫攻毒试验，结果显示 ZYH33-Δ*Sal* KR 株疫苗无保护作用，天然无毒株 05HAS68 能保护仔猪抵抗猪链球菌 2 型强毒株的攻击。Jiang 等报道了一株猪链球菌 5 型天然弱毒株 XS045 株，对仔猪无致病性，且对猪链球菌 2 型和猪链球菌 9 型具有良好的交叉保护作用（分别为 100％和 85％），该菌株具有潜在的活疫苗研究价值。②通过人工致弱的方法制备弱毒株。Kebede 等制备了猪链球菌 2 型温度敏感突变弱毒菌株，将其作为疫苗株免疫猪，结果只能对同源菌株的攻毒有保护作用。Foster 等制备了猪链球菌 1/2 型链霉素依赖性突变菌株，该菌株对 1/2 型菌株的攻击有一些保护作用，但不能抵抗 2 型菌株的攻击。③通过基因工程手段对毒力基因进行针对性缺失。Li 等对猪链球菌 2 型强毒株 SC19 株的 5 种毒力相关因子（*sly*，*scpA*，*ssnA*，*fhb* 和 *ssads*）进行基因敲除，构建了减毒突变株 2015033 株。5 种毒力基因的缺失未影响 2015033 株的生长性能和荚膜多糖的生成，该突变株在不同的细胞模型中均未显示出细胞毒性，且对小鼠无致病性，2015033 株免疫小鼠可对不同序列型（ST）猪链球菌的攻击提供交叉保护。Hu 等构建的猪链

球菌 $\Delta SspepO/\Delta SspspC$ 双基因缺失突变株，免疫仔猪可诱导产生高水平的抗体，并对猪链球菌 2 型和猪链球菌 7 型强毒株的攻毒分别提供 100%和 70%的保护。猪链球菌病是人兽共患病，活疫苗的安全性是主要的公共卫生问题，对猪无毒或低毒的疫苗株不能排除对人有感染性，因此上述疫苗菌株还需做进一步的实验研究。

7.3.3.3 亚单位疫苗及临床应用

近年来，随着具有良好免疫原性且在各血清型间保守存在的蛋白质不断被筛选和鉴定，使得针对多血清型的猪链球菌亚单位疫苗的开发成为可能。约有 20 种表面蛋白被鉴定为猪链球菌亚单位疫苗的候选抗原，包括猪链球菌毒力相关蛋白以及通过免疫蛋白组学和反向疫苗学筛选出的蛋白。研究最多的三种毒力相关蛋白是溶菌酶释放蛋白(MRP)、溶血素(Sly)和细胞外因子(EF)。这三种蛋白质存在于猪链球菌大多数致病血清型中，且在种内相对保守。尽管这些蛋白具有较高的免疫原性，但体内研究表明它们对感染的保护能力并不理想。研究发现，一种 110 kDa 大小的表面蛋白 Sao 在种内高度保守，免疫仔猪后可产生高水平的抗体，有一定的攻毒保护效果，且对不同血清型感染有一定的交叉保护作用。有研究人员通过免疫蛋白组学的方法，筛选了 15 种能被感染血清和康复血清识别的猪链球菌 2 型表面蛋白，其中 HP0197 和 HP1036 两种蛋白被证实具有良好的免疫保护效果。HP0197、HP1036 两种蛋白已与副猪嗜血杆菌的两种蛋白一起开发出了猪链球菌病、副猪嗜血杆菌病二联亚单位疫苗，并于 2019 年在国内上市，但其对猪链球菌其他血清型的交叉保护效果还有待进一步验证。另外，研究发现 6-磷酸葡萄糖酸脱氢酶(6PGD)、38KD、烯醇化酶(Enolase)等蛋白均具有一定的免疫保护作用，可作为猪链球菌亚单位疫苗的候选蛋白。

7.3.4 防控

7.3.4.1 疫苗的合理规范使用

猪链球菌病的防控应明确预防第一的原则。仔猪、母猪和种公猪都可以通过接种猪链球病疫苗预防猪链球菌病，其保护率可达 75%～100%，免疫期在 6 个月以上。临床通常的免疫程序为：

①仔猪 4～5 周龄免疫 1 次。

②种猪每年免疫 2～3 次。

需要注意的是，由于猪链球菌血清型众多，且不同地区的流行血清型有所差异，而各血清型之间无交叉保护性，因此要尽量选择与本地流行血清型相同的猪链球菌疫苗进行免疫，才能保证良好的免疫效果。

7.3.4.2 药物治疗

确定猪场流行猪链球菌病时，应快速隔离病猪、疑似病猪，尽可能淘汰带菌母猪，清除传染源。污染的圈舍、笼具等用消毒剂彻底消毒，对病死猪及其排泄物进行无害化处理。对发病猪进行抗菌药物治疗和对症治疗。常用的敏感药物有复方阿莫西林、头孢喹肟、头孢噻呋、氟苯尼考、氨苄西林、恩诺沙星和磺胺类药物等。对于有神经症状的患猪需选择能透过血脑屏障的药物，首选磺胺类和头孢类药物。有淋巴脓肿的，要在脓肿成熟后切开排脓、清洗消毒，同时使用抗生素进行消炎。猪链球菌易产生耐药性，在治疗时要选择敏感药物，严格按照说明书推荐的用法、用量用药。

7.3.4.3 生物安全措施

猪链球菌病猪和带菌猪的血液、唾液、鼻液、粪便等都可能存在病原菌，其分泌物和排泄物会污染环境，健康猪可通过呼吸道、消化道以及受损的皮肤黏膜感染发病。为保证猪场猪群的健康，引种时要严格检疫，且到场后应隔离饲养 1 个月，确认猪体健康无病后方可混群饲养。坚持全进全出原则，猪舍空出后彻底清洗和消毒，并保持空舍至少 7 d 以上，以达到预期的消毒效果。

7.3.5 展望

当前，国内外市场上的猪链球菌病疫苗主要以灭活疫苗为主，但由于猪链球菌疫苗血清型众多，灭活疫苗各血清型间缺乏交叉保护，当疫苗血清型与流行血清型不一致时，常常会导致“免疫失败”。灭活疫苗抗原在灭活过程中往往会造成有效免疫成分的损失，从而导致疫苗免疫效果不佳。从目前研究情况看，基因工程亚单位疫苗和弱毒活疫苗已成为猪链球菌疫苗研究的重要方向。

7.3.5.1 亚单位疫苗

以具有良好免疫原性且在各血清型间具保守性的蛋白作为候选抗原(Sao、6PGD、38KD、Enolase、HP0197 等蛋白)，开发针对多血清型的猪链球菌亚单位疫苗是未来的发展方向。

7.3.5.2 弱毒疫苗

尽管猪链球菌弱毒疫苗存在毒力返强的可能性，但因其成本低廉、免疫原性好、免疫期长等优点，对疫苗生产厂家和养殖场依然具有极大的吸引力。弱毒疫苗株的筛选主要包括筛选免疫原性好的天然无毒或弱毒株、人工致弱方法制备弱毒株和利用基因工程手段构建基因缺失突变株三种途径。相较而言，多基因缺失弱毒活疫苗毒力稳定，是猪链球菌弱毒疫苗开发的重要方向，越来越多猪链球菌毒力相关基因和免疫原性相关基因的鉴定，为开发出更加安全、有效的基因缺失弱毒疫苗提供了理论基础。

（撰稿人：翟路峰　王晓英）

7.4 猪支原体肺炎

7.4.1 概述

猪支原体肺炎(Mycoplasma pneumonia of swine，MPS)，又称猪地方流行性肺炎(Swine enzootic pneumonia，EP)是由猪肺炎支原体(*Mycoplasma hyopneumoniae*，Mhp)引起的一种慢性呼吸道疾病。猪肺炎支原体是猪呼吸道综合征(Porcine respiratory disease complex，PRDC)的原发病原之一，主要感染并破坏呼吸道上皮细胞。该病具有高感染性和高传染性，临床上以咳嗽、气喘为主要特征，6 周龄以下的猪观察不到明显的临床症状。大体解剖病变以肺部边缘开始的对称性实变为特征，以肺泡壁、支气管壁周围淋巴细胞、单核细胞浸润为特征性病变。该病发病率高，死亡率低。感染发病猪表现生长停滞，饲料转化率降低。集约化饲养是当前养猪的主要模式，猪支原体肺炎已成为我国集约化猪场的常见呼吸道病，流行广泛，特别是在饲养管理不当、猪群拥挤，猪舍阴暗潮湿、通风不良、卫生条件差的猪场，发病率高，病情严重。

目前国内猪场中猪圆环病毒 2 型(PCV2)、猪繁殖与呼吸综合征病毒(PRRSV)感染已成常态,形成的免疫抑制也是造成猪肺炎支原体及其他细菌病原继发感染的主要因素,使得感染猪死亡率增加,给我国养殖业造成了重大的经济损失。

家猪和野猪是猪肺炎支原体已知的唯一宿主。不同品种、年龄的猪均易感,仔猪最易感;感染的严重程度取决于混合感染、环境因素以及感染菌株的毒力和数量。猪肺炎支原体主要通过直接接触(鼻-鼻)、患病母猪传染给后代仔猪,以及气溶胶进行横向传播。在急慢性感染阶段,患病猪与易感猪直接接触是猪肺炎支原体最易传播的方式,且猪肺炎支原体可在感染猪群中长期存在达 240 d。

7.4.2 病原

7.4.2.1 病原特征

猪肺炎支原体最早在 1965 年由英国人 Goodwin 和美国人 Mare 同时分离出来,属软膜细菌类,体积小,结构简单,整个细胞由细胞膜、核糖体和 DNA 组成,构成了自我复制和合成大分子必需的最低限的细胞结构。具有高度多形性,如环状、球状、点状、杆状和两极状,大小不一。在固体培养基上可见煎蛋样或桑葚状菌落,菌落周围颜色较暗,也无明显边缘。在液体培养基中呈颗粒状沉淀生长,常呈球状,并由小球状串联为环状,偶尔会呈新月状、长链状和丝状。

猪肺炎支原体对体外分离培养要求较高,需要在 Friis 培养液中补加猪血清才能生长;在培养过程中易被其他支原体污染,如在猪呼吸道存在的猪鼻支原体和非致病性的絮状支原体,因此分离培养一般不作为猪肺炎支原体的常规诊断方法;不耐热,在外界环境下一般 2～3 d 即可失活;在 15～20 ℃环境下放置 36 h 致病力就会丧失。

由于支原体缺乏细胞壁,其主要的抗原物质存在于细胞膜上,细胞膜由脂质和蛋白质组成。脂蛋白为支原体膜的主要成分,在免疫和诊断中起着重要作用。

7.4.2.2 血清型

猪肺炎支原体仅有 1 个血清型,但菌株在抗原学和遗传学上具有多样性。

7.4.2.3 基因组特征

目前,已完成了 21 株猪肺炎支原体的基因组测序。J 株全基因组大小为 897 405 bp (NC_007295.1),平均 G+C 含量为 28.5%,有 679 个 CDS,其中已知编码有功能作用的蛋白质有 412 个,保守的假定蛋白有 109 个,特征性假定蛋白有 158 个。目前研究较多的抗原相关膜蛋白主要有 P36、P46、P65、P42、 P97、P110 等。

7.4.3 疫苗

猪支原体肺炎作为在全球范围内广泛流行的疾病,疫苗接种是被世界公认的有效控制其疫情的手段,许多商品化的灭活疫苗和活疫苗被批准用于猪支原体肺炎的预防,主要目的为减少临床症状和肺损伤,降低呼吸道中的病原数量和群体感染水平、提高日增重和饲料转化率、缩短出栏时间以及降低治疗成本。

7.4.3.1 灭活疫苗及临床应用

市场上应用的猪肺炎支原体灭活疫苗均由灭活的全菌培养物或菌体辅以不同类型的佐剂制成。目前我国销售的灭活疫苗有进口疫苗和国产疫苗，进口的灭活疫苗使用的菌株有J株、P-5722-3株、P株、BQ-14株；国产的灭活疫苗有P-5722-3株、DJ-166株、J株、SY株、CJ株、NJ株、HN0613株。进口疫苗所采用的疫苗生产毒株均分离于20世纪60年代，疫苗代表菌株J株于1965年在英国分离，国内也有采用此菌株生产的疫苗。对进口疫苗和国产疫苗用国内强毒株攻毒进行评价，结果显示，由国内分离株制备的疫苗保护效果明显优于进口疫苗，可能是国内分离株分离年代较近，与国内流行的强毒株匹配性更好。普莱柯生物工程股份公司生产的灭活疫苗，选用2006年的分离株HN0613作为疫苗株，采用高密度发酵技术，结合独特的纳米颗粒水性佐剂制备而成，对猪进行一次性免疫后，用近年国内分离的强毒YC株和标准强毒CVCC354济南株攻毒，均产生良好的保护效果。该产品可与相同水性佐剂的猪圆环病毒2型、副猪嗜血杆菌病二联灭活疫苗联合使用，并可与猪繁殖与呼吸综合征活疫苗等联用，能对猪呼吸道综合征产生良好的免疫保护作用，做到一针四防。因此，建议国内猪场在进行免疫时，选择国内分离株疫苗进行免疫接种。此外，有报道称，猪肺炎支原体疫苗和传染性胸膜肺炎放线杆菌疫苗联合使用能够减轻肺病变程度，临床免疫时可根据实际情况考虑是否进行联合免疫。

7.4.3.2 活疫苗及临床应用

目前市场上应用的活疫苗以国产疫苗为主，主要有168株和RM48株，活疫苗免疫原性好，接种后不仅能够同时刺激机体的体液免疫和细胞免疫反应，且当活疫苗进入肺脏后可产生占位效应，阻止猪肺炎支原体病原增殖，达到预防猪肺炎支原体感染的免疫效果。虽然活疫苗对猪能产生较好的保护力，但接种均需用胸腔、肺内注射等方式，操作复杂，猪应激反应大，不方便应用。在当前严防非洲猪瘟情况下，猪场均采取使用联苗、疫苗联用等减少免疫次数以尽量避免或减少应激的措施，因此以上活疫苗的接种方式恐难以被猪场接受。此外，活疫苗在应用中容易受到抗生素等药物的影响，在实际养殖过程中，猪群在使用某些药物治疗后，免疫时间会受影响，整个猪群的免疫计划也会被打乱。

7.4.3.3 多联疫苗及临床应用

猪肺炎支原体作为猪呼吸道综合征的原发病原之一，可引起机体免疫抑制，常与其他病原混合感染。特别是在有猪繁殖与呼吸综合征病毒、猪圆环病毒2型等病原感染产生免疫抑制的情况下，更易发生猪肺炎支原体感染和猪呼吸道综合征。因此，有效的多联疫苗更加符合市场需求。目前国内市场上仅有针对猪圆环病毒2型、猪肺炎支原体感染的二联疫苗。普莱柯公司的猪圆环病毒2型、猪肺炎支原体二联灭活疫苗(SH株+HN0613株)为国内首个圆环—支原体二联灭活疫苗，采用独特的纳米颗粒水性佐剂制成，临床使用时可与猪繁殖与呼吸综合征等活疫苗联用，达到一针三防，对预防猪呼吸道综合征具有良好的效果。在国外，Jeong和Park等评估了一种新的单剂量二联疫苗，证实该疫苗在实验室试验和临床条件下均能抵抗猪圆环病毒2型和猪肺炎支原体的感染。Kaalberg等也验证了猪圆环病毒2型和猪肺炎支原体两种疫苗联合使用的效果，结果表明在当地条件下疫苗的联合应用能够提高猪日增重、减轻猪圆环病毒2型引起的病毒血症和猪肺炎支原体引起的肺损伤。

7.4.3.4 亚单位疫苗

目前市场上的猪支原体肺炎疫苗均是全菌苗，疫苗的免疫效果有待进一步提高。此外，猪肺炎支原体培养成本较高，研发更有效且低成本的疫苗成为必然。通过重组 DNA 技术可获得针对主要病原体的多价疫苗，以弥补传统疫苗的不足。基因工程疫苗的前提和基础是能够分离和鉴定具有免疫原性的蛋白质和致病因子。

近年来作为猪肺炎支原体亚单位疫苗开发的候选蛋白，黏附素 P97 蛋白是研究最多的，最有潜力的一个蛋白质。最初研究人员利用细菌载体评价 P97 蛋白，如 Shimoji 等用表达 P97 C 末端部分的减毒红斑丹毒丝菌 YS-19 株鼻内接种，可使猪肺部病变明显较少，但未检测到针对 P97 的特异性血清抗体；Ogawa 等用表达 P97R1 蛋白的红斑丹毒丝菌 Koganei 株分别皮下接种小鼠和猪，均产生针对 P97 的特异性 IgA 和 IgG，且肺损伤程度明显降低。其他细菌载体如铜绿假单胞菌外毒素 A 和重组减毒鼠伤寒沙门氏菌也被用于评价 P97 蛋白，结果发现在小鼠或猪身上可产生特异性 IgG，但未进行猪的免疫攻毒保护效果评价。Chen、Okamba 等研究结果显示，P97 蛋白在小鼠或猪体内可诱导特异的体液和黏膜细胞免疫反应。对猪的攻毒保护结果显示，该重组疫苗可以显著降低肺损伤。由此可以确定，真核表达系统表达的 P97 蛋白在对猪肺炎支原体免疫保护方面更有效。

可用于猪肺炎支原体亚单位疫苗开发的其他候选蛋白，如热休克蛋白 P42、胞质蛋白 P36、膜表面抗原蛋白 P46、膜表面脂蛋白 P65、核酸还原酶 Nrdf 和热休克蛋白 HSP70，利用小鼠或猪模型进行评价，结果显示能够刺激机体较好的免疫应答反应，为后续亚单位疫苗开发提供了理论依据。

7.4.4 防控

猪肺炎支原体感染可以通过多种措施相结合进行综合防控，如疫苗使用、药物治疗以及生物安全措施。临床上猪繁殖和呼吸综合征病毒、猪圆环病毒 2 型感染比较普遍，易引起猪肺炎支原体混合或继发感染。因此防控好猪繁殖与呼吸综合征、猪圆环病毒病有利于防止猪支原体肺炎的发生。

7.4.4.1 疫苗的合理规范使用

根据猪群的类型、养殖情况、感染方式和所使用的疫苗剂型等实际情况采取不同的疫苗接种策略。猪肺炎支原体可感染各年龄的猪，仔猪最易感，因此常用的免疫程序是在 7 日龄或者 14 日龄进行首免。研究表明，疫苗接种过程中或接种后不久如有猪繁殖与呼吸综合征病毒感染会降低猪肺炎支原体疫苗的有效性，但如果这两种病的疫苗同时接种，可以消除这种影响，且有利于两病的防控。

有研究表明，现有的灭活疫苗免疫不能刺激机体产生显著的抗体水平，但群体血清检测的抗体滴度与免疫保护呈正相关。阴性仔猪攻毒 1 周后使用商品化的试剂盒能检测到抗体转阳，可用于仔猪群体感染及疫苗使用效果评价，但对个体的抗体检测意义不大。

7.4.4.2 药物治疗

农业农村部 194 号公告要求，自 2020 年 1 月 1 日起，我国饲料中全面禁止添加抗生素，以减少滥用抗生素造成的危害，维护动物源食品安全和公共卫生安全。因此通过在饲料中添加抗生素对猪肺炎支原体进行预防性用药已被禁止。

临床上感染发病时可使用抗生素进行治疗。猪肺炎支原体敏感抗生素主要有四环素、15和16元环大环内酯类药物(泰乐菌素,替米考星)、林可酰胺(林可霉素)、截短侧耳素(泰妙菌素)、氟喹诺酮类,氟苯尼考,氨基糖苷类和氨基环醇等。由于猪肺炎支原体缺乏细胞壁,对于干扰细胞壁前体合成的抗生素,如β-内酰胺类抗生素、多黏菌素、14元环大环内酯类(如夹竹桃霉素和红霉素)、利福平、甲氧苄啶和磺酰胺具有耐药性。已有研究证明猪肺炎支原体对四环素、16元环大环内酯类,林可酰胺和氟喹诺酮类药物具有一定的获得性耐药性。

虽然临床上抗生素治疗有效,但效果不能持续,且用药后猪体内仍可检测到猪肺炎支原体,一旦停药,疾病就可能复发,且用药成本高。因此,在临床上抗生素的使用应受到限制,提倡疫苗防控,从而保证食品安全及避免耐药性的产生。

7.4.4.3 生物安全措施

在使用疫苗防控的同时,猪场应加强温度、湿度的控制,加强通风减少尘埃,降低舍内氨气等有害气体浓度,保持舍内空气新鲜;断奶后10~15 d内仔猪环境温度应为28~30 ℃,保育阶段温度应在20 ℃以上。保育房、产房要注意减小温差。

在养殖过程中应加强猪群巡查工作,做到早发现、早隔离、早治疗。妊娠母猪、仔猪、育肥、后备猪严格分区饲养。日常巡查时,观察猪群特别是育肥猪群的呼吸道症状,如咳嗽、气喘等,尽早发现发病猪并及时隔离或淘汰,并对猪群进行相应治疗与消毒,以防扩散传播。

坚持全进全出、批次化管理的饲养模式,阻断猪肺炎支原体从大龄猪向低龄猪的扩散。降低饲养密度,减少呼吸道疾病发生概率,尽量减少迁移,减少混群应激,避免突然更换饲料,定期驱虫,对圈舍定期消毒、空舍时彻底消毒。

引种尽量选择具有相同或较高免疫水平的猪群,同时应施行至少30 d的隔离检疫期或适应期。

7.4.5 展望

猪支原体肺炎灭活疫苗由于其免疫方式简便,在改善日增重和肺损伤等方面有一定效果,故在临床上得到了广泛应用。弱毒疫苗免疫效果良好,但接种难度大、对技术要求较高,故限制了其应用推广。新型重组亚单位疫苗或DNA疫苗可以降低疫苗成本,但目前还未找到理想的抗原分子。寻找能有效刺激机体免疫反应,特别是细胞免疫、黏膜免疫反应的抗原,是开发新型亚单位疫苗的核心。另外,良好的佐剂、合适的免疫途径也是新型疫苗研发中需要关注的问题。临床上猪繁殖与呼吸综合征病毒、猪圆环病毒2型感染普遍,开发联合疫苗和新型疫苗时,应一并加以考虑。

(撰稿人:朱巧艳　王晓英)

7.5 猪传染性胸膜肺炎

7.5.1 概述

猪传染性胸膜肺炎是由猪胸膜肺炎放线杆菌(*Actinobacillus pleuropneumoniae*,APP)引起的一种具有高度传染性的呼吸道疾病。该病自1957年由Pattison等首次报道以来,世界各国均有发生,给养猪产业造成了巨大的经济损失,被国际公认为危害现代养猪业的重要疫病之一。1987 年，杨旭夫等报道了我国第一例猪胸膜肺炎放线杆菌感染临床病例。该病一年四季都有暴发，但多发生于气温较低的冬季和春季，各年龄段均可发病，发病率和死亡率在 20% 以上。病猪以肺出血、坏死、纤维素渗出直至肺纤维化为特点，临床可见急性型和慢性型感染。急性型感染以急性、出血、纤维素性肺炎为主要临床特征，常见口鼻流出血色带泡沫状的分泌物，病猪体温急剧升高至 41 ℃以上，呼吸困难，食欲废绝，死亡率高达 100%。慢性型感染以纤维素性、坏死性胸膜肺炎为主要临床特征，病猪食欲下降，生长缓慢，低热 40 ℃左右，精神不振，日增重下降，生长缓慢，饲料转化率低。猪传染性胸膜肺炎常继发于猪繁殖与呼吸综合征、猪支原体肺炎和猪流感等感染或混合感染。

7.5.2 病原

7.5.2.1 病原特征

猪胸膜肺炎放线杆菌曾被命名为副溶血嗜血杆菌、胸膜肺炎嗜血杆菌。后因其形态、生化特性及 DNA 同源性与李氏放线杆菌（*Actinobacillus Lignieresii*）关系密切而被归入放线杆菌属，被正式命名为胸膜肺炎放线杆菌。该菌为革兰氏阴性小球杆菌，在新鲜病料中呈两极浓染，具有多形性的特点，有荚膜和鞭毛，具有运动能力。其大小约 0.4 μm×1 μm。猪胸膜肺炎放线杆菌为兼性厌氧菌，生长需要丰富的营养，否则即使加入辅酶Ⅰ(NAD)也不能正常生长。在初次分离时，需要提供 5%～10% CO_2 环境，最适宜的培养基为巧克力琼脂平板，多数菌株能在绵羊鲜血平皿上呈 β 溶血，能产生卫星(cAMP)现象，这种现象与该菌产生的三种溶血外毒素有关。部分菌株能形成生物被膜。

毒素是猪胸膜肺炎放线杆菌主要的毒力因子，不同血清型的菌株可产生 4 种细胞毒素，命名为 Apx1、Apx2、ApxI3 和 Apx4，具有细胞毒性或溶血性。其中前 3 种毒素属于重复子毒素(RTX)家族，在致病机制中起到非常重要的作用。不同血清型的菌株产生其中一种或两种毒素。第四种毒素 Apx4 在所有的血清型菌株感染过程中均可产生，因此其抗体可作为感染的检测标志物。

7.5.2.2 血清型

猪胸膜肺炎放线杆菌表面的荚膜多糖和脂多糖抗原可将其分为 15 个血清型，其中 1 型和 5 型又分为 1a、1b 和 5a、5b 亚型，有些菌株不能分型。尽管各血清型的毒力有所不同，但所有的血清型均能致病。该菌可分为生物 1 型和生物 2 型，生物 1 型依赖生长因子烟酰胺腺嘌呤二核苷酸(NAD)才能正常生长，生物 2 型的生长不依赖于 NAD。生物 1 型有 13 个血清型(1～12，15)，生物 2 型有 2 个血清型(13～14)，1 型的毒力强于 2 型。我国流行的血清型为 1 型、2 型、3 型、7 型。

7.5.3 疫苗

猪传染性胸膜肺炎最有效的防控手段是疫苗免疫。

7.5.3.1 灭活疫苗及临床应用

第一代猪胸膜肺炎放线杆菌商品化灭活疫苗由热灭活或甲醛灭活的全菌组成，由于缺乏 3 种重要的细胞外毒素，且在灭活时造成部分抗原破坏或丢失，导致疫苗免疫效果不够理想。国内外学者在研制灭活疫苗时发现，需对动物至少进行 2 次免疫才能产生比较好的保护作用。

灭活疫苗用于临床时，可减轻临床症状和肺炎的严重程度，降低死亡率。目前国内商品化的疫苗主要是针对国内流行血清型的二价（血清型1型、7型）或三价灭活疫苗（血清型1型、2型或3型、7型）；国外上市的也有针对国外流行血清型的三价灭活疫苗（血清型1型、5型、7型；血清型2型、4型、5型），这些灭活疫苗同样不能对其他血清型产生交叉保护作用。因国内不同地区流行的血清型有差异，国内与国外流行的优势血清型也有不同，建议猪场根据自身情况选择与本场流行血清型匹配的疫苗进行免疫接种。

7.5.3.2 亚单位疫苗及临床应用

已经证实猪胸膜肺炎放线杆菌的许多毒力因子具有一定的免疫保护作用。细菌表面的组分如荚膜、脂多糖（LPS）和一些外膜蛋白首先被鉴定为疫苗的候选抗原。最大的问题在于所有血清型中荚膜和脂多糖并不是均一的，而是存在一定的差异。由于含有这些细菌成分的疫苗对其他血清型攻击不能产生较好的保护作用，因此更多的亚单位疫苗的研究逐渐倾向于寻找保守性抗原，如外膜蛋白（OMPs）和脂蛋白。

尽管APP外膜蛋白谱在多数血清型中存在一定的差异，但还是发现有些外膜蛋白在所有血清型中具有相同的分子特征。这些蛋白包括TfbA、42 KDa麦芽糖诱导蛋白，14 kDa肽聚糖相关脂蛋白PalA和50 kDa脂蛋白OmlA。在菌体表面抗原组分中，脂蛋白是已知的具有高免疫保护作用的蛋白。因此，Maas采用铁营养限制培养基培养1型、2型和5型猪胸膜肺炎放线杆菌，提取无菌体上清液中的蛋白成分，用于制备亚单位疫苗。这种亚单位疫苗表现出较好的免疫保护能力，且对猪胸膜肺炎放线杆菌血清型2型、9型具有交叉保护作用。

一种猪胸膜肺炎放线杆菌五价亚单位疫苗，含有血清型7型重组表达的抗原和TbpB，对9型菌株的强力攻击表现出部分保护作用。FhuA和HgbA分别为铁色素和血红蛋白的受体，它们存在于所有血清型且具有保守性。感染猪实验证实，HgbA是重要的毒力因子，可以作为潜在的亚单位疫苗进行开发。

Apx毒素是分泌毒素，属于RTX毒素家族，是猪胸膜肺炎放线杆菌主要的毒力因子而且具有很强的免疫原性。许多研究均证实，Apx毒素免疫小鼠和猪，能够对猪胸膜肺炎放线杆菌的攻毒提供很好的保护。Apx毒素的中和抗体可保护中性粒细胞不被细菌杀死，随之中性粒细胞则清除入侵的细菌。Apx毒素与其他细胞成分联合免疫实验均证实，Apx毒素是疫苗的重要成分，可抵抗猪胸膜肺炎放线杆菌毒株的攻击，达到免疫保护效果。迄今为止，几乎所有的被称为第二代猪胸膜肺炎放线杆菌商品化亚单位疫苗均含有Apx毒素。目前国内仅有荷兰英特威国际有限公司的进口亚单位疫苗在市场销售。

7.5.3.3 活疫苗及临床应用

减毒活疫苗接种是预防猪胸膜肺炎的一种有效方式，猪自然感染猪胸膜肺炎放线杆菌康复后能完全保护同源菌株的感染，且能对异源血清型菌株感染提供部分保护作用。一种好的减毒活疫苗应该具有如下特点：菌株免疫原性好；菌株毒力低、对感染猪损伤最小、能抵抗强毒菌的攻击，从而避免大量动物感染的发生。

猪胸膜肺炎放线杆菌菌体表面有一层荚膜，可保护自身免受宿主防御系统的吞噬。荚膜决定血清型，这一特性在活疫苗开发中首先被用来构建突变体。通过基因工程技术，使构建不含荚膜的猪胸膜肺炎放线杆菌突变体并进行相关疫苗研究成为可能。在过去的几十年里，有研究人员使用无荚膜的血清型1型和5型突变体作为活疫苗，免疫猪后，对同源或异源菌株攻击均可产生良好的保护作用。最近，Liu 等以减毒的血清型 7 型 HB04C 株为基础，开发了一种用于预防呼吸道疾病的多价疫苗，即将含 *ApxIA* 基因的穿梭载体导入 HB04C 菌株以表达 apxIA 重组蛋白，气管内免疫接种猪，可检测到抗 ApxIA 和 ApxⅡA 的抗体，并对异源血清型 1 型菌株的攻毒有保护作用。Xie 等构建的双基因缺失突变株 S-8Δ*clpP*/*apx ⅡC*，在猪体内能引起强烈的免疫反应，并对血清型 7 型或 5 型的攻毒产生良好的保护作用，这表明活疫苗在体内诱导表达的保护性抗原能提供交叉保护，可作为具有良好免疫原性潜力的减毒活疫苗候选株。尽管实验发现减毒活疫苗对猪具有良好的免疫保护效果，但却没有得到广泛应用，其中一个原因是担心减毒活疫苗可能存在毒力返强的风险，另一个需要考虑的重要因素是每个国家在使用转基因生物制品方面现行法律的限制。

近年来猪胸膜肺炎放线杆菌减毒活疫苗研究体现了安全、高效、稳定和成本低的特点。然而，因为政策的限制和安全性要求，疫苗株不能带有抗性基因，且要求在进入屠宰前猪体内不能有疫苗株存在。所以目前活疫苗仅限于实验研究阶段，还未见有商品化的减毒活疫苗上市。总之，提高减毒活疫苗的安全性和效力是未来的发展方向。

7.5.3.4 DNA 疫苗

与其他疫苗相比，DNA 疫苗有几个优点：安全性高、热稳定性好、易于生产和低成本，少量的质粒 DNA 就足以引起全面的体液和细胞免疫反应。Chiang 等开发了 2 种编码外毒素ⅠA 或外毒素ⅡA 基因的 DNA 疫苗。结果表明，二价 DNA 疫苗对 IgG1 和 IgG2a 的诱导作用较强，IgG1 水平略高于 IgG2a，说明 DNA 诱导了体液免疫和细胞免疫混合型免疫应答。二价疫苗免疫动物存活率(70%)与外毒素ⅠA DNA 疫苗或商业灭活疫苗免疫动物存活率(60%)相似；外毒素ⅡA DNA 疫苗免疫动物存活率(20%)，与对照组相似。最近，一种编码 *apfA* 基因(pcDNA-*apfA*)的 DNA 疫苗在小鼠模型中进行了评估，结果显示 pcDNA-*apfA* 疫苗免疫组与对照组相似，提供的保护率低(30%)。总之，抗原选择对 DNA 疫苗开发显得非常重要，合适的抗原可在小鼠模型中诱导抗体应答并产生免疫保护作用。因此，DNA 疫苗在预防猪胸膜肺炎方面值得进一步研究和评价。

7.5.4 防控

7.5.4.1 疫苗免疫

目前商品化疫苗主要有灭活疫苗和亚单位疫苗 2 种，猪胸膜肺炎放线杆菌血清型众多，灭活疫苗血清型的选择，可以根据当地或周围地区的实际情况而决定。该病全年任何季节都可发生，但通常在气候骤变的冬末春初或者夏末秋初多发，因此种猪或母猪适宜在每年的 6 月、12 月各进行 1 次免疫接种。接种前，疫苗要充分摇匀后再使用。新生仔猪 2 月龄即可免疫。

7.5.4.2 药物治疗

对临床发病猪，建议尽早诊断并用有效的抗生素治疗。同时对同栏尚未发病的猪进行预防性治疗，最大限度地减少疫情暴发期间的损失。及时将感染猪与健康猪群隔离开，并进行药物治疗，猪胸膜肺炎放线杆菌对达弗沙星、弗苯尼考、四环素、氨苄西林、替米考星、庆大霉素、青霉素等药物敏感，但建议先对猪场分离菌株进行抗生素药敏试验，根据结果选择用药，避免盲目用药导致治疗效果不佳或病菌产生耐药性。

7.5.4.3 生物安全措施

预防猪胸膜肺炎的策略是加强外部和内部生物安全措施，避免引入携带新菌株。例如，按年龄段隔离饲养以切断感染，以及发病后进行隔离饲养。此外，识别和消除诱发疾病的各种因素，对于控制感染猪群的疾病传播具有决定性的作用。有研究证实，某些触发因素和群体因素对猪呼吸健康状况有影响。所有引起急性应激的因素，如混群或运输，都会增加发病风险。所有影响黏膜免疫防御机制的因素，如灰尘或空气中的氨气，都有可能增加猪体对呼吸道传染病的敏感性。猪体的暴露风险取决于猪群中传播细菌的特定风险因素和潜在的触发因素，以及可用于减少或消除这些风险因素的措施。

环境控制对减少或杜绝疾病的发生很重要。要保证猪圈适宜的温度和湿度，加强通风通气，并注意降低圈养密度，圈舍定期严格消毒。研究表明，含有季铵盐化合物、苯扎氯铵、戊二醛、乙二醛、甲醛、氯胺、过氧化氢、汞溴红等成分的消毒剂对猪胸膜肺炎放线杆菌都具有较强的杀伤力。

7.5.5 展望

猪传染性胸膜肺炎对于养猪业具有重大影响，近年，有关该病疫苗的研究相继报道。尽管已有商品化疫苗进入市场，但至今仍没有能提供完全保护作用的疫苗。理想的疫苗应具备良好的血清型间的交叉免疫保护效果，并且能阻止病菌感染、定殖和传播。因此，开发具有完全保护作用的疫苗，是未来的疫苗研发趋势。

7.5.5.1 减毒活疫苗

尽管活疫苗存在安全方面的风险，但接种活疫苗可能是预防胸膜肺炎的最佳方法，因为活疫苗是通过类似自然感染的方式，使抗原在体内表达产生抗体，从而形成有效的免疫保护。因此，未来开展活疫苗研究，重点要解决好毒力返强的安全性问题并保证交叉保护效果。

7.5.5.2 亚单位疫苗

亚单位疫苗是胸膜肺炎疫苗的另一个重要研究方向。与活疫苗相比，亚单位疫苗的优势在于较少受到法律问题的限制。然而，亚单位疫苗的开发并非易事。因为研制好的亚单位疫苗，不仅要发现具有广谱保护活性的高免疫原性的抗原，而且要与佐剂配合制成疫苗，才能刺激宿主免疫系统产生合适的免疫反应。

尽管亚单位疫苗和减毒活疫苗研究开发取得了不错的进展，但对毒力因子和病菌在体内表达的抗原的认识还欠缺，所以还没有能实现全面保护的疫苗上市。因此，开发新疫苗离不开用基因水平的研究手段，如体内诱导抗原、选择性捕获转录序列和微阵列技术，发现新的体内表达的抗原；信号标签诱导技术用于发现病菌重要的生存的必需基因。有理由相信，这些基因分析技术工具结合相关试验，有助于探索新的毒力因子，设计出更有效的猪传染性胸膜肺炎疫苗。

（撰稿人：廖永洪　王晓英）

7.6 副猪嗜血杆菌病

7.6.1 概述

副猪嗜血杆菌病于 1910 年由德国学者 Glässer 首次报道，因此又称“格拉泽氏病”

(Glässer's disease),是由副猪嗜血杆菌(*Haemophilus parasuis*,HPS)引起的猪的传染病。临床主要表现为体温升高、呼吸困难、关节肿胀、跛行等,剖检可见多脏器浆膜面纤维素性渗出物。主要感染 4~12 周龄的仔猪,发病率和死亡率在 10%~50%。随着养猪业规模化、集约化的发展,以及猪繁殖与呼吸障碍综合征、猪圆环病毒病感染率的增加,该病的感染呈上升趋势,给全球养猪业造成了巨大的经济损失。

7.6.2 病原

7.6.2.1 病原特征

副猪嗜血杆菌属巴氏杆菌科、嗜血杆菌属,是一类酶系统不完全的细菌,生长需提供 V 因子,即烟酰胺腺嘌呤二核苷酸(NAD)。在巧克力平板上生长良好,在鲜血平板上生长贫瘠或不生长。革兰氏染色阴性,多为短杆菌,两极浓染,也有的呈球状、杆状或长丝状等,具有多形性,无鞭毛和芽孢,新分离致病菌株有荚膜。

7.6.2.2 血清型

根据荚膜抗原的差异,可利用琼脂扩散方法将副猪嗜血杆菌分为 15 个血清型,但还有 26.2%的分离株不能定型。除血清型 5 型和 12 型外,以荚膜合成基因簇的差异可将副猪嗜血杆菌的 15 个血清型加以区分。在这 15 个血清型中,血清型 1 型、2 型、3 型、4 型、5 型、8 型、10 型、12 型、13 型、14 型和 15 型为有毒力菌株,能引起猪发病或死亡;血清型 6 型、7 型、9 型和 11 型无毒力。在我国,血清型 4 型和 5 型是最主要的流行血清型,其次是血清型 13 型、12 型和 14 型。

7.6.3 疫苗

疫苗免疫是防控副猪嗜血杆菌病最有效的手段。目前,市场上的疫苗绝大多数为灭活疫苗。灭活疫苗的应用降低了该病在临床上的发病率和死亡率,但由于灭活疫苗存在着交叉保护性差、免疫持续期短等弊端,免疫失败的案例在临床中仍时有发生。因而,新型副猪嗜血杆菌病疫苗的开发就成为必要。关于副猪嗜血杆菌病的灭活疫苗、弱毒活疫苗、亚单位疫苗和 DNA 疫苗均有报道。

7.6.3.1 灭活疫苗及临床应用

副猪嗜血杆菌病灭活疫苗已在临床中广泛应用。商品化灭活疫苗为甲醛灭活的副猪嗜血杆菌菌体,辅以适当的佐剂(如矿物油、氢氧化铝胶或蜂胶)制成,包含单价(5 型)、二价(4 型+5 型、1 型+6 型)、三价(4 型+5 型+12 型、4 型+5 型+13 型)、四价(4 型+5 型+12 型+13 型)灭活疫苗,各厂家疫苗所含的血清型各有不同。灭活疫苗产生的中和抗体,对同源血清型菌株的感染具有较好的保护,但对异源血清型交叉保护效果较弱。研究表明,副猪嗜血杆菌灭活疫苗免疫妊娠母猪后,其所产仔猪 3 周龄首次免疫,过 3 周加强免疫 1 次,可产生 6 个月的免疫保护,高水平的母源抗体能持续 3 周左右,在仔猪前期保护中起着重要作用。此外,母源抗体的存在不会明显干扰 1~3 周龄仔猪的免疫效果。这些灭活疫苗在全世界副猪嗜血杆菌病的防控中起着重要作用,但现有疫苗多采用油佐剂或铝胶佐剂,油佐剂疫苗仔猪注射后副反应较大。副猪嗜血杆菌灭活疫苗和圆环病毒、副猪嗜血杆菌二联灭活疫苗采用高分子聚合物纳米颗粒水性佐剂,相较油佐剂和铝胶佐剂疫苗产品更加安全、高效,且能与猪瘟等病毒类活疫苗联合使用，免疫省时省力，达到一针多防的效果。

7.6.3.2 活疫苗

稳定的副猪嗜血杆菌弱毒株可用于安全有效的活疫苗。但是，由于缺乏对副猪嗜血杆菌主要毒力因子的了解，副猪嗜血杆菌弱毒疫苗的开发受到了限制，这使得获得可以用作潜在疫苗株的减毒突变株成为难题。已有在研的几种减毒突变菌株，包括 *capD* 基因缺失突变株（*capD* 基因编码多糖合成蛋白）、*rfaE* 基因缺失突变株（*rfaE* 基因编码脂寡糖核心生物合成酶）、*cheY* 基因缺失突变株（cheY 蛋白是控制细菌趋化性的调节蛋白）、*hfq* 基因缺失突变株（*hfq* 是与毒力相关的 RNA 分子伴侣）、*wza* 基因缺失突变株（wza 是受细菌分泌的荚膜多糖）及 *lgtF* 基因缺失突变株（lgtF 是 β-1，4-葡萄糖基转移酶）。这些突变株均大大降低了副猪嗜血杆菌的致病性，但至今没有这些突变菌株相关免疫效力研究的报道。有研究发现，胸膜肺炎放线杆菌 Δ*apx* ⅠC、Δ*apx* ⅡC、Δ*apx* Ⅳ-*ORF1* 三缺基因突变菌株对副猪嗜血杆菌强毒株的感染有一定的保护作用，为弱毒疫苗的开发提供了新思路。勃林格有一种副猪嗜血杆菌活疫苗产品，但其应用效果未见相关报道。

活疫苗具有灭活疫苗不具备的优势，一是活疫苗抗体产生快；二是基因缺失活疫苗与血清学检测方法相结合，可区分感染动物与免疫动物。因此，副猪嗜血杆菌活疫苗对市场有很强的吸引力。

7.6.3.3 亚单位疫苗

近年来，多种具有免疫原性的副猪嗜血杆菌蛋白被报道可用于制备亚单位疫苗，其中包括：转铁蛋白结合蛋白 B（TbpB），富含 TbpB 的外膜蛋白（OMP），OMP2 和 OMP5，转铁蛋白结合蛋白 A（TbpA），三聚体自转运蛋白（VtaA），6 个分泌蛋白（PflA、Gcp、Ndk、HsdS、RnfC、HAPS_0017），3-磷酸甘油醛脱氢酶（GAPDH）、OapA 和 HPS-0675 融合蛋白，3 个外膜蛋白（SmpA、YgiW、FOG），6-磷酸葡萄糖酸脱氢酶（6PGD），外膜蛋白 PlpD，外膜蛋白 Plp4 等。已通过猪、小鼠或豚鼠感染模型证实，这些蛋白对副猪嗜血杆菌的攻击具有部分保护作用。而转铁蛋白、Y167A 突变型 TbpB 以及外膜囊泡可完全抵抗副猪嗜血杆菌的感染，表明这些蛋白质可能是开发亚单位疫苗最具潜力的候选蛋白抗原。

目前，国内外市场上副猪嗜血杆菌亚单位疫苗仅有 1 种，为副猪嗜血杆菌、猪链球菌二联亚单位疫苗。该疫苗包含 2 种副猪嗜血杆菌蛋白（26257 蛋白和 palA 蛋白）和 2 种猪链球菌蛋白，对副猪嗜血杆菌血清型 4 型和 5 型均具有免疫保护作用，对其他血清型的保护作用还有待验证。

7.6.4 防控

7.6.4.1 疫苗的合理规范使用

在减抗、无抗的大趋势下，疫苗接种是预防和控制副猪嗜血杆菌病最有效的方法。由于该菌血清型种类比较多，而不同的血清之间交叉保护弱或无交叉保护，所以在免疫时应尽量选择与本场流行血清型一致的单价苗或多价苗。目前，国内市场上的疫苗有单价（5 型）、二价（4 型＋5 型、1 型＋6 型）、三价（4 型＋5 型＋12 型、4 型＋5 型＋13 型）、四价（4 型＋5 型＋12 型＋13 型）疫苗可选，基本可覆盖国内主要流行血清型。仔猪于 3 周龄左右首免，间隔 3 周二免，免疫期可持续 6 个月。另外，副猪嗜血杆菌病多数情况下是继发于其他免疫抑制性疾病，如有猪繁殖与呼吸障碍综合征、猪圆环病毒病、猪支原体肺炎等，所以对这些疫病的监测和免疫预防对副猪嗜血杆菌病的防控至关重要。

7.6.4.2 药物治疗

副猪嗜血杆菌感染通常病程很短，如不及时治疗，病死率高，故应尽早选用敏感的抗生素进行治疗。副猪嗜血杆菌对磺胺类药物、β-内酰胺类抗生素和喹诺酮类药物较敏感，但由于副猪嗜血杆菌血清型较多，不同血清型或不同猪场分离株对药物的敏感性有差异，因此在治疗前，最好通过药敏试验确定敏感药物以指导临床用药。副猪嗜血杆菌对抗生素易产生耐药性，随着近年来抗生素的过量使用，副猪嗜血杆菌的耐药性也逐渐增强，甚至同一猪场不同阶段猪群分离的菌株对同一种抗生素的敏感性都有不同。为减少耐药性的产生，可采取联合、交替用药的方式进行治疗。

7.6.4.3 生物安全措施

养殖场应坚持全进全出、批次化管理的养殖模式。定期对养殖场内外环境进行严格消毒。发病时最好有针对性地对发病群进行消毒处理，复合醛、碘制剂、氯制剂等常规消毒剂均可杀灭病原。由于该菌易产生耐药性，所以在消毒剂的使用上应定期轮换。一旦发现患病猪应隔离饲养，减少病原的扩散。副猪嗜血杆菌病常为继发感染，因此需首先做好猪繁殖与呼吸障碍综合征、猪圆环病毒病、猪支原体肺炎等原发疾病的防控。

7.6.5 展望

目前，副猪嗜血杆菌疫苗主要以灭活疫苗为主，但灭活疫苗存在着交叉保护弱、免疫持续期短等缺点，因此需要进行深入研究，开发出更能满足临床需求的疫苗产品。

黏膜免疫将是未来疫苗开发要考虑的重要方向。因为副猪嗜血杆菌主要引起上呼吸道感染，所以在感染的初始阶段，黏膜免疫可能在阻断副猪嗜血杆菌的入侵中发挥重要作用，包括防止或抑制病原复制、减少细菌载量、阻止病原向其他组织扩散。已有研究显示几种经气管内接种的副猪嗜血杆菌疫苗可刺激黏膜免疫，并可提供高水平的免疫保护。

病毒、细菌多联多价疫苗，是未来防控副猪嗜血杆菌病可能的有效手段。副猪嗜血杆菌常常继发于猪繁殖与呼吸障碍综合征、猪圆环病毒病、猪支原体肺炎等免疫抑制性疾病，还常与猪链球菌、多杀性巴氏杆菌、支气管败血波氏杆菌混合感染。研发这些病毒、细菌的多联多价疫苗，可更好地防控副猪嗜血杆菌。

不同血清型间具有交叉保护作用的亚单位疫苗值得期待。多数亚单位疫苗处于研究阶段，还没有对异源血清型的交叉保护效果的评价。副猪嗜血杆菌血清型众多，研发具有交叉保护作用的疫苗具有重要意义。

（撰稿人：翟路峰　王晓英）

7.7 猪传染性萎缩性鼻炎

7.7.1 概述

猪传染性萎缩性鼻炎（Swine infectious atrophic rhinitis，AR）是以鼻部发炎、鼻吻变短变形、鼻甲骨出现萎缩为主要病理特征的上呼吸道传染病。主要临床表现为鼻塞、打喷嚏、鼻腔有黏液化脓性分泌物、有泪斑、鼻吻变短变形、生产性能下降。

猪萎缩性鼻炎可分为非进行性(NPAR)和进行性(PAR)2 种类型。非进行性猪萎缩性鼻炎单纯由支气管败血波氏杆菌(*Bordetella bronchiseptica*,Bb)引起,通常只引起轻微的鼻甲骨萎缩,鼻甲骨可再生恢复,往往观察不到鼻吻部的典型病变。进行性猪萎缩性鼻炎主要由产毒素多杀性巴氏杆菌(*Pasteurella multocida*, Pm)单独或与支气管败血波氏杆菌混合感染引起,对仔猪可造成严重的鼻甲骨损伤,引起 16 周龄生长猪的鼻腔病变;致使仔猪发育迟缓、饲料利用率降低,商品猪耗料增加 7%～9%,日增重下降 3%～17%,出栏延迟 30 d 左右;损害呼吸道的正常结构和功能,使机体抵抗力降低,导致其他病原继发性感染。

猪传染性萎缩性鼻炎最早是 1830 年首先在德国发现,1964 年传入我国境内。据报道,猪传染性萎缩性鼻炎在世界范围内的现代养猪业中非常普遍,猪场中具严重萎缩性鼻炎病变的猪占比约 5%,大约 40%的猪受亚临床疾病影响。我国各地猪群发病率较高,给养猪业带来了巨大危害。

7.7.2 病原

7.7.2.1 病原特征

支气管败血波氏杆菌属于波氏杆菌属(*Bordetalla*),为单在或成双的细小球杆状革兰氏阴性菌,常呈两极染色,无芽孢,以周鞭毛运动。具有Ⅰ、Ⅱ、Ⅲ 3 个菌相,其中Ⅰ相菌毒力最强,表达丝状血凝素、腺苷环化酶溶血素、皮肤坏死毒素、百日咳杆菌黏附素等毒力因子,免疫原性最好,菌相间极易发生变异,并伴有抗原变异的毒力改变。在鲍姜氏血平板上Ⅰ相菌呈珍珠样菌落,直径小于 1 mm,有明显的 β 溶血环。培养条件不适或多次传代后,出现Ⅱ相或Ⅲ相菌,菌落直径大于Ⅰ相菌,呈灰白色、扁平状,不溶血。56 ℃加热 30 min 可被杀死,形成的气溶胶在 23 ℃、空气相对湿度 75%的环境下,半数存活时间为 56.7 min。

产毒素多杀性巴氏杆菌属于巴氏杆菌科巴氏杆菌属,为两端钝圆、中央微突的球杆菌或短杆菌,革兰氏染色阴性,呈两极浓染,不形成芽孢,不运动,对养殖场常用的消毒剂敏感。在液体或固体介质中 4 ℃下可以存活约 1 周;在 15 ℃下,可在猪粪中存活长达 6 d,在仔猪的鼻腔冲洗液中存活 49 d。其形成的气溶胶在 23 ℃、空气相对湿度为 75%的环境下,半数存活时间为 21min。60 ℃加热 10 min 可被杀死,对常见的消毒剂,如碘、季铵盐及戊二醛加季铵盐、季铵盐加过氧化氢、过氧乙酸加过氧化氢组合敏感。

7.7.2.2 血清型

支气管败血波氏杆菌无血清型的区分,具有菌体抗原(O 抗原)、荚膜抗原(K 抗原)和鞭毛抗原(H 抗原)。O 抗原为属特异性抗原,耐热;K 抗原由荚膜抗原和菌毛抗原组成,不耐热。抗原随菌落的菌相变异而发生变化:典型的Ⅰ相菌具有荚膜和密集的周生菌毛,很少有鞭毛,缺乏 H 抗原,细胞由于包被丰厚的荚膜和菌毛,呈现 O 不凝集性;Ⅱ相菌 K 抗原不丰厚或很少,同时呈现 O 和 K 凝集;Ⅲ相菌无荚膜和菌毛,有周鞭毛,呈现 K 不凝集性。

产毒素多杀性巴氏杆菌按荚膜抗原(血清群)和菌体抗原(血清型)进行分型:根据荚膜抗原分为 5 个血清群(A,B,D,E 和 F),根据菌体抗原分为 16 个血清型。引起猪传染性萎缩性鼻炎的主要为产毒素 D 型,也有一部分为产毒素 A 型。

7.7.3 疫苗

目前,已有多种商品化猪萎缩性鼻炎疫苗,包括支气管败血波氏菌的全菌体灭活疫苗、弱毒疫苗，产毒素多杀性巴氏杆菌全菌体灭活疫苗、多杀性巴氏杆菌类毒素疫苗，支气管败血波氏杆菌和产毒素多杀性巴氏杆菌或多杀性巴氏杆菌类毒素联苗，其中多杀性巴氏杆菌毒素有培养产毒素多杀性巴氏杆菌后纯化提取或基因工程表达的多杀性巴氏杆菌毒素联苗。产毒素多杀性巴氏杆菌成分最常见的是 D 型菌株，某些疫苗还包括 A 型菌株。

7.7.3.1 灭活疫苗及临床应用

灭活疫苗有支气管败血波氏杆菌单苗，支气管败血波氏杆菌、多杀性巴氏杆菌二联灭活疫苗。实验室和田间试验证实，这两类疫苗可以降低猪萎缩性鼻炎发病率及病情的严重程度，增加日增重。但是仅含支气管败血波氏杆菌的疫苗不能控制进行性猪萎缩性鼻炎的发生，但对于患非进行性猪萎缩性鼻炎的猪群可能有效果。支气管败血波氏杆菌、多杀性巴氏杆菌二联灭活疫苗降低了细菌的定殖水平，在临床应用中发现灭活菌体疫苗对猪萎缩性鼻炎的发生不能提供完全的保护作用。目前我国使用的灭活疫苗也是上述两类疫苗。

7.7.3.2 亚单位疫苗及临床应用

对进行性猪萎缩性鼻炎致病机理的研究证明，多杀性巴氏杆菌毒素（PMT）是导致病变的主要因素，因此对亚单位疫苗研究主要集中于 PMT。有研究表明，PMT 是亚单位疫苗开发的较佳候选蛋白。含天然提取 PMT 类毒素的疫苗保护效果优于灭活菌体疫苗，其能有效抵御进行性猪萎缩性鼻炎的发生，可以对不同血清型的产毒素多杀性巴氏杆菌攻毒提供良好的交叉保护。纯化 PMT 蛋白的免疫效果优于粗提蛋白。天然 PMT 的分泌量非常有限，不到菌体蛋白的 0.6%，且纯化工艺复杂，用纯化的 PMT 制备疫苗成本高。重组表达的全长 PMT、不同截短的 PMT 蛋白片段均具有良好的免疫效果，且 PMT 蛋白片段无毒性，安全性好。重组 PMT 蛋白片段与天然提取的 PMT 类毒素免疫效果相同。目前国内上市的进口猪萎缩性鼻炎亚单位疫苗均含有灭活的波氏杆菌菌体和重组 PMT 蛋白，普莱柯生物工程股份有限公司研制的基因工程亚单位疫苗含有灭活波氏杆菌菌体和重组 PMT 蛋白，该疫苗含有分段表达并纯化的 PMT 蛋白，保留了天然 PMT 蛋白的免疫原性，且没有毒性，使用的是进口铝胶佐剂，产品易于注射，安全性好，免疫效果和进口疫苗相当，能够显著减少猪鼻甲骨萎缩和提高仔猪日增重，有效预防支气管败血波氏杆菌和产毒素多杀性巴氏杆菌引起的进行性猪萎缩性鼻炎。适用对象为妊娠母猪和仔猪。

7.7.3.3 活疫苗及临床应用

现有商品化的活疫苗只有支气管败血波氏杆菌活疫苗，在猪群中免疫能够降低支气管败血波氏杆菌的感染，减轻萎缩性鼻炎的病变，但在实践中并没有得到广泛应用，可能是由于单独接种支气管败血波氏杆菌活疫苗不能控制进行性猪萎缩性鼻炎的发生。另外，抗生素的广泛使用也限制了活疫苗的应用。通过基因工程手段在支气管败血波氏杆菌弱毒株中表达截短的 PMT 蛋白，免疫小鼠后产生了对支气管败血波氏杆菌的抗体反应（IgM，IgA 和 IgG），但未检测到 PMT 特异性抗体。尽管支气管败血波氏杆菌 PMT 的表达水平有待改善，但这一结果对萎缩性鼻炎单组分减毒活疫苗的研究提供了一定基础。多杀性巴氏杆菌活疫苗的研究策略是在减毒多杀巴氏杆菌中表达 PMT 的 N 端截短片段。构建的减毒菌株接种猪后抗体水平显著提高，猪鼻甲骨萎缩程度明显降低，这表明该突变株可能是减毒活疫苗的理想候选株。目前为止我国尚无猪萎缩性鼻炎的活疫苗上市。

7.7.4 防控

猪传染性萎缩性鼻炎的防控，应以预防为主并加强养殖场生物安全管理，做到防治结合。

7.7.4.1 疫苗的合理规范使用

当前猪传染性萎缩性鼻炎临床典型症状不多见，大量使用抗生素可能抑制了猪只发病，导致人们忽视了该病的危害。随着国家减抗和无抗政策的实施，防治猪传染性萎缩性鼻炎的有效手段就是疫苗免疫。首先要选择合适的疫苗，预防单纯由支气管败血波氏杆菌引起的非进行性猪萎缩性鼻炎，选择支气管败血波氏杆菌单苗；有进行性萎缩性鼻炎感染的猪场，可选用支气管败血波氏杆菌和产毒素多杀性巴氏杆菌（或多杀性巴氏杆菌毒素）的联苗。感染母猪是引发哺乳仔猪发生感染的主要因素，严重的进行性猪传染性萎缩性的鼻炎在母猪妊娠晚期可对母猪及仔猪造成危害。给母猪免疫，而仔猪通过母乳能够获得抗体，可有效减少猪传染性萎缩性鼻炎发生。种猪每年进行 2～3 次疫苗接种，仔猪分别在 1 周龄和 3 周龄左右免疫 2 次，可产生很好的保护作用。

7.7.4.2 药物治疗

支气管败血波氏杆菌和产毒素多杀性巴氏杆菌敏感的抗菌药主要有多西环素、庆大霉素、甲氧苄啶/磺胺甲噁唑、头孢噻呋、金霉素、加米霉素、新霉素、林可霉素、氟苯尼考、恩诺沙星，但不同地区菌株的药物敏感谱不同，药物治疗最好根据药敏试验结果选择用药，避免盲目性。

7.7.4.3 生物安全措施

养殖场最好采取全进全出、批次化管理，严格控制引猪环节。出现发病猪要及时隔离饲养或淘汰，严防病情扩散。鼠、犬、猫等动物可感染或携带支气管败血波氏杆菌和多杀性巴氏杆菌，因此养殖场要加强动物管控，限制犬和猫进入养殖场，扑杀鼠类、安装挡鼠板等设施。氨气、粉尘等也是该病的诱因，养殖场要合理控制养殖密度，保持环境卫生清洁，饲喂的粉料适当加水，及时处理排泄物，加强猪舍内的通风，控制氨气和粉尘浓度。同时要定期进行消毒，减少病菌的滋生，控制病菌的传播。

7.7.5 展望

猪传染性萎缩性鼻炎疫苗的发展方向，是研发波氏杆菌亚单位疫苗，用波氏杆菌不耐热毒素（DNT）、百日咳杆菌黏附素（PRN）、腺苷环化酶溶血素（AC-Hly ）、丝状血凝素（FHA）、菌毛等蛋白质分别作为抗原，用小鼠模型进行效力评价，结果表明具有一定的保护效果，有待建立本动物模型进行免疫效果评价。

含有 PMT 类毒素或重组 PMT 片段的疫苗具有良好的免疫效果，但生产 PMT 类毒素或重组 PMT 片段需要大规模的菌体培养、蛋白质纯化和浓缩，疫苗制备还需要筛选适用佐剂等，有一定的复杂性。DNA 疫苗具有生产成本低，适于大批量生产，有内在的佐剂特性，不需要冷链存储和运输。有研究者用 PMT 的 DNA 疫苗免疫小鼠和猪产生了高水平的抗体，用产毒素巴氏杆菌攻毒，可提供很好的保护作用，提示我们 DNA 疫苗可能是猪传染性萎缩性鼻炎疫苗较好发展方向。

（撰稿人：谷世江　王晓英）

7.8 猪大肠杆菌病

7.8.1 概述

猪大肠杆菌病是致病性大肠杆菌引起的仔猪肠道疾病的总称，是临床上较为常见的细菌病，产肠毒素性大肠杆菌(ETEC)是导致仔猪腹泻的主要病原菌。该病主要引起仔猪的黄痢、白痢及断奶仔猪的水肿病，这三种病曾给我国养猪业带来很大影响，可导致饲料报酬率下降、仔猪存活率降低、生长缓慢甚至发育停滞，严重者会导致仔猪死亡。我国最早在 20 世纪 60 年代初期发现特定血清型大肠杆菌可引起仔猪黄痢，将其称之为新生仔猪腹泻。我国因大肠杆菌引起的仔猪腹泻年平均发病率和死亡率分别为 46.5%和 15%。由于引起腹泻的诱因很多，常常是多种因素共同作用的结果，使得临床难以有效防治，给养猪业造成巨大的经济损失。

7.8.2 病原

7.8.2.1 病原特征

大肠杆菌(*Escherichia coli*)，又称大肠埃希氏菌，属肠杆菌科、埃希氏菌属。革兰氏染色阴性，无芽孢，兼性厌氧，具有鞭毛或菌毛，为临床上常见的条件致病菌。该菌最早于 1885 年由德国科学家 Theodor Eschierich 分离，并用其名字命名，一直被认为是正常肠道菌群。直到 20 世纪中期才发现部分特殊血清型可引起人和动物致病。大肠杆菌生长最适温度为 37 ℃，pH 为 6.8～8.0，对营养要求不高，能利用简单的氮源和碳源生存，迅速分解葡萄糖和甘露醇产酸，在麦康凯培养基上生长为红色菌落，在伊红亚甲蓝琼脂上生长为黑色带有金属光泽菌落，而在 SS 琼脂上不生长或出现红色菌落。对外界抵抗力中等，一般 60 ℃加热 15 min 即可被杀死，不同菌株可能存在差别。常用消毒剂均能很快杀灭该菌。

7.8.2.2 分型

根据 Thomas 等对大肠杆菌致病性的研究，将大肠杆菌分为 3 种类型：共生型、肠道致病型、肠外致病型(ExPEC)。共生型不致病。肠道致病型主要产生的肠道症状包括 ETEC 肠致病性大肠杆菌(EPEC)、肠侵袭性大肠杆菌(EIEC)、肠出血性大肠杆菌(EHEC)、肠黏附性大肠杆菌(EAEC)、弥散黏附性大肠杆菌(DAEC)6 类，其中 ETEC 是最主要的致病菌，在养猪生产中导致腹泻的发病率和总死亡率占仔猪总发病率和死亡率的 50%和 20%。肠外致病型可引起肠道以外不同组织感染，如脑膜炎、败血症等肠外症状，随着我国养殖规模化迅速发展，细菌耐药性和免疫抑制病逐渐增多，猪源性肠外致病型感染病例也逐渐增多。

大肠杆菌血清型多且抗原复杂，根据不同抗原和组合进行分类，大肠杆菌抗原主要有菌体抗原(O 抗原)、荚膜抗原(K 抗原)、鞭毛抗原(H 抗原)和菌毛抗原(F 抗原)4 种，其中 O、K 和 H 抗原是大肠杆菌主要抗原，也是大肠杆菌分型的 3 个指标，而 O 和 H 抗原还是大肠杆菌分型的标准。目前已知的大肠杆菌 O 抗原有 171 种，K 抗原有 103 种，H 抗原有 60 种，F 抗原至少 5 种。能够引起仔猪患病的血清型主要有 O8、O20、O45、O60、O64、O101、O138、O139、O141、O147、O149、O157 等血清型。

7.8.2.3 流行病学

仔猪黄痢多发于 7 日龄以内仔猪，仔猪白痢多发于 10～30 日龄仔猪，断奶仔猪水肿病多发于断奶前后。感染大肠杆菌的病猪和带菌猪是该病的主要传染源,排出的粪便里若携带病菌,则会污染地面、笼具、饲料和饮水等,导致该病的传播。大肠杆菌病一年四季均可发生,以严冬、早春和盛夏发病居多。温度骤变等环境因素引起的应激反应,以及饲养卫生条件差都会引起该病的暴发和流行。

7.8.3 疫苗

从预防效果和成本综合考虑,与药物治疗相比,疫苗接种是预防猪大肠杆菌病最有效的方法。

7.8.3.1 灭活疫苗及临床应用

目前国内市场上主要有仔猪大肠杆菌病单价(K88 或 K99 或 987P)、二价(K88-K99)、三价(K88-K99-987P)、多价灭活疫苗、基因工程灭活疫苗(GE-3 株)。此外,还有与其他抗原联合配制的联合疫苗,如仔猪 C 型产气荚膜梭菌、大肠杆菌病二联灭活疫苗等,对仔猪大肠杆菌病预防起到一定作用。这些疫苗大部分只针对一个或几个抗原基因或不耐热毒素表面抗原产生免疫作用,而临床上大肠杆菌血清型多,而且菌毛、毒力岛以及毒素基因等抗原复杂多样,不同地区流行株存在差异,各疫苗间交叉保护性较差,使得灭活疫苗在临床应用中存在一定的局限性。

7.8.3.2 活疫苗及临床应用

活疫苗一般包括强毒疫苗、弱毒疫苗和异源疫苗。对于大肠杆菌来说,国内市场上主要有仔猪大肠杆菌病 K88、LTB 双价基因工程活疫苗,国外有商品化口服活疫苗上市,可以对大肠杆菌病预防起到一定作用。但是大肠杆菌活疫苗与其他病原菌活疫苗存在相同的缺点,就是毒力不稳定,可能存在毒力返强的风险。

7.8.3.3 新型疫苗

ETEC 是仔猪大肠杆菌病主要病原之一,现有商品疫苗无法针对不同型 ETEC 提供保护。黏附素和肠毒素作为毒力因子在 ETEC 感染中发挥了重要作用,有学者针对黏附素和肠毒素进行了新型多价疫苗的研究,如不耐热肠毒素(LT)、耐热肠毒素(ST)、F4(K88)、F5(K99)、F18 和 987P 等抗原。其中 LT 本身作为蛋白质被认为具有免疫原性,或者作为最强有力的黏膜佐剂提升疫苗效力,或者作为载体为新型黏膜免疫疫苗开发提供平台。有报道称,用 LT、ST 与 ETEC 的 F4(K88)、F5(K99)抗原融合表达制成多价疫苗,可使仔猪抵抗 ETEC 的感染。还有学者针对 ST 进行研发新型疫苗的尝试。也有利用其他载体表达大肠杆菌抗原用于新型疫苗研发的,如以干酪乳杆菌作为载体表达 987P 蛋白构建重组菌株,可产生有效的针对 987P 蛋白的特异性保护反应。另外,也有报道用大肠杆菌作为益生菌整合 F4(K88)或 F18 抗原,构建了新的益生菌菌株。体外试验显示,ETEC 可以抑制野生菌株 F4 或 F18 抗原黏附肠道细胞,新整合的益生菌株有望成为新型疫苗株。

7.8.4 防控

大肠杆菌血清型多,抗原复杂,有可能存在变异。针对仔猪大肠杆菌病,应该采取疫苗接种、加强生物安全及饲养管理等防控措施,同时对发病猪进行有效的药物治疗,以达到综合防控的目的。

7.8.4.1 疫苗的合理规范使用

疫苗接种前应切实了解猪场疫苗和药物使用情况，以及有无传染病史，根据具体情况采取不同的疫苗接种策略。一般在母猪产前接种疫苗，可使新生仔猪获得被动免疫，抵抗大肠杆菌感染。

7.8.4.2 药物治疗

虽然我国现有政策禁止在饲料中添加抗生素作为预防用药，但与其他国家一样，抗生素却可以作为治疗猪大肠杆菌病的常用药物。在确定治疗方案前需从三方面考虑用药，并以此作为治疗基础：一是感染部位主要在小肠，选择治疗的抗菌药物在小肠中必须达到足够浓度；二是了解猪场及本地猪群的病菌耐药情况；三是评估临床分离菌株对抗菌药物的敏感性。临床上常用的治疗药物有氟喹诺酮类（恩诺沙星）、喹诺酮类（诺氟沙星、环丙沙星）、四环素类（多西环素）、磺胺类（磺胺嘧啶、甲氧苄啶）、β-内酰胺类（阿莫西林）和氨基糖苷类（新霉素、庆大霉素）等。抗生素过度使用造成了大量耐药型菌株出现。国外研究发现，大肠杆菌分离菌株对四环素、链霉素以及磺胺类药物耐药性有上升趋势。国内有 90% 的大肠杆菌分离株对四环素耐药性达 85% 以上，80% 分离菌株对喹诺酮类、β-内酰胺类等药物几乎 100% 耐药，10% 分离株甚至对多黏菌素也产生耐药。因此，临床治疗大肠杆菌病应结合药敏试验，做到科学合理用药。

7.8.4.3 生物安全措施

新生仔猪腹泻（仔猪黄痢和白痢）产生的主要原因，可能是由于仔猪出生后与大肠杆菌污染的产床和母猪乳头直接接触感染。另外，母猪饲养管理不到位，如饲料发霉、妊娠后期抗生素滥用、分娩前有腹泻或便秘症状、产后感染发热、产房环境较差等诱因也会诱发该病发生。有报道称，母猪的初乳中含有的非特异性杀菌因子（IgG）和特异性抗体（IgA）可以抑制大肠杆菌在肠道内附着，若新生仔猪未及时获取初乳，易受环境中致病性大肠杆菌的侵袭。断奶仔猪腹泻和水肿病常相伴发生。有研究表明，断奶仔猪饲养温度降低会增加感染机会并加重疾病发生。因此，搞好母猪饲养管理、提高仔猪抗病能力、改善饲养管理条件显得尤为重要。

猪场应采用分区饲喂，全进全出，不同日龄猪避免混群的管理措施，为了避免大肠杆菌病的发生，应在饲养过程中改善母猪和仔猪饲养环境，环境清洁消毒到位、注重仔猪饲养中的保温工作、保证新生仔猪及时获得初乳，注意日粮营养结构等。

7.8.5 展望

临床上大肠杆菌血清型多，而且其菌毛、毒力岛及毒素基因等抗原复杂多样，不同地区流行株存在差异，各疫苗间交叉保护性较差，使得现有疫苗在临床应用中存在一定的局限性。

7.8.5.1 新型肠道致病型疫苗

理想的疫苗应具备以下特点：选用非共生型临床分离菌株、抗原应暴露在菌体表面且具有高保守性、能够诱导产生有效的保护性应答。针对临床上大肠杆菌血清型多、抗原复杂的情况，研发具有交叉保护效果的多价亚单位疫苗是未来的发展方向，如前所述，以 LT 作为新型黏膜佐剂与 ST、F4(K88) 和 F5(K99) 抗原进行融合表达，制成多价疫苗。此外，表达大肠杆菌免疫蛋白的重组菌株及嵌合了免疫原蛋白的新益生菌菌株都可作为未来疫苗的研发方向。

7.8.5.2 新型肠外致病型疫苗

随着我国养猪业规模化及迅速扩产，细菌耐药性问题日渐严重，免疫抑制病逐渐增多，猪源性 ExPEC 感染病例也逐渐增多。研究一种交叉保护性好的猪源性 ExPEC 亚单位疫苗预防 ExPEC 感染是未来研究的发展方向。前期研究主要集中在外膜蛋白研究上，可诱导体液免疫反应的外膜蛋白被认为是免疫原蛋白，主要有 OmpA、OmpC 和 OmpF。OmpC 和 OmpF 蛋白保守性很高，可作为亚单位疫苗候选蛋白。

（撰稿人：朱巧艳　王晓英）

7.9 猪产气荚膜梭菌病

7.9.1 概述

猪产气荚膜梭菌病又称猪魏氏梭菌病，是由产气荚膜梭菌（*Clostridium perfringens*）及其毒素引起的一种死亡率较高的急性消化道传染病。产气荚膜梭菌是原发性病原菌，其中 C 型产气荚膜梭菌是最主要的致病菌，A 型产气荚膜梭菌占少数。C 型产气荚膜梭菌主要引起仔猪红痢，呈世界性分布，仔猪的发病率可高达 100%，病死率高达 50%～60%。具有发病急、死亡快、病程短、易反复的特点，给我国及世界养猪业带来严重的经济损失。

产气荚膜梭菌由英国人 Welchii 和 Nuttad 首次从人的腐败尸体中发现。我国自 20 世纪 80 年代中期以来，在很多省份的家畜群中暴发了一种“猝死症”，经病原分离鉴定，证实该病为产气荚膜梭菌感染所致，这也成为制约我国养殖业发展的一个严重问题。

不同日龄的猪均可感染该病，哺乳仔猪通常呈暴发性流行，保育猪和成年猪通常为散发。主要通过消化道传播，一年四季均可发生，昼夜温差大的秋末冬初季节和阴雨潮湿的夏季多发。不同阶段的猪感染后表现出不同的临床症状，1 周龄内仔猪主要表现为仔猪红痢，口流白沫，腹部肿胀，多在 3 天内死亡；保育猪表现为腹泻，排黄色、灰色或黑色稀粪，消瘦、严重脱水；成年猪一般表现为猝死，突然表现不安，拒食，腹部慢慢胀大、浑圆似鼓，腹痛难忍、呼吸急促，最终因呼吸衰竭死亡。剖检病变，仔猪红痢可见小肠尤其是空肠黏膜红肿、出血、坏死，空肠外呈暗红色，肠鼓气明显；感染保育猪表现为胃淤血、出血膨气，空肠浆膜呈红色；猝死症成年猪表现为腹部隆起，肠浆膜呈红色，空肠最严重，肠道内充满气体，胃膨气、黏膜充血。

7.9.2 病原

7.9.2.1 病原特征

产气荚膜梭菌又称魏氏梭菌，属芽孢杆菌科、梭状芽孢杆菌属。为厌氧性细菌，但对厌氧程度的要求不严格，普通厌氧条件即能正常生长，繁殖速度快。最适生长温度为 37 ℃，在血琼脂平板上培养 24～48 h，可形成直径 2～5 mm、圆形凸起、不透明、光滑、灰白色、边缘整齐的菌落。菌落周围可形成双溶血环，内环为较大的 β 溶血环，其外围常又有一层不完全的 α 溶血环。菌体革兰氏染色阳性，较大，呈粗直杆状[(0.6～2.4 μm)×(1.3～9.0 μm)]，两端整齐，有荚膜，无鞭毛，不能运动。无糖培养基培养有利于形成芽孢，芽孢椭圆形或圆形，位于菌体中央或次极端，直径不大于菌体，自然环境下常以芽孢形式存在。大部分菌株为过氧化氢酶和氧化酶阴性，较为突出的生化特性是在牛乳培养基中的“汹涌发酵”。

7.9.2.2 分型及致病性

产气荚膜梭菌可产生参与感染和致病的毒素及毒力因子库，单一菌株不能产生所有毒素。产气荚膜梭菌能产生多种外毒素，主要有 α(CPA)、β(CPB)、ε(ETX)、ι(ITX)、肠毒素(CPE)、坏死性肠炎 β 样毒素(NetB)等。该菌曾被分为 5 种毒素型，现有研究根据外毒素的性质和致病作用不同，又将该菌分为 A、B、C、D、E、F、G 7 种毒素型。多数疾病是由 1 种或多种毒素协同作用的结果。其中对人致病的只有 A 型(CPA)、C 型(CPA、CPB)和 F 型(CPA、CPE)，所有的毒素型均会引起动物疾病。在引起猪肠道疾病的产气荚膜梭菌中，C 型是最主要的致病菌。

7.9.3 疫苗

C 型产气荚膜梭菌引起的仔猪感染呈世界性分布，给养猪业造成了较大的经济损失。由于该菌能够形成芽孢，很难从环境中根除。目前使用类毒素或细菌-类毒素疫苗进行免疫是防止该菌感染的唯一方法。然而类毒素疫苗的生产过程存在很多缺陷，不利于大生产条件下的疫苗质量控制。近年来，随着基因工程技术的不断发展，获得重组毒素抗原成为可能，为未来开发产毒素荚膜梭菌的新疫苗提供了发展方向。

7.9.3.1 类毒素疫苗及临床应用

产气荚膜梭菌类毒素或细菌-类毒素疫苗，是收集 *C. perfringens* 培养物提取毒素，或培养物经甲醛灭活(脱毒)形成类毒素之后所配制。为了提高毒素产量，常使用复杂的培养基成分、维持 pH5.5～8.0 培养，这样通过发酵生产的疫苗特性较差。纯化的毒素或全培养物通过甲醛化学灭活非常耗时，可能导致毒素免疫原性降低。此外，因培养基成分不明确也会导致批次间的差异。目前商品化兽用疫苗主要是 CPA、CPB 和 ETX 类毒素或细菌类毒素的多价制剂，还没有针对 ITX、CPE 或 NetB 的商品化类毒素疫苗，只有针对 C 型产气荚膜梭菌病的类毒素疫苗。动物通过接种类毒素或细菌-类毒素疫苗可以防止 B 型、C 型和 D 型产气荚膜梭菌病的暴发，已证实这些疫苗对仔猪、牛、羔羊、绵羊和山羊有效。

7.9.3.2 重组毒素疫苗

目前无商品化重组毒素疫苗，但有很多相关报道。Lobato 对重组的 CPA、CPB、ETX、NetB 以及结合 2 种或多种毒素的多价疫苗进行了试验研究。甲醛灭活的大肠杆菌表达的重组 ETX 蛋白(rETX)与商品化疫苗相比，兔子免疫后能产生更高水平的抗体，重组融合 ETX-CPB 疫苗可以保护小鼠免受产气荚膜梭菌 ε 和 β 毒素的侵害。包含 CPE C 端区域和志贺菌亚基的二价候选疫苗在小鼠上显示出保护性和持续免疫力。针对 CPA 的单价重组疫苗也可对小鼠提供保护，但对肉鸡和奶牛仅观察到部分保护，这可能与产气荚膜梭菌发病通常由多种毒素参与有关。与传统的单价或二价疫苗相比，重组嵌合的多价疫苗或重组毒素的混合疫苗对少数动物显示出保护力增强。

7.9.4 防控

7.9.4.1 疫苗的合理规范使用

目前商品化疫苗主要为猪 C 型产气荚膜梭菌、大肠杆菌二联灭活疫苗。种猪每年免疫

2～3 次，仔猪一般可以选择在 20 日龄左右进行 1 次免疫。未免疫猪群暴发该病时，使用马抗毒素血清进行被动免疫注射可提供 3 周以上的保护，仔猪出生后也可按每千克体重肌内注射 3 mL 抗毒素血清，使机体得到充分保护，但必须在仔猪出生后尽早经非肠道途径注射，否则效果较差。

7.9.4.2 药物治疗

由于产气荚膜梭菌主要是毒素引起的致病性，而抗生素主要针对菌体起作用，因此在产气荚膜梭菌所致疫病中，抗生素等药物治疗效果并不理想，往往药物还没起作用，动物就已死亡。

对于轻度胀气的病猪，取 3～5 g 鱼石脂，混合适量酒精灌服；也可灌服 200～300 mL 液状石蜡或 100～150 g 人工盐；配合静脉注射 1 000 mL 10%葡萄糖溶液和 10 mL 维 C。对于胀气严重的病猪，在倒数第二、三肋骨间，平行于肩关节处刺入长针头进行放气，然后在该部位按每千克体重注入 0.1 mL 10%林可霉素或 0.1 mL 10%丁胺卡那，并配合静脉注射200 mL 5%生理盐水、25 g 甲硝唑、100 g 碳酸氢钠，将产气荚膜梭菌杀死，同时避免发生酸中毒。

7.9.4.3 生物安全措施

猪场出现疫情后，要尽快对病死猪进行无害化处理，及时清洁发病猪栏舍、料槽、饮水及其他用具，并进行全面消毒。

在饲养管理方面，猪舍及四周环境(尤其是产房)要定期进行消毒，保持清洁卫生。母猪转入产房前，要对猪舍地面、产床、各种器具以及周围环境等进行全面清洁、消毒，临产时先用清水再用 0.1%高锰酸钾溶液清洗和消毒乳房及乳头，能够有效减少发病和控制传播。保持饲养环境温度适宜、安静，饲喂营养全面的饲料，在饲料中添加适量的维生素 D 和微量元素硒，提高机体抗病力，减少发病。

7.9.5 展望

传统的类毒素或细菌-类毒素疫苗在产气荚膜梭菌病的防治中起到非常重要的作用，但近年来由于产气荚膜梭菌毒力因子发生了水平转移，并且发现了很多新的毒素，导致传统类毒素疫苗免疫效果不稳定，达不到预期的保护效果。产气荚膜梭菌由于培养基成分的不确定性导致生产工艺不稳定，而且免疫后会引起一定的炎性反应。对于传统疫苗而言，筛选具有广谱交叉保护作用的菌株或增加新的毒素成分，提高疫苗中类毒素的含量，提高培养基稳定性，优化生产工艺，提升佐剂的稳定性或研制新型佐剂，对于疫苗使用效果的提升尤为重要。

近年来重组基因工程疫苗的研究越来越多，与传统类毒素疫苗相比，基因工程疫苗在未来大生产时不需要很复杂的培养基，培养基成分较为稳定，安全性更好。此类疫苗效果的提升需要重点考虑多种重要致病毒素蛋白组合表达策略，使得疫苗保护谱更广，同时可考虑与无细胞类毒素联合使用以提升保护力。

产气荚膜梭菌致病的主要特点是经消化道黏膜感染并且分泌外毒素被肠道黏膜吸收，因而诱导抗外毒素的黏膜免疫是防治该病的有效途径。口服疫苗能够有效诱导 sIgA 抗体的局部黏膜特异性免疫应答和 IgG 抗体的系统性体液免疫应答，被认为是具有防治产气荚膜梭菌病潜力的候选疫苗。理想的口服疫苗要求为安全无害且能够产生长期的免疫保护，乳酸菌是公认的安全级(GRAS)微生物，以乳酸菌作为黏膜免疫抗原传递载体的研究已成为口服疫苗领域的热点。乳酸菌具有较强的消化道环境耐受能力、黏膜黏附及肠道定植能力，同时自身及代谢产物对机体具有营养和非特异性免疫的功能，具有传递目的蛋白的特殊作用，因此利用其开发产气荚膜梭菌的微生态制剂具有很好的应用前景。

（撰稿人：金云云　王晓英）

7.10 猪回肠炎

7.10.1 概述

猪回肠炎（Proliferative enteropathy，PE），又称增生性肠病，是由胞内劳森氏菌（*Lawsonia intracellularis*）感染引起的猪接触性肠道传染病，其特征在于小肠远端回肠部位的肠黏膜增厚。在严重感染的情况下，增生性病变有时会延伸到小肠与大肠近端连接部。主要发生于6～9 月龄的育肥猪，2 月龄的仔猪及种猪也可感染。20 世纪 30 年代，在美国艾奥瓦州首次报道了该病病例，随后在全球其他国家猪场也发现了该病。

该病可分为急性型、慢性型和亚临床型。急性型称为猪出血性肠病（PHE），表现血性腹泻，可致成年猪突然死亡。慢性型称为猪肠腺瘤病（PIA），通常发生于年幼猪，其特征是由于小肠黏膜的异常增生而导致的生长缓慢和慢性腹泻。亚临床型无明显的临床症状，表现为生长缓慢，有可能发生轻微的下痢。

增生性肠炎引起的死亡率不高，但因其主要为慢性发病，使得患病猪的生长缓慢，平均日增重降低 6%～20%，饲料利用率明显下降（6%～25%），且淘汰率上升，致使猪场的经济效益遭受严重损失。

7.10.2 病原

7.10.2.1 病原特征

细胞内劳森氏菌为革兰氏阴性菌，抗酸染色阳性，形态呈直或小弯曲杆菌，大小为（1.26～1.75）μm×（0.25～0.341）μm，能通过 0.65 μm 的滤膜，不能通过 0.22 μm 的滤膜，具有波状的 3 层膜外壁，无纤毛和鞭毛、不运动。主要寄生在病猪肠黏膜细胞中，也常见于感染 1～2 周后病猪排出的粪便中。该菌有较强的环境适应力，在 5～15 ℃的环境中至少存活 1～2 周，对季铵盐类消毒剂和含碘类消毒剂较敏感。

7.10.2.2 血清型

胞内劳森氏菌无血清分型。

7.10.3 疫苗

经过多年的研究，目前已上市的疫苗产品有灭活疫苗、活疫苗，两种疫苗各有其优缺点。目前在国内上市的仅有进口的活疫苗。

7.10.3.1 灭活疫苗及临床应用

商品化的灭活疫苗是以灭活的全菌为抗原。有研究表明，仔猪免疫后对回肠炎的保护效果良好；与对照组相比，攻毒后可以减少 15 倍的排菌量，并保留了正常的肠屏障功能。临床试验结果表明，与对照组相比，疫苗使用效果明显，降低了临床评分，改善了增重，减少了胞内劳森氏菌排菌量，以及减少了大体和组织病理学回肠病变评分。接种疫苗期间可以使用抗生素，抗生素不会干扰灭活疫苗的免疫效果，但疫苗必须通过非肠道途径进行接种。

7.10.3.2 活疫苗及临床应用

商品化的减毒活疫苗通过饮用水或饲料口服使用，在疫苗接种前后需禁用抗生素各 3 d。通常情况下，母源抗体会在 3 周后消失，有的也可能持续长达 5 周。断奶后母源抗体的存在不会干扰免疫反应，但尚未对其保护效果进行研究。减毒活疫苗接种后至免疫产生期需要 3～4 周的时间。给猪口服或肌内注射疫苗后，对抗体水平、攻毒后回肠病变以及胞内劳森氏菌排菌量的相关性分析结果表明，中和抗体是评价疫苗免疫效力的主要指标；口服、肌内注射或腹膜内接种均会产生相似的体液免疫反应，但口服、腹膜内注射比肌内注射疫苗诱导的 IgA 抗体水平更高；除抗体外，减毒活疫苗还引发了细胞介导的免疫反应。总之，体液免疫和细胞免疫都参与了抵御劳森氏菌感染的保护过程。

7.10.4 防控

7.10.4.1 疫苗的合理规范使用

减毒活疫苗和灭活疫苗在预防控制回肠炎中均被证明是有效的。此外，接种疫苗还可减少抗生素的使用。常规免疫程序为仔猪 3 周龄首免，3～4 周后加强免疫 1 次；种猪每半年免疫 1 次。

7.10.4.2 药物治疗

猪群暴发回肠炎时，采用抗生素进行治疗，可在短时间内控制疾病传播，这通常是首选方法。为达到最佳治疗效果，一般应根据病原菌的体外药物敏感试验来选择治疗抗生素，但从感染的肠或粪便中分离胞内劳森氏菌是极其困难的，常需要几个月的时间，几乎不可能及时获得体外药物敏感试验结果。此外，该菌为专一性胞内寄生菌，无法使用常规的药敏试验方法，只能采用细胞共培养法进行体外药敏试验。

随着胞内劳森氏菌的体外培养系统的成熟，使用大鼠肠内细胞培养系统（ATCC）筛选敏感性药物结果显示，青霉素、红霉素、盐酸二氟沙星、弗吉尼亚霉素和金霉素对细菌增殖的抑制活性最高，其次是泰妙菌素和替米考星，可供用药时参考。

7.10.4.3 生物安全措施

消毒剂的应用是控制环境中胞内劳森氏菌的最有效策略。季铵盐类、醛类、过氧化物类、双胍类、酚类、碘制剂、氯制剂、过硫酸氢钾复合盐、磷酸盐化合物和硫酸盐化合物的各种市售消毒剂均可有效杀灭胞内劳森氏菌。当存在有机物干扰且水中钙离子浓度为 400 μg/mL 时，这些消毒剂与细菌作用 10～30 min，可有效杀灭细菌。部分消毒剂随着水硬度增加，对细菌的杀灭作用会降低。

7.10.5 展望

目前的疫苗生产均需经细胞培养才能实现，且疫苗免疫后不能产生完全的免疫保护效果。因此需要应用新的技术和思路开发更有效的疫苗。

7.10.5.1 亚单位疫苗

亚单位疫苗是开发新型疫苗的策略之一。Obradovic 等应用双向电泳与 Western 免疫印迹技术、质谱和生物信息学分析技术，鉴定与猪肠道细胞(IPEC-1)体外相互作用，且具有免疫原性、可用作亚基的具有潜力的细菌免疫原蛋白，共发现 11 种蛋白，将其中的 fliC(LI0710)、LI1153、LI0649、LI0169 在大肠杆菌中进行克隆表达，确定这 4 种蛋白质对猪具有免疫原性，且其产生的血清抗体能够抑制细菌进入细胞内，表明这 4 种蛋白质均可作为疫苗候选蛋白。Montesino 等通过基因组分析、蛋白定位分析、B 细胞表位分析、T 细胞表位分析等手段，筛选出 3 个疫苗候选蛋白，即 2 个外膜蛋白 OMP1c 和 OMP2c 及 1 个分泌蛋白 INVASc，对其辅以 T 表位，制成疫苗，对猪进行免疫攻毒实验。结果表明，该疫苗能引起细胞和体液免疫反应，组织病理分析结果显示其具有良好的攻毒保护效果。

7.10.5.2 活载体疫苗

活载体疫苗的研究目前还在探索中。Park 等构建了减毒的鼠伤寒沙门氏菌(ST)突变体活菌，该菌株表达分泌 optA、optB、鞭毛蛋白(LfliC)和溶血素(Lhly)4 种免疫原蛋白，通过免疫小鼠对其进行评价，结果表明以沙门氏菌作为载体的回肠炎疫苗可诱导特异性的体液免疫反应和细胞免疫反应，并具有为回肠炎和沙门氏菌病提供双重保护的潜力。但其在猪上的免疫效果评价还有待于进一步研究。

新型疫苗技术的应用有助于开发出更有效、更经济的疫苗，同时还有望克服目前已经上市的疫苗的缺点。

(撰稿人：廖永洪　王晓英)

7.11 猪钩端螺旋体病

7.11.1 概述

钩端螺旋体病(Leptospirosis)是由致病性钩端螺旋体(简称钩体)引起的一种人兽共患病和自然疫源性传染病，也称钩体病。该病呈世界性分布，在热带、亚热带地区多发。我国许多省份都有该病的发生和流行，长江流域和南方水网地带发病较多。我国将猪钩端螺旋体病列为二类动物疫病。

猪的带菌率和发病率较高。各年龄和品种的猪均可感染，妊娠母猪和仔猪受到的危害最严重。传染源主要是发病猪和带菌猪。钩端螺旋体可随带菌猪和发病猪的尿液、乳汁和唾液等排出体外污染环境。猪的排菌量大、排菌期长，而且与饲养管理人员接触的机会多，对人也会造成很大的威胁。人感染后，也可带菌和排菌，人和动物之间存在复杂的交叉传播。鼠类和蛙类也是很重要的传染源，它们都是该菌的自然储存宿主。鼠类能终生带菌，通过尿液排菌，造成环境的长期污染。蛙类主要是排尿污染水源。主要传播途径为皮肤，其次是消化道、呼吸道以及生殖道黏膜，也可经吸血昆虫叮咬、人工授精以及交配等传播。

钩端螺旋体对人、畜和野生动物都有致病性。猪钩体病的发生具有明显的季节性，常发生于夏秋季节，呈散发或地方性流行。一般呈隐性感染，时有暴发。临床症状多样，急性病例以发热、血红蛋白尿、贫血、水肿、流产、黄疸、出血性素质、皮肤和黏膜坏死为特征。发病初期病猪体温不同程度升高，精神沉郁，食欲不振，眼结膜潮红、浮肿，部分病猪下颌、头颈部水肿，指压留印，又称“大头瘟”；发病中期，病猪皮肤坏死，出现腹泻或便秘，排黄色、茶色或血尿，猪栏有明显腥臭味；发病后期，病猪严重消瘦，并伴有贫血、黄疸；妊娠母猪感染后易发生流产、死胎或产弱仔。剖检病变为皮肤、皮下组织、浆膜和黏膜有不同程度的黄疸，胸腔和心包有黄色积液，肠、肠系膜、膀胱黏膜等出血；肝脏肿大呈棕黄色，有灰白色点状坏死灶；胆囊肿大、淤血；膀胱积有血红蛋白尿或浓茶样蛋白尿；肾肿大、淤血，慢性型可见散在的灰白色坏死灶。

7.11.2 病原

7.11.2.1 病原特征

钩端螺旋体属于细螺旋体属，菌体长 6～20 μm，宽 0.1～0.15 μm，细密而整齐。暗视野显微镜下观察，呈细小的珠链状，革兰氏染色阴性，但不易着色。常用的染色方法是吉姆萨染色和镀银染色。菌体一端或两端弯曲呈问号状或钩状，呈活泼的螺旋式运动，具有较强的组织穿透能力。体外培养条件较为严苛，对培养温度、培养基酸碱度要求严格，最适温度 28～30 ℃，pH7.2～7.4。体外培养周期较长，一般需要 2 周左右。

钩端螺旋体对外界环境有较强的抵抗力，可以在水田、池塘、沼泽和淤泥里至少生存数月。在低温下能存活较长时间。对酸、碱和热较敏感。普通消毒剂和消毒方法都能将其杀死。常用漂白粉对污染水源进行消毒。

7.11.2.2 血清型

钩端螺旋体分为腐生性菌群和致病性菌群，致病性菌群共有 13 种 260 多个血清型。我国存在的致病性血清型有 98 个，引起猪钩端螺旋体病的血清型主要有波摩娜型、澳洲和塔拉索夫型、犬型、黄疸出血型、流感伤寒型、哈德焦型、布拉迪斯拉瓦型，我国以波摩娜型和犬型为主。

7.11.3 疫苗

目前可获得的大多数钩端螺旋体病疫苗均为菌体灭活疫苗，尽管这些疫苗具有明显的实用性，但也存在不同血清型抗原之间不能交叉保护的问题。基于以上原因，更安全有效的基因工程疫苗受到了广泛关注。

7.11.3.1 灭活疫苗及临床应用

日本研究人员通过注射苯酚灭活的钩端螺旋体可引起豚鼠的保护性免疫，而用免疫血清与感染钩端螺旋体同时注射，首次在动物模型中证明了抗体对钩端螺旋体病免疫的重要性。在随后的几年里，人们使用各种方法处理钩端螺旋体以制备疫苗，包括加热、甲醛、苯酚、乙醇、冻融和辐射等方法。然而，在过去的 100 多年里几乎没有什么变化，目前唯一获得许可的疫苗仍然是全菌体灭活疫苗。这些灭活疫苗已被广泛用于牛、猪和犬的免疫。

菌苗诱导的免疫保护作用通常是抗体介导的体液免疫应答，大多仅对与疫苗株具有相同抗原成分的菌株感染有保护作用。钩端螺旋体的血清群和血清型众多，各血清型之间没有交叉保护作用，而且不同地域流行的菌株血清群、血清型也不一样。灭活疫苗仅能刺激机体对同源或同型菌株的感染起到保护作用，在有多个血清型流行的地区，必须针对当地的流行菌株的血清型别，选择相应的菌株，制备多价疫苗。许多国家使用多价疫苗，尤其是犬和猪的疫苗，通常用含有多达 4 个血清型菌株的 4 价灭活疫苗。在某些国家或地区，当地生产的疫苗菌株（特别是用于牛的疫苗）可能包含多达 8 个血清型。人们对如此大量的血清型之间可能存在的抗原竞争作用是完全未知的，即便如此，仍可能因疫苗菌株血清型不全而导致疫苗保护性差。钩端螺旋体灭活疫苗主要针对 T 细胞非依赖性脂多糖(LPS)抗原,产生免疫力。LPS 主要产生 IgM 抗体且缺乏免疫记忆,导致免疫持续期相对较短。

7.11.3.2 活疫苗

迄今为止,由于对钩端螺旋体发病机理缺乏全面了解,又无法获得易于操作致病性钩端螺旋体的遗传工具,因而减毒活疫苗的开发进展缓慢。实验室传代致弱的波莫纳血清型菌株被制成活疫苗,接种仓鼠、猪和牛可诱导免疫保护。尽管已证明该减毒活疫苗至少在 14 个月的免疫持续期内是安全有效的,但减毒的机理尚不清楚。该疫苗尚未进一步开发,目前也没有获批的活疫苗产品。

一种定义为马尼拉血清型的脂多糖(LPS)生物合成突变体菌株,可通过仓鼠减毒,仓鼠感染后没有临床症状,也没有成为肾脏携带者。用该突变体免疫可诱导针对同源或异源菌株的免疫保护,如波摩娜血清型和秋季热血清型。值得注意的是,用突变体疫苗免疫,没有检测到针对波摩娜型或秋季热型 LPS 的免疫反应性。很明显,该减毒活疫苗的免疫保护作用是由蛋白抗原介导的,但该保护性抗原的成分尚不清楚。

7.11.3.3 脂多糖疫苗

与其他一些主要螺旋体属的密螺旋体和疏螺旋体不同,钩端螺旋体表面主要成分是 LPS,是一种保护性抗原。LPS 单克隆抗体可以预防豚鼠、仓鼠的急性致死感染。早期研究发现,“外鞘”制剂的保护作用由 LPS 介导,银染和蛋白质印迹显示 LPS 是该制剂的主要成分。同样,已报道的保护性“糖脂”抗原实际上也是 LPS。仅用 2.5μg 纯化的 LPS 或 LPS 的多糖(PS)成分进行免疫接种,足以获得引起仓鼠产生凝集反应的保护性抗体。PS 的免疫原性可以通过与白喉类毒素蛋白质载体结合而增强。从 LPS 中提取的一种寡糖与白喉类毒素结合,可诱导产生凝集调理性抗体,表明该结合物具有保护作用,但尚未进行保护性研究。钩端螺旋体脂类 A 的结构已被确定,但糖类成分的结构仍不清楚。基因组序列已经鉴定出 LPS 生物合成位点,基因数量接近 100 个,说明 LPS 的结构非常复杂。

7.11.3.4 重组疫苗

钩端螺旋体属的外膜蛋白(OMPs)和 LPS 是诱导宿主免疫反应的抗原。LPS 是公认的可以诱导短期、受血清型限制的免疫反应。因此,OMPs 特别是那些暴露于菌体表面的 OMPs,已成为钩端螺旋体重组疫苗开发的目标。外膜由 3 种类型的 OMP 组成:脂蛋白、外周 OMP、跨膜蛋白,这些蛋白质已被广泛评估,可作为潜在的疫苗抗原。致病性钩端螺旋体的保守蛋白产生交叉保护性免疫应答至关重要。此外,外膜成分是病原体与宿主细胞之间相互作用的位置,推测它们可能在黏附和初始感染中起关键作用。

Lig 蛋白作为钩端螺旋体表面的主要成分,在正常的体外生长条件下蛋白不表达,向培养基中添加氯化钠、氯化钾或硫酸钠可增加细胞渗透压,从而诱导相关的 Lig 蛋白的表达。有研究表明,用 LigA C 末端部分,ligA DNA 或 LigA C 末端特定结构域免疫仓鼠可产生明确的保护作用;另一种是将在大肠杆菌中表达的脂化 LigA 给仓鼠口服,对皮内低剂量攻毒产生了显著的保护作用。由此可见 LigA 作为保护性抗原具有一定的开发疫苗前景。

研究较多的钩体脂蛋白有 LipL32、LipL41、LipL21、Loa22 和 LemA。LipL32 是研究最多的钩端螺旋体蛋白,具有毒力因子和保护性抗原的所有特征,它是钩体细胞及外膜上最丰富的蛋白质,仅存在于致病性钩端螺旋体中且高度保守;通过一系列抗原递呈方法和动物模型研究发现它具有对几种不同血清型引起急性感染的免疫保护能力。LipL41 暴露于致病性钩端螺旋体表面并高度保守，只在钩端螺旋体感染期间表达。有报道用计算机设计出一种编码 LipL32 和 LipL41 嵌合多表位 DNA 疫苗，具有高度免疫原性，用该 DNA 疫苗免疫仓鼠诱导致产生凝集抗体和中和抗体，这些抗体能够与 8 种不同的血清型抗原反应，并且在攻毒后能显著减少病原的肾脏定植。LipL21 是钩体外膜上第二个丰富的蛋白质，序列保守，利用黏附素在感染中起重要作用，并且宿主免疫系统能识别这种特定蛋白，刺激特定抗体的产生。Loa22 在钩端螺旋体感染中可能起着重要作用，在豚鼠的急性感染中，与其他 OMPs 相比，Loa22 的选择性表达会上调。经评估 *loa22* 基因单独使用及其与 *lipL32* 联合使用的免疫效果，其可作为 BALB/c 小鼠的 DNA 疫苗候选抗原。LemA 是假定的跨膜 N 末端在细胞外的蛋白质，序列在致病性钩端螺旋体中是保守的，lemA 作为一种 DNA 疫苗，用黄疸出血型钩体攻毒，可诱导仓鼠产生 62.5%的保护作用。

LipL45 是一种与毒力相关的蛋白质，仅在低传代菌株中才能检测到。因此，推测 LipL45 可能是菌体感染过程的重要组成部分，且可能是另一种毒力决定因素。采用体内电穿孔(EP)肌内接种方法，将 LipL45 作为 DNA 疫苗接种小鼠后，会出现明显的细胞和体液免疫反应。OmpL37 暴露于致病性钩端螺旋体细胞表面，对皮肤和血管弹性蛋白具有亲和力，推测其对早期侵袭过程起重要作用。该蛋白质被用于 DNA 疫苗抗原时，在感染过程中其表达会上调。

近期研究报道，将 *lenA*、*lcpA* 和 *ltb* 基因分别克隆至 pET-15b 和 pET-28a 表达载体中，用纯化的重组蛋白免疫仓鼠，通过 ELISA 检测，确定对重组蛋白的抗体应答，并用问号钩端螺旋体攻毒以评估其存活率。结果 rLenA + rLTB，rLcpA + rLTB 和 rLenA + rLcpA + rLTB 蛋白免疫仓鼠，攻毒后的存活率分别为 60%、74%和 80%。在免疫的仓鼠中产生了大量的白介素 17(IL-17)，白介素 4(IL-4)和 γ 干扰素(IFNγ)等细胞因子。这表明 rLcpA 和 rLenA 蛋白与 rLTB 结合可以保护仓鼠免受问号钩端螺旋体的感染，并有效诱导保护性抗体的应答。

7.11.4　防控

7.11.4.1　疫苗的合理规范使用

目前商品化疫苗只有国外的猪钩端螺旋体多联灭活疫苗，包含犬型、流感伤寒型、哈德焦型、黄疸出血型、波摩娜型、布拉迪斯拉瓦型等不同血清型，免疫后能对各种不同型钩端螺旋体感染发挥良好的免疫保护作用，目前尚无钩端螺旋体活疫苗。我国无商品化钩端螺旋体疫苗，进口产品中有犬用灭活疫苗，但只包括犬型和黄疸出血型 2 种，无猪用疫苗。钩端螺旋体血清型众多，康复猪对同型钩端螺旋体具有免疫保护作用，但能长期带菌排菌。

7.11.4.2　药物治疗

对已发病猪应及时隔离治疗，按 20～25 mg/(kg · bw) 肌内注射青霉素或氨苄西林，2～3 次/d，持续给药 1 周；链霉素可以除去肾脏内的病原体，用量为 25 mg/(kg · bw)，每 12 h 肌内注射 1 次，连续治疗 3 d，有明显效果。用土霉素拌料(0.75～1.5 g/kg)饲喂，也可避免病菌传播扩散。

7.11.4.3　生物安全及环境控制

1. 灭鼠

鼠类是钩端螺旋体最重要的中间宿主，灭鼠是控制该病的根本措施。

2. 加强对患病动物的管理

一旦发现疑似或确诊感染动物，要及时隔离治疗，没有价值的动物立即扑杀，动物的排泄物、尸体等要集中无害化处理。

3. 切断传播途径

加强饲养管理，防止饲料、饮水污染；保持圈舍环境卫生、通风干燥，定期消毒，10％漂白粉、1％氢氧化钠溶液、5％来苏尔溶液等均可用于猪场内环境消毒。污染的圈舍可在地面撒生石灰粉或喷洒稀碘溶液，粪尿污染区需重点消毒。每批猪出栏后要空舍 15 d 以上，期间对圈舍进行彻底消毒，防止下一批猪感染。

7.11.5 展望

钩端螺旋体灭活疫苗具有功效低、多重副作用、免疫记忆差以及对不同血清型菌株感染缺乏交叉保护作用等局限性。基因组后时代已经开展了一系列研究工作，证明钩端螺旋体某些蛋白质成分可诱导不同型菌株的交叉保护作用。开发钩端螺旋体基因工程疫苗具有一定前景。开发能诱导多种血清型间有交叉保护性免疫应答的高效钩端螺旋体疫苗仍然是一项巨大的挑战。

LigA 作为一种保护性抗原，是目前最有可能的疫苗候选抗原。在评价这些抗原的免疫效果时，应注意选择合理的动物数量、攻毒剂量及适当的统计分析方法。分析钩端螺旋体病的免疫机制、鉴别介导免疫反应的抗原，从实验动物到家养动物，甚至是人类，由特定动物特定血清型的抗原诱导产生的免疫反应及免疫机制，均可用于对其他动物的分析。钩端螺旋体多表位嵌合 DNA 疫苗作为一种潜在的有效且安全的疫苗，可抵抗不同血清型致病性钩端螺旋体的感染。筛选多种具有保护作用的候选蛋白基因，研发多表位嵌合 DNA 疫苗也是未来新的发展方向。

已有报道采用多种策略增强 DNA 疫苗诱导的免疫应答，包括初免-加强免疫、电穿孔以及使用不同的佐剂。随着对钩端螺旋体的深入研究，目前已经建立了包含有关基因组序列、微阵列和蛋白质组学等的信息数据库。这些研究有助于鉴定新的保守抗原，而这些抗原对于异源菌株的攻击具有诱导保护性免疫的潜力。DNA 疫苗作为控制钩端螺旋体病已显示有很好的发展前景，还应探索各种方法，以最大限度地发挥其对人类和动物钩端螺旋体病防控的作用。

（撰稿人：金云云　王晓英）

7.12 猪痢疾

7.12.1 概述

猪痢疾（Swine dysentery，SD）又称血痢、黑痢，是由猪痢疾短螺旋体（*Brachyspira hyodysenteriae*）引起的猪的一种严重黏液性出血性肠道疾病。可造成发病猪死亡和生产性能下降，给养猪业造成重大损失。美国早在 1921 年就发现本病，但直到 20 世纪 70 年代才证实猪痢疾短螺旋体为其病原。我国于 1978 年从美国进口的种猪中发现此病。猪痢疾主要影响断奶仔猪和肥育猪，临床症状表现为不同程度的腹泻，从轻度的黏液性腹泻到死亡率高达

50%～90%的严重出血性腹泻。病变局限于结肠和盲肠，表现为卡他性、出血性或坏死性结肠、盲肠炎。猪痢疾是一种在世界范围内广泛分布的疾病，在不同地区的流行程度差异很大，其发病率为0～40%。发病率的差异可能与不同的诊断方法或各国在饲养管理水平上的差异有关。在饲料中添加抗生素可降低猪痢疾的发病率，因此在禁止使用抗生素作为饲料添加剂的国家和地区发病率较高。该病一直以来被认为主要是通过直接接触传播，但近年有研究发现在养殖场间存在间接传播的潜在威胁，猪痢疾短螺旋体可以在猪的粪便中长时间存活，在野猪、鸡、野鸭、美洲鸵、海鸥、啮齿动物、犬、苍蝇以及其他昆虫体内都有发现。

7.12.2 病原

7.12.2.1 病原特征

19世纪70年代初，猪痢疾短螺旋体首次分离并被证实能在健康猪体内繁殖，当时被命名为猪痢疾密螺旋体，后来归入短螺旋体属。其培养需严格厌氧，且对培养基的营养要求较高，需要在培养基中添加血液或血清。在血平板上培养，呈强β溶血。革兰氏染色阴性，菌体呈缓慢旋转的螺旋状，多为4～6个疏螺弯曲，具有运动性。对消毒剂抵抗力较弱，常用消毒剂均能将其杀灭。

7.12.2.2 血清型

猪痢疾短螺旋体的外膜中含有脂寡糖（LOS），是革兰氏阴性细菌脂多糖（LPS）的一种半粗糙形式。根据LOS的差异，可将猪痢疾短螺旋体分为不同的血清群，目前共鉴定出11个血清群，一些血清群还包含不同的血清型。国内尚无猪痢疾短螺旋体血清群（型）流行病学调查的报道，但据微量凝集试验证明，国内分离株具有不同的血清群（型）。

7.12.3 疫苗

目前为止，疫苗免疫还没有在猪痢疾的防控中发挥决定性作用，究其原因主要是现有可使用的商品化疫苗较少，且发挥作用有限。但由于抗生素的滥用，临床中猪痢疾短螺旋体分离株耐药性严重，所以控制该病最可行的方法还是疫苗接种，通过免疫来预防该病。

7.12.3.1 灭活疫苗

目前，国外有一些商品化的猪痢疾灭活疫苗，能提供一定程度的保护作用。但这些疫苗多针对LOS血清群，对异种血清群或血清型猪痢疾短螺旋体的交叉保护效果较差。自家疫苗可对猪痢疾的防控能起到一定的效果，但由于螺旋体培养条件苛刻，分离培养困难，自家疫苗的制备难度较大，且成本高昂。有研究表明，利用胃蛋白酶消化菌体，得到3～10 kDa的小短肽和具有完整抗原性的脂寡糖，用其制备的疫苗可提供比常规菌体灭活疫苗更好的免疫保护。

7.12.3.2 活疫苗

目前，尚未有商品化的猪痢疾弱毒疫苗。天然无毒或低毒的菌株已用于实验性疫苗的研究，有时会与灭活疫苗一起组合使用。研究人员通过诱导影响活动性、溶血性和抗氧毒性的基因突变，制备了突变弱毒株，然而这些毒株在猪体内的定植能力会降低，并且产生的保护力有限。

7.12.3.3 亚单位疫苗

基因工程亚单位疫苗因具有成本低廉、产量高等优势，对猪痢疾亚单位疫苗的开发及应用具有一定的吸引力。Gabe 等表达了一种 38 kDa 的重组鞭毛蛋白,但其并不能阻止猪痢疾短螺旋体在猪肠道内的定植。有研究显示,用一种 29.7 kDa 外膜脂蛋白 BmpB 免疫猪后,猪痢疾发病率与对照组相比减少了 50%。猪痢疾短螺旋体全基因组的测序为亚单位疫苗的开发提供了良好的基础。Song 等运用反向疫苗学技术对 90 个开放阅读框所编码的潜在疫苗蛋白进行分析,预测了 19 种可能的保护性蛋白,用其中 4 种蛋白混合物免疫仔猪,攻毒保护率达 87.5%。所有检测的菌株均含有部分潜在的免疫原蛋白基因,提示着这些蛋白可能对不同血清群菌株感染具有交叉保护作用。

7.12.4 防控

7.12.4.1 疫苗免疫及合理使用

随着猪痢疾短螺旋体对抗生素的耐药性日趋严重,控制猪痢疾的替代方法亟需研究。通过调查感染猪痢疾的恢复猪对后续感染的免疫力,以及母源抗体对仔猪的保护力,发现通过疫苗免疫预防猪痢疾是可能的。虽然国外已有几种商品化猪痢疾疫苗,但是很少用于养殖场免疫。主要是因为,现有商品化疫苗仅能提供有限的保护,且对异种血清群菌株感染交叉保护效果差。正在研发的多价疫苗以及含有多种蛋白的亚单位疫苗,可能会对猪痢疾的防控起到关键作用。

7.12.4.2 药物治疗

最常用的治疗猪痢疾的药物是泰妙菌素和沃尼妙林,对厌氧菌表现出高的抗菌活性。大环内酯类抗生素泰乐菌素、泰伐洛星及林可霉素也有较好的效果。然而,猪痢疾短螺旋体多重耐药菌株的出现,使猪痢疾的治疗和控制变得复杂。所以,随时监测临床分离株的药物敏感性,选择合适的药物,延缓耐药性产生,对于猪痢疾的治疗十分必要。

在过去的一二十年,科研人员进行了广泛的研究以寻找抗生素替代品用于动物传染病的防控。特别值得关注的是,不同食物及其来源的提取物及其成分的抗菌活性,对主要病原菌包括猪的各种病原菌具有很好的体外抑制作用。研究发现,给猪口服柠檬籽的提取物和柑橘类水果提取物可有效抵抗猪痢疾短螺旋体的感染。因此,用天然抗菌物质作为饲料添加剂,可能是控制猪痢疾的一种有效方法。

研究发现,与消化有关的肠道菌群变化会抑制猪痢疾短螺旋体的定植,表明在饲料中补充益生菌可以保护宿主免受该菌的感染。有研究已获得一系列具有抗短螺旋体潜能的微生物,包括乳酸杆菌(食淀粉乳杆菌、香肠乳杆菌、鼠李糖乳杆菌、唾液乳杆菌)、粪肠球菌、枯草芽孢杆菌和嗜热芽孢杆菌。这些抗短螺旋体活性菌株有可能替代抗生素成为有希望的益生菌饲料补充剂。

7.12.4.3 生物安全措施

猪痢疾主要是通过粪口途径感染猪群,被病菌污染的饲料、笼具、水源等是其主要传播媒介。因此,加强圈舍的清洁、消毒,坚持全进全出、批次化生产的饲养管理模式,可降低病愈猪再感染的风险,并限制感染的传播。对养殖场进行消毒时,除了对圈舍、笼具等严格消毒外,要特别注意粪便、污水的处理,最好排入高温发酵池处理。此外,啮齿动物是猪痢疾短螺旋体的重要贮存宿主,因此,有效地防鼠灭鼠对猪痢疾的防控也非常重要。

7.12.5 展望

在许多养猪国家，猪痢疾仍然是重要的地方性传染病。以往我国防治猪痢疾的措施主要是使用抗生素，但由于猪痢疾短螺旋体多重耐药菌株的出现，以及随着国家饲用抗生素禁令的颁布和禁抗、限抗政策的实施，促使研究人员不得不积极寻找治疗和预防猪痢疾的替代方法。

首先，深入探究宿主对猪痢疾短螺旋体感染后的免疫机制，通过基因组学的研究，更加全面地掌握猪痢疾短螺旋体的毒力特性，利用反向疫苗学和免疫蛋白组学技术筛选免疫原蛋白，开发能够提供全面抵抗该病的疫苗。其次，创新治疗策略，鉴定或开发抑制细菌毒力因子的新型抗菌化合物，包括抑制群体感应或生物膜形成的药物。最后，筛选天然来源的抗菌剂，如植物、食物源的抗菌剂。预防措施还应针对与疾病相关的潜在因素，如在动物饲料中加入益生菌和益生元来调节肠道菌群、改善养殖场饲养管理水平等。

（撰稿人：金云云　王晓英）

参考文献

陈强. 2019. 猪魏氏梭菌病的发病原因、临床症状、剖检变化及防控措施[J]. 现代畜牧科技，(3)：86-87.

李红. 2018. 猪钩端螺旋体病的流行病学、临床症状和防控措施[J]. 现代畜牧科技，(3)：80.

李朋朋，卞愧，高艳艳，等. 2019. 加米霉素原料药急性毒性及体外抗菌活性试验研究[J]. 黑龙江畜牧兽医.

梁朝文. 2017. 小猪钩端螺旋体病的综合防治[J]. 畜禽业，(3)：71-72.

Adler B. 2015. Vaccines Against Leptospirosis. Curr Top Microbiol and Immunol，387：251-272.

Bai Y F，Wang G H，Qi H，et al. 2020. Immunogenicity of 987P fimbriae of enterotoxigenic Escherichia coli surface-displayed on Lactobacillus casei[J]. *Res Vet Sci*，128：308-314.

Becker P M，van Wikselaar P G，Mul M F，et al. 2012. Actinobacillus pleuropneumoniae is impaired by the garlic volatile allyl methyl sulfide(AMS) in vitro and in-feed garlic alleviates pleuropneumonia in a pig model[J]. *Vet Microbiol*，154(3-4)：316-324.

Borrathybay E，Gong F-j，Zhang L，et al. 2015. Role of surface protective antigen A in the pathogenesis of Erysipelothrix rhusiopathiae strain C43065[J]. *J Microbiol Biotechnol*，25(206)：16.

Bourély C，Cazeau G，Jouy E，et al. 2019. Antimicrobial resistance of Pasteurella multocida isolated from diseased food-producing animals and pets[J]. *Vet Microbiol*，235：280-284.

Chen C，Li Y，Guo D，et al. 2009. Construction of the recombinant adenovirus expressing the C-Terminal of the Mycoplasma hyopneumoniae p97 gene and its immune response[J]. *Weishengwu Xuebao*，49(4)：465-470.

Chen S，Chu Y，Zhao P，et al. 2015. Development of a recombinant OppA-based indirect hemagglutination test for the detection of antibodies against Haemophilus parasuis[J]. *Acta Tropica*，148：8-12.

Chiang C-H，Huang W-F，Huang L-P，et al. 2009. Immunogenicity and protective efficacy of ApxIA and ApxIIA DNA vaccine against Actinobacillus pleuropneumoniae lethal challenge in murine model[J]. *Vaccine*，27(34)：4565-4570.

Collins A M，Fell S A，Barchia I M. 2013. Cleaning and disinfection with Virkon S significantly reduces Lawsonia intracellularis survival and transmission to naive pigs[J]. *J Swine Health Prod*，21(3)：144-147.

DebRoy C, Fratamico P M, Yan X H, et al. 2016. Comparison of O-Antigen Gene Clusters of All O-Serogroups of Escherichia coli and Proposal for Adopting a New Nomenclature for O-Typing[J]. *PLoS One*, 11(4): e0147434.

Del Río M, Gutiérrez C, Ferri E R. 2003. Value of indirect hemagglutination and coagglutination tests for serotyping Haemophilus parasuis[J]. *J Clin Microbiol*, 41(2): 880-882.

Dellagostin O A, Grassmann A A, Hartwig D D, et al. 2011. Recombinant vaccines against leptospirosis [J]. *Hum Vaccin*, 7(11): 1215-1224.

Diaz Y, Govasli M L, Zegeye E D, et al. 2019. Immunizations with Enterotoxigenic Escherichia coli Heat-Stable Toxin Conjugates Engender Toxin-Neutralizing Antibodies in Mice That Also Cross-React with Guanylin and Uroguanylin[J]. *Infect Immun*, 87(7).

Donkó T, Kovács, M. , & Magyar, T. 2003. The effect of atrophic rhinitis(AR) on the weight-gain of swine[J]. *Agric Conspec Sci*, 68(3): 161-164.

Duan Q D, Xia P P, Nandre R, et al. 2019. Review of Newly Identified Functions Associated With the Heat-Labile Toxin of Enterotoxigenic Escherichia coli[J]. *Front Cell Infect Microbiolo*, 13(9):292.

Esgleas M, Dominguez-Punaro M d l C, Li Y, et al. 2009. Immunization with SsEno fails to protect mice against challenge with Streptococcus suis serotype 2[J]. *Fems Microbiol Lett*, 294(1): 82-88.

Evangelista K V, Coburn J. 2010. Leptospira as an emerging pathogen: a review of its biology, pathogenesis and host immune responses[J]. *Future Microbiol*, 5(9): 1413-1425.

Foster N, Staats J J, Chengappa M M. 1994. Isolation, characterization and protection studies in mice of a streptomycin-dependent mutant of Streptococcus suis type 1/2[J]. *Vet Res Communications*, 18(3): 155.

Gabe J D, Chang R J, Slomiany R, et al. 1995. Isolation of extracytoplasmic proteins from Serpulina hyodysenteriae B204 and molecular cloning of the flaB1 gene encoding a 38-kilodalton flagellar protein[J]. *I Immun*, 63(1): 142-148.

Garba B, Bahaman A R, Zakaria Z, et al. 2018. Antigenic potential of a recombinant polyvalent DNA vaccine against pathogenic leptospiral infection[J]. *Microb Pathog*, 124: 136-144.

Ghazali-Bina M, Pourmand M R, Mirshafiey A, et al. 2019. Vaccine potential of LenA and LcpA proteins of Leptospira interrogans in combination with Escherichia coli heat-labile enterotoxin, B subunit(LTB)[J]. *Ira J Microbiol*, 11(1): 39-47.

Goossens E, Verherstraeten S, Valgaeren B R, et al. 2016. The C-terminal domain of Clostridium perfringens alpha toxin as a vaccine candidate against bovine necrohemorrhagic enteritis[J]. *Vet Res*, 47(1):52.

Goyette-Desjardins G, Auger J-P, Xu J, et al. 2014. Streptococcus suis, an important pig pathogen and emerging zoonotic agent-an update on the worldwide distribution based on serotyping and sequence typing[J]. *Emerg microbes infect*, 3(6):e45.

Gresse R, Chaucheyras-Durand F, Fleury M A, et al. 2017. Gut microbiota dysbiosis in postweaning piglets: understanding the keys to health[J]. *Trends Microbiol*, 25(10): 851-873.

Gu S, Fan Y, Hu D, et al. 2017. Evaluation of an experimental vaccine for atrophic rhinitis in Piglets[J]. *J Vaccines Vaccin*, 8(353): 2.

Haake D A, Chao G, Zuerner R L, et al. 2000. The leptospiral major outer membrane protein LipL32 is a lipoprotein expressed during mammalian infection[J]. *Infect Immun*, 68(4): 2276-2285.

Hamilton T D, Roe J M, Hayes C M, et al. 1998. Effects of ammonia inhalation and acetic acid pretreatment on colonization kinetics of toxigenic Pasteurella multocida within upper respiratory tracts of swine[J]. *J Clin Microbiol* 36(5): 1260-1265.

Hartwig D D, Forster K M, Oliveira T L, et al. 2013. A Prime-Boost Strategy Using the Novel Vaccine

Candidate, LemA, Protects Hamsters against Leptospirosis[J]. *Clin Vaccine Immunol*, 20(5): 747-752.

He L, Wen X, Yan X, et al. 2016. Effect of cheY deletion on growth and colonization in a Haemophilus parasuis serovar 13 clinical strain EP3[J]. *Gene*, 577(1): 96-100.

Hidalgo A, Carvajal A, Vester B, et al. 2011. Trends towards Lower Antimicrobial Susceptibility and Characterization of Acquired Resistance among Clinical Isolates of Brachyspira hyodysenteriae in Spain[J]. *Antimicrob Agents Chemother*, 55(7): 3330-3337.

Hilde, Moyaert, Anno, et al. 2019. Survey of antimicrobial susceptibility of bacterial pathogens isolated from dogs and cats with respiratory tract infections in Europe: ComPath results[J]. *J Appl Microbiol*, 127(1): 29-46.

Hosomi K, Hinenoya A, Suzuki H, et al. 2019. Development of a bivalent food poisoning vaccine: augmented antigenicity of the C-terminus of Clostridium perfringens enterotoxin by fusion with the B subunit of Escherichia coli Shiga toxin 2[J]. *Int Immunol*, 31(2): 91-100.

Howell K J, Peters S E, Wang J, et al. 2015. Development of a multiplex PCR assay for rapid molecular serotyping of Haemophilus parasuis[J]. *J Clini Microbiol*, 53(12): 3812-3821.

Hsueh K J, Lee J W, Hou S M, et al. 2014. Evaluation on a Streptococcus suis Vaccine Using Recombinant Sao-L Protein Manufactured by Bioreactors as the Antigen in Pigs[J]. *Transbound Emerg Dis*, 61(6): e35-e43.

Ishikawa H, Isayama Y. 1986. Bordetella bronchiseptica phase variation induced by crystal violet[J]. *J Clin Microbiol*, 23(2): 235-239.

Jacobs A A C, Harks F, Hazenberg L, et al. 2019. Efficacy of a novel inactivated Lawsonia intracellularis vaccine in pigs against experimental infection and under field conditions[J]. *Vaccine*, 37(15): 2149-2157.

Jeong J, Park C, Choi K, et al. 2016. A new single-dose bivalent vaccine of porcine circovirus type 2 and Mycoplasma hyopneumoniae elicits protective immunity and improves growth perance under field conditions[J]. *Vet Microbiol*, 182: 178-186.

Jiang X, Yang Y, Zhu L, et al. 2016. Live Streptococcus suis type 5 strain XS045 provides cross-protection against infection by strains of types 2 and 9[J]. *Vaccine*, 34(51): 6529-6538.

Jin, Hu, Jiali, et al. 2019. Immunogenicity and cross-protective efficacy of double-mutant Streptococcus suis ΔSspepO/ΔSspspC serotypes 2 and 7[J]. *Vaccine*, 37(16):2194—2199.

Kaalberg L, Geurts V, Jolie R. 2017. A field efficacy and safety trial in the Netherlands in pigs vaccinated at 3 weeks of age with a ready-to-use porcine circovirus type 2 and Mycoplasma hyopneumoniae combined vaccine[J]. *Porcine Health Manag*, 3:23.

Kebede M, Chengappa M M, Stuart J G. 1990. Isolation and characterization of temperature-sensitive mutants of Streptococcus suis: Efficacy trial of the mutant vaccine in mice[J]. *Vet Microbiol*, 22(2): 249-257.

Kim K, Lee J, Son C, et al. 2012. Vaccine potential of an attenuated Pasteurella multocida that expresses only the N-terminal truncated fragment of P. multocida toxin in pigs[J]. *Can J Vet Res*, 76(1): 69-71.

King A M, Bartpho T, Sermswan R W, et al. 2013. Leptospiral Outer Membrane Protein LipL41 Is Not Essential for Acute Leptospirosis but Requires a Small Chaperone Protein, Lep, for Stable Expression[J]. *Infect Immun*, 81(8): 2768-2776.

Kiu R, Hall L J. 2018. An update on the human and animal enteric pathogen Clostridium perfringens[J]. *Emerg microbes infect*, 7(1):141.

Klose V, Bayer K, Bruckbeck R, et al. 2010. In vitro antagonistic activities of animal intestinal strains against swine-associated pathogens[J]. *Vet Microbiol*, 144(3-4): 515-521.

Klose V, Bruckbeck R, Henikl S, et al. 2010. Identification and antimicrobial susceptibility of porcine bacteria that inhibit the growth of Brachyspira hyodysenteriae in vitro[J]. *J Appl Microbiol*, 108(4): 1271-1280.

Langroudi R P, Shamsara M, Aghaiypour K. 2013. Expression of Clostridium perfringens epsilon-beta fusion toxin gene in E. coli and its immunologic studies in mouse[J]. *Vaccine*, 31(32): 3295-3299.

Leite F L L, Singer R S, Ward T, et al. 2018. Vaccination Against Lawsonia intracellularis Decreases Shedding of Salmonella enterica serovar Typhimurium in Co-Infected Pigs and Alters the Gut Microbiome[J]. *Sci Rep*, 8(1):285.

Levy C, Khaled M, Iliopoulos D, et al. 2010. Intronic miR-211 Assumes the Tumor Suppressive Function of Its Host Gene in Melanoma[J]. *Mol Cell*, 40(5): 841-849.

Li J, Uzal F A, McClane B A. 2016. Clostridium perfringens Sialidases: Potential Contributors to Intestinal Pathogenesis and Therapeutic Targets[J]. *Toxins*, 8(11):341.

Li W, Hu X, Liu L, et al. 2011. Induction of protective immune response against Streptococcus suis serotype 2 infection by the surface antigen HP0245[J]. *Fems Microbiol Lett*, 316(2): 115-122.

Lin M-H, Chang Y-C, Hsiao C-D, et al. 2013. LipL41, a Hemin Binding Protein from Leptospira santarosai serovar Shermani[J]. *PLoS ONE*, 8(12):e83246.

Liu C Y, Chen Z H, Tan C, et al. 2012. Immunogenic characterization of outer membrane porins OmpC and OmpF of porcine extraintestinal pathogenic Escherichia coli[J]. *Fems Microbiol Lett*, 337(2): 104-111.

Liu J, Chen Y, Hu L, et al. 2010. Construction and characterization of Actinobacillus pleuropneumoniae serovar 7 live attenuated vaccine strain co-expressing ApxIA][J]. *Sheng Wu Gong Cheng Xue Bao*, 26(3): 305-310.

Lobato F C F, Lima C G R D, Assis R A, et al. 2010. Potency against enterotoxemia of a recombinant Clostridium perfringens type D epsilon toxoid in ruminants[J]. *Vaccine*, 28(38): 6125-6127.

Lourdault K, Wang L-C, Vieira A, et al. 2014. Oral Immunization with Escherichia coli Expressing a Lipidated Form of LigA Protects Hamsters against Challenge with Leptospira interrogans Serovar Copenhageni [J]. *Infect Immun*, 82(2): 893-902.

Lu Y-C, Li M-C, Chen Y-M, et al. 2011. DNA vaccine encoding type IV pilin of Actinobacillus pleuropneumoniae induces strong immune response but confers limited protective efficacy against serotype 2 challenge [J]. *Vaccine*, 29(44): 7740-7746.

Maas A, Meens J, Baltes N, et al. 2006. Development of a DIVA subunit vaccine against Actinobacillus pleuropneumoniae infection[J]. *Vaccine*, 24(49-50): 7226-7237.

Makino S, Yamamoto K, Asakura H, et al. 2000. Surface antigen, SpaA, of Erysipelothrix rhusiopathiae binds to Gram-positive bacterial cell surfaces[J]. *Fems Microbiol Lett*, 186(2): 313-317.

Matsui M, Soupe M-E, Becam J, et al. 2012. Differential In Vivo Gene Expression of Major Leptospira Proteins in Resistant or Susceptible Animal Models[J]. *Appl Environ Microbiol*, 78(17): 6372-6376.

Matsunaga J, Sanchez Y, Xu X Y, et al. 2005. Osmolarity, a key environmental signal controlling expression of leptospiral proteins LigA and LigB and the extracellular release of LigA[J]. *Infect Immun*, 73(1): 70-78.

Midwinter A, Faine S, Adler B. 1990. Vaccination of Mice with Lipopolysaccharide(Lps) and Lps-Derived Immunoconjugates from Leptospira-Interrogans[J]. *J Med Microbiol*, 33(3): 199-204.

Midwinter A, Vinh T, Faine S, et al. 1994. Characterization of an Antigenic Oligosaccharide from Leptospira-Interrogans Serovar Pomona and Its Role in Immunity[J]. *Infect Immun*, 62(12): 5477-5482.

Montesino R, Gutierrez N, Camacho F, et al. 2019. Multi-antigenic recombinant subunit vaccine against Lawsonia intracellularis: The etiological agent of porcine proliferative enteropathy[J]. *Vaccine*, 37(10): 1340-1349.

Nagahama M, Oda M, Kobayashi K, et al. 2013. A recombinant carboxy-terminal domain of alpha-toxin protects mice against Clostridium perfringens[J]. *Microbio Immunol*, 57(5): 340-345.

Nogueira M G, Collins A M, Dunlop R H, et al. 2015. Effect of the route of administration on the mucosal and systemic immune responses to Lawsonia intracellularis vaccine in pigs[J]. *Aust Vet J*, 93(4): 124-126.

Nomoto R, Maruyama F, Ishida S, et al. 2015. Reappraisal of the taxonomy of Streptococcus suis serotypes 20, 22 and 26: Streptococcus parasuis sp nov[J]. *Int J Syst Evol Microbiol*, 65: 438-443.

Obradovic M, Pasternak J A, Hon Ng S, et al. 2019. Immunoproteomic analysis of Lawsonia intracellularis identifies candidate neutralizing antibody targets for use in subunit vaccine development[J]. *Vet Microbiol*, 235: 270-279.

Ogawa Y, Oishi E, Muneta Y, et al. 2009. Oral vaccination against mycoplasmal pneumonia of swine using a live Erysipelothrix rhusiopathiae vaccine strain as a vector[J]. *Vaccine*, 27(33): 4543-4550.

Okamba F R, Moreau E, Bouh K C S, et al. 2007. Immune responses induced by replication-defective adenovirus expressing the C-terminal portion of the Mycolasma hyopneumoniae p97 adhesin[J]. *Clin Vaccine Immunol*, 14(6): 767-774.

Okamba F R, Arella M, Music N, et al. 2010. Potential use of a recombinant replication-defective adenovirus vector carrying the C-terminal portion of the P97 adhesin protein as a vaccine against Mycoplasma hyopneumoniae in swine[J]. *Vaccine*, 28(30): 4802-4809.

Ou B M, Jiang B Y, Jin D, et al. 2020. Engineered Recombinant Escherichia coli Probiotic Strains Integrated with F4 and F18 Fimbriae Cluster Genes in the Chromosome and Their Assessment of Immunogenic Efficacy in Vivo[J]. *ACS Synth Biol*, 9(2): 412-426.

Park C, Jeong J, Choi K, et al. 2016. Efficacy of a new bivalent vaccine of porcine circovirus type 2 and Mycoplasma hyopneumoniae(Fostera (TM) PCV MH) under experimental conditions[J]. *Vaccine*, 34(2): 270-275.

Park S, Won G, Lee J H. 2019. An attenuated Salmonella vaccine secreting Lawsonia intracellularis immunogenic antigens confers dual protection against porcine proliferative enteropathy and salmonellosis in a murine model[J]. *J Vet Sci*, 20(3): e24.

Pieters M, Cline G S, Payne B J, et al. 2014. Intra-farm risk factors for Mycoplasma hyopneumoniae colonization at weaning age[J]. *Vet Microbiol*, 172(3-4): 575-580.

Rafiee M, Bara M, Stephens C, et al. 2000. Application of ERIC PCR for the comparison of isolates of Haemophilus parasuis[J]. *Aust Vet J*, 78(12): 846-849.

Register K B, Sacco R E, Brockmeier S L. 2007. Immune response in mice and swine to DNA vaccines derived from the Pasteurella multocida toxin gene[J]. *Vaccine*, 25(32): 6118-6128.

Ren M, Wang Y, Yang Z, et al. 2016. Construction and identification of Hfq deletion strain of Haemophilus parasuis[J]. *Chin Vet Sci*, 46(02): 203-209.

Ristow P, Bourhy P, da Cruz McBride F W, et al. 2007. The OmpA-like protein Loa22 is essential for leptospiral virulence[J]. *PLoS pathog*, 3(7): 894-903.

Roerink F, Morgan C L, Knetter S M, et al. 2018. A novel inactivated vaccine against Lawsonia intracellularis induces rapid induction of humoral immunity, reduction of bacterial shedding and provides robust gut barrier function[J]. *Vaccine*, 36(11): 1500-1508.

Rogan D, Babiuk L A. 2005. Novel vaccines from biotechnology[J]. *Rev Sci Tech*, 24(1): 159-174.

Salvarani F M, Conceicao F R, Cunha C E P, et al. 2013. Vaccination with recombinant Clostridium perfringens toxoids alpha and beta promotes elevated antepartum and passive humoral immunity in swine[J]. *Vaccine*, 31(38): 4152-4155.

Sassu E L, Ladinig A, Talker S C, et al. 2017. Frequency of Th17 cells correlates with the presence of lung lesions in pigs chronically infected with Actinobacillus pleuropneumoniae[J]. *Vet Res*, 48(1):4.

Seenichamy A, Bahaman A R, Mutalib A R, et al. 2014. Production and Characterization of a Polyclonal Antibody of Anti-rLipL21-IgG against Leptospira for Early Detection of Acute Leptospirosis[J]. *BioMed res int*, 2014:592858.

Segura M. 2015. Streptococcus suis vaccines: candidate antigens and progress[J]. *Expert rev vaccines*, 14(12): 1587-1608.

Seo H, Lu T, Mani S, et al. Adjuvant effect of enterotoxigenic Escherichia coli(ETEC) double-mutant heat-labile toxin (dmLT) on systemic immunogenicity induced by the CFA/I/II/IV MEFA ETEC vaccine: Dose-related enhancement of antibody responses to seven ETEC adhesins (CFA/I, CS1-CS6)[J]. *Hum Vaccin Immunother*, 16(2):419-429.

Shimoji Y, Ogawa Y, Tsukio M, et al. 2019. Genome-Wide Identification of Virulence Genes in Erysipelothrix rhusiopathiae: y Use of a Mutant Deficient in a tagF Homolog as a Safe Oral Vaccine against Swine Erysipelas[J]. *Infect Immun*, 87(12).

Silveira M M, Oliveira T L, Schuch R A, et al. 2017. DNA vaccines against leptospirosis: A literature review[J]. *Vaccine*, 35(42): 5559-5567.

Song Y, La T, Phillips N D, et al. A reverse vaccinology approach to swine dysentery vaccine development[J]. *Vet Microbiol*, 137(1-2): 111-119.

Umthong S, Buaklin A, Jacquet A, et al. 2015. Immunogenicity of a DNA and Recombinant Protein Vaccine Combining LipL32 and Loa22 for Leptospirosis Using Chitosan as a Delivery System[J]. *J Microbiol Biotechnol*, 25(4): 526-536.

Vijayachari P, Vedhagiri K, Mallilankaraman K, et al. 2015. Immunogenicity of a novel enhanced consensus DNA vaccine encoding the leptospiral protein LipL45[J]. *Hum Vaccines Immunother*, 11(8): 1945-1953.

Virginio V G, Gonchoroski T, Paes J A, et al. 2014. Immune responses elicited by Mycoplasma hyopneumoniae recombinant antigens and DNA constructs with potential for use in vaccination against porcine enzootic pneumonia[J]. *Vaccine*, 32(44): 5832-5838.

Wang C, Liu L, Zhang Z, et al. 2015. Immunological and protective effects of Bordetella bronchiseptica subunit vaccines based on the recombinant N-terminal domain of dermonecrotic toxin[J]. *Int Immunopharmacol*, 28(2): 952-959.

Wattanaphansak S, Singer R S, Gebhart C J. 2009. In vitro antimicrobial activity against 10 North American and European Lawsonia intracellularis isolates[J]. *Vet Microbiol*, 134(3-4): 305-310.

Wills R W. 2000. Diarrhea in growing-finishing swine[J]. *Vet Clin North Am Food Anim Pract*, 16(1): 135-161.

Xie F, Li G, Zhou L, et al. 2017. Attenuated Actinobacillus pleuropneumoniae double-deletion mutant S-8 Delta clpP/apxIIC confers protection against homologous or heterologous strain challenge[J]. *BMC Vet Res*, 13(1):14.

Yao X, Li M, Wang J, et al. 2015. Isolation and characterization of a native avirulent strain of Streptococcus suis serotype 2: a perspective for vaccine development[J]. *Sci Reports*, 5: 9835.

Zaragoza N E, Orellana C A, Moonen G A, et al. 2019. Vaccine Production to Protect Animals Against Pathogenic Clostridia[J]. *Toxins*, 11(9).

Zeng L-B, Zhuang X-R, Huang L-L, et al. 2015. Comparative subproteome analysis of three representative Leptospira interrogans vaccine strains reveals cross-reactive antigens and novel virulence determinants[J]. *J Proteomics*, 112: 27-37.

Zhang H H，Xu Y P，Zhang Z J，et al. 2018. Protective immunity of a Multivalent Vaccine Candidate against piglet diarrhea caused by enterotoxigenic Escherichia coli（ETEC） in a pig model[J]. *Vaccine*，36（5）：723-728.

Zhiwei，Li，Peixi，et al. 2019. A Streptococcus suis live vaccine suppresses streptococcal toxic shock-like syndrome and provides sequence type independent protectionTITLE[J]. *J Infect Dis*，219（3）：448-458.

Zhu Y，Dong W，Ma J，et al. 2017. Characterization and virulence clustering analysis of extraintestinal pathogenic Escherichia coli isolated from swine in China[J]. *BMC Vet Res*，13（1）：94.

第8章 猪寄生虫病疫苗

猪寄生虫引起的疾病在早期对养猪生产造成过较严重的影响，这种影响与地理位置、气候及养殖方式的差异有很大关系。体内寄生虫对猪的危害较大，可引起猪生长缓慢、饲料利用率和抗病力下降，极易引起继发细菌性和病毒性传染病。另外，寄生虫感染会造成猪肉制品的污染，带来食品安全问题。

本章对临床较为常见的猪弓形虫病、猪囊尾蚴病、猪肺线虫病和猪旋毛虫病的病原和相关疫苗的研究状况进行了介绍。寄生虫疾病的防控主要靠加强卫生管理，落实生物安全措施，保障猪群健康状态来降低动物的淘汰率和经济损失。

随着集约化养殖模式的发展，养殖环境得到了改善，饲养水平也得到了极大提高，因此寄生虫病发生的概率显著降低，其疫苗在养猪生产中的应用较为有限。对于具有人兽共患病特征的寄生虫病，借鉴和参考人寄生虫亚单位疫苗研究进展，可为将来猪用寄生虫疫苗的研发提供帮助。

8.1 弓形虫病

8.1.1 概述

弓形虫病由球虫类原虫刚地弓形虫（*Toxoplasma gondii*）感染引起，在人和动物中常有发生，是一种人兽共患病。弓形虫最早于1908年在北非突尼斯的啮齿类梳齿鼠的肝和脾单核细胞内发现，其宿主种类广泛，人和动物的感染率很高。猫是弓形虫的终末宿主兼中间宿主，猫粪便中的卵囊污染饲料、饮水或者食具等均可成为人和其他动物感染的重要途径。

猪是弓形虫病重要的传染源之一，暴发时发病率可达100%，死亡率可达60%，10～50 kg的仔猪发病尤为严重，妊娠母猪可发生流产或者死胎。猪弓形虫病多呈急性经过，临床表现为精神沉郁、废食、体温升高、稽留热（7～10 d）、呼吸急促及后期出现神经症状，后肢麻痹；解剖可见全身性病变，淋巴结、肝脏、肺脏和心脏等器官肿大，肠道充血和腹腔有大量渗出液；病理组织学可见明显的巨噬细胞系统细胞增生。

8.1.2 病原

弓形虫在分类上属于孢子虫纲、真球虫目、艾美耳亚目、弓形虫科、弓形虫属，仅有一个血清型，但根据地域、宿主、毒力及生活史和发育时间的不同，可分为不同的虫株。

弓形虫的感染与其表面蛋白和分泌蛋白密切相关，在入侵宿主细胞并繁殖的过程中这些蛋白起着重要作用。微线粒体蛋白是弓形虫重要的分泌蛋白，MIC1、MIC2和MIC3等微线粒体蛋白是重要的黏附分子，在虫体运动和宿主细胞入侵过程中起着重要作用。

弓形虫生活史分为5期，前2期的速殖子和包囊期为无性生殖期，可出现于中间宿主（猪、鼠等动物）和终末宿主（猫）体内；后3期的裂殖体、配子体和卵囊为有性生殖期，只出现在终末宿主(猫)体内。

8.1.3 防控

猫是弓形虫的终末宿主兼中间宿主,猫粪便中的卵囊具有强感染性,因此养殖场要禁止养猫。另外,定期对猪场流调分析以确定是否有弓形虫感染,全面消毒和加强饲料、饮水的管理是预防弓形虫病的有效措施。

使用猪弓形虫疫苗进行预防具有一定成效,但研究较少。

8.1.4 疫苗研究与展望

早期的猪弓形虫病疫苗研究中,通过细胞培养致弱(紫外线连续照射)弓形虫 NT 强毒虫株,筛选出抗辐射变异虫株 NTA-Ⅱ系,其对猪、兔和小鼠的毒力均明显减弱。用含虫数 10^5/mL 弱毒虫疫苗免疫猪后,6 个月免疫力保护可达 100%。

人弓形虫亚单位疫苗由于其安全性优势而越来越受到重视。在感染期间,机体对弓形虫的控制取决于强烈的 Th1 反应(主要是增强吞噬细胞介导的抗感染免疫,特别是抗胞内病原体的感染。γ 干扰素能活化巨噬细胞,增强其杀伤已被吞噬的病原体的能力。还能促进 IgG 的生成)。由 Th1 细胞产生的白细胞介素-10(IL-10)可限制过度的 Th1 细胞反应。IL-10 不仅对抗弓形虫感染起调节作用,对刺激机体巨噬细胞释放一氧化氮并介导细胞对寄生虫的杀伤作用也至关重要。γ 干扰素在宿主的抗微生物免疫机制中也非常重要,是宿主抵抗弓形虫感染的保护性免疫的关键因素,可限制速殖子扩散及转化为缓殖子的速率。

弓形虫的 P30 抗原是速殖子的主要抗原成分,是诱导宿主免疫应答的主要靶抗原,可作为亚单位疫苗和核酸疫苗研究的靶标。另外,通过使用刚地弓形虫的单克隆抗体 Mab7C3-C3,采用免疫筛选方法,建立弓形虫速殖子 cDNA 文库,获得了刚地弓形虫的新基因 *wx2*。研究表明,*wx2* 基因表达的 wx2 蛋白位于虫膜上,对抗弓形虫感染具有部分保护作用。运用 CRISPR/Cas9 基因编辑技术构建的 *wx2* 基因缺失突变 RH 株(KO-*wx2*)被用于研究、发现具有高毒力的刚地弓形虫 RH 株中 *wx2* 的分子功能。在小鼠模型中,通过噬斑、入侵和复制分析方法进行体外和体内的毒力测定来分析 KO-*wx2* 虫株的表型,结果表明,*wx2* 基因的靶向缺失可显著抑制寄生虫的体外生长、抑制其在宿主细胞中的复制,减弱寄生虫的寄生毒力。同时发现,在感染 KO-*wx2* 株的小鼠中,其淋巴结中的促炎症反应因子 γ-干扰素、白细胞介素-17A(IL-17A)及抗炎症反应因子 IL-10 的基因表达比率均上调。数据表明,*wx2* 基因在寄生虫生活周期和维持毒力方面起重要作用。此外,宿主通过 Th1 和 Th17 细胞免疫,而不是辅助型 T 细胞 2(Th2)来发挥重要的免疫调节作用。*wx2* 可作为疫苗的候选靶标。

上述有关人弓形虫疫苗的研究或可为猪用疫苗提供借鉴和参考,但目前开发猪亚单位疫苗的潜力有限。

(撰稿人:黄柏成　王晓英)

8.2 猪囊尾蚴病

8.2.1 概述

猪囊尾蚴病(Porcine cysticercosis)是由猪带绦虫的幼虫猪囊尾蚴(*Taenia solium*)寄生于

机体各组织所致的人兽共患寄生虫病。猪和人是猪囊尾蚴重要的中间宿主,人作为猪带绦虫唯一的终末宿主,可通过粪便释放感染性虫卵到环境中,当中间宿主经受污染的食物或饮水摄入虫卵后,猪囊尾蚴(囊虫)在肌肉、皮下和其他组织中发育,导致囊尾蚴病。猪感染后导致猪肉变质无法食用,人感染后会引起抽搐、癫痫和慢性头痛。猪囊尾蚴病严重影响养猪业和人类健康,世界动物卫生组织将其列为 B 类疾病,联合国卫生组织将其列为需要根除的六大疾病之一,我国将其列为二类动物疾病。

猪囊尾蚴病最早可追溯至公元前 1 世纪至公元前 2 世纪,当时考古学家发现埃及木乃伊有猪囊尾蚴感染的遗迹。该病分布于世界各地,其中拉丁美洲、亚洲、非洲的部分国家和地区为主要流行区。我国主要发病地区为东北、华北及广西局部,其他省份多呈散发。

8.2.2 病原

猪囊尾蚴病的病原为猪带绦虫的幼虫猪囊尾蚴。猪带绦虫在物种分类中属于扁形动物门、绦虫纲、圆叶目、带科、带属。猪带绦虫为大型绦虫,扁平、带状。猪囊尾蚴的外观呈椭圆形囊泡状,大小为(6～10)mm×5 mm,囊内充满液体,囊壁是一层薄膜,壁上有一个圆形粟粒大的乳白色小结,其上有一内陷的头节,头节形态与成虫相同。

猪带绦虫生命周期包括成虫期、虫卵期和幼虫期(猪囊尾蚴)。成虫或绦虫只寄生在人的小肠,虫卵或孕节被中间宿主猪或人吞食后进入消化道,穿透肠壁,并通过血管和淋巴管进入肌肉、眼睛和中枢神经系统,在那里转化为囊尾蚴,这是幼虫阶段。囊尾蚴是一种白色、半透明的囊泡,长 1～2 厘米,囊内有一个球形的头节。当人吃生的或未煮熟的含有活的囊尾蚴的猪肉时,囊尾蚴头节翻出,固定在肠壁上,并逐渐发育为成虫。3～4 个月后,成虫开始排出虫卵。人感染成虫后没有明显临床症状。

8.2.3 防控

8.2.3.1 优化饲养管理和加强宣传

实行科学饲养管理,积极推行圈舍、规模化和集约化养殖。在养殖过程中,及时清除粪便尤其是驱虫后的粪便,对各种废弃物进行深埋或焚毁。定期对猪舍及猪的主要活动区域进行全面、彻底的消毒。圈养的猪场中,人厕和猪舍要做好隔离。加强猪囊尾蚴病危害的宣传,提高社会各界对猪囊尾蚴病的认识。注意饮食卫生,食用的猪肉应该经过完全的煮熟处理,避免猪和人互相感染。

8.2.3.2 严格检疫

做好猪肉食品卫生检疫、检验工作。定点屠宰,集中检疫,一旦发现有囊虫寄生的猪肉应严格按照国家有关规定作进行害化处理。对病猪及其产品污染的环境,要进行全面清洁、消毒。

8.2.3.3 驱虫

病猪可用吡喹酮和阿苯达唑进行定期驱虫。

8.2.4 疫苗

对猪囊尾蚴病的中间宿主猪进行疫苗免疫可切断传播途径,间接消除传染源,达到控制和消除该病的目的。目前虽然尚无商品化疫苗应用于市场，但相关研究已经取得了较大进展。

8.2.4.1 组织细胞苗

猪囊尾蚴抗原多种多样，如虫体抗原、囊液抗原、分泌抗原等，用这些抗原或提取物制备疫苗接种猪，可获得良好的保护力，但此类疫苗制备需要用到大量囊尾蚴，因此应用受到限制。研究者转而对囊尾蚴组织细胞进行了研究，即对猪囊尾蚴展开体外细胞繁殖，成功构建了 CC-97 原代细胞系。该细胞系可以稳定地生长，不仅能刺激机体产生应答反应，而且可以稳定遗传，解决了虫体疫苗来源困难的问题。动物试验证实，用 CC-97 细胞制备的抗原疫苗安全，且产生应答反应快，高效持久。该猪囊尾蚴细胞灭活疫苗已于 2006 年被评为一类新兽药，但尚未获得生产许可应用于市场。

8.2.4.2 基因工程亚单位疫苗

基因工程亚单位疫苗是免疫学和现代分子生物学结合的产物，因其免疫原性好、免疫保护性强、诱导免疫水平高等优点成为研究的热点。有研究者利用 DNA 重组技术构建了羊带绦虫六钩蚴 cDNA 文库，鉴定出羊带绦虫六钩蚴抗原，并利用大肠杆菌表达系统表达了重组蛋白 T. ovis 抗原（与日本血吸虫谷胱甘肽 S-转移酶的融合蛋白），制成的疫苗对羊免疫后用羊带绦虫虫卵攻毒，保护率可达 94%。国内学者从构建的猪带绦虫六钩蚴 cDNA 文库中筛选目的基因并进行表达，将具有免疫保护作用的重组抗原制成疫苗后免疫猪，免疫保护率达 92.2%；在疫区进行的田间试验和区域试验显示猪未有不良反应，囊尾蚴感染率分别由 20% 降为 1.1%，5.4%降为 0.21%。也有研究者将 *45W-4BX* 基因与囊尾蚴阶段的 *18 KD* 基因整合后，利用大肠杆菌表达系统进行联合表达，将此表达产物与 206 佐剂乳化免疫猪，3 个月后用虫卵攻毒，减虫率可达 97%。

8.2.4.3 核酸疫苗

核酸疫苗能同时诱导体液免疫和细胞免疫，且制备简单，保存方便，代表着新型疫苗的发展方向。有研究者构建重组质粒 PV93-AgB，将质粒纯化后进行猪体试验，结果显示，常规 DNA 疫苗组和增强型 DNA 疫苗组（加转移因子）抗体均在接种后 23 d 达到峰值，之后开始逐渐下降。两组在免疫后 14 d 攻毒，减虫率分别为 99.5%和 84.9%；在免疫 4 个月后攻毒，减虫率分别为 91.2%和 93.1%，表明接种 DNA 疫苗的猪对猪带绦虫虫卵有较强的免疫能力。基于猪带绦虫 B 抗原的核苷酸序列构建的 DNA 疫苗 pcDNA3-B，分别以 200 μg 和 1 000 μg 剂量免疫猪，结果显示 1 000 μg 剂量组保护率为 92.6%，接种的 5 头猪中有 4 头体内无活的囊尾蚴。

8.2.4.4 合成肽疫苗

Toledo 等根据猪带绦虫 KETc7 抗原的氨基酸序列，化学合成了 3 个氨基酸片段，其中 GK-1 多肽能够使 40%～70%的 BALB/cAnN 雄性小鼠得到保护，抗 GK-1 多肽抗体使猪带绦虫虫卵、六钩蚴、囊尾蚴和成虫都反应较强烈。GK-1 还包含至少一个 T 细胞表位，能够刺激 $CD8^+$ 细胞的增殖，可刺激细胞产生高水平的 IFN-γ 和低水平的 IL-4。Huerta 等根据巨颈绦虫蛋白序列设计合成的 3 种多肽疫苗 GKl、KETclC1 和 KETC12/P，在猪带绦虫不同发育阶段均有表达，可作为疫苗抗猪带绦虫感染，猪在免疫后减虫率为 97.9%，囊尾蚴感染率下降 52.6%。

8.2.4.5 其他新型疫苗

将 3 个多肽(KETc1、KETc12 和 GK1)和重组抗原 KETc7 在 M13 噬菌体表面进行多拷贝表达后，经皮下或口服途径接种猪，初步结果表明，该重组噬菌体疫苗对猪囊尾蚴病具有一定的免疫保护作用。用重组猪囊尾蚴病三肽疫苗(S3Pvac)M13 噬菌体免疫 1 047 头猪后，对其中 331 头猪(疫苗免疫组 197 头；对照组 134 头)的剖检结果显示，接种疫苗舌囊尾蚴病发病率减少了 70%，肌肉囊尾蚴病发病率减少了 54%，囊尾蚴病发病率减少了 87%。

8.2.5 疫苗研究与展望

猪囊尾蚴病作为一种危害严重的人兽共患寄生虫病，开发疫苗用于该病的防治具有重大的公共卫生学意义和经济意义。目前，猪带绦虫疫苗的研发中，基因工程亚单位疫苗、核酸疫苗和合成肽疫苗进展较大。从这些疫苗的免疫效果中可以看出，选择主要抗原表位、单价或多价免疫应答疫苗将是猪囊尾蚴高效疫苗研究的发展方向。同时，随着研究的深入，根据已报道的几种寄生虫膜联蛋白的免疫原性，可预测这些蛋白在分子水平上暴露的独特结构特征，将使其有潜力成为疫苗靶点，引领新的研究方向。

(撰稿人：燕贺　黄柏成　王晓英)

8.3 猪肺线虫病

8.3.1 概述

猪肺线虫病，即后圆线虫病(Metastrongylosis)，是由后圆线虫感染引起的猪呼吸道寄生虫疾病，在家猪和野猪中流行，是一种人兽共患病。后圆线虫主要寄生在猪的支气管和细支气管，对幼猪危害很大。长刺后圆线虫(*M. elongatus*)是猪肺线虫病的主要病原体。

8.3.2 病原

后圆线虫在分类上属于线形动物门、尾感器纲、原线目、后圆科、后圆属，主要包含 3 个虫种，即长刺后圆线虫、复阴后圆线虫(*M. pudendotectus*)和萨氏后圆线虫(*M. salmi*)。我国常见前 2 种。核糖体基因内部转录间隔区(*ITS-2*)序列可用于区分不同种线虫，有利于更好地了解这些生物的协同进化关系。

后圆线虫幼虫的运动主要损害肺脏，造成肺泡损伤，呈现支气管性肺炎的病理变化。轻度感染时症状不明显，但影响发育；严重感染时，会有强力的咳嗽和呼吸困难症状，贫血及废食。另外，后圆线虫还易造成继发和混合感染，例如与猪圆环病毒 2 型混合感染，可导致致命性的支气管肺炎。

8.3.3 防控

带虫猪和患病猪是主要的传染源。携带感染性幼虫的蚯蚓是动物和人被感染的重要媒介。因此，预防的主要措施包括保持猪舍的干燥清洁、及时清除粪便、避免让猪吃到蚯蚓及定期驱虫。猪肺线虫病可使用药物治疗，如左旋咪唑、伊维菌素等。

8.3.4 疫苗研究

猪肺线虫病暂无相关的疫苗研究。

（撰稿人：黄柏成　王晓英）

8.4 旋毛虫病

8.4.1 概述

旋毛虫病（Trichinellosis）是由旋毛形线虫（*Trichinella spiralis*）的成虫和幼虫引起的一种食源性人兽共患寄生虫病，主要由食用含有旋毛虫感染的生肉或未煮熟的肉（特别是猪肉）引起。旋毛虫可感染猪、野猪、鼠等 150 种动物及人类。可引起腹泻、腹痛、肌肉炎症等，对全球公共卫生都具有重要影响。根据农业部 2009 年发布的第 1149 号通知，旋毛虫病被列为 26 种最危险的人兽共患病之一，位于联合国粮农组织和世界卫生组织根据 9 项全球标准编制的 24 种寄生虫清单的前列。

旋毛虫常感染猪，我国是世界上旋毛虫病发病最多的国家之一。在我国 2011 年的流行病学调查研究中发现，由酶联免疫吸附试验或免疫色谱法测定的旋毛虫血清阳性率为 0.01%～29.95%。

8.4.2 病原

旋毛虫在分类上属于线形动物门、线虫纲、毛首目、毛形科、毛形属，至少含 7 个种。我国至少存在 2 种旋毛虫，即旋毛形线虫和本地毛形线虫。

在旋毛虫的生命周期中，成虫和幼虫寄生在同一宿主体内。妊娠雌虫寄生于宿主的肠黏膜内，所产的新生幼虫直接进入宿主的淋巴管和血管内，并随之移行到易受感染的部位（横纹肌），幼虫多寄生于活动量较大的肋间肌。在肌肉细胞中，幼虫可以存活数年至几十年。旋毛虫的这种生活史特征给其防控造成了巨大挑战。

8.4.3 防控

为减少猪旋毛虫病的发病率，可采取相应预防控制措施。保持猪舍清洁，对粪便及时清理并做无害化处理，阻断随粪便排出的虫卵在环境中的传播。阻断猪与可能被旋毛虫感染的动物（如老鼠）的接触，减少传染源。对猪体和环境进行监测。目前，我国检测旋毛虫病有三个国家标准：《猪旋毛虫病诊断技术》（GB/T 18642—2002）、《旋毛虫病的诊断》（WS 369—2012）、《控制旋毛虫病暴发的技术标准》（WS 470—2015）。

目前没有应用疫苗进行旋毛虫病防控的报道，药物治疗也仅限于人。

8.4.4 疫苗研究与展望

在旋毛虫疫苗研究中，科研人员针对多种免疫优势抗原进行了探索。口服 DNA 疫苗的免疫更适合于诱导对肠蠕虫的持久性肠黏膜保护反应。

旋毛虫的 Ts87 是一种免疫优势抗原，可诱导针对旋毛虫幼虫感染的保护性免疫。小鼠在口服免疫减毒鼠伤寒沙门氏菌菌株 SL7207 递送的 Ts87 DNA 后，可引起显著的局部黏膜 IgA 反应和全身性 Th1/Th2 免疫反应，小鼠脾细胞中的 Th1(IFN-γ)和 Th2(IL-5、IL-6 和 IL-10)反应显著增加，起到了一定程度抵抗虫体感染的作用。

旋毛虫副肌球蛋白(TsPmy)是一种免疫调节蛋白，可抑制补体 C1q 和 C8/C9 以逃避宿主免疫反应。小鼠在口服免疫减毒鼠伤寒沙门氏菌菌株 SL7207 传递的 TsPmy 后，可引起显著的肠道黏膜 IgA 反应和以 IgG2a 为主要亚类的全身性 IgG 抗体反应，来自免疫小鼠脾脏和 MLN 淋巴细胞的 Th1(IFN-γ,IL-2)和 Th2(IL-4、IL-45、IL-46 和 IL-410)反应显著增加，分泌抗体的 B 细胞上归巢受体 CCR9/CCR10 的表达可能与分泌 IgA 的 B 细胞向局部肠黏膜的转运有关，从而起到对小鼠螺旋体感染的显著保护作用。

小鼠免疫重组表达旋毛虫 Nudix 水解酶(TsNd)蛋白后，可刺激 Th1/Th2 免疫反应，并产生对小鼠感染的部分保护性免疫。小鼠在口服免疫减毒鼠伤寒沙门氏菌菌株 ΔcyaSL1344 传递的 TsNd 后，可产生明显的局部黏膜 IgA 免疫反应和全身性 Th1/Th2 免疫反应，小鼠脾细胞中 Th1(IFN-γ 和 IL-2)和 Th2(IL-4 和 IL-10)反应显著增加，在小鼠感染中起到了一定的保护作用。

旋毛虫成虫特异性 DNaseⅡ-1(TsDNaseⅡ)是成虫和肠道感染幼虫的表面或分泌蛋白，具有早期诊断作用和用于疫苗开发的潜力。大肠杆菌表达的重组 TsDNase Ⅱ蛋白可在小鼠体内诱导高水平的血清抗 rTsDNaseⅡ IgG 抗体，显著降低幼虫感染后肠内成虫和幼虫的数量。小鼠在口服免疫减毒鼠伤寒沙门氏菌递送的 TsDNaseⅡ DNA 疫苗后，可产生明显的黏膜 sIgA 反应和全身性 IgG 反应，其中以 IgG1 为主导，脾脏和肠系膜淋巴结细胞中的 Th1(IFN-γ)和 Th2(IL-4、IL-10)细胞因子明显增加，具有显著的抗感染作用。

与灭活的全蠕虫或粗提物或表面抗原产物相比，单一抗原免疫通常保护作用较低。未来的旋毛虫疫苗研究应着重于评估纳米颗粒传递的抗原和配体的保护效力，其中纳米颗粒可引起实验猪的 Th2 型免疫反应，为将来可能的猪旋毛虫疫苗研究提供了参考。

(撰稿人：燕贺　王晓英)

参考文献

Gras S, Jackson A, Woods S, et al. 2017. Parasites lacking the micronemal protein MIC2 are deficient in surface attachment and host cell egress, but remain virulent in vivo[J]. *Wellcome Open Res*, 2: 32.

Guo A, Jin Z, Zheng Y, et al. 2007. Induction of protection against porcine cysticercosis in growing pigs by DNA vaccination[J]. *Vaccine*, 25(1): 170-175.

Huerta M, de Aluja A S, Fragoso G, et al. 2001. Synthetic peptide vaccine against Taenia solium pig cysticercosis: successful vaccination in a controlled field trial in rural Mexico[J]. *Vaccine*, 20(1-2): 262-266.

Liu P, Cui J, Liu R D, et al. 2015. Protective immunity against Trichinella spiralis infection induced by TsNd vaccine in mice[J]. *Parasit Vectors*, 8: 185.

Liu P, Wang Z Q, Liu R D, et al. 2015. Oral vaccination of mice with Trichinella spiralis nudix hydrolase DNA vaccine delivered by attenuated Salmonella elicited protective immunity[J]. *Exp Parasitol*, 153: 29-38.

Liu R D, Cui J, Liu X L, et al. 2015. Comparative proteomic analysis of surface proteins of Trichinella spiralis muscle larvae and intestinal infective larvae[J]. *Acta Trop*, 150: 79-86.

Long S R, Wang Z Q, Liu R D, et al. 2014. Molecular identification of Trichinella spiralis nudix hydrolase and its induced protective immunity against trichinellosis in BALB/c mice[J]. *Parasit Vectors*, 7: 600.

Ma Z, Yan K, Jiang R, et al. 2020. A Novel wx2 Gene of Toxoplasma gondii Inhibits the Parasitic Invasion and Proliferation in vitro and Attenuates Virulence in vivo via Immune Response Modulation[J]. *Front Microbiol*, 11: 399.

Manoutcharian K, Diaz-Orea A, Gevorkian G, et al. 2004. Recombinant bacteriophage-based multiepitope vaccine against Taenia solium pig cysticercosis[J]. *Vet Immunol Immunopathol*, 99(1-2): 11-24.

Marruchella G, Paoletti B, Speranza R, et al. 2012. Fatal bronchopneumonia in a Metastrongylus elongatus and Porcine circovirus type 2 co-infected pig[J]. *Res Vet Sci*, 93(1): 310-312.

Morales J, Martinez J J, Manoutcharian K, et al. 2008. Inexpensive anti-cysticercosis vaccine: S3Pvac expressed in heat inactivated M13 filamentous phage proves effective against naturally acquired Taenia solium porcine cysticercosis[J]. *Vaccine*, 26(23): 2899-2905.

Morita T, Haruta K, Shibata-Haruta A, et al. 2007. Lung worms of wild boars in the western region of Tokyo, Japan[J]. *J Vet Med Sci*, 69(4): 417-420.

Ohshima J, Lee Y, Sasai M, et al. 2014. Role of mouse and human autophagy proteins in IFN-gamma-induced cell-autonomous responses against Toxoplasma gondii[J]. *J Immunol*, 192(7): 3328-3335.

Qi X, Han Y, Jiang P, et al. 2018. Oral vaccination with Trichinella spiralis DNase II DNA vaccine delivered by attenuated Salmonella induces a protective immunity in BALB/c mice[J]. *Vet Res*, 49(1): 119.

Qi X, Yue X, Han Y, et al. 2018. Characterization of Two Trichinella spiralis Adult-Specific DNase II and Their Capacity to Induce Protective Immunity[J]. *Front Microbiol*, 9: 2504.

Radke J B, Carey K L, Shaw S, et al. 2018. High Throughput Screen Identifies Interferon gamma-Dependent Inhibitors of Toxoplasma gondii Growth[J]. *ACS Infect Dis*, 4(10): 1499-1507.

Toledo A, Larralde C, Fragoso G, et al. 1999. Towards a Taenia solium cysticercosis vaccine: an epitope shared by Taenia crassiceps and Taenia solium protects mice against experimental cysticercosis[J]. *Infect Immun*, 67(5): 2522-2530.

Wang L, Wang X, Bi K, et al. 2016. Oral Vaccination with Attenuated Salmonella typhimurium-Delivered TsPmy DNA Vaccine Elicits Protective Immunity against Trichinella spiralis in BALB/c Mice[J]. *PLoS Negl Trop Dis*, 10(9): 4952.

Wang Z Q, Liu R D, Sun G G, et al. 2017. Proteomic Analysis of Trichinella spiralis Adult Worm Excretory-Secretory Proteins Recognized by Sera of Patients with Early Trichinellosis[J]. *Front Microbiol*, 8: 986.

Wu X, Zhang Q, Tan K, et al. 2007. Characterization of a new gene WX2 in Toxoplasma gondii[J]. *Acta Biochim Biophys Sin (Shanghai)*, 39(7): 475-483.

Yang Y, Zhang Z, Yang J, et al. 2010. Oral vaccination with Ts87 DNA vaccine delivered by attenuated Salmonella typhimurium elicits a protective immune response against Trichinella spiralis larval challenge[J]. *Vaccine*, 28(15): 2735-2742.

Zhang N, Li W, Fu B. 2018. Vaccines against Trichinella spiralis: Progress, challenges and future prospects[J]. *Transbound Emerg Dis*, 65(6): 1447-1458.